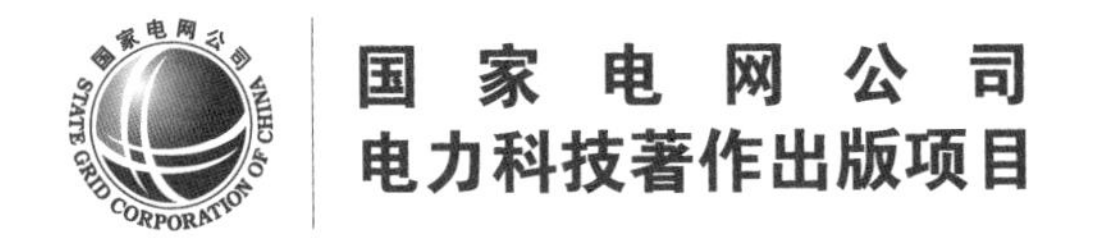

MEASUREMENT AND ANALYSIS OF OVERVOLTAGES IN POWER SYSTEMS

电力系统过电压测量及分析

李建明 著

内 容 提 要

开展电力系统过电压测量及分析对保障电网安全可靠运行具有重要意义。本书根据近年来过电压监测新思维、新方法，结合现场大量实测数据，特别是中国特高压直流输电工程调试和运行期间的过电压试验，运用数字仿真、实体动模等分析手段，对各种过电压的形成机理和监测分析方法进行详细阐述，并基于树形结构的特征量提取方法，详细介绍了过电压的最新传感器及测试技术，以及过电压波形模式识别技术。

全书共分八章，包括电力系统过电压机理、过电压在线监测系统传感器研究、过电压监测系统采集与传输分析系统、雷电波入侵电力系统波过程研究及暂态响应特性分析、特高压直流输电系统现场典型试验及波形分析、过电压数字仿真计算、输电线路过电压实体动模测量分析、电力系统过电压模式识别及分析。

本书可供电力系统过电压研究及防护技术人员和科研工作者阅读，也可供电力系统相关专业人员及在校师生参考。

图书在版编目（CIP）数据

电力系统过电压测量及分析 / 李建明著. —北京：中国电力出版社，2018.5
ISBN 978-7-5198-1164-8

Ⅰ. ①电…　Ⅱ. ①李…　Ⅲ. ①电力系统–过电压–电压测量　Ⅳ. ①TM866

中国版本图书馆 CIP 数据核字（2017）第 228027 号

出版发行：中国电力出版社
地　　址：北京市东城区北京站西街 19 号（邮政编码 100005）
网　　址：http://www.cepp.sgcc.com.cn
责任编辑：张　涛　罗　艳（965207745@qq.com，010-63412315）　张　妍
责任校对：闫秀英
装帧设计：张俊霞
责任印制：邹树群

印　　刷：北京雅昌艺术印刷有限公司
版　　次：2018 年 5 月第一版
印　　次：2018 年 5 月北京第一次印刷
开　　本：787 毫米×1092 毫米　16 开本
印　　张：17.25
字　　数：391 千字
印　　数：0001—1500 册
定　　价：158.00 元

前　言

电力系统过电压对输电线路和电气设备绝缘造成的影响和危害，特别是对超、特高压电网的影响和危害越来越严重，开展电力系统过电压研究及防护工作对于保障电网安全可靠运行有着非常重要的工程意义。电力系统过电压种类多、产生原因复杂，实时监测电力系统出现的各种过电压信号，快速准确判别故障类型，建立完善的电力系统过电压智能在线监测系统，对电力系统故障处理和灾害预防十分必要。随着计算机技术和电力电子技术的高速发展，电力系统过电压的测量以及对过电压的分析方式都发生了巨大改变，编者根据近年来所采用的监测过电压的新思维、新方法，结合测量记录到的大量一线现场测量数据，运用数字仿真、实体动模进行分析，提取各种过电压的特征量，从而识别过电压类别。本书基于不同过电压机理，结合变电站实际设计提出了若干新型过电压测量方法，对传感器设计、测量点选择、信号传输方式等问题进行了详细介绍；开展了多种不同类型过电压的现场测试，通过仿真计算、实验室测试以及现场实际测量验证了本书所提各种监测方法的可行性及准确性。

全书共分为八章，分别介绍了电力系统过电压机理、过电压在线监测系统传感器研究、过电压监测系统采集与传输分析系统、雷电波入侵电力系统波过程研究及暂态响应特性分析、特高压直流输电系统现场典型试验及波形分析、过电压数字仿真计算、输电线路过电压实体动模测量分析、电力系统过电压模式识别及分析。李建明为本书的著者，陈少卿、张榆、何翔宇、谢施君、李淑琦、徐闻、秦大海、任小花、毕研秋、姜聿涵、欧阳仁乐、李国毅、黄译丹、张洛、刘雨晴、陈鑫、李荷薇、周悦、杨海龙、罗易桥参与本书的编写和电力系统试验调试以及本书的图文汇集、校稿工作。

清华大学曾嵘教授、重庆大学杨庆教授、国网四川省电力公司电力科学研究院曹永兴高工对本书的初稿提出很多宝贵意见，在此一并致谢。

电力系统过电压测量及分析技术日新月异，由于编者水平有限，书中存在的不妥之处，望广大读者指正。

著　者

2018 年 5 月

目 录

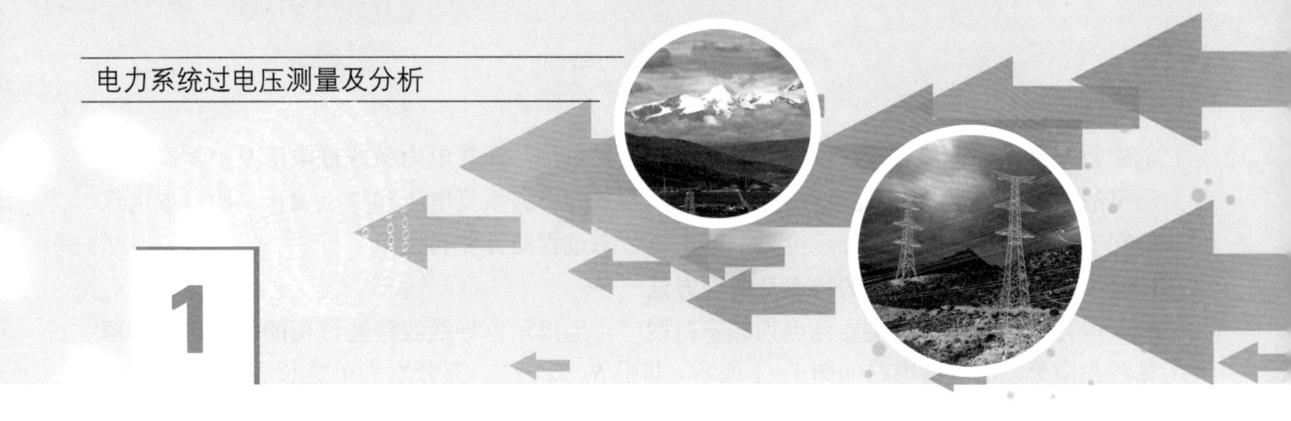

电力系统过电压机理

1.1 电力系统电磁暂态概述

1.1.1 电力系统电磁暂态现象

电力系统发生故障或进行操作时，系统的运行参数发生急剧变化，系统的运行状态有可能快速地从一种运行状态过渡到另一种运行状态，也有可能使正常运行的电力系统局部甚至全部遭到破坏，使其运行参数大大偏离正常值，如不采取特别的措施，系统很难恢复正常运行。

电力系统运行状态的改变不是瞬时完成的，而是要经历一个过渡状态，这种过渡状态称为暂态。电力系统的暂态过程通常可以分为电磁暂态过程和机电暂态过程。电磁暂态过程指电力系统各元件中电场和磁场以及相应的电压和电流的变化过程，机电暂态过程指由于发电机和电动机电磁转矩的变化所引起的电机转子机械运动的变化过程。

虽然电磁暂态过程和机电暂态过程同时发生并且相互影响，但由于现代电力系统规模的不断扩大，其结构越加复杂，需要考虑的因素越来越多，再加上这两个暂态过程的变化速度相差很大，要对它们进行统一分析是十分复杂的工作，因此在工程上通常对它们进行近似地分析。例如，在电磁暂态分析中，由于在刚开始的一段时间内，系统中的发电机和电动机等转动机械的转速由于惯性作用还来不及变化，暂态过程主要决定于系统各元件的电磁参数，故常不计发电机和电动机的转速变化，即忽略机电暂态过程。而在静态稳定性和暂态稳定性等机电暂态过程分析中，转动机械的转速已有了变化，暂态过程不仅与电磁参数有关，而且还与转动机械的机械参数（转速、角位移）有关，分析时往往近似考虑甚至忽略电磁暂态过程。只在分析由发电机机轴系列引起的次同步谐振现象、计算大扰动后轴系的暂态扭矩等问题时，才不得不同时考虑电磁暂态过程和机电暂态过程。

电磁暂态过程分析的主要目的在于分析和计算故障或进行操作后可能出现的暂态过电压和过电流，以便对电力设备进行合理设计。通常情况下，电力系统电磁暂态产生的过电压在确定设备绝缘水平中起决定作用，据此制定高电压试验电压标准，确定已有设备能否安全运行，并研究相应的限制和保护措施。此外，对于研究电力系统新型快速保护装置的动作原理及其工况分析，故障测距原理与定点方法以及电磁干扰等问题，也常需要进行电磁暂态过程分析。另外，调查事故原因，寻找对策；计算电力系统过电压发生概率，预测事故率；检查电气设备的动作性能，如断路器的暂态恢复电压和零点偏移；检查继电保护和安全自动装置的响应等，也离不开电磁暂态过程的计算和模拟。

1.1.2 电力系统电磁暂态的特点及研究方法

电力系统电磁暂态主要特点为频率范围广，为揭示单导线线路波过程的物理机理，单导线在微分段的等值电路如图 1－1 所示，其中 R_0、L_0、C_0、G_0 分别为单位长度线路的电阻、电感、电容、电导。

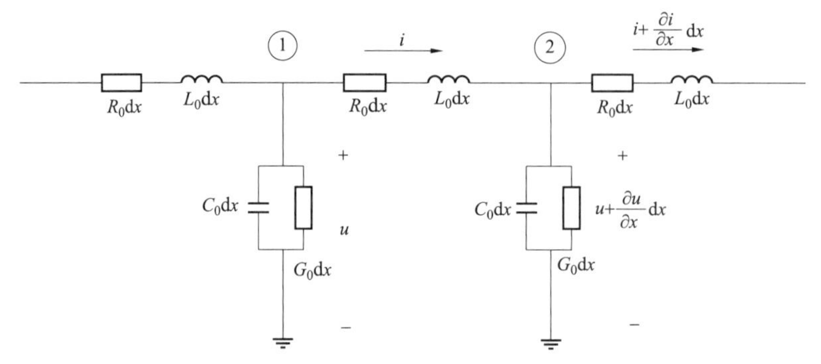

图 1－1　单导线线路在微分段的等值电路

图 1－1 中节点①、②之间电压降方程为

$$u-\left(u+\frac{\partial u}{\partial x}\cdot \mathrm{d}x\right)=R_0\cdot \mathrm{d}x\cdot i+L_0\cdot \mathrm{d}x\cdot \frac{\partial i}{\partial t} \tag{1-1}$$

图中节点②用基尔霍夫电流定律列出方程

$$i-\left(i+\frac{\partial i}{\partial x}\cdot \mathrm{d}x\right)=G_0\cdot \mathrm{d}x\cdot \left(u+\frac{\partial u}{\partial x}\cdot \mathrm{d}x\right)+C_0\cdot \mathrm{d}x\cdot \frac{\partial\left(u+\frac{\partial u}{\partial x}\cdot \mathrm{d}x\right)}{\partial t} \tag{1-2}$$

略去式中二阶无限小（$\mathrm{d}x$）^{2} 项，得到

$$-\frac{\partial u(x,t)}{\partial x}=R_0\cdot i(x,t)+L_0\cdot \frac{\partial i(x,t)}{\partial t} \tag{1-3}$$

$$-\frac{\partial i(x,t)}{\partial x}=G_0\cdot u(x,t)+C_0\cdot \frac{\partial u(x,t)}{\partial t} \tag{1-4}$$

$u(x,t)$、$i(x,t)$ 分别是线路上关于时间和空间的二元函数，x 轴的原点可取线路首端，向末端为正方向。

高压或超高压线路暂态计算中，可略去 G_0。也常略去 R_0，认为是无损耗分布参数线路。简化后的无损单导线线路在微分段的等值电路如图 1－2 所示。

无损单导线线路方程为

$$-\frac{\partial u(x,t)}{\partial x}=L_0\cdot \frac{\partial i(x,t)}{\partial t} \tag{1-5}$$

$$-\frac{\partial i(x,t)}{\partial x}=C_0\cdot \frac{\partial u(x,t)}{\partial t} \tag{1-6}$$

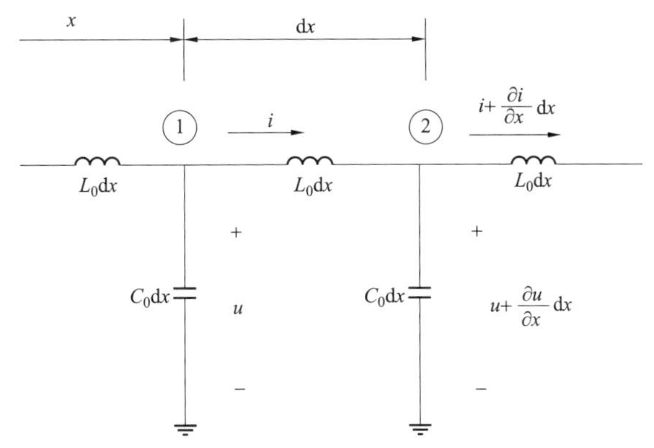

图 1-2　简化后的无损单导线线路在微分段的等值电路

取线路首端为 x 轴原点，x 轴正方向指向末端，才有式（1-5）、式（1-6）的符号。

用拉普拉斯变换或者分离变量等方法求解式（1-5）和式（1-6）组成的偏微分方程组得到

$$u = u_q\left(t - \frac{x}{v}\right) + u_f\left(t + \frac{x}{v}\right) \tag{1-7}$$

$$i = \frac{1}{z}\left[u_q\left(t - \frac{x}{v}\right) - u_f\left(t + \frac{x}{v}\right)\right] \tag{1-8}$$

式中：v 为线路上的电磁波传播速度，计算见式（1-9）；Z 为线路波阻抗，计算见式（1-10）

$$v = \frac{1}{\sqrt{L_0 C_0}} \tag{1-9}$$

$$Z = \sqrt{\frac{L_0}{C_0}} \tag{1-10}$$

对于架空线来说，v 取光速，$v=3\times10^8$m/s；对于电缆线而言，由于电容 C_0 较大，介质电介系数比空气大，一般取（1/2～1/3）光速。一般单导线架空线路 $Z\approx500\Omega$，分裂导线 $Z\approx300\Omega$，电缆线路 Z 在几欧到几十欧之间。

式（1-7）和式（1-8）中，$u_q\left(t - \frac{x}{v}\right)$ 为线路上沿 x 轴正方向传播的行波，称为前行波电压；$u_f\left(t + \frac{x}{v}\right)$ 为线路上沿 x 轴反向传播的行波，称为反行波电压。定义 $i_q = \frac{1}{z}\cdot u_q\left(t - \frac{x}{v}\right)$ 为前行波电流，$i_f = \frac{1}{z}\cdot u_f\left(t + \frac{x}{v}\right)$ 为反行波电流。

前行波电压、电流和反行波电压、电流满足

$$u_q(x,t) = Zi_q(x,t) \tag{1-11}$$

$$u_f(x,t) = -Zi_f(x,t) \tag{1-12}$$

式（1-11）和式（1-12）说明同方向的行波电压和行波电流，是通过波阻抗 $Z = \sqrt{L_0 / C_0}$ 联系的。

此外，波阻抗与电阻有以下三点区别：① 波阻抗表示沿同一方向上传播的电压波和电流波之间的比值，与线路长度无关，而电阻要随线路长度增长而增大。② 从功率观点来看，波阻抗不消耗能量，只是决定导线从外部吸收或释放的能量大小，而电阻要消耗电能转化为热能。③ 如果导线上既有前行波又有反行波，两波相遇时，总电压和总电流的比值不再等于波阻抗。

1. 行波的折射与反射

当具有不同波阻抗的两条线路相连接，如图 1－3 所示，连接点为 A。

现将线路 Z_1 合闸于直流电源 U_0，则在 Z_1 上会出现前行电压波 $u_{1q}=U_0$，它从合闸点向 A 点传播，到达 A 点时由于 Z_1、Z_2 波阻抗不同，会在 A 点发生折射与反射。Z_1 侧反射波所到之处，电压为 $u_{1q}+u_{1f}$。Z_2 侧折射波所到之处，电压为 u_{2q}。且有

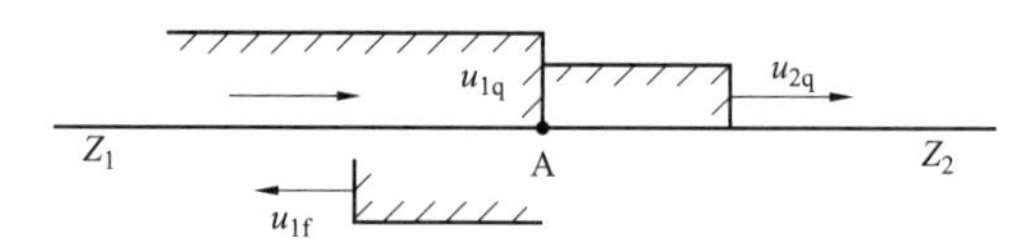

图 1－3　行波在 A 点的折射与反射

$$u_{2q}=\frac{2Z_2}{Z_1+Z_2}U_0=\alpha U_0=\alpha u_{1q} \tag{1-13}$$

$$u_{1f}=\frac{Z_2-Z_1}{Z_1+Z_2}U_0=\beta U_0=\beta u_{1q} \tag{1-14}$$

并有

$$\alpha=\frac{2Z_2}{Z_1+Z_2} \tag{1-15}$$

$$\beta=\frac{Z_2-Z_1}{Z_1+Z_2} \tag{1-16}$$

α、β 分别为 A 点的折射系数和反射系数，且两者有关系 $\alpha=\beta+1$。其中 $0\leqslant\alpha\leqslant2$，$\alpha$ 永远是正值，说明折射电压波与入射电压波始终同极性。反射系数 β 可正可负，$-1\leqslant\beta\leqslant1$。

2. 彼得逊法则

半无穷长线路 1、2 波阻抗参数不同时，有任意波形的正向行波 $u_{1q}(t)$ 沿半无穷长线路传播到达 A 点时，计算 A 点的电流、电压。等值电路为：线路 1 等值为一个电压源，其电动势为入射前行波电压幅值的 2 倍即 $2u_{1q}(t)$，其内电阻为线路 1 波阻抗 Z_1；线路 2 等值为电阻 Z_2，其值就是线路 2 波阻抗 Z_2。用这种等值电路计算的方法称为彼得逊法则，等值变换前后如图 1－4 所示。

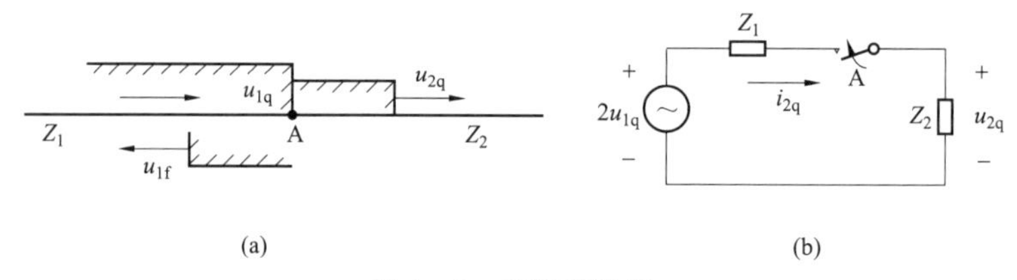

图 1－4　彼得逊法则

（a）入射波电压 u_{1q} 在 A 点折、反射；（b）计算 Z_2 上折射电压 u_{2q} 的彼得逊等值电路

此外，彼得逊法则也可等值成电流源形式，如图 1－5 所示。

彼得逊法则将分布参数电路问题，变成了集中参数等值电路问题，也就是将微分方程问题等效变换为代数方程问题，简化了运算。应注意到，彼得逊法则有一定的使用条件：① 要求波需要沿均匀无损线路入射到A点；② 线路2上无反行波或者线路2上反行波尚未到达A点。所以上述等值计算中 Z_2 可以是线路，也可以是电阻、电抗、电容组成的任意网络。

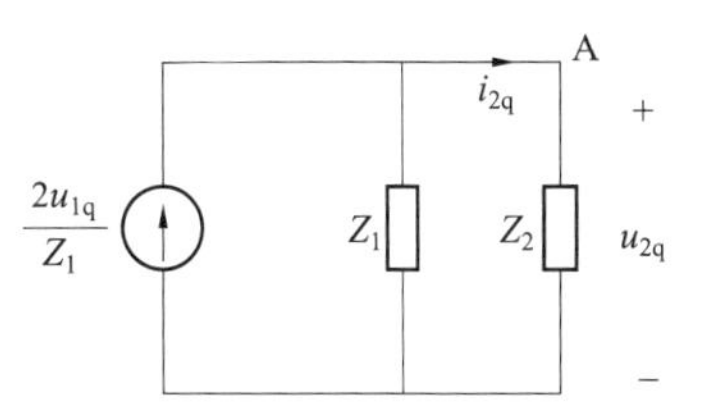

图 1－5　彼得逊法则的电流源形式

下面简单介绍一下当线路末端是电阻或者是在不同波阻抗线路中间串联电感或并联电容时，运用彼得逊法则计算后得到的一些结论：

（1）线路末端为集中参数电阻，A点接一电阻 R 时，如图 1－6 所示。

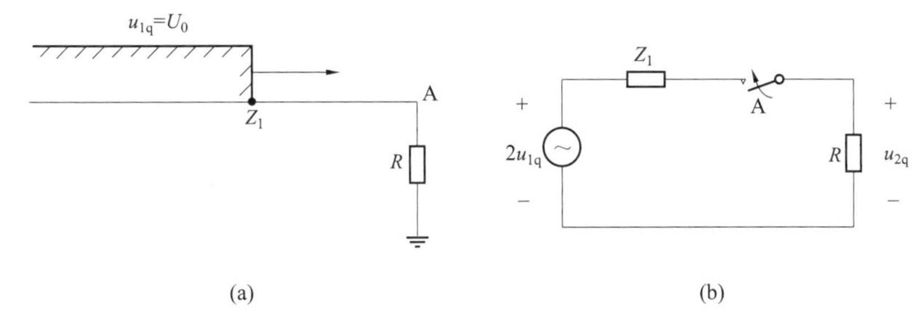

图 1－6　线路末端接有电阻 R 时计算折射电压的彼得逊等值电路

（a）线路末端接有集中参数电阻；（b）线路末端接有集中参数电阻的彼得逊等值电路

当直角波入侵时：

1）如果末端电阻 R 等于线路波阻抗 Z_1，则电压波反射系数为 $\beta_u=0$，u_{1q} 到达 R 处，既不发生电压折射，也不发生电压反射。

2）如果末端 $R\to\infty$，即线路 Z_1 末端开路，则电压波 $\beta_u=1$，$u_{1f}=u_{1q}$，$u_2=2u_{2q}$，电流波 $i_{1f}=-u_{1f}/Z_1=-u_{1q}/Z_1=-i_{1q}$，$i_2=i_{2q}=i_{1q}+i_{1f}=0$，这表明当 u_{1q} 到达末端时将发生反射，反射电压波等于入射电压波，末端电压将上升一倍，末端电流为零，反射电压波将自末端返回传播，所到之处使电压上升一倍，电流值降为零值。从能量的关系来解释上述现象可以理解为：开路末端点处，电流恒等于零，电流波在此处发生全面负反射，使得反射电流波所流过的导线上的总电流降为零，磁场能量和电流大小相关，由此储存的磁场能量也变为零，磁场能量全部转化为电场能量，使线路电压上升为两倍。

3）如果末端 $R=0$，即线路末端短路接地，则电压 $\alpha_u=0$，$\beta_u=-1$，$u_{1f}=-u_{1q}$，$u_2=u_{2q}=0$，说明当 u_{1q} 达到末端时将发生反射，反射电压波等于负的入射电压波，无第二条线路，也就无折射电压波，反射电压波所到之处将使电压降为零值。电流 $i_{1f}=-u_{1f}/Z_1=u_{1q}/Z_1=i_{1q}$，所以 $i_2=i_{1q}+i_{1f}=2i_{1q}$，这表明末端电流将增加一倍，反射电压波所到之处的全部电场能量将转变为磁场能量，从而使电流上升一倍。

4）如果末端 $R<Z_1$，则 $\beta_u<0$，反射电压 $u_{1f}<0$，反射波使线路电压降低。

5）如果末端 $R>Z_1$，则 $\beta_u>0$，反射电压 $u_{1f}>0$，反射波使线路电压升高。

（2）线路中间串联电感。在实际工程中常常会遇到线路上串联电感的问题，在 Z_1 和

Z_2之间串联电感时，如图 1－7 所示。

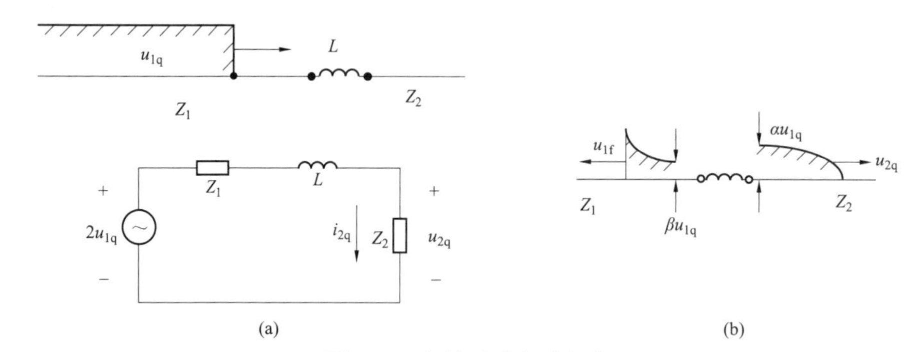

图 1－7　行波通过串联电感

（a）电路示意图及等值电路；（b）折射波与反射波

可证明沿线路 Z_2 传播的折射电压波 u_{2q} 为

$$u_{2q} = i_{2q} \cdot Z_2 = \frac{2Z_2}{Z_1 + Z_2} u_{1q} (1 - e^{-\frac{t}{T}}) = \alpha u_{1q} (1 - e^{-\frac{t}{T}}) \tag{1-17}$$

式中：$T=L/(Z_1+Z_2)$ 为该电路的时间常数，$\alpha=2Z_2/(Z_1+Z_2)$ 为电压波折射系数。

$$u_{1f} = \frac{Z_2 - Z_1}{Z_1 + Z_2} u_{1q} + \frac{2Z_1}{Z_1 + Z_2} u_{1q} e^{-\frac{t}{T}} \tag{1-18}$$

在线路 Z_1 中，当 $t=0$ 时，由于电感中电流不能突变，初始瞬间电感相当于开路情况，$u_{1f}=u_{1q}$，全部磁场能量转变为电场能量，使电压上升一倍，随后电压按指数规律变化，当 $t \to \infty$ 时，$u_{1f} \to \beta u_{1q} [\beta = (Z_2 - Z_1)/(Z_1 + Z_2)]$。

在线路 Z_2 中，折射电压 u_{2q} 随时间按指数规律增长，当 $t=0$ 时，$u_{2q}=0$；当 $t \to \infty$ 时，$u_{2q} \to \alpha u_{1q} [\alpha = 2Z_2/(Z_1 + Z_2)]$。这说明无限长直角波通过电感后，变为一指数波头的行波，串联电感起到了降低入侵波上升陡度的作用。

式（1－17）时间 t 求导并分析，得到 $t=0$ 时有最大陡度

$$\left(\frac{du_{2q}}{dt}\right)_{max} = \left.\frac{du_{2q}}{dt}\right|_{t=0} = \frac{2u_{1q}Z_2}{L} \tag{1-19}$$

式（1－19）说明，最大陡度与 Z_1 无关，而仅由 Z_2 和 L 决定，L 值越大，则陡度降低越多。

（3）线路中间并联电容。在实际工程中常常会遇到线路中间并联电容，在 Z_1 和 Z_2 之间并联电容时，如图 1－8 所示。

可证明沿线路 Z_2 传播的折射电压波 u_{2q} 为

$$u_{2q} = i_{2q} \cdot Z_2 = \frac{2Z_2}{Z_1 + Z_2} u_{1q} (1 - e^{-\frac{t}{T}}) = \alpha u_{1q} (1 - e^{-\frac{t}{T}}) \tag{1-20}$$

式中：$T=Z_1Z_2/(Z_1+Z_2)C$ 为该电路的时间常数；$\alpha=2Z_2/(Z_1+Z_2)$ 为电压波折射系数。

$$u_{1f} = \frac{Z_2 - Z_1}{Z_1 + Z_2} u_{1q} - \frac{2Z_2}{Z_1 + Z_2} u_{1q} e^{-\frac{t}{T}} \tag{1-21}$$

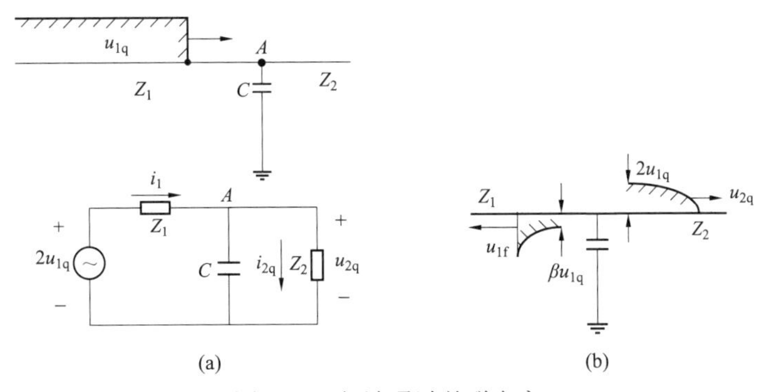

图 1－8　行波通过并联电容

（a）电路示意图及等值电路；（b）折射波与反射波

在线路 Z_1 中，当 $t=0$ 时，$u_{1f}=-u_{1q}$，这是由于电容上的电压不能突变，初始瞬间电容相当于对地短路情况，全部电场能量转变为磁场能量，随后根据时间常数按指数规律变化，当 $t\to\infty$ 时，$u_{1f}\to\beta u_{1q}[\beta=(Z_2-Z_1)/(Z_1+Z_2)]$。

在线路 Z_2 中，折射电压 u_{2q} 随时间按指数规律增长，当 $t=0$ 时，$u_{2q}=0$；当 $t\to\infty$ 时，$u_{2q}\to\alpha u_{1q}[\alpha=2Z_2/(Z_1+Z_2)]$。这说明并联电容和串联电感有相同的作用，无限长直角波通过并联电容作用后，变为一指数波头的行波，并联电容起到了降低入侵波上升陡度的作用，使波头变平缓。

对式（1－20）时间 t 求导并分析，得到 $t=0$ 时有最大陡度

$$\left(\frac{\mathrm{d}u_{2q}}{\mathrm{d}t}\right)_{\max}=\left.\frac{\mathrm{d}u_{2q}}{\mathrm{d}t}\right|_{t=0}=\frac{2u_{1q}}{Z_1C} \tag{1-22}$$

式（1－22）说明，最大陡度与 Z_2 无关，而仅由 Z_1 和 C 决定，C 值越大，则陡度降低越多。

通过上述分析，并联电容、串联电感都有降低入侵波上升陡度的作用。

冲击电晕也能降低入侵波陡度，这里简单介绍冲击电晕的作用。

雷电、操作冲击波在线路上能产生冲击电晕，由于电晕套的存在相当于导线的径向尺寸增大，导致导线间的电容参数变化及耦合系数增大。电晕会使导线出现发光发热现象，要消耗冲击波能量。因此，冲击电晕的出现将使行波发生衰减和畸变。典型冲击电晕引起的行波衰减和变形情况如图 1－9 所示。

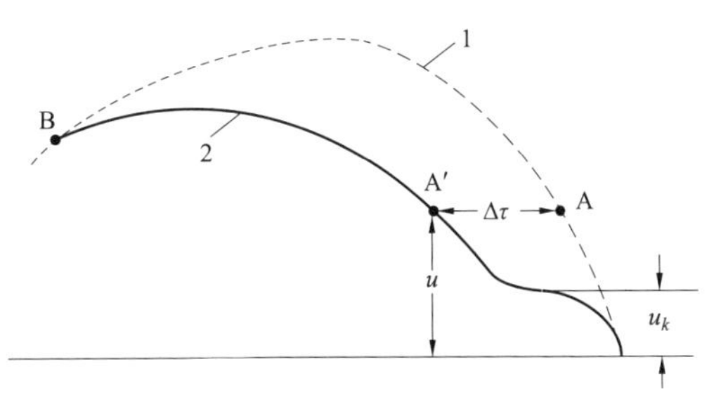

图 1－9　由电晕引起的行波衰变和变形

1—入侵波原始波形；2—行波传播一段距离后冲击电晕使波形发生衰变和畸变

冲击电晕出现使入侵的过电压波幅值、陡度降低，有利于系统设备的安全。

3. 行波多次折、反射分析

在实际的电力系统中往往会遇到一条输电线路由多种导线段组合形成，如在发电端和受电端用钢芯铝绞线，输电环节中有部分电缆线的情况，接线图如图 1－10（a）所示。

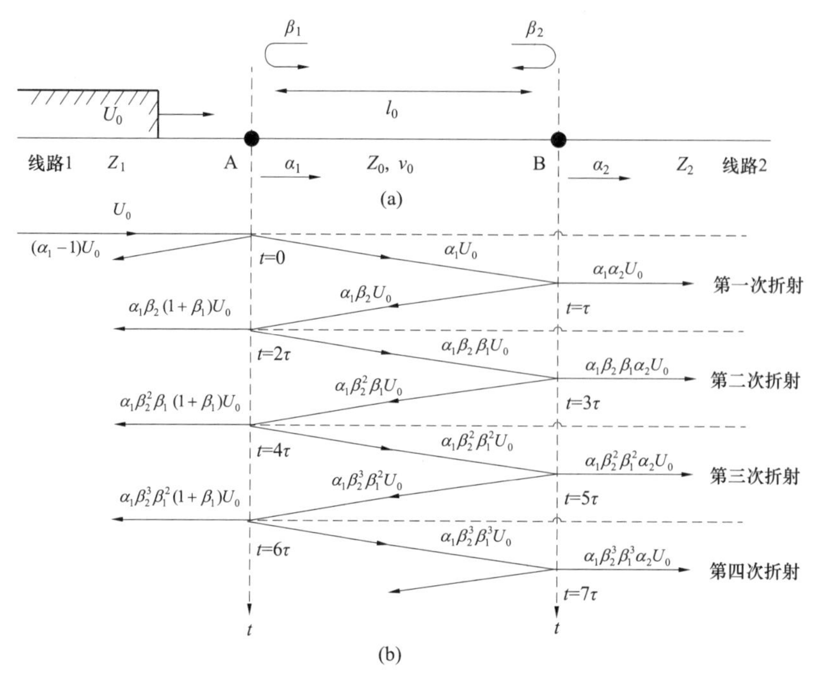

图 1－10　行波的多次折、反射图

（a）接线图；（b）行波网络图

图 1－10 中，第一次由 B 点反射回来的反射电压波 u_{0f} 不但使第二条线路上的电压变为 $u_{0q}+u_{0f}$，而且在其到达 A 点时会引发新一轮的折、反射，然后依此类推，最后出现更多的折、反射。对于此种情况的探讨，做如下分析：

如图 1－10 所示，设在两条具有不同波阻抗 Z_1、Z_2 的无限长导线中间接入一段长度为 l_0、波阻抗为 Z_0 的短导线，两个节点分别为 A、B。一无限长直角波 U_0 从线路 Z_1 传递到节点 A，在 A 点发生折、反射后，折射波 $\alpha_1 U_0$ 沿线路继续传递到 B 点，在 B 点产生的第一个折射波 $\alpha_1\alpha_2 U_0$ 沿着线路 Z_2 传播下去，而在 B 点产生的第一个反射波 $\alpha_1\beta_2 U_0$ 又朝 A 点传播，在 A 点产生的反射波 $\alpha_1\beta_2\beta_1 U_0$ 又沿着 Z_0 传播到 B 点，在 B 点产生的第二个折射波 $\alpha_1\beta_2\beta_1\alpha_2 U_0$ 沿着线路 Z_2 传播下去，而在 B 点产生的第二个反射波 $\alpha_1\beta_2^2\beta_1 U_0$ 又朝 A 点传播，如此反复。上述计算中用到的折射系数 α_1、α_2 和反射系数 β_1、β_2 的计算式为

$$\alpha_1=\frac{2Z_0}{Z_1+Z_0},\quad \alpha_2=\frac{2Z_2}{Z_0+Z_2},\quad \beta_1=\frac{Z_1-Z_0}{Z_0+Z_1},\quad \beta_2=\frac{Z_2-Z_0}{Z_0+Z_2} \tag{1-23}$$

线路中各个点的计算可按所有折、反射波的叠加进行，但要注意各个折、反射波到达的先后时间，波传过长度为 l_0 的中间线路所需时间为 $\tau=l_0/v_0$（式中 v_0 为中间线路的波速）。由此，可以得到不同时刻（以入射波第一次到达 A 点作为 0 时刻）B 点电压如下：

当 $0\leqslant t<\tau$ 时，$u_B=0$；

当 $\tau\leqslant t<3\tau$ 时，$u_B=\alpha_1\alpha_2 U_0$；

当 $3\tau\leqslant t<5\tau$ 时，$u_B=\alpha_1\alpha_2(1+\beta_1\beta_2)U_0$；

当 $5\tau\leqslant t<7\tau$ 时，$u_B=\alpha_1\alpha_2[1+\beta_1\beta_2+(\beta_1\beta_2)^2]U_0$；

当发生第 n 次折射后，（$2n-1$）$\tau \leqslant t <$（$2n+1$）τ，节点 B 的电压为

$$u_B = \alpha_1\alpha_2[1+\beta_1\beta_2+(\beta_1\beta_2)^2+\cdots+(\beta_1\beta_2)^{n-1}]U_0 = U_0\alpha_1\alpha_2\frac{1-(\beta_1\beta_2)^n}{1-\beta_1\beta_2} \tag{1-24}$$

当 $t\to\infty$ 时，$n\to\infty$，$(\beta_1\beta_2)^n\to 0$，式（1－24）化为

$$u_B = U_0\alpha_1\alpha_2\frac{1}{1-\beta_1\beta_2} \tag{1-25}$$

将式（1－23）代入式（1－25），得到 B 点最终电压幅值为

$$U_B = \frac{2Z_2}{Z_1+Z_2}U_0 = \alpha U_0 \tag{1-26}$$

式中：α 为波从线路 Z_1 直接传播到线路 Z_2 时的电压折射系数。式（1－26）说明进入线路 Z_2 的电压最终幅值只和 Z_1、Z_2 相关，而与中间线路无关，但中间线路 Z_0 的存在决定了 u_B 的波形和波前特征，具体探讨如下：

（1）当 $Z_0<Z_1$ 和 Z_2（如在两种架空输电线间接入电缆线）时，β_1、β_2 都为正值，折射波均为正波，u_B 逐渐叠加增大直到最终电压 U_B，如图 1－11（a）所示。特别的，当 $Z_0<Z_1$ 和 Z_2 表示中间线路电感较小时，对地电容较大（电缆对应情况），可忽略电感用一个并联电容来代替中间线路，降低了来波陡度，和前面并联电容结论一致。

（2）当 $Z_0>Z_1$ 和 Z_2（如在两种电缆线间接入架空线）时，β_1、β_2 都为负值，折射波均为负波，但是 β_1、β_2 的乘积还是为正，u_B 逐渐叠加增大直到最终电压 U_B，其波形同图 1－11（a）。特别的，当 $Z_0>Z_1$ 和 Z_2 表示中间线路电感较大时，对地电容较小，可忽略电容用一个串联电感来代替中间线路，同样降低了来波陡度，和前面串联电感结论一致。

（3）当 $Z_1<Z_0<Z_2$ 时，β_1 为负，β_2 为正，$\beta_1\beta_2$ 为负，u_B 将在振荡中变大直到最终电压 U_B，如图 1－11（b）所示，且 u_B 最终电压 $U_B>U_0$。

（4）当 $Z_2<Z_0<Z_1$ 时，β_1 为正，β_2 为负，$\beta_1\beta_2$ 为负，u_B 将在振荡中变大直到最终电压 U_B，其波形同图 1－11（b），且 u_B 最终电压 $U_B<U_0$。

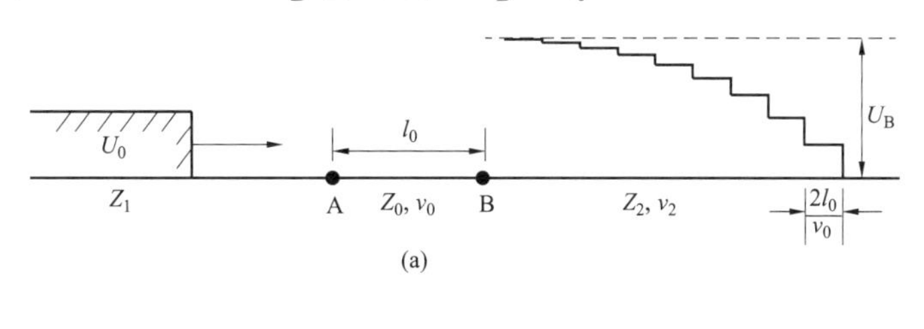

(a)

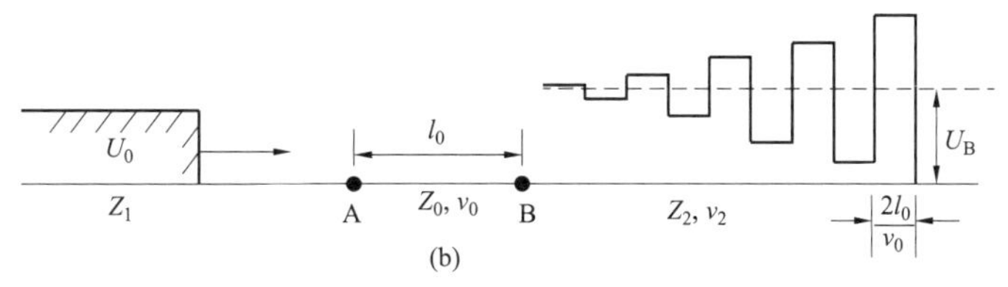

(b)

图 1－11　不同波阻抗组合下的 u_B 波形图

（a）$Z_0<Z_1$ 和 Z_2 或 $Z_0>Z_1$ 和 Z_2；（b）$Z_1<Z_0<Z_2$ 或 $Z_2<Z_0<Z_1$

4. 贝杰隆法计算电力系统过电压

在实际电力系统中，元件和节点往往成千上万，手工分析相当麻烦，甚至无法分析。这种复杂计算一般交给计算机进行，计算机计算过电压的方法很多，但目前国际上广泛应用且能够做出 EMTP 暂态仿真程序的方法仅有贝杰隆法。贝杰隆法计算电力系统过电压利用计算机作为工具，具有计算速度快、改变参数方便、准确度高等优点，下面就贝杰隆法进行简单介绍。

贝杰隆法的核心思想主要在于将行波流经的各种元件等效为带电流源的阻抗等值电路，然后运用电路和矩阵论的知识解方程。下面给出各种电力系统元件的贝杰隆等值电路。

（1）无损耗单导线线路的贝杰隆等值电路如图 1－12 所示。

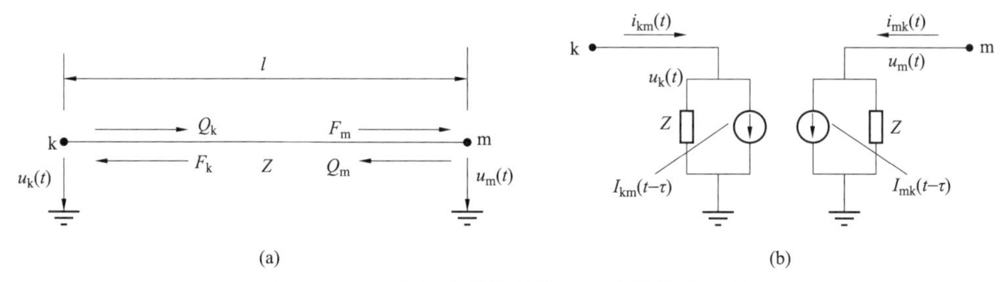

图 1－12　无损耗单导线线路的贝杰隆等值电路

（a）接线图；（b）等值电路

其中

$$\left.\begin{aligned}
i_{km}(t) &= \frac{u_k(t)}{Z} + I_{km}(t-\tau) \\
i_{mk}(t) &= \frac{u_m(t)}{Z} + I_{mk}(t-\tau) \\
I_{km}(t-\tau) &= -\frac{u_m(t-\tau)}{Z} - i_{mk}(t-\tau) \\
I_{mk}(t-\tau) &= -\frac{u_k(t-\tau)}{Z} - i_{km}(t-\tau)
\end{aligned}\right\} \tag{1-27}$$

式中 $\tau = L/v$（v 为波速）。

（2）集中参数电感的贝杰隆等值电路如图 1－13 所示。

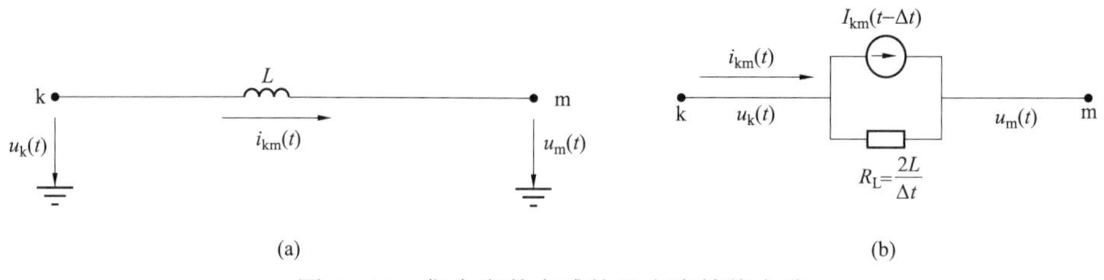

图 1－13　集中参数电感的贝杰隆等值电路

（a）接线图；（b）等值电路

其中

$$\left.\begin{aligned}i_{\mathrm{km}}(t)&=\frac{\Delta t}{2L}[u_{\mathrm{k}}(t)-u_{\mathrm{m}}(t)]+I_{\mathrm{km}}(t-\Delta t)\\I_{\mathrm{km}}(t-\Delta t)&=i_{\mathrm{km}}(t-\Delta t)+\frac{\Delta t}{2L}[u_{\mathrm{k}}(t-\Delta t)-u_{\mathrm{m}}(t-\Delta t)]\end{aligned}\right\}\quad(1-28)$$

式中 Δt 为时间增量。

（3）集中参数电容的贝杰隆等值电路如图 1－14 所示。

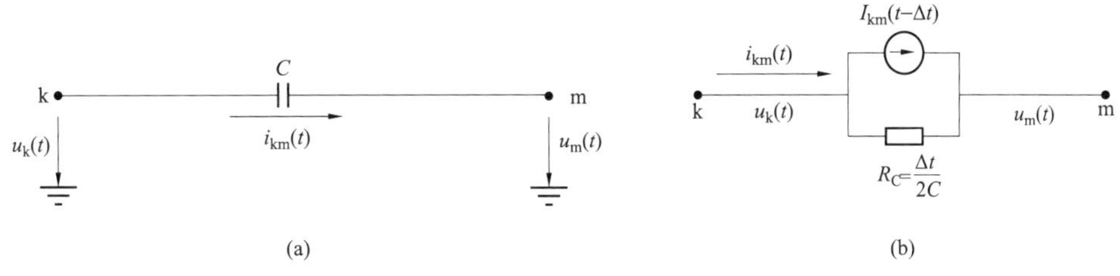

图 1－14　集中参数电容的贝杰隆等值电路

（a）接线图；（b）等值电路

其中

$$\left.\begin{aligned}i_{\mathrm{km}}(t)&=\frac{2C}{\Delta t}[u_{\mathrm{k}}(t)-u_{\mathrm{m}}(t)]+I_{\mathrm{km}}(t-\Delta t)\\I_{\mathrm{km}}(t-\Delta t)&=-i_{\mathrm{km}}(t-\Delta t)-\frac{2C}{\Delta t}[u_{\mathrm{k}}(t-\Delta t)-u_{\mathrm{m}}(t-\Delta t)]\end{aligned}\right\}\quad(1-29)$$

（4）集中参数电阻的贝杰隆等值电路如图 1－15 所示。

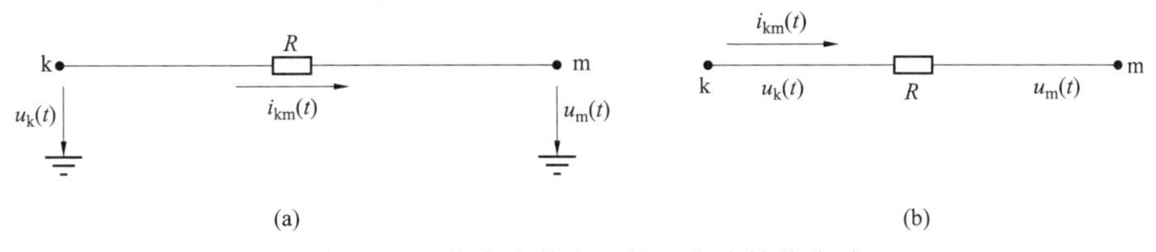

图 1－15　集中参数电阻的贝杰隆等值电路

（a）接线图；（b）等值电路

电阻等效前后保持一致，其中

$$i_{\mathrm{km}}(t)=\frac{1}{R}[u_{\mathrm{k}}(t)-u_{\mathrm{m}}(t)]\quad(1-30)$$

用贝杰隆法计算，需要先计算出 $t=0$ 时刻的各点变量，再依次计算 $t=\Delta t$、$\Delta 2t$、…直到所需时刻的各点变量。某时刻 t 的计算次序如下：

1）根据时刻 t 以前的计算结果，结合式（1－27）～式（1－29）计算出各等值电流源 $I（t-\tau）$ 和 $I（t-\Delta t）$。

2）根据基尔霍夫电流定律，列写节点电流之和为零的方程，带入 1）中所得电流源，得到贝杰隆等值网络节点方程，其形式为

$$\boldsymbol{Yu}(t)=\boldsymbol{i}(t)-\boldsymbol{I}(<t) \tag{1-31}$$

式中：$\boldsymbol{Y}$ 为贝杰隆等值网络的节点电导矩阵；$\boldsymbol{u}(t)$ 为节点电压向量，其中 $u_1(t)$ 为已知；$\boldsymbol{i}(t)$ 为外部电源直接输入节点的电流向量；$\boldsymbol{I}(<t)$ 为时间 t 以前的电压、电流值所决定的等值电流源向量。由上述方程得到 $\boldsymbol{u}(t)$ 的值。

3）结合式（1－27）～（1－30）计算出时刻 t 的各电流值 $i(t)$。

4）再次利用式（1－27）～式（1－30），计算 t 时刻等值电流源 $I(t)$，为下一步计算做准备。

5）令 $t=t+\Delta t$，返回第一步。

1.2　电力系统过电压分类

电力系统各种设备正常情况下，要求在长期耐受工作电压下不损坏、不迅速老化。但是，由于种种原因，处于工作电压下的设备会遭受比工作电压高得多的电压，危及设备绝缘，造成绝缘迅速老化或击穿，酿成事故。这种对绝缘有危险的电压升高称为电力系统过电压。

在电力系统中存在着不同种类的过电压，不同过电压具有不同波形幅值、频率和持续时间等特点，有必要将它们进行区分。关于过电压分类标准基本一致，都主要以过电压的来源和形成原因来分类。下面将具体分类做详细阐述。

（1）过电压分类。一般说来，过电压都是电力系统中的电磁场能量突然发生变化导致的。这种变化有可能是系统外部突然注入的，比如雷电击中导线、设备或者导线附近通过电磁感应方式注入。还有可能是由于系统内部状态、参数发生变化，电磁场能量重新分布。据此，将过电压做如图 1－16 所示分类。

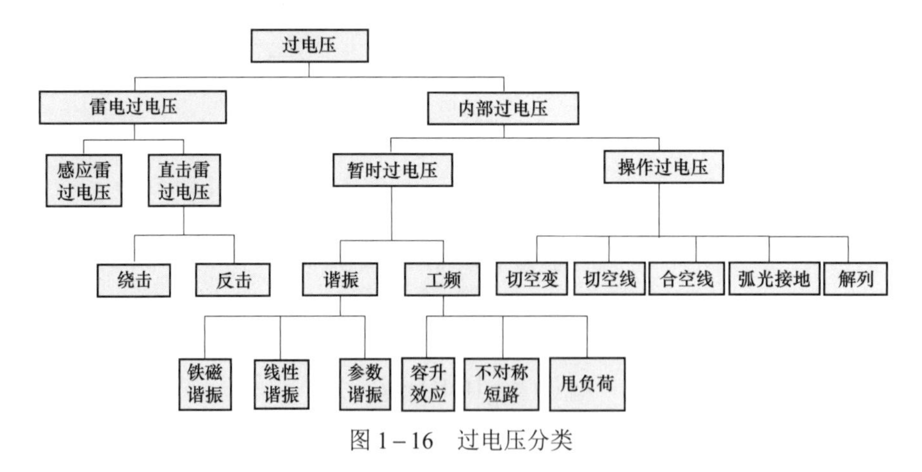

图 1－16　过电压分类

（2）过电压定义。

1）过电压是指相对地之间，电压峰值超过系统最高相对地电压峰值（$U_s\times\sqrt{2}/\sqrt{3}$）的任意波形电压；相对相之间，电压峰值超过系统最高相间电压峰值（$U_s\times\sqrt{2}$）的任意波形电压。

2）持续（工频）电压：具有稳定有效值、持续作用在某一绝缘结构任一对端子上的工频电压。

3）暂时过电压（Te.O）：较长持续时间的工频过电压。

4）暂态过电压（Tr.O）：几毫秒或更短持续时间的过电压，通常是高阻尼振荡的或非振荡的。

暂态过电压分为下述类型：

a）缓波前过电压（SFO）：到达峰值的时间为 20～5000μs，半峰值时间小于 20ms 的暂态过电压。

b）快波前过电压（FFO）：波前时间为 0.1～20μs，半峰值时间小于 300μs 的暂态过电压。

5）联合过电压（COV）：由同时作用于相间（或纵）绝缘的两个相端子的每个端子和地之间的两个电压分量组成。它被归于具有较高峰值分量（暂时、缓波前和快波前）的一类。

为了保证电力系统运行的可靠性、安全性和经济性，在电力系统设计、运行、分析和研究中必须全面了解实际系统的电磁暂态特性。本书中，研究电力系统电磁暂态过程的手段有 3 种：

（1）系统的现场实测方法。

（2）应用实体动模测量分析平台进行物理模拟。

（3）计算机的数字仿真。

1.2.1 大气过电压

输电线路上出现的大气过电压有两种，一种是直击雷过电压，它是由雷直击于线路引起的；另一种是感应雷过电压，是雷击于线路附近地面，由于电磁感应引起的。

直击雷过电压根据雷击点的不同，可分为绕击过电压和反击过电压。由于输电线路击中杆塔顶部或避雷线，引起杆塔电位升高，对输电线路放电所造成的过电压，称为反击，而雷电绕过避雷线的保护，直接击中输电线路引起的过电压，称为绕击。

感应雷过电压的产生分为两种情况，一种是由雷击线路附近大地时，线路上产生的感应雷过电压，另一种是雷击线路杆塔，线路上产生的感应雷过电压。

国际电工委员会（IEC）规定的标准波形，如图 1－17 所示。冲击波形是非周期性指数衰减波，可用波前时间 t_1 及半峰值时间 t_2 来确定。

雷电冲击波在实验室中获得时波前起始部分及峰值部分比较平坦，在示波图上不易确定原点及峰值的位置，所以采用图中所示的等值斜角波头。雷电标准冲击电压波的参数为：$t_1 = 1.2 \pm 30\%\mu s$，$t_2 = 50 \pm 20\%\mu s$，峰值允许误差±30%。为模仿线路上有放电点将波截断的情况，还规定了截断时间的截波波形。

1.2.1.1 雷电放电过程

大自然的雷电放电就其物理本质而言就是火花放电，是一种特长气隙的火花放电。与长气隙击穿过程很相似，不同之处在于由雷电放电的两极所致而非金属电极。

天空出现雷云后，它会随着气流移动或下降，雷云下部多数带负电荷，因此多数雷击是负极性的，负电荷地面会感应出与之极性相反的正电荷。这样一来，雷云与大地之间或

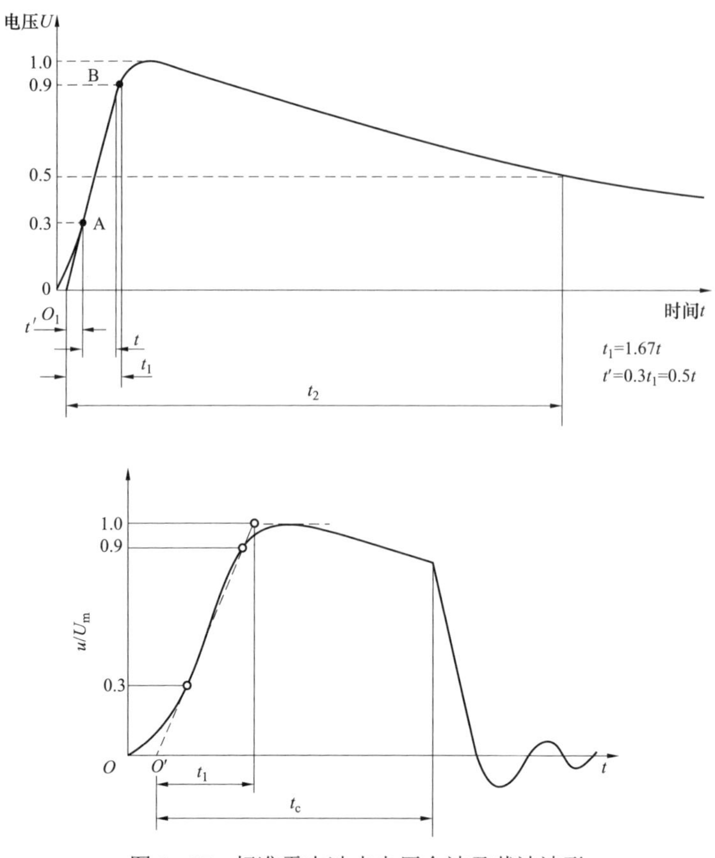

图 1-17　标准雷电冲击电压全波及截波波形

者两块带异号电荷的雷云间会形成强电场，电位差会达到很高，约在数兆伏以上，但因距离很大，所以平均场强不大，一旦在个别地方出现能使该处空气发生电子崩和电晕的场强时，就可能引发雷电放电。雷电有线状雷、片状雷、球状雷等形式，由于电力系统绝大多数雷害事故是由线状雷引起的，在这里主要讨论线状雷。

开始引发放电的场强往往出现在雷云底部，进一步形成流注后就会出现向下发展的逐级引路或先导放电，先导向下推进，每级长度为 25～50m，每级伸展速度约为 10^4km/s，各级间有 30～90μs 的停歇，所以平均发展速度只有 100～800km/s，出现的电流也不大，只有数十至数百安培。当先导接近地面时，地面上的一些高耸物体顶部周围的电场强度也达到了能使空气电离和产生流注的程度，这时出现迎面先导。紧接着与下行先导接通后立即出现强烈的异号电流中和过程，出现极大的电流，这就是雷电的主放电阶段，时间极短，只有 50～100μs，速度高达 20 000～150 000km/s。雷云电荷的中和过程不是一次完成的，往往出现多次重复雷击的情况，第一次“先导—主放电”所造成的第一次冲击主要是中和第一个电荷中心的电荷，第一次冲击完成后，别的电荷中心将对第一个电荷中心放电，利用已有的主放电通道对地放电，从而形成第二次冲击、第三次冲击等，通常第一次冲击放电的电流最大，以后各次较小，如图 1-18 所示为雷电放电的发展过程及雷电流波形。

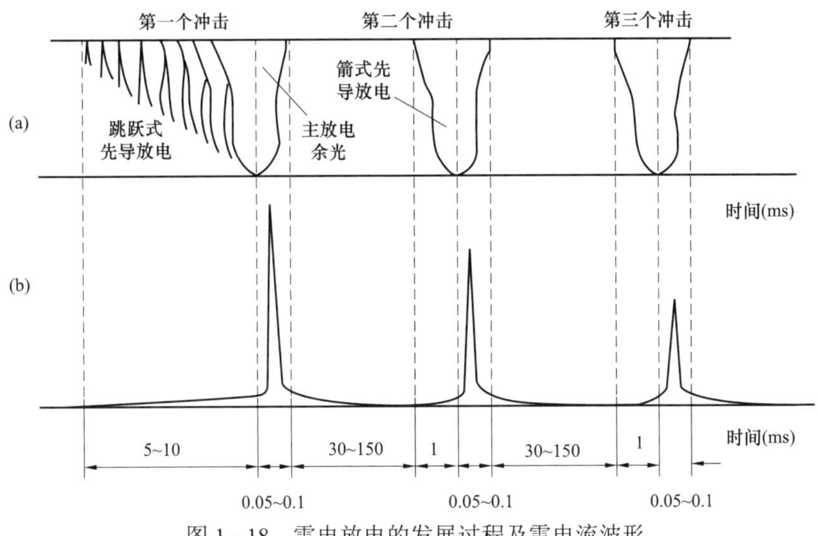

图 1－18　雷电放电的发展过程及雷电流波形

（a）光学照片图；（b）电流波形图

1.2.1.2　雷电参数

（1）雷电活动频度——雷暴日以及雷暴小时。评价一个地区雷电活动的多少通常以该地区多年统计得到的平均出现雷暴天数或小时数作为指标。

雷暴日是一年内发生雷电的天数，以听到雷声为准，一天内无论多少次雷声均记为一个雷暴日。雷暴小时是一年内发生雷电放电的小时数，在一小时内只要有一次雷声，即记为一个雷电小时。世界上各个地区的雷暴日数或雷暴小时数都相差很大，这与所处地区的气象条件、地形地貌等因素有关。

（2）地面落雷密度。雷暴日和雷暴小时仅表示某一地区雷电活动的频率，并不区分是雷云间放电还是雷云对地面放电，但从防雷的角度看，最重要的是雷云对地面放电的次数，所以引入地面落雷密度这个参数，它表示每平方千米地面在一个雷暴日中受到的平均雷击次数。

（3）雷电流幅值。雷电流幅值是表示雷电强度的指标，也是产生雷电过电压的根源，是最重要的雷电参数，也是人们研究得最多的一个雷电参数。根据长期进行的大量实测结果显示，在一般地区，雷电流幅值超过 I 的概率计算为

$$\lg P = -\frac{I}{88} \tag{1-32}$$

式中：I 为雷电流幅值，kA；P 为幅值大于 I 的雷电流出现的概率。

（4）雷电流的波前时间、陡度及波长。实测表明：雷电流的波前时间处于 1～4μs 的范围内，平均为 2.6μs 左右。雷电流的波长处于 20～100μs 的范围内，多数为 40μs 左右。通常，规定在防雷设计中采用 2.6/40μs 的波形。雷电流的幅值和波前时间决定了它的波前陡度 a，它也是防雷计算和决定防雷保护措施时的一个重要参数，单位为 kA/μs。实测表明，波前陡度与幅值 I 的关系式可表示为

$$a = \frac{I}{2.6} \tag{1-33}$$

（5）雷电流的计算波形。雷电流的幅值、波前时间、陡度及波长等参数都在很大的范围内变化，雷电流的波形都是非周期性冲击波。在防雷计算中可按不同要求采用不同计算波形，图 1－19 给出了几种常用的计算波形。

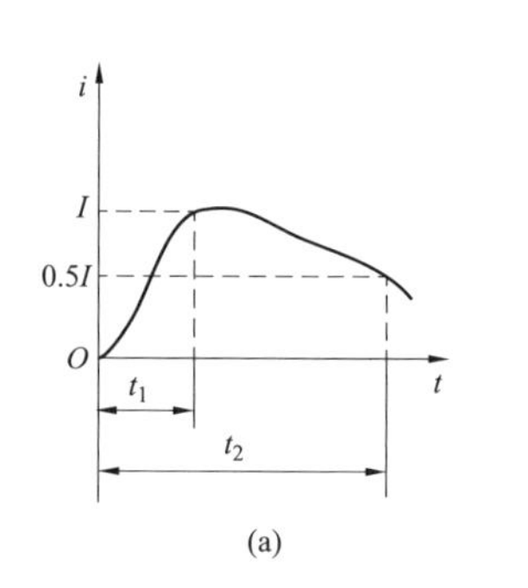

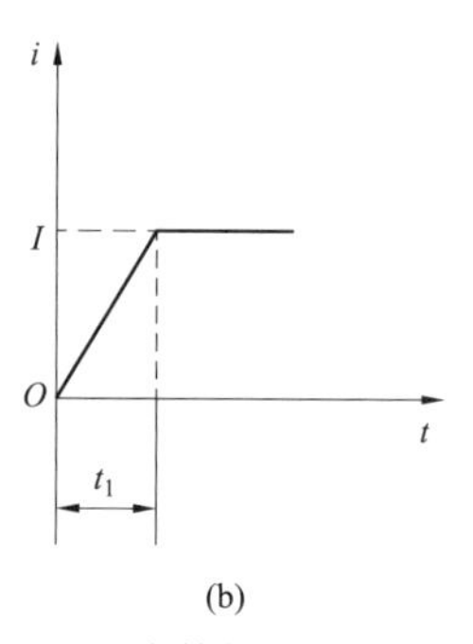

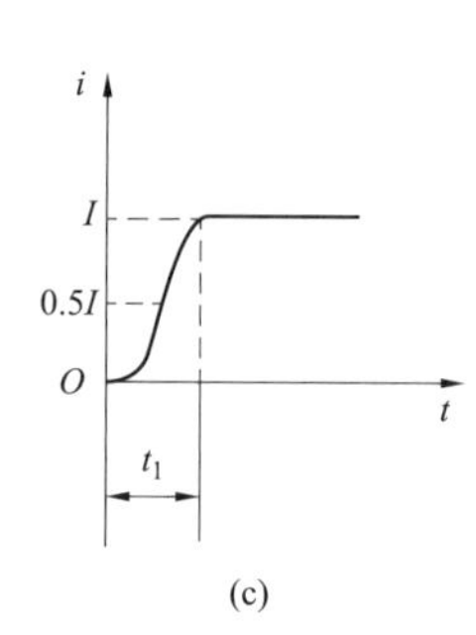

图 1－19　雷电流的等值计算波形

（a）双指数波；（b）斜角波；（c）半余弦波

1）双指数波

$$i = I_0(e^{-\alpha t} - e^{-\beta t}) \tag{1-34}$$

式中：I_0为某一大于雷电流幅值 I 的电流值。

2）斜角波

$$i = at \tag{1-35}$$

式中：a 为波前陡度，kA/μs。

3）半余弦波

$$i = \frac{I}{2}(1 - \cos \omega t) \tag{1-36}$$

1.2.1.3　感应雷电过电压

（1）雷击线路附近大地时，线路上的感应雷过电压。当雷击线路附近大地时，由于电磁感应，在线路上的导线会产生感应过电压，感应过电压的形成如图 1－20 所示。

在雷云放电的初试阶段，存在向大地发展的先导放电过程，线路正处于雷云与先导通道的电场中，由于静电感应，沿导线方向的电场强度分量 E_X 将导线两端与雷云异号的正电荷吸引到靠近先导通道的一段导线上来成为束缚电荷，导线上的负电荷流入大地。当雷云对线路附近的地面放电时，先导通道中的负电荷被迅速中和，先导通道所产生的电场迅速消失，导线上的束缚电荷得到释放，沿导线向两侧运动形成感应雷过电压。感应过电压的幅值只有在极少情况下可达 500～600kV，足以使 60～80cm 的空气间隙发生放电。所以感应过电压对 35kV 及以下的送电线路还是有危险性的，应引起足够的注意。

根据理论分析与实测结果，规程建议，当雷击点离开线路的距离 s＞65m 时，导线上的感应雷过电压最大值 U_g 可按下式计算

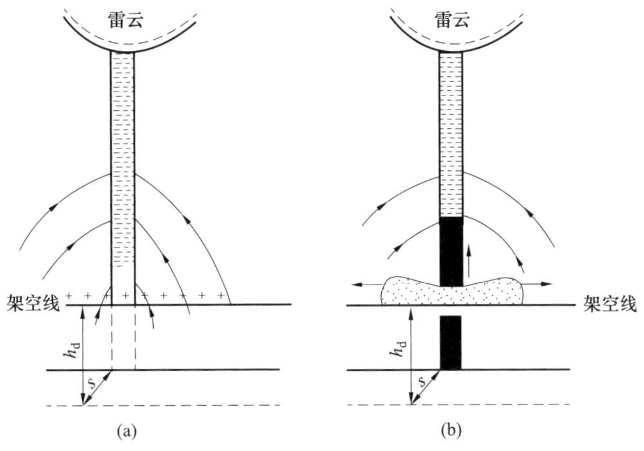

图 1－20　感应过电压形成示意图

（a）主放电前；（b）主放电后

$$U_g = 25\frac{I_L \times h_d}{s} \tag{1-37}$$

式中：I_L 为雷电流幅值，kA；h_d 为导线悬挂的平均高度，m；s 为雷击点与线路的距离，m。

从上述可知，感应雷过电压的极性与雷电流极性相反。

由式（1－37）可知，感应雷过电压与雷电流幅值成正比，与导线悬挂平均高度 h_d 成正比；越高则导线对地电容越小，感应电荷产生的电压就越高；感应雷过电压与雷击点到线路的距离 s 成反比，s 越大，感应雷过电压越小。

感应雷过电压同时存在于三相导线，相间不存在电位差，故只能引起对地闪络，若导线上挂有避雷线，由于其屏蔽效应，导线上的感应电荷就会减少，导线上的感应过电压就会降低。避雷线的屏蔽作用由下面求得。

设导线和避雷线的对地平均高度分别为 h_d 和 h_b，若避雷线不接地，则根据式（1－37）可求得避雷线和导线上的感应过电压分别为

$$U_{g,b} = 25\frac{I_L \times h_b}{s} \tag{1-38}$$

$$U_{g,d} = 25\frac{I_L \times h_d}{s} \tag{1-39}$$

所以

$$U_{g,b} = U_{g,d}\frac{h_b}{h_d} \tag{1-40}$$

但是避雷线实际上是通过每基杆塔接地的，因此可以设想在避雷线上尚有一$U_{g,b}$ 电位，以此来保持避雷线为零电位。由于避雷线与导线的耦合作用，此$U_{g,b}$ 将在导线上产生耦合电压 $kU_{g,b}$，k 为避雷线与导线的耦合系数。

这样，导线上的电位 $(U'_{g,d})$ 将为

$$U'_{g,d} = U_{g,d} - kU_{g,b} \approx U_{g,d}(1-k) \tag{1-41}$$

上式表明，接地避雷线的存在，可使导线上的感应过电压由$U_{g,d}$下降到$U'_{g,d}$。耦合系数k越大，则导线上的感应过电压越低。

（2）雷击线路杆塔时，导线上的感应过电压。式（1－37）只适合于$s>65$m的情况，更近的雷事实上将因线路的引雷而击于线路。雷击线路杆塔时，由于雷电通道所产生的电磁场迅速变化，将在导线上感应出与雷电流极性相反的电压，对一般高度（约40m以下）无避雷线的线路，此感应过电压最大值可计算为

$$U_{g,d} = ah_d \tag{1-42}$$

式中：a 为感应过电压系数，单位为kV/m，其数值等于以kA/μs计的雷电流平均陡度$a=\dfrac{I_L}{2.6}$。有避雷线时，由于其屏蔽效应，式（1－42）应为

$$U'_{g,d} = ah_d(1-k) \tag{1-43}$$

当输电线路发生感应雷过电压时，电流行波为感应电流，三相基本相似。发生反击时，在绝缘子未击穿之前，电流为电磁耦合电流；击穿之后，线路电流由电磁耦合电流突变为直击雷电流。发生绕击时，线路电流为直击雷电流分量。图1－21～图1－23分别为220kV输电线路雷击点处的电流行波信号。

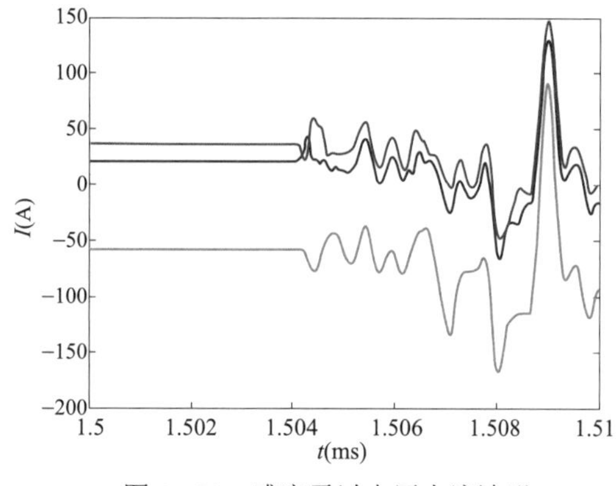

图1－21　感应雷过电压电流波形

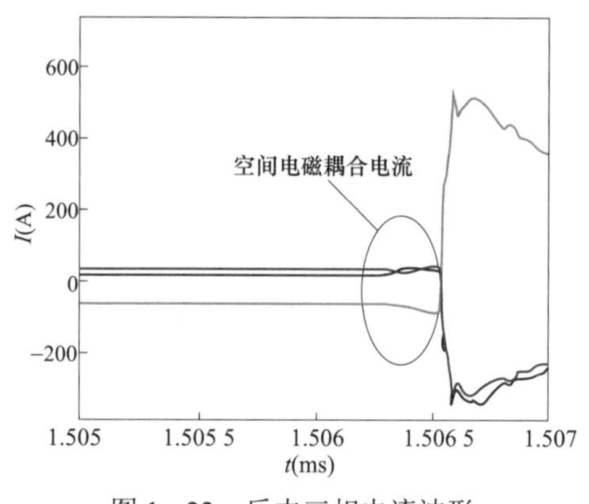

图1－22　反击三相电流波形

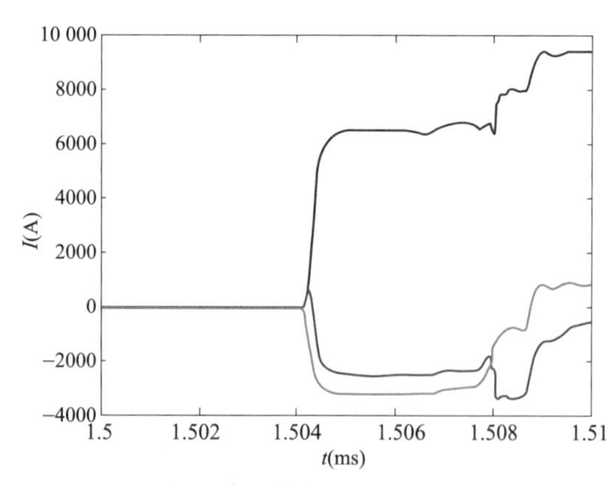

图1－23　绕击三相电流波形

感应雷过电压的三相电流行波为感应电流行波，经过输电线路传播衰减后，三相仍基本相似。反击过电压的三相电流行波电流大幅度跃升之前，存在电磁耦合电流分量，该电磁耦合分量陡度小，上升时间长，绝缘子串击穿之后，由于大量雷电流注入导线，电流行波幅值跃升，陡度增大。绕击过电压没有电磁耦合电流的存在，电流行波在发生雷击后迅速跃升。因此，以三相电流行波相似程度大小以及电磁耦合电流存在与否作为

判断雷电过电压类型的特征量。

1.2.1.4 直击雷电过电压

雷直击于线路的情况分三种，即雷击杆塔塔顶、雷击避雷线档距中央和雷绕过避雷线击于导线，如图 1－24 所示。

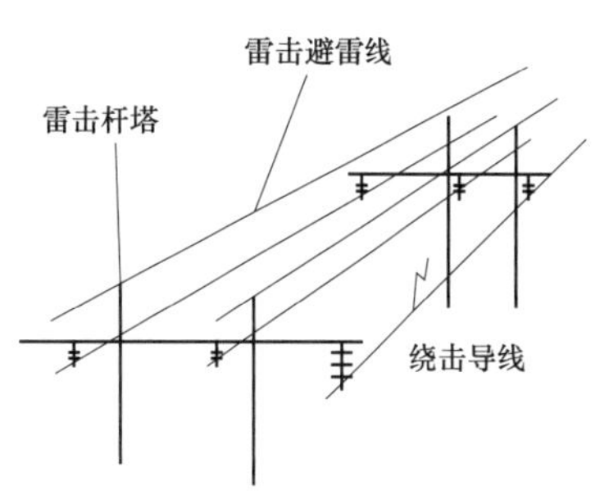

图 1－24 雷击点示意图

1. 雷击杆塔顶时的过电压

工程近似计算中，常将杆塔和避雷线以集中参数电感 L_{gt} 和 L_b 来代替，这样雷击杆塔时的等值电路如图 1－25 所示。

塔顶电位的幅值 U_{td} 为

$$U_{td}=I_L\left(R_{ch}+\frac{L_{gt}}{2.6}\right) \tag{1-44}$$

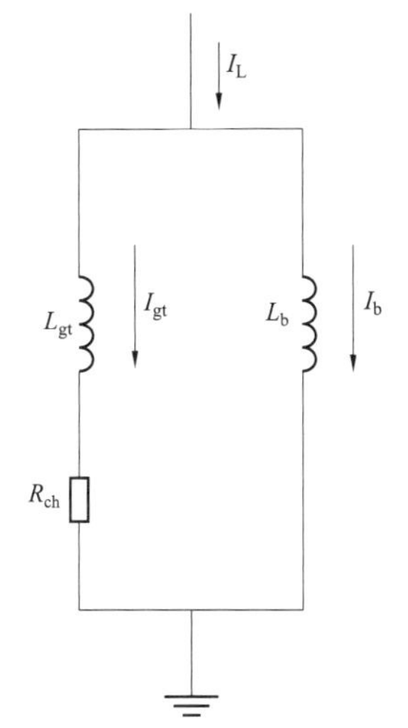

图 1－25 雷击杆塔等值电路

导线电位幅值

$$U_d=kU_{td}-ah_d(1-k) \tag{1-45}$$

线路绝缘上的电压

$$U_j=I_L\left(\beta R_{ch}+\beta\frac{L_{gt}}{2.6}+\frac{h_d}{2.6}\right)(1-k) \tag{1-46}$$

2. 雷击避雷线档距中央时的过电压

雷击避雷线档距中央时的示意图如图 1－26 所示。

雷击点的最高电压

$$U_A=a\times\frac{l}{v_b}\times\frac{Z_0Z_b}{2Z_0+Z_b}(1-k) \tag{1-47}$$

由于避雷线与导线间的耦合作用，在导线上将产生耦合电压 kU_A，故雷击处避雷线与导线间的空气间隙 S 上所承受的最大电压 U_S 为

$$U_S=U_A(1-k)=a\times\frac{l}{v_b}\times\frac{Z_0Z_b}{2Z_0+Z_b}(1-k) \tag{1-48}$$

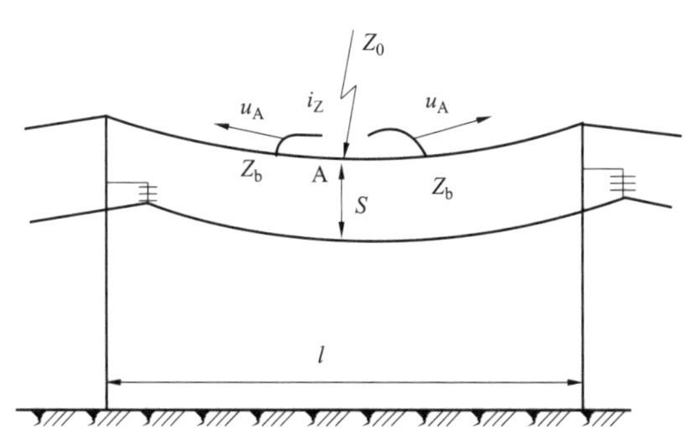

图 1－26 雷击避雷线档距中央示意图

Z_0—雷电通道波阻抗；Z_b—避雷线波阻抗

3. 绕击时的过电压

装设避雷线的线路，使三相导线都处于它的保护范围之内，仍然存在雷绕过避雷线而直接击中导线的可能性，发生这种绕击的概率称为绕击率 p_α。

对平原地区

$$\lg p_a = \frac{\alpha\sqrt{h}}{86} - 3.9 \tag{1-49}$$

对山区

$$\lg p_\alpha = \frac{\alpha\sqrt{h}}{86} - 3.35 \tag{1-50}$$

式中：α 为保护角；h 为杆塔高度，m。

由式可知，山区的绕击率为平原地区的 3 倍，或相当于保护角增大 8°。

现在来计算绕击时的过电压。绕击时雷击点的阻抗为 $Z_d/2$（Z_d 为导线波阻抗），流经雷击点的雷电流波 i_z 为

$$i_z = \frac{i_L}{1 + \frac{Z_d / 2}{Z_0}} \tag{1-51}$$

导线上的电压幅值

$$U_d = I_L \frac{Z_0 Z_d}{2Z_0 + Z_d} \tag{1-52}$$

1.2.2 操作过电压

1.2.2.1 合闸过电压

1.2.2.1.1 合闸空载线路过电压

在电力系统中，合闸空载线路是常有的一种操作。因为线路电压在合闸前后会产生突变，所以此变化的过渡过程会引起空载线路合闸过电压。此种过电压是超、特高压系统中的主要操作过电压。合闸空载线路操作有两种情况：① 正常运行的计划性合闸（例如检修后或新建线路按计划投入运行）；② 线路故障切除后的自动重合闸。由于后者是非零初始条件，合闸时过电压更高。

1. 计划性合闸过电压

空载线路合闸前，线路上不存在残余电压与接地故障，三相对称，为零初始状态。不计导线间的电磁耦合，取一相线路进行研究，其等值电路采用 T 型等值电路，是 $L-C$ 振荡回路，可按图 1-27 进行计算。因振荡频率高$[f_0 = 1/(2\pi\sqrt{L_s C_T})]$，在较短时间内可认为电源电压为定值 E，E 与合闸电压相位角有关，最严重时取电源电压幅值 E_m。可列出回路微分方程为

$$E_m = L_s \frac{di}{dt} + u_C \tag{1-53}$$

因 $i = C_{\mathrm{T}} \dfrac{\mathrm{d}u_{\mathrm{C}}}{\mathrm{d}t}$，可导出

$$L_{\mathrm{s}} C_{\mathrm{T}} \frac{\mathrm{d}^2 u_{\mathrm{C}}}{\mathrm{d}t^2} + u_{\mathrm{C}} = E_{\mathrm{m}} \tag{1-54}$$

这是二阶微分方程，其解为

$$u_{\mathrm{C}} = A\sin\omega_0 t + B\cos\omega_0 t + E_{\mathrm{m}} \tag{1-55}$$

式中，$\omega_0 = 1/\sqrt{L_{\mathrm{s}} C_{\mathrm{T}}}$，$A$、$B$ 为积分常数。当初始条件 $t=0$ 时 $u_{\mathrm{C}}=0$，$i = C_{\mathrm{T}} \dfrac{\mathrm{d}u_{\mathrm{C}}}{\mathrm{d}t} = 0$，可得 $A=0$，$B=-E_{\mathrm{m}}$。可得

$$u_{\mathrm{C}} = E_{\mathrm{m}}(1-\cos\omega_0 t) \tag{1-56}$$

当 $\omega_0 t = \pi$ 时，u_{C} 为最大值，即

$$u_{\mathrm{Cm}} = 2E_{\mathrm{m}} \tag{1-57}$$

合闸空载线路时，电源电压合闸时的相位角 φ 在一个周波区段上是随机变量（见图1-28），一般采用均匀分布，合闸时的电源电压 $|E|$ 一般都小于 E_{m}，合闸过电压一般也小于 $2E_{\mathrm{m}}$。

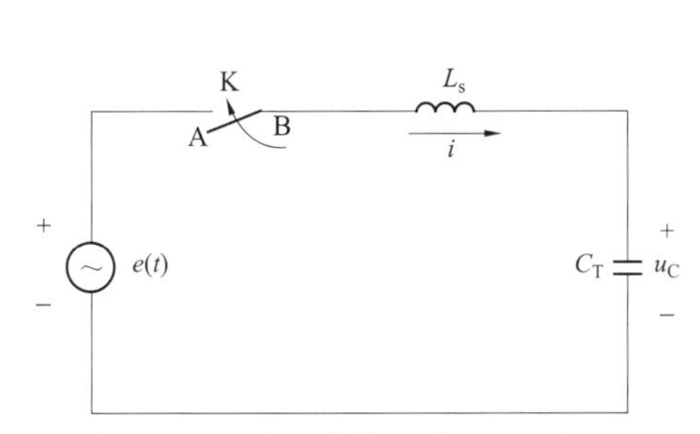

图 1-27　合空载线路的等值计算电路

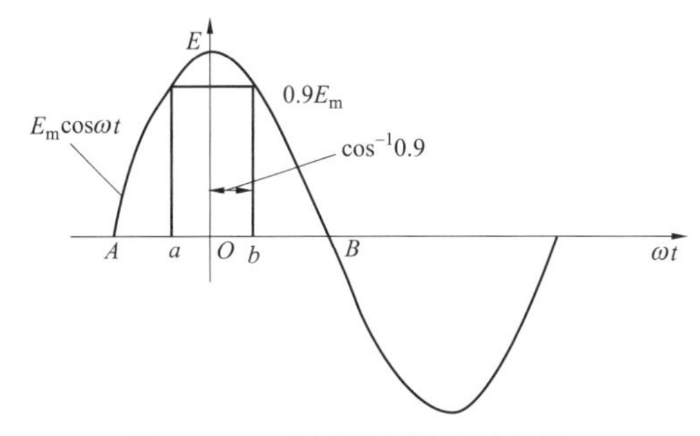

图 1-28　合闸概率计算示意图

合闸空载线路时，因线路电阻和电晕损耗，要使过电压幅值降低，另外考虑输电线路电容效应使交流电压升高，实测到的过电压只有 1.9～1.96 倍。

上述分析是假定在最严重的情况，即合闸时电源电压等于其幅值 E_{m}。但从图 1-28 分析，横轴是合闸相位角，计算合闸过电压概率分布时，合闸相位角应在 2π 长度范围的均匀分布上取值。

假设合闸时电源电压标幺值 $|E|/E_{\mathrm{m}} = 0.9$，合闸时电源电压 $|E|/E_{\mathrm{m}} \geqslant 0.9$ 的概率应为

$$P(|E|/E_{\mathrm{m}} \geqslant 0.9) = \frac{ab}{AB} = \frac{2\arccos 0.9}{\pi} = 28.7\%$$

即合闸时电源电压大于等于 $0.9E_{\mathrm{m}}$ 的概率为 28.7%。

一般来说，当 $|E|/E_{\mathrm{m}} \geqslant k$ 时（k 在 0～1 取值）的概率为

$$\varphi = \frac{2\arccos k}{\pi} \tag{1-58}$$

由式（1-56）知道，合闸空载线路时，最大过电压为 $2E = 2kE_{\mathrm{m}}$，考虑因输电线路的

电容效应乘以工频电压升高系数 K_c（220kV 线路末端取 1.1～1.15，330kV 线路末端取 1.15～1.30），还需要考虑衰减系数 β，此时线路上过电压倍数 $K_0 = 2\beta K_c K$ 。

综合这些因素，线路上过电压倍数超过 K_0 的概率为

$$\varphi = \frac{2}{\pi}\arccos\frac{K_0}{2\beta K_c} \tag{1-59}$$

图 1－29 是合闸过电压概率曲线。计算时所用 $\beta = 0.9$， $K_c = 1.1$。这种过电压极限值是 $2\beta K_c E_m$。

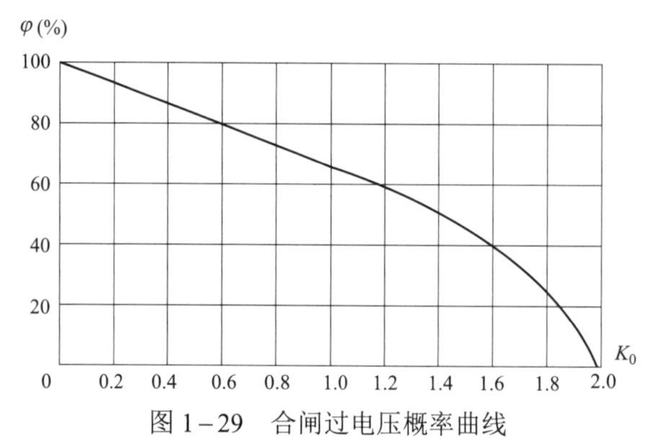

图 1－29　合闸过电压概率曲线

上述分析使用了集中参数电路的 LC 模型，若采用多相输电线路分布参数模型，考虑了导线间的电磁耦合，当输电线很长时，经过上百次的合闸操作计算，也会出现电压倍数大于 2 的情况，这在集中参数电路模型是不会产生的。

2. 自动重合闸引起的过电压

自动重合闸引起的合闸空载线路过电压较高。如图 1－30 所示，当输电线的 C 相接地时，K2 先跳闸，K1 再动作，K1 侧接电源。

健全相 A、B 此时流过的是电容电流，K1 跳闸相当于切除空载线路。根据分析可得，K1 健全相触头在电容电流过零点时熄弧，这时电源电压为最大值。考虑线路单相接地，线路电容效应等因素，线路平均残余电压是 $u_r = 1.3E_m$。在 K1 的自动重合闸动作之前，线路的残余电荷通过导线泄漏电阻泄入大地，这包含绝缘子串电导和空气电导的泄漏（如图 1－31 所示），这与绝缘子表面污秽情况、空气潮湿和雨雪情况有关。电源衰减在较广范围内变化。图中可以看出 0.5s 内下降为 10%～30%。线路放电时间常数一般大于 0.1s。

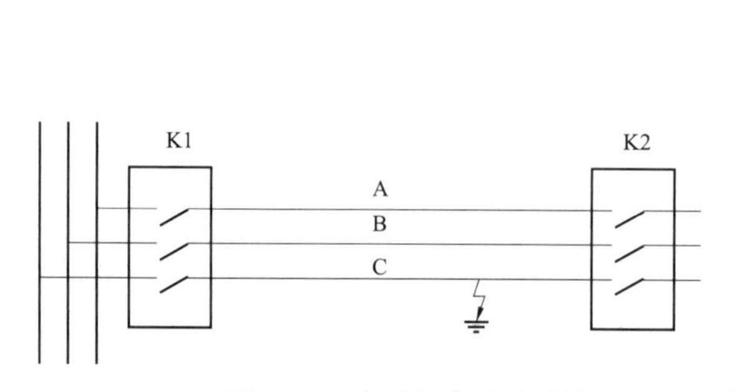

图 1－30　自动重合闸示意图

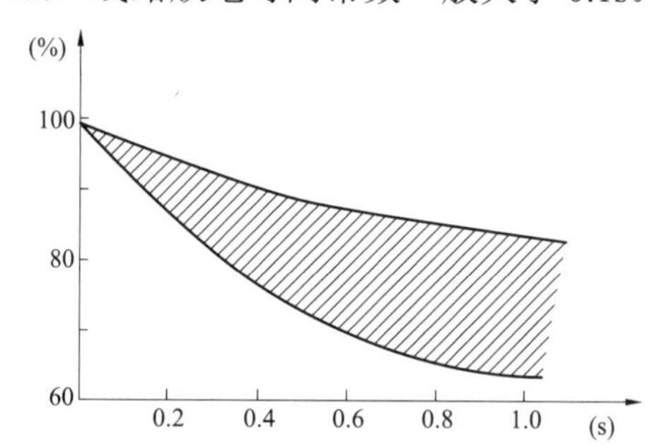

图 1－31　110～220kV 线路残余电压实测泄漏曲线

设 K1 重合闸动作前，线路残压已降了 30%，即 $u_r = (1-0.3)\times 1.3E_m = 0.91E_m$。

最危险的合闸时刻是电源极性与线路残余电压相反，电压值是 $-E_m$ 最大值，情况与切除空载线路类似。这时线路发生高频振荡，振荡的稳态值是 $-E_m$，初值是 $0.91E_m$，最大值是 $u_{max} = -E_m + (-E_m - 0.91E_m) = -2.91E_m$。若不计线路电荷泄漏，过电压还会更高，但重合闸的合闸时刻电源电压不一定是 $-E_m$，这时过电压就较低。

1.2.2.1.2 影响合闸过电压的因素

经以上分析知，空载线路的合闸过电压取决于合闸时电源电压的相位角，且相位角是个随机数值，遵循统计规律。断路器合闸一般有预击穿现象，即在合闸过程中，随着触头间的距离越来越近，触头间的电位差已将介质击穿，使得电气接通比机械触头的接触提前。通过统计油断路器可得，合闸相位角大多处于最大值附近的±30°以内。然而，对于快速空气断路器，合闸相位角的分布较为均匀，既有可能在相位角等于 0°时合闸，也有可能在相位角等于 90°时合闸。

线路上残余电压的极性与大小对于过电压幅值的影响也非常大，这是三相重合闸过电压的重要特点。线路绝缘子表面的泄漏情况会影响残余电压的值。重合闸时间在 0.3～0.5s 内，残余电压通常可以下降 10%～30%。系统使用单相重合闸操作方式时，线路上的残余电压为零。

另外，空载线路的合闸过电压还与电网结构、线路参数、断路器合闸时三相的同期性、母线的出线数以及导线的电晕有关。

1.2.2.1.3 限制合闸过电压的措施

针对过电压的形成及其影响因素，限制合闸过电压的主要措施有：

（1）降低工频稳态电压。对于工频长线路，合理装设并联电抗器是降低工频稳态电压的有效措施。

（2）消除和削减线路残余电压。采用只在故障相分闸、故障相自动重合的单相自动重合闸，能避免在线路上形成残余电压。此外，还可在断路器线路侧装设电磁式电压互感器，它的等值电感和等值电阻与线路电容构成一阻尼振荡回路。因串联电阻消耗能量，可以看成振荡的阻尼因素，使线路残余电荷在自动重合闸重合之前的几个工频周波内把残余电荷泄放掉，这样重合闸的过电压倍数就不会超过 2 倍。

（3）采用带有并联电阻的断路器。在辅助触头合闸时，并联电阻阻值越大，过电压越低；在主触头合闸时，并联电阻阻值越小，过电压越低。综合两种情况，合闸过电压的倍数与并联电阻阻值的关系呈 V 形曲线。根据线路参数可选一适当的合闸电阻，当然也要考虑电阻器制造工艺的困难。

（4）同步合闸。通过特殊装置使断路器触头两端的电位极性相同时，甚至是电位也相等的瞬间完成合闸操作，可大大降低、甚至消除合闸和重合闸过电压。

（5）使用性能良好的避雷器。把 ZnO 型或磁吹避雷器安装在线路首端和末端（线路断路器的线路侧）均能限制合闸空载线路过电压。避雷器应满足在断路器并联电阻失灵或者其他意外情况出现较高幅值的过电压时能可靠动作，将过电压限制在允许范围内。即避雷器作为后备保护配置。

1.2.2.2 分闸过电压

1.2.2.2.1 切除空载线路过电压

电力系统正常运行时要进行切除空载线路（切空线）的操作，这是电网中常见的操作。中国 35～220kV 系统，绝缘水平选得较高，但也发生多次因切除空载线路造成绝缘闪络或击穿事故。电弧重燃是导致切除空载线路过电压的根本原因。这种过电压不但幅值高，而且持续时间长达 0.5～1 个工频周期及以上，是作为确定 220kV 及以下电气设备操作冲击绝缘水平的主要计算依据。

对于空载线路，通过断路器的电流基本上是电容电流，此电流与空载线路电压等级、线路长度、线路结构等因素相关，一般只有几十至几百安培，比高压系统的短路电流小得多。能切断很大短路电流的断路器，有可能切不断空载线路的电容电流，这是因为断路器触头之间的恢复电压很高，可以导致间隙击穿而发生电弧重燃。若断路器间隙有电弧重燃，则连接分闸（断开）的线路电容回路产生电磁振荡，从电源继续获得能量并积累起来，形成过电压。因此，高压断路器不仅要具有较大的短路电流切断容量，而且要做实际的切除空载线路实验。电网中切除电容器组也会发生类似过电压。

1. 切空载线路过电压产生的物理过程

空载线路可以用 T 形等值电路表示，L_T 为线路电感，C_T 为线路对地电容，L_e 为发电机、变压器漏感之和，忽略了母线电容（见图 1-32）。

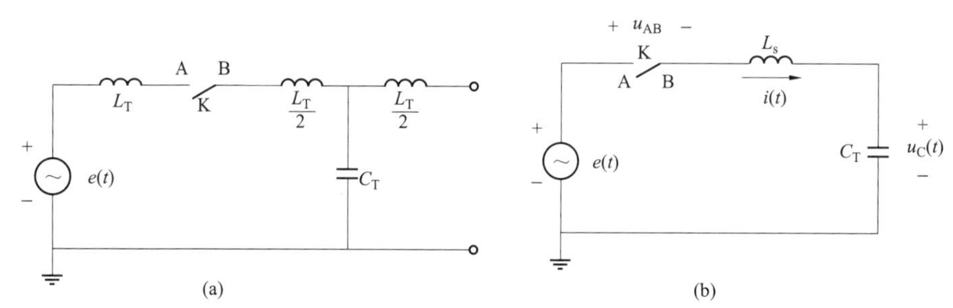

图 1-32　切除空载线路情况下的等值电路

（a）等值电路；（b）简化后的等值计算电路

在一般切除空载线路时，电源 $e(t)$ 的最大运行相电压幅值是 U_{xg}，故障切除时，取发电机或系统暂态电动势计算。在简化等值电路［见图 1-32（b）］中，设电源电动势为

$$e(t)=E_m\cos\omega t \tag{1-60}$$

线路切除前，电感值相对较小，电流为

$$i(t)\approx\frac{E_m}{X_C-X_s}\cos(\omega t+90°) \tag{1-61}$$

式中：X_C、X_s 分别为电容 C_T 的容抗、电感 L_s 的感抗。

切断空载线路过电压的发展过程如图 1-33 所示。

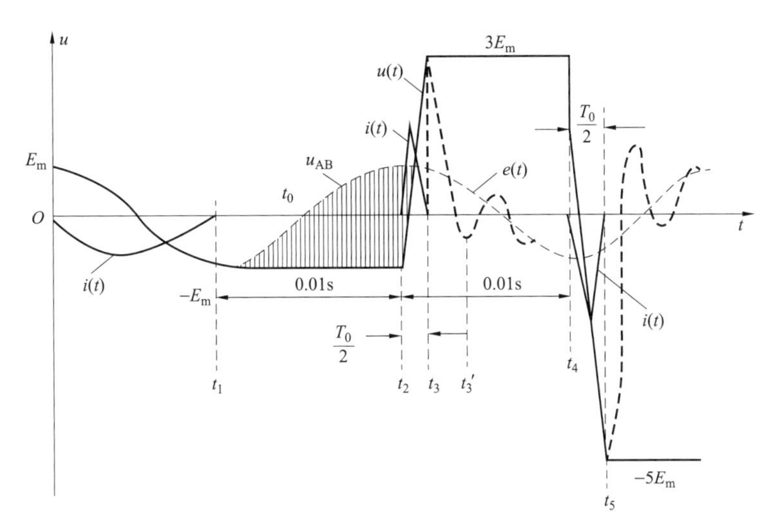

图 1－33　切断空载线路过电压的发展过程

忽略电感 L_s，断路器断开以前（如图 1－32 所示），即 t_1 时刻以前，线路电压为 $u(t)$，即电容电压 $u_C(t)$ 等于电源电压 $e(t)$。讨论最严重的情况，设 t_1 时刻断路器断开，线路电压是 $-E_m$，这时线路上工频电流过零点，断路器发生熄弧。实际上在 t_1 时刻前半个周期内断路器动作，只要电源存在，断路器触点间电弧都是 t_1 时刻熄弧。由于线路有对地绝缘，导线电压保持在 $-E_m$，但断路器触点 A 的电位仍然按余弦曲线变化，即 t_1 后的虚线。断路器触头间出现不断增加的恢复电压，即

$$u_{AB} = u_A - u_B = e(t) - (-E_m) = E_m(1 + \cos\omega t) \tag{1－62}$$

如果断路器触头之间绝缘强度恢复速度大于恢复电压 u_{AB} 上升速度，触头间电弧不会发生重燃，线路切断不会产生任何过电压。但是，若断路器性能差，绝缘强度恢复慢，在 t_2 时刻 $|u_{AB}|$ 可达 $2E_m$ 值，在 $t_1 \sim t_2$ 时间间隔内就有可能发生电弧重燃，电弧是否重燃或重燃时刻的随机性，使过电压值也带有随机性。

在 t_2 时刻发生电弧重燃最为严重，这时电容电压 $u_C(t_2) = -E_m$，电源电压 $e(t) = E_m$，重燃前瞬间，断路器触头间电压为 $|u_{AB}| = 2E_m$。由图 1－32 可知，因电弧导通，电路形成一个 LC 振荡回路，振荡频率为 $f_0 = 1/(2\pi\sqrt{L_s C_T})$，$f_0$ 比工频高得多，因网络参数不同可达几百至几千赫兹，可以近似认为电源电压在高频振荡中保持恒值 E_m 不变。由于回路的电阻损耗，振荡电压波形会趋于电源电压 E_m（如图 1－34 所示）。忽略回路损耗，可看出线路上最高电压可由下式计算

过电压幅值＝稳态值+（稳态值－初始值）

图 1－34 中，稳态值为 E_m，初始值为 $-E_m$，过电压为 $E_m + [E_m - (-E_m)] = 3E_m$。

从振荡曲线来看，LC 回路的电磁振荡类似荡秋千的机械振动，从初始位置到静止位置，还要运动 1 倍距离到另一个极值，与上述电磁振荡相似。

按照最危险的情况，过电压的发展规律是 $3E_m$、$-5E_m$、$7E_m$、…。但实际电弧重燃由于一些复杂因素影响，不可能无限增大。

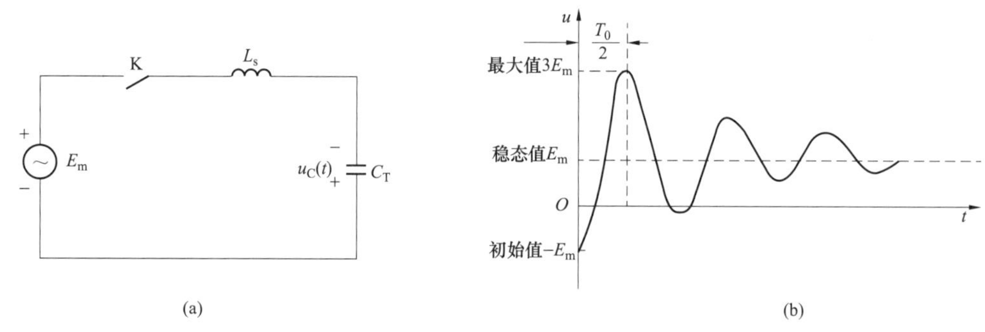

图 1－34 电弧重燃时的等值电路及振荡波形

（a）等值电路；（b）振荡波形

2. 影响切空载线路过电压的因素

切空载线路过电压是由于断路器分断时，触头间发生电弧重燃而产生的。要减少发生这种过电压的概率需要提高断路器的灭弧性能。如果断路器重燃没有发生在电源电压最大值以及电弧熄灭不是在高频电流第一次过零时，那么产生的过电压值会降低，并且随着断路器分断时间的延长与断口开距的增长，其绝缘恢复能力也会大幅提高，引起再次重燃的概率也将会减小。

当系统母线上有其他出线时，相当于等值电路的电源侧并接一个较大的电容，将在断路器重燃瞬间与线路上等值电容 C_T 进行电荷重新分配，使线路上起始电压接近该瞬间的电源电压值，减小了振荡幅值，使过电压降低。另外，出线的有功负荷也可起到阻尼振荡的作用，使得过电压下降。

电网中性点的接地方式对切空载线路过电压也有很大的影响。在中性点不接地时，由于三相断路器动作的不同期，会形成瞬间的不对称，产生中性点位移电压，将增大过电压。

此外，当过电压较高时，线路上出现电晕所引起的损耗会使空载线路的分闸过电压降低。

3. 限制切空载线路过电压的措施

限制切空载线路过电压的最根本措施是设法消除断路器的电弧重燃。为此，可从以下两方面着手：

（1）改善断路器结构，提高开关触头间绝缘介质的恢复速度和开关灭弧能力，避免电弧重燃。目前，空气断路器、带压油式灭弧装置的少油断路器、六氟化硫断路器等，在切空载线路时基本上不会发生重燃，可在源头上抑制过电压的形成。

（2）降低断路器触头间的恢复电压，使之低于介质绝缘强度的恢复，也能达到避免电弧重燃的目的。具体办法有：

1）断路器触头间装设并联电阻。断路器并联电阻大小通常为数百欧至数千欧，一般选择 3000 Ω 来进行切空载线路过电压的限制。

2）断路器线路侧装设电磁式电压互感器。当输电线上接有电磁式电压互感器，断路器断开后，线路上的残余电荷通过电压互感器放电，泄漏使得过渡过程衰减很快，线路上的残余电荷在几个工频周期内泄放，使断路器触头间的恢复电压快速降低，避免重燃或减小重燃后的过电压。

3）对于超高压输电线路，线路侧一般安装并联电抗器。当断路器分闸时，并联电抗器与线路电容构成了振荡回路，其自振频率接近于电源频率，则线路上的电压就成为了振荡的工频电压，使得断路器触头间的恢复电压上升速度极大降低，进而避免了发生电弧重燃，高幅值过电压的发生概率也大大降低。

4）采用性能良好的氧化锌避雷器作为切空载线路过电压的后备保护。

1.2.2.2.2 切除空载变压器

切除空载变压器是电力系统常见操作之一。在正常运行时，空载变压器表现为一励磁电感，切除空载变压器就相当于开断一个小容量的电感负荷，被开断的电感元件中存储的初始电磁能量将会在电感与对地电容构成的回路中转换和释放，产生振荡，在变压器上和断路器上产生很高的操作过电压。同理可知，在进行并联电抗器、消弧线圈和电动机等电感元件的开断操作时，也会出现类似的过电压。现通过分析切除空载变压器的操作，说明此类过电压的产生原因、影响因素和相应的限制措施。

1. 过电压产生的原因及物理过程

产生这种过电压是由于流过电感的电流在自然过零之前就被断路器强行切断，致使电感中带有储能。在切断 100A 以上的交流电流时，开关触头间电弧通常在工频电流自然过零时熄灭，此时等值电感中储存的磁场能量为零，切除过程不会产生过电压；但在切除空载变压器时，由于励磁电流很小，通常只有额定电流的 0.5%～4%，其有效值大概为几安到几十安，在开关去游离作用很强的情况下，电流不过零时就会发生强制熄弧的截流现象，使得电感元件中留有电磁能量。储存在电感中的磁场能量转换为电容中的电场能量，由于电容值较小，从而使得电压很高产生过电压。

为了分析其物理过程，给出如图 1－35 所示的切除空载变压器的简化等值电路。考虑到在工频电压作用下 $i_C \ll i_{LT}$，因而作近似处理 $i = i_{LT} + i_C \approx i_{LT}$。那么，空载电流滞后电源电压。

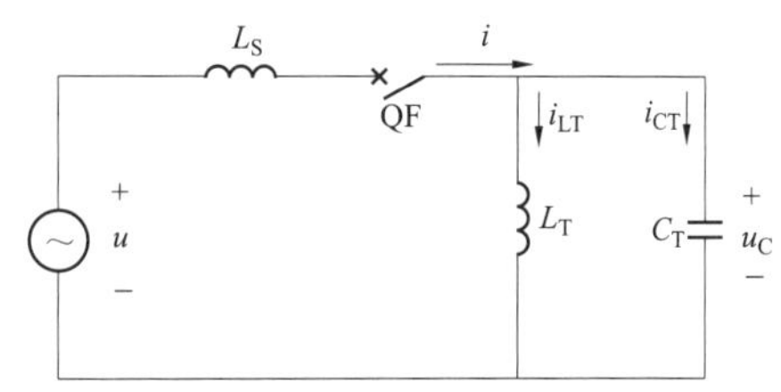

图 1－35 切除空载变压器等值电路

L_T—空载变压器的励磁电感；C_T—变压器对地杂散电容和变压器侧连线对地电容的并联电容值；L_S—母线侧电源的等值电感；QF—断路器

设空载电流在 $i = I_0 = I_m \sin\alpha$（α 为截流时的相角）时被切断，此时电源电压为 $U_0 = U_m \sin(\alpha+90°) = U_m \cos\alpha$。由于变压器励磁电流被断路器突然切断，回路中的电流变化率很大，即 $\frac{di}{dt}$ 很大，那么在变压器绕组电感上的电压 $L\frac{di}{dt}$ 将会很大，因此产生过电压。从能量转化的角度也可以解释，截流瞬时存储于励磁电感和对地电容中的初始磁场能量和电场能量分别为 $W_L = \frac{1}{2}L_T I_0^2$，$W_C = \frac{1}{2}C_T U_0^2$。此后在 L_T 和 C_T 构成的回路中发生电磁振荡，当能量全部集中在电容中时将在电容上出现最大电压 U_{max}，由能量守恒有

$$\frac{1}{2}C_T U_{max}^2 = \frac{1}{2}L_T I_0^2 + \frac{1}{2}C_T U_0^2 \tag{1-63}$$

$$U_{max} = \sqrt{U_m^2 \cos^2\alpha + \frac{L_T}{C_T} I_m^2 \sin^2\alpha} \tag{1-64}$$

又由$I_m \approx \frac{U_m}{2\pi f L}$，自振频率$f_0 = \frac{1}{2\pi\sqrt{L_T C_T}}$，有

$$U_{max} = U_m \sqrt{\cos^2\alpha + \left(\frac{f_0}{f}\right)^2 \sin^2\alpha} \tag{1-65}$$

那么可得过电压的倍数

$$K = \frac{U_{max}}{U_m} = \sqrt{\cos^2\alpha + \left(\frac{f_0}{f}\right)^2 \sin^2\alpha} \tag{1-66}$$

考虑能量转换在实际电路中存在损耗，如铁芯的磁滞和涡流产生的损耗、导线的铜耗等。故引入一损耗系数$\eta_m(\eta_m < 1)$，其大小与变压器绕组铁芯材料及回路振荡频率有关，较高的频率对应较小的损耗系数，范围通常在0.3～0.5内。如此修正之后，则有

$$K = \sqrt{\cos^2\alpha + \eta_m \left(\frac{f_0}{f}\right)^2 \sin^2\alpha} \tag{1-67}$$

由式（1－67）知，当$\alpha = 90°$，也即空载励磁电流在电流幅值处被切断时，取得最大过电压倍数，此时最大过电压倍数为

$$K = \sqrt{\eta_m}\frac{f_0}{f} \tag{1-68}$$

2. 过电压波形特征

截流现象通常发生在电流曲线下降部分，以电流取正半波为例，则根据电压电流相位关系，此时电压必定为负值。当断路器突然熄弧时，励磁电感中的电流不能突变，将继续对对地电容充电，使得电容上的电压继续向负值方向增大，此后由于损耗作用将在回路中出现衰减性振荡，振荡频率为$f_0 = \frac{1}{2\pi\sqrt{L_T C_T}}$，如图1－36所示。

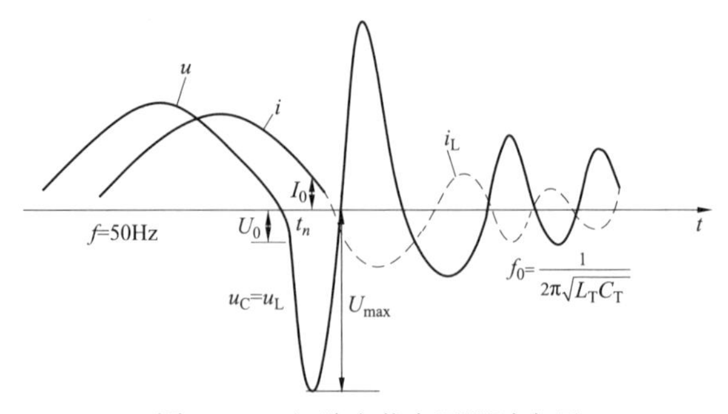

图1－36　切除空载变压器过电压

回路振荡频率 f_0 与变压器的额定电压、容量、结构型式、外部连线的电容等有关。据统计，一般高压变压器对应的振荡频率最高可达到 10 倍工频左右，对于超高压大容量变压器则相对较低，只有工频的几倍左右，相应的过电压值也较低。

大量实测数据表明：切除空载变压器过电压的幅值倍数通常为 2～3，超过 3.5 倍的可能性为 10%，极少数高达 4.5～5.0 倍及以上。

由于变压器绕组间存在电磁联系，因此在变压器的中低压侧进行开断操作时，在其高压侧也会产生相同倍数的过电压，从而对高压侧绝缘造成威胁。

3. 影响因素及限制措施

（1）影响因素。

1）切流值或断路器灭弧性能。由以上分析知，这种过电压的幅值近似地与切流值 I_0 成正比，而空载电流的切流值与断路器的灭弧性能有关，每种断路器的切流值有很大的分散性，但其对应有一个基本稳定的最大可能切流值 $I_{0(\max)}$。一般多油断路器熄弧能力较弱，不会在电流过零前熄弧；对于压缩空气断路器、压油式少油断路器和真空断路器等，会在励磁电流自然过零前将其切断，甚至会在接近励磁电流幅值时切断。因而一般说来，灭弧能力强的断路器在空载电流较大时就能将其切断，因此对应着较高的分闸过电压幅值。

2）励磁电流或励磁电感。空载变压器的励磁电流 I_{LT} 或者电感 L_T 的大小也会对过电压幅值有一定的影响。当励磁电感幅值 $I_{LT} \leqslant I_{0(\max)}$ 时，过电压幅值随 I_{LT} 的增大而增大，过电压最大幅值将在 $i_{LT}=I_{LT}$ 时出现；当 $I_{LT}>I_{0(\max)}$ 时，过电压最大幅值将在 $i_{LT}=I_{0(\max)}$ 时出现。

3）回路振荡频率与变压器额定电压、容量、结构型式、外部连线的电容关系。切除空载变压器过电压的大小与回路振荡频率有关，振荡频率越高，对应的过电压幅值也就越高。而回路振荡频率的大小与变压器的额定电压、容量和结构型式以及变压器与外部连线的电容等有关，如当变压器带有一段电缆时，其引线电容较大，对应的变压器侧等值电容值也越大，因此会降低过电压幅值。同时应指出，在切除空载变压器操作时，绕组中的振荡电流产生的磁链通过整个铁芯，因而另一侧绕组对地电容参与振荡过程，应该按变比进行归算，若该侧接有较长连接线，则相当于增大了对地电容，有利于抑制过电压。此外，通过变压器的绕组改用纠结式绕法以及增加静电屏蔽等使对地电容 C_T 增大的方法也能限制这种过电压。

4）变压器中性点接地方式。切除空载变压器过电压的幅值大小还受变压器中性点接地方式影响。对于中性点不接地的三相变压器，在断路器不同期动作时，由于相间电磁联系，将会引起变压器中性点位移，这样，切除三相空载变压器过电压幅值最高会比单相的情况高一半。

5）断路器触头间电弧重燃。前面分析是在假定断路器截流后触头间不发生电弧重燃的基础上完成的。然而实际上，断路器截流后，变压器回路的高频振荡致使断路器断口的恢复电压上升很快，容易发生电弧重燃。与一般情况下的重燃增大过电压幅值不同，此处的重燃抑制过电压。具体原因为，重燃时，变压器对地电容上的电荷通过电源回路高频放电，电场储能迅速释放，电容电压下降至电源电压，断路器断口的恢复电压下降，断路器断口熄弧。在重燃时，电感电流来不及变化，熄弧后电感向电容充电，断口恢复电压又上升，有可能发生再次重燃，于是又有储能释放，依此下去，储能将越来越少，到断口恢复强度大于恢复电压最大值时不再重燃。这样产生的过电压将会被抑制。

（2）限制措施。

1）加装避雷器。由于这种过电压具有持续时间短、能量较小的特点，因而对其加以限制并不困难，可以采取加装避雷器的方式加以保护。应该注意，用于限制切空变过电压的避雷器需要并接在断路器的变压器侧，以保证在断路器开断操作后，避雷器仍然保护变压器。与防止雷电过电压不同，此避雷器在非雷雨季节也不能退出运行。如果变压器高低压侧中性点具有相同的接地方式，那么考虑经济性，可在变压器低压侧加装避雷器来抑制高压侧的切空变产生的过电压。

2）断路器加装并联电阻。在断路器的主触头上并联一电阻也能有效地限制这种过电压，只是为了起到足够的阻尼作用和限制励磁电流的作用，其阻值应接近电感的励磁阻抗，可达数万欧，与限制切、合空载线路过电压的并联电阻相比，此处属于高值电阻。

1.2.2.3 弧光接地过电压

根据实际运行数据，电力系统中发生的故障超过 60%是因单相接地所致。在中性点采取绝缘方式的电网中发生金属性单相接地故障时，健全相电压将会升高至线电压，但是三相线电压的大小及对称性仍没有改变，为提高供电可靠性，不必立即切除线路，可继续带故障运行不超过 2h。由于线路的对地电容作用，发生单相接地故障时，将会在接地点出现容性电流，如果接地点出现容性电流较大而形成电弧，在工频电流过零时交替地熄弧、重燃，这种断续电弧带来的电感电容元件之间电磁能的振荡就会在电网健全相和故障相产生严重的过电压——弧光接地过电压。

一般情况下，符合标准的良好电气设备的绝缘不会被弧光接地过电压所损坏。但是系统中存在的绝缘较弱的电气设备、一些设备在运行中绝缘强度会下降或某些设备绝缘中的潜伏性故障在预防性试验中未被检查出来时，弧光接地过电压可能会对设备绝缘产生很大的危害。尤其是在配电网中，发生单相接地的概率较大，容易形成不稳定的接地电弧，一旦发生弧光接地过电压，波及范围较广、持续时间较长。因而，对中性点绝缘的系统需要采取相应的措施限制弧光接地过电压。

1.2.2.3.1 过电压产生原因及形成过程

这种过电压产生的原因是电弧起弧瞬间和重燃瞬间系统结构及参数的变化引起了电感电容元件间电磁能量的振荡。

弧光接地过电压发展过程和幅值大小受电弧熄弧时刻的影响。弧光接地电流中包含高频分量和工频分量两种电流分量，可能的熄弧时间有两种：① 电弧在过渡过程的高频振荡电流过零时熄灭；② 电弧在工频电流过零时熄灭。而实际上电弧的熄灭由电流过零时，间隙的恢复强度和恢复电压决定的。下面以工频过零时熄弧的情况说明这种过电压的发展机理。

为便于分析，先作如下简化：忽略线间电容的影响；假设各相导线对地电容均相等。由此可得出如图 1－37 所示的等值电路。

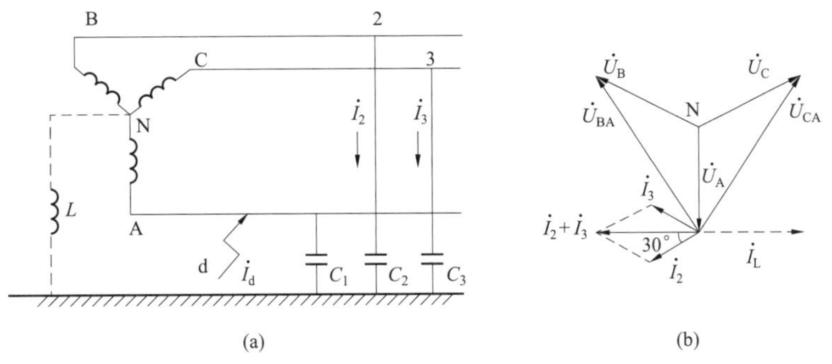

图 1－37　单相接地电路图及向量图

（a）电路图；（b）向量图

假设 A 相发生接地故障，且发生故障时恰值 A 相导线相电压过正幅值，这样 A 相导线电位立即降为零，中性点电位变为相电压，B、C 两相对地电压升为线电压。以 u_A 、 u_B 、 u_C 表示三相电源电压；以 u_1 、 u_2 、 u_3 表示三相导线对地电压，即对地电容上的电压。则可由分析得如图 1－37 所示的过电压发展过程。

设 A 相在 $t=t_1$ 时（ $u_A=+U_m$ ， U_m 为电源相电压幅值）对地起弧，起弧前瞬间作用在三相电容上的是三相电源的电压，分别为

$$\left.\begin{aligned} u_1(t_1^-)&=+U_m \\ u_2(t_1^-)&=u_3(t_1^-)=-0.5U_m \end{aligned}\right\} \tag{1-69}$$

起弧后瞬间，A 相对地电容 C_1 上的电荷通过电弧泄入地下，其电压降为零；两健全相对地电容 C_2、C_3 分别由线电压 u_{BA} 、 u_{CA} 通过电源电感进行充电，从初始电压 $-0.5U_m$ 向此时 u_{BA} 、 u_{CA} 的瞬时值 $-1.5U_m$ 过渡，这一高频振荡过程的振荡频率由电源电感和导线对地电容决定，三相导线的稳态值分别为

$$\left.\begin{aligned} u_1(t_1^+)&=0 \\ u_2(t_1^+)&=u_3(t_1^+)=-1.5U_m \end{aligned}\right\} \tag{1-70}$$

所以，在振荡过程中，C_2、C_3 上可能达到的最大电压为

$$u_{2m}(t_1)=u_{3m}(t_1)=2(-1.5U_m)-(-0.5U_m)=-2.5U_m \tag{1-71}$$

过渡过程结束后， u_2 、 u_3 将分别等于 u_{BA} 、 u_{CA} 。故障点的电弧包含工频分量和迅速衰减的高频振荡分量，如果在高频分量过零时电弧不熄灭，则电弧将在持续燃烧半个工频周期后直到工频电流分量过零时（记为 t_2 ）才熄灭，此时 $u_A=-U_m$ 。熄弧后又产生新的过渡过程，三相导线的初始值分别为

$$u_1(t_2^-)=0\text{，}\ u_2(t_2^-)=u_3(t_2^-)=+1.5U_m \tag{1-72}$$

再来计算熄弧后的稳态值。由于中性点不接地，各相导线电容上的初始电荷在熄弧后仍将保留在系统内，并将在三相电容上重新分配，达到三相电容电荷均等的结果，从而使得三相导线对地电压也相等。如此，中性点将产生一对地直流偏移电压 $U_N(t_2)$

$$U_{\mathrm{N}}(t_2)=\frac{0\times C_1+1.5U_{\mathrm{m}}C_2+1.5U_{\mathrm{m}}C_3}{C_1+C_2+C_3}=U_{\mathrm{m}} \tag{1-73}$$

因此在熄弧后，三相电容电压分别由三相电源电压分量和一直流分量叠加而成，那么熄弧后的稳态值分别为

$$\left.\begin{aligned} u_1(t_2^+)&=u_{\mathrm{A}}(t_2)+U_{\mathrm{N}}(t_2)=-U_{\mathrm{m}}+U_{\mathrm{m}}=0\\ u_2(t_2^+)&=u_{\mathrm{B}}(t_2)+U_{\mathrm{N}}(t_2)=0.5U_{\mathrm{m}}+U_{\mathrm{m}}=1.5U_{\mathrm{m}}\\ u_3(t_2^+)&=u_{\mathrm{C}}(t_2)+U_{\mathrm{N}}(t_2)=0.5U_{\mathrm{m}}+U_{\mathrm{m}}=1.5U_{\mathrm{m}} \end{aligned}\right\} \tag{1-74}$$

由此得到三相电容电压的新稳态值与初始值相等，所以在此熄弧瞬间的过渡过程中没有振荡现象的产生。

熄弧半个工频周期后，即在 $t_3=t_2+T/2$ 时，故障相导线电压达到最大值 $2U_{\mathrm{m}}$，如果在此时故障相电弧重燃，u_1 又突降为零，再次进入过渡过程。三相电容重燃前的初始值和重燃后新的稳态值分别为

$$\left.\begin{aligned} u_1(t_3^-)&=2U_{\mathrm{m}}\\ u_2(t_3^-)&=u_3(t_3^-)=-0.5U_{\mathrm{m}}+U_{\mathrm{m}}=0.5U_{\mathrm{m}} \end{aligned}\right\} \tag{1-75}$$

$$\left.\begin{aligned} u_1(t_3^+)&=0\\ u_2(t_3^+)&=u_{\mathrm{BA}}(t_3)=-1.5U_{\mathrm{m}}\\ u_3(t_3^+)&=u_{\mathrm{CA}}(t_3)=-1.5U_{\mathrm{m}} \end{aligned}\right\} \tag{1-76}$$

振荡过程中，C_2、C_3 上的电压可能达到的最大值为

$$u_{2\mathrm{m}}(t_3)=u_{3\mathrm{m}}(t_3)=2(-1.5U_{\mathrm{m}})-0.5U_{\mathrm{m}}=-3.5U_{\mathrm{m}} \tag{1-77}$$

此后的“熄弧—重燃”过程与此相同。

1.2.2.3.2 过电压波形及特征

理论上两健全相的最大过电压倍数为 3.5，故障相的最大过电压倍数为 2.0。

过电压的最大值发生在故障相电弧重燃瞬间，故障相电压始终没有振荡，健全相电压在故障相电弧起弧瞬间和重燃瞬间发生高频振荡且过电压波形极性一致。

这种过电压的振荡频率由电源电感和导线对地电容决定，一般在几百到几千赫兹。由于这种过电压在电弧重燃时产生，如果不对电弧加以限制，其持续时间将会较长。工频电流过零时熄弧的弧光接地过电压波形如图 1－38 所示。

1.2.2.3.3 影响因素及限制措施

1. 影响因素

（1）电弧熄灭与重燃时的相位。以上的分析是在基于电弧起弧和重燃均发生在故障相达到电压幅值时刻且熄弧发生在工频电流过零时刻的假设下进行的，出现的过电压倍数是最严重的情况。实际上，电弧的燃烧和熄灭受发弧部位的周围介质和大气条件等的影响，具有随机性。

（2）系统的相关参数。如在相同情况下，考虑相间电容时比不考虑相间电容时的这种过电压要低，原因是燃弧后非故障相对地电容和与故障相间的相间电容并联在一起，燃弧

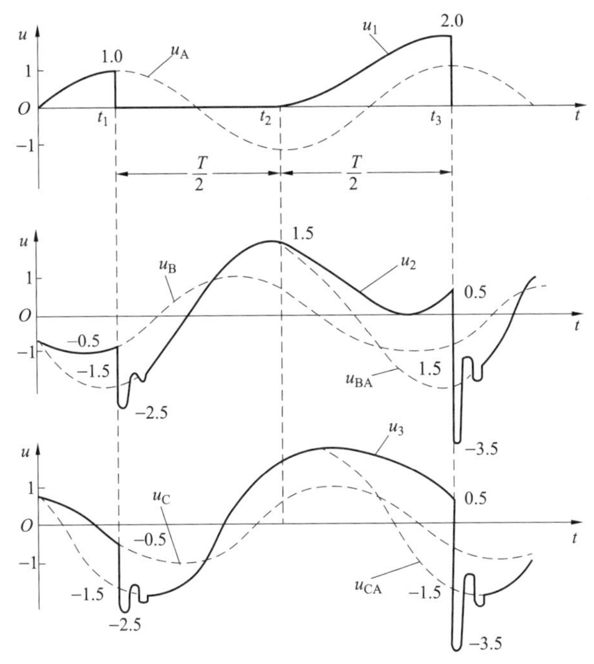

图 1－38　工频电流过零时熄弧的弧光接地过电压波形

前两者的电压不等，那么振荡过程之前会发生电荷重新分配的过程，结果使得非故障相电压起始值与稳态值的差值减小，减小了振荡幅值，从而降低过电压。

由于电源和线路电阻以及电弧本身的弧阻等带来的损耗，振荡过程中过电压的幅值也达不到此数值。

（3）中性点接地方式。若将中性点直接接地，一旦发生单相接地，接地点将流过很大的短路电流，断路器跳闸切断电源，从而彻底消除弧光接地过电压。

2. 限制措施

因为这种过电压的产生原因是断续电弧的出现，要对其进行限制，最根本的办法就是设法限制断续电弧，可以通过改变中性点接地方式来实现。

（1）采用中性点有效接地。此时单相接地将产生很大的单相短路电流，断路器立即动作，切除故障，一段短时间间歇故障点电弧熄灭后再自动重合闸。如果成功可恢复送电，如果不能，断路器再次跳闸，不会出现断续电弧，从而抑制弧光接地过电压。这种方式用于 110kV 及以上电压等级的电网。

（2）中性点经消弧线圈接地。中性点有效接地的方式的采用将会在单相接地故障时引起断路器跳闸，使得供电可靠性大大降低。因此，对于 66kV 及以下电压等级的线路，由于采用中性点有效接地方式对降低绝缘水平的经济效益不明显，所以大都采用中性点非有效接地方式，以提高供电可靠性。当发生单相接地故障，线路的对地电容电流较大难以自熄时，可在中性点处加装一电感线圈，中性点的对地电位对电感线圈产生感性电流，从而补偿了接地点处的电容电流，使得流经故障点处的总体电流较小，抑制断续电弧的产生，从而抑制这种过电压。

1）消弧线圈的作用。消弧线圈是一个带有气隙的可调铁芯电感线圈，伏安特性不易饱和，使用时接在中性点与地之间。现以图 1－37（a）来分析其抑制过电压的原理。

假设 A 相发生单相接地故障，接地点电流包括非故障相通过对地电容的电容电流向量之和 $(\dot{I}_2+\dot{I}_3)$ 以及流过消弧线圈的电感电流 $\dot{I}_{\mathrm{L}}$，根据向量图有接地点电流 $\dot{I}_{\mathrm{d}}=\dot{I}_2+\dot{I}_3+\dot{I}_{\mathrm{L}}$。选择适当的消弧线圈电感 L 值（即选择合适的补偿电感电流 $\dot{I}_{\mathrm{L}}$），可使得接地电流足够小，接地电弧很快熄灭且不易重燃，从而限制了弧光接地过电压。

2）消弧线圈补偿度。消弧线圈补偿度定义为：消弧线圈电感电流对对地电容电流的百分数，用 K 表示，即

$$K=\frac{I_{\mathrm{L}}}{I_{\mathrm{C}}}=\frac{U_{\mathrm{m}}/\omega L}{\omega U_{\mathrm{m}}(C_1+C_2+C_3)}=\frac{\left[1/\sqrt{L(C_1+C_2+C_3)}\right]^2}{\omega^2}=\frac{\omega_0^2}{\omega^2} \qquad (1-78)$$

式中，$\omega_0=\dfrac{1}{\sqrt{L(C_1+C_2+C_3)}}$ 为电路的自振角频率。将 $1-K$ 称为脱谐度，用 ν 表示。

根据补偿度的不同，消弧线圈可以运行于 3 种不同的状态：

（a）欠补偿。$I_{\mathrm{L}}<I_{\mathrm{C}}$，$\omega L>1/[\omega(C_1+C_2+C_3)]$，即消弧线圈的电感电流不足以完全补偿电容电流，这种情况下接地点电流为容性电流。对应着 $K<1,\nu>0$。

（b）全补偿。$I_{\mathrm{L}}=I_{\mathrm{C}}$，$\omega L=1/[\omega(C_1+C_2+C_3)]$，即消弧线圈电感电流刚好补偿电容电流，此时消弧线圈与对地电容处于并联谐振状态，故障点电流为非常小的阻性电流。对应 $K=1,\nu=0$。

（c）过补偿。$I_{\mathrm{L}}>I_{\mathrm{C}}$，$\omega L<1/[\omega(C_1+C_2+C_3)]$，此时故障点电流为感性电流。对应 $K>1,\nu<0$。

消弧线圈的补偿度太小，流过故障点的残流较大，且故障点恢复电压增长速度快，不利于电弧熄灭。补偿度越大，故障点恢复电压增长速度减小，容易灭弧。但全补偿时，在正常运行时，中性点将会产生很大的位移电压。为避免中性点电位升高很大到来的危险，最好使得三相对地电容相等，因此需进行线路换位。实际上对地电容不能做到完全对称，消弧线圈不能工作于全补偿状态。

消弧线圈一般采取过补偿 5%～10%。原因是在电网发展的过程中会使电容电流增大，若采取欠补偿方式，补偿度将会减小甚至到失去消弧作用，若采取过补偿则当电网发展时可运行于欠补偿状态而继续起到补偿作用。另外，若采取欠补偿方式，可能会因部分线路退出运行而形成全补偿，造成较大的中性点电位偏移，引起零序网络中严重的铁磁谐振过电压。

1.2.2.4 电力系统解列过电压

当电网因为某种原因（如线路接地故障）而失去稳定，线路两端电源的电动势将产生相对摆动（失步），摆动的频率一般很低。为了避免事故的扩大，必须将系统快速解列，原则上这种解列可以发生在任意摇摆角，即线路两端电源的功角差 δ 可以是任何数值，然而在最糟糕的情况下，例如，在反向或接近反向（$\delta=180^{\circ}$）时发生解列跳闸，会引起很高幅值的过电压。此外，若系统发生单相接地故障，断路器操作切除故障，也会引起振荡而

产生过电压。

输电线路两端电源电动势失步时的接线如图 1－39 所示。因失步摇摆的频率很低，断路器开断时，系统实际上处于工频稳态。假设断路器（k2 处）分断瞬间，送电端电动势 $\dot{E}_1$ 和受电端电动势 $\dot{E}_2$ 间的功角差 $\delta > 90°$。断路器开断前，沿线工频稳态电压分布如图 1－39（b）中曲线 1 所示，这时两端电源电动势接近反向，沿线电压按线性分布，k2 端的电压为 $-U_{k2}$。断路器跳闸系统解列，k2 开断后沿线工频稳态电压分布如图 1－39（b）中曲线 2 所示，按照余弦规律分布，线路末端电压稳态值为 U_{km}。k2 断开后，沿线电压要发生高频振荡，线路端部的电压从 $-U_{k2}$ 过渡振荡至 U_{km}，过渡过程中线路端部产生的最大过电压为

$$U_{2m} = 2U_{km} - (-U_{k2}) = 2U_{km} + U_{k2} \tag{1-79}$$

根据以上分析可知，这种情况下的解列过电压幅值取决于解列时线路两端电动势间的功角差 δ。当功角差 $\delta > 90°$ 时，解列过电压最大值可能超过两倍；当功角差 $\delta < 90°$ 时，解列过电压小于两倍。

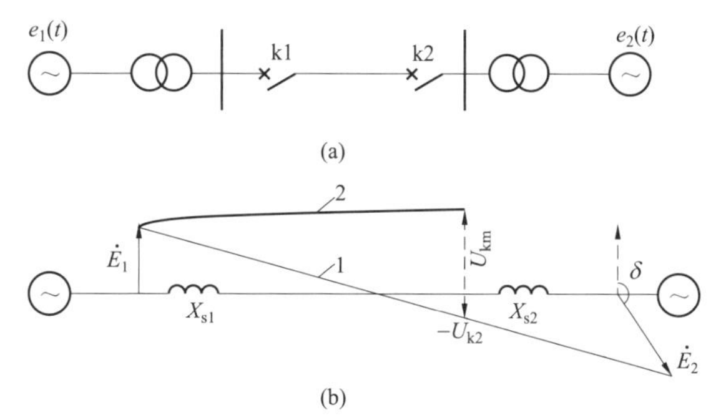

图 1－39　分析电源失步解列过电压的示意图

（a）接线图；（b）k2 开断前、后沿线稳态电压分布

系统发生单相接地，断路器跳闸切除故障时，也会产生过渡过程而引起暂态过电压，分析接线如图 1－39 所示。设在 k2 的输出端发生接地故障，这时沿线电压分布如图 1－40 所示，基本按照线性分布，在 k2 的端部电压为零（接地故障点）。断路器跳开切除故障，沿线的稳态电压分布如图 1－40 中曲线 2 所示，按余弦规律分布，线路末端的电压最高为 U_{km}。k2 跳开的过渡过程中，线路末端的电压从零经振荡过渡至 U_{km}，这个过程中可能产生的最大过电压幅值为

$$U_{2m} = 2U_{km} \tag{1-80}$$

进一步分析表明，振荡波形由工频稳态电压和各次谐波叠加构成，当各次谐波系同号时产生的过电压最大，可等于 2 倍；实际上，由于各次谐波到达幅值的时间差异和振荡的衰减，一般过电压倍数为 1.5～1.7。

在串补系统中，若发生切除接地故障的操作，产生的暂态过电压将会更高，分析接线如图 1－41 所示。图中 C 为串补电容，通常 C 呈欠补偿状态，故接地后其压降 U_C 与电源电压反相。k2 跳开故障切除后，图 1－41 中 k 点电压从 $-U_C$ 过渡至 U_{km}，在这个过程中产生

的最大过电压为

$$U_{2m} = 2U_{km} + U_C \tag{1-81}$$

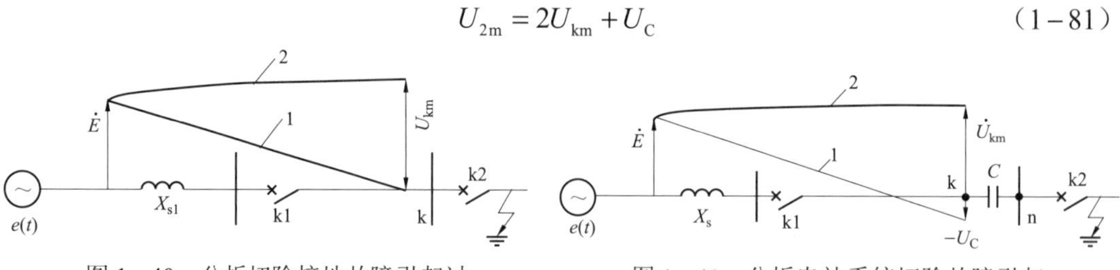

图 1－40　分析切除接地故障引起过电压的示意图

图 1－41　分析串补系统切除故障引起过电压的示意图

图 1－41 中 n 点振荡过电压将更高，为

$$U_{nm} = U_{2m} + U_C = 2(U_{km} + U_C) \tag{1-82}$$

通过上述分析可知，在此种情况下，最大过电压数值与U_C值有关，而U_C的具体值取决于补偿度及故障点的位置。

综上分析，两端电动势间的功角差δ是影响解列过电压的首要因素，线路长度与解列后仍带线路的电源容量、解列点的位置等也是影响解列过电压的其他因素。如果解列发生在$\delta = 180°$、电源容量较小、线路很长等不利情况下，那么过电压的值会很高。不过在实际中，这种可能性是非常小的，若计及两侧电源的低一级电压线路的联系，上述不利条件更难同时出现。

采用金属氧化物避雷器是限制解列过电压的现实措施。当然，理想情况是采用自动装置，当系统异步运行时，控制断路器在两端电动势摆动不超过一定角度的范围内开断，进而从根源上限制解列过电压。

1.2.3　工频过电压

根据经验统计，电力系统中有很多故障形式，其中不对称短路最为常见。在中性点直接接地系统中，其中性点电位已经被大地电位固定。所以当其发生单相接地故障时，非故障相对地电压不会升高。而中性点不接地系统，发生单相接地故障时，非故障相电压升高。而发生两相对地短路时，非故障相电压也会升高，但比较而言，电压升高由单相接地引起的程度更大。正常或接地故障时电力系统中所出现的幅值超过最大工作相电压、频率等于工频（50Hz）或接近工频的过电压成为工频过电压。工频过电压的形成，主要有以下原因：

（1）空载长线路的电容效应。

（2）不对称短路引起的非故障相电压升高。

（3）甩负荷引起的工频电压升高。

工频过电压特点：

（1）工频电压升高的幅度会直接影响操作过电压的实际幅值。

（2）工频电压升高的幅值会影响保护电器的保护效果以及工作条件。

（3）工频电压升高持续时间长，对设备绝缘及其运行性能有重大影响。

工频过电压就其过电压倍数的大小来讲，对系统中正常绝缘的电气设备一般不构成危险。对于超高压系统，决定电气设备的绝缘水平将起越来越大的作用。

由此可知，工频电压升高在绝缘裕度较小的超高压输电系统中得以重视的原因如下：

（1）工频电压升高大都在空载或轻载条件下发生，与多种操作过电压的发生条件相同或相似，所以它们有可能同时出现、相互叠加。因此在设计高电压的绝缘时，还应考虑到它们的联合作用。

（2）工频电压升高是决定某些过电压保护装置工作条件的重要依据，所以它直接影响避雷器的保护特性和电力设备的绝缘水平。

（3）由于工顿电压升高是不衰减或弱衰减现象，持续的时间很长，对设备绝缘及其运行条件也有很大的影响。

然而根据经验表明，大部分情况下工频电压的升高由于其幅值并不大，对电力系统中正常绝缘的设备不造成威胁。但下列情况仍需引起注意：

（1）工频电压升高的持续时间长（乃至于长期存在），对设备的运行性能与绝缘有很大的影响。

（2）工频电压升高的大小会对保护电器的保护效果以及工作的条件产生影响。

（3）工频电压升高的大小会对操作过电压的幅值造成影响。

1.2.3.1 空载长线路电容效应引起的工频过电压

（1）已知输电线路具有分布参数的性质，然而在输电线路距离不太大时，可以用集中参数的Π型等值电路来替代，如图1－42所示。

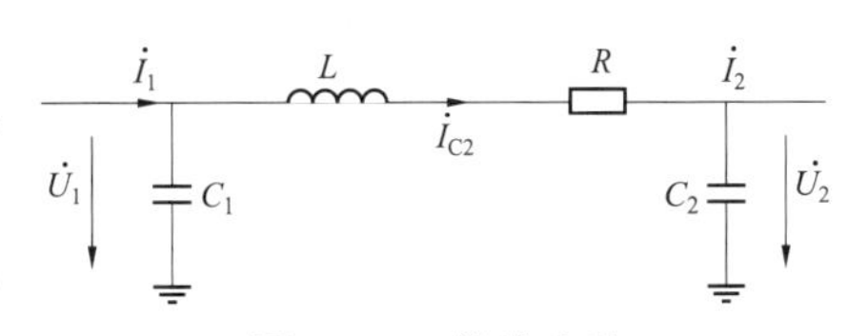

图1－42 等值电路

根据运行经验，大多数线路的感抗远小于线路容抗，那么在空载线路（$\dot{I}_2=0$）时，在首端电压的作用下，根据KVL，可列出

$$\dot{U}_1=\dot{U}_2+\dot{U}_R+\dot{U}_L=\dot{U}_2+R\dot{I}_{C2}+jX_L\dot{I}_{C2} \tag{1-83}$$

$\dot{U}_2$作参考相量，可得到图1－43所示相量图。

已知空载线路的工频感抗X_L小于工频容抗X_C，根据运行经验大多时候R远小于X_L与X_C，所以在电源电动势E的作用下，线路中流经的电容电流在X_L形成的压降$\dot{U}_L$使得X_C上的电压$\dot{U}_C$高于电源电动势。由此可见电容上的压降大于电源电动势，也是空载线路的电感—电容效应（电容效应）引起的工频电压升高。因为输电线路对地有电容，根据KVL，线路电压$\dot{U}=\dot{U}_R+\dot{U}_L+\dot{U}_C$，$\dot{U}_R$、$\dot{U}_L$、$\dot{U}_C$相位依次差90°，相加是矢量和。已知$\dot{U}_L$和$\dot{U}_C$差180°，也就是正好相反，$\dot{U}_C$大的情况，原来的$\dot{U}_L+\dot{U}_C$就小，即总分压就小，会使得末端电压升高。

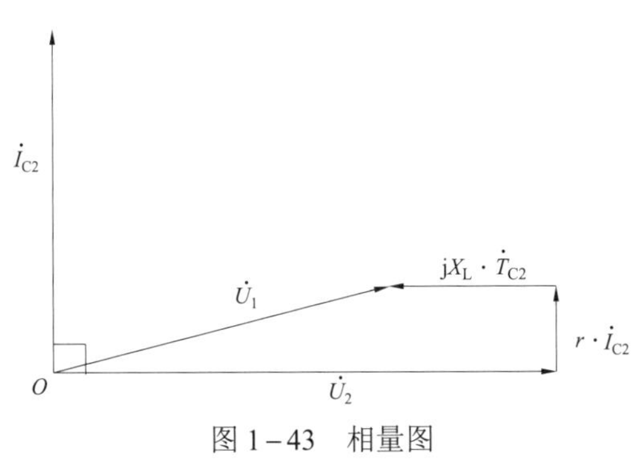

图1－43 相量图

由于输送距离的增加以及输电电压幅值的提高，在分析由于空载长线路电容效应引起的工频过电压时，需要采取分布参数电路进行。采用图1－44所示的Π型等值电路图。

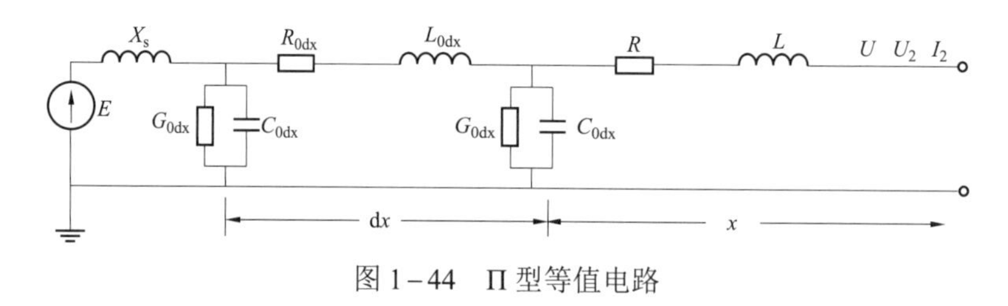

图 1-44 Π 型等值电路

根据图 1-41，可因此得知线路上距开路的末端 x 处的电压为

$$\dot{U}_x = \frac{\dot{E}\cos\theta}{\cos(\alpha l + \theta)}\cos\alpha x \tag{1-84}$$

$$\theta = \tan^{-1}\frac{X_S}{Z} \tag{1-85}$$

$$Z = \sqrt{\frac{L_0}{C_0}} \tag{1-86}$$

$$\alpha = \frac{\omega}{v} \tag{1-87}$$

式中：$\dot{E}$ 为电源电压；X_s 为电源等值电抗；Z 为线路导线波阻抗；ω 为电源角频率；v 为光速。

（2）结论。

1）空载线路的工频电压从末端开始，沿线至首端呈余弦规律分布

$$\dot{U}_x = \dot{U}_2\cos\alpha x \tag{1-88}$$

可推得线路末端电压为最高。

2）线路的长度会影响线路末端的电压升高程度

$$\dot{U}_1 = \left.\frac{\dot{E}\cos\theta}{\cos(\alpha l + \theta)}\cos\alpha x\right|_{x=l} = \dot{U}_2\cos\alpha l \tag{1-89}$$

$$U_B = U_C = \alpha U_{xg}\frac{\dot{U}_2}{\dot{U}_1} = \frac{1}{\cos\alpha l} \tag{1-90}$$

由此可得，线路越长，会造成线路末端工频电压升高越严重。而根据运行经验，在实际情况中，由于线路电阻和电晕损耗的限制，工频电压升高都不会超过 2.9 倍。

3）工频电压升高受电源容量的影响

$$\dot{U}_x = \frac{\dot{U}_1}{\cos\alpha l}\cos\alpha x \tag{1-91}$$

电源漏抗的存在犹如增加了线路长度，加剧了空载长线路末端的电压升高。在单电源供电系统中，宜以最小运行方式的 X_s 为依据，估算最严重的工频电压升高。而对于两端供电的长线路系统，在进行断路器操作时，应按照如下步骤进行：线路合闸时，先合电源容量较大的一侧，后合电源容量较小的一侧；而线路切除时，先切除容量较小的一侧，后切

除容量较大的一侧。

4）空载线路沿线电压分布如图 1－45 所示

$$\dot{U}_x=\frac{\dot{U}_1}{\cos\alpha l}\cos\alpha x \qquad (1-92)$$

为了解决工频电压升高的问题，常用并联电抗器。补偿线路的电容电流，从而减弱容性电流，得以抑制由空载长线路电容效应引起的工频电压升高。

假定电抗器并接于线路的末端，接线如图 1－46 所示。

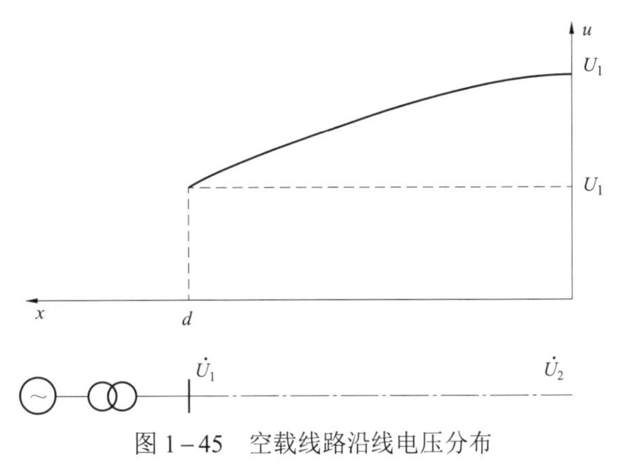

图 1－45　空载线路沿线电压分布

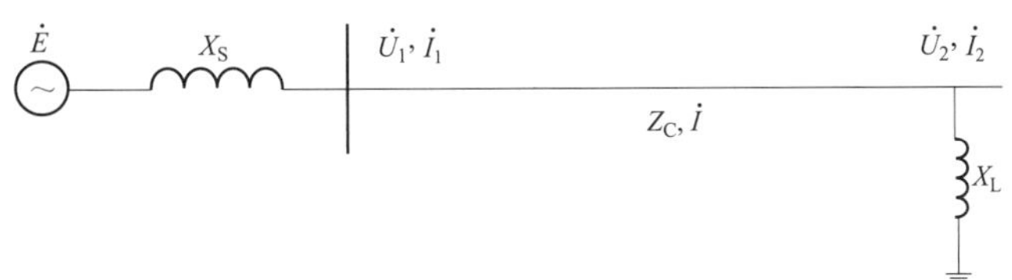

图 1－46　线路末端并联电容器

根据电路原理，可得

$$\dot{U}_2=\frac{\dot{E}}{\left(1+\frac{X_S}{X_L}\right)\cos\alpha l+\left(\frac{Z_C}{X_L}-\frac{X_S}{Z_C}\right)\sin\alpha l} \qquad (1-93)$$

由式（1－92）可知，末端电压随着电抗器容量的增大而减小。原因是并联电抗器的电感能补偿线路的对地电容，衰减电容效应。并联电抗器的作用也不仅限于工频电压升高，还与系统稳定、自励磁、无功平衡等有关。

1.2.3.2　不对称短路引起的工频电压升高

三相完全短路是对称短路，单相短路、两相短路和有一相经过阻抗元件接地的三相短路都是不对称短路。不对称短路是输电线路最常见的故障形式，短路电流中的零序分量会使健全的相上出现工频电压升高（常称为不对称效应）。系统中的不对称短路故障，以单相接地故障最常见，且引起的工频电压升高也最为严重。

电力系统发生不对称故障时，故障点各相的电流、电压是不对称的，一般用对称分量法以及复合序网来分析，计算也很简便。再者，阀式避雷器的灭弧电压一般取决于单相接地时的工频电压升高，因此这里仅探讨单相接地的情况。

单相接地的复合序网图如图 1－47 所示，单相接地系统接线如图 7－48 所示。

假定 A 相接地

$$\dot{U}_A=0,\dot{I}_B=\dot{I}_C=0$$

于是

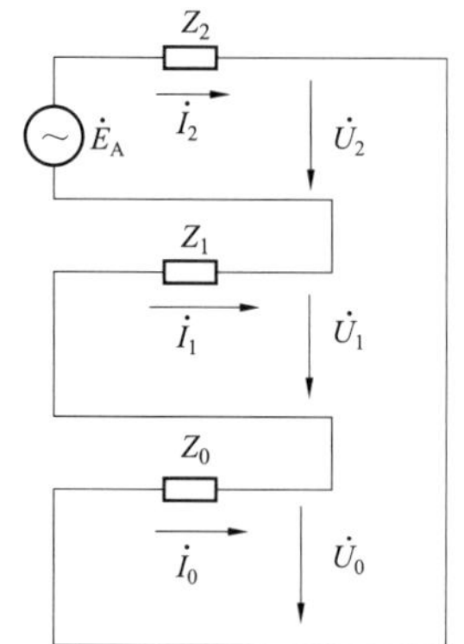

图 1－47　单相接地的复合序网图

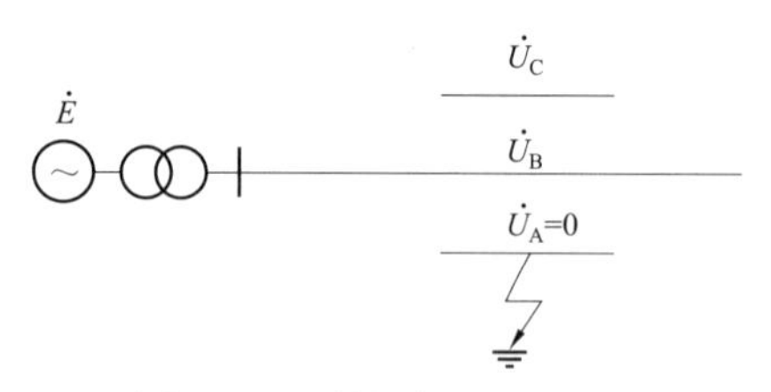

图 1－48　单相接地系统接线

$$\dot{U}_{\mathrm{B}}=\frac{(a^2-1)Z_0+(a^2-a)Z_2}{Z_1+Z_2+Z_0}\dot{E}_{\mathrm{A}} \tag{1-94}$$

$$\dot{U}_{\mathrm{C}}=\frac{(a-1)Z_0+(a^2-a)Z_2}{Z_1+Z_2+Z_0}\dot{E}_{\mathrm{A}} \tag{1-95}$$

$$a=\mathrm{e}^{\mathrm{j}\frac{2\pi}{3}}$$

式中：$\dot{E}_{\mathrm{A}}$ 为正常运行时故障点处的电压；Z_0、Z_1、Z_2 为从故障点看进去的电网正序、负序、零序阻抗。

对于系统中电源容量较大的情况，发电机电抗在入口阻抗中所占比例较小，可认为 $Z_1\approx Z_2$。若忽略阻抗中的电阻分量，那么可以写成

$$\dot{U}_{\mathrm{B}}=\left[-\frac{1.5\frac{X_0}{X_1}}{2+\frac{X_0}{X_1}}-\mathrm{j}\frac{\sqrt{3}}{2}\right]\dot{E}_{\mathrm{A}} \tag{1-96}$$

$$\dot{U}_{\mathrm{C}}=\left[-\frac{1.5\frac{X_0}{X_1}}{2+\frac{X_0}{X_1}}-\mathrm{j}\frac{\sqrt{3}}{2}\right]\dot{E}_{\mathrm{A}} \tag{1-97}$$

$\dot{U}_{\mathrm{B}}$、$\dot{U}_{\mathrm{C}}$ 的模值是

$$U_{\mathrm{B}}=U_{\mathrm{C}}=mU_{\mathrm{xg}} \tag{1-98}$$

其中

$$m=\sqrt{3}\frac{\sqrt{1+k+k^2}}{k+2} \tag{1-99}$$

m 是接地系数，代表的是当发生单相接地故障时，非故障相的最高对地工频电压的有效值与无故障时的对地电压的有效值之比。接地系数的大小与零序阻抗关系极大，特别是在简化式中，接地系数的大小决定于比值 $k=\frac{X_0}{X_1}$。

综上可以得到 A 相接地故障时非故障相的工频电压升高与 $\frac{X_0}{X_1}$ 的关系图，如图 1－49、图 1－50 所示。

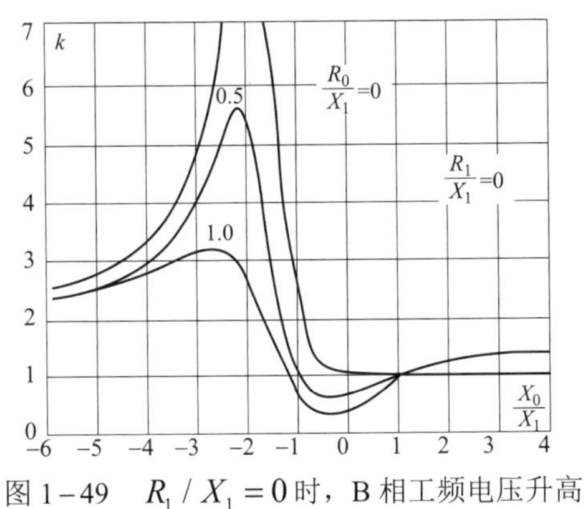

图 1－49　$R_1/X_1=0$ 时，B 相工频电压升高

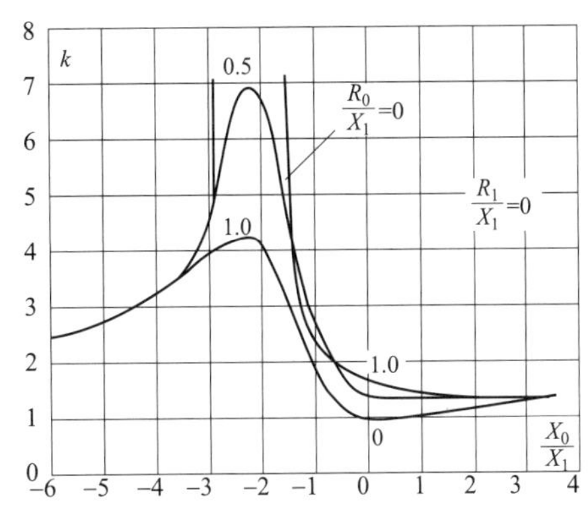

图 1－50　$R_1/X_1=0$ 时，C 相工频电压升高

横坐标为 $\frac{X_0}{X_1}$，可由曲线看出单相接地时非故障相工频电压升高系数与 $\frac{X_0}{X_1}$ 的变化关系。当 $\frac{X_0}{X_1}$ 为不大的正值时，非故障相电压低于额定电压。当 $\frac{X_0}{X_1}$ 在（－6～4）范围内，曲线具有特殊的形状，不考虑损耗时，健全相电压在 $\frac{X_0}{X_1}=-2$ 处趋于无穷大。

在此探讨非故障相的电压升高程度在中性点不同接地方式的情况下对于中性点不接地（绝缘）的电网：X_0 取决于线路的容抗，故为负值。单相接地时健全相上的工频电压升高约定为额定（线）电压 U_N 的 1.1 倍，避雷器的灭弧电压按 110%U_N 选择，可称为“100%避雷器”。

对于中性点经消弧线圈接地的 35～60kV 电网：在过补偿状态下运行时，X_0 为很大的正值，单相接地时健全相上电压接近等于额定电压 U_N，于是用“100%避雷器”。

对于中性点有效接地的 110～220kV 电网：X_0 为不大的正值，其中 $\frac{X_0}{X_1}\leqslant 3$。

单相接地时健全相上的电压升高不大于系统最高电压的 0.8 倍，于是用“80%避雷器”。

1.2.3.3　甩负荷引起的工频电压升高

在传输较大容量的输电线路中，当断路器由于某种原因而造成突然跳闸甩掉负荷时，会在原动机和发电机内产生一系列机电暂态过程，甩负荷是造成工频电压升高的一个原因。

在发电机瞬间失去部分乃至所有负荷时，一般电网负荷为感性，感性负荷的电流对发电机的电枢反应起去磁作用。当突然甩负荷后这一去磁电枢反应也随之消失，但根据磁链守恒原理，穿过励磁绕组的磁通来不及变化，使发电机端电压升高。同时，甩掉感性负荷的长线路呈容性，容性电流又对发电机起助磁的电枢反应。

另一角度，从机械过程来思考，发电机突然甩掉一部分的有功负荷以后，由于原动机的调速器上惯性的影响，在短时间内输入原动机的功率还未来得及减少，导致发电机转速加大、电源频率上升，不仅发电机的电动势随转速的增大而升高，而且加剧了线路的电容效应，最终导致电压升高的程度较大。

当分析线路的工频电压升高的情况时，若考虑到突然甩负荷、单相接地以及空载线路的电容效应三种情形，即工频电压升高可以达到相当大的数值。由运行经验显示：大多数时候，220kV 及其以下的电网中不需要采取特别措施来限制工频电压的升高；然而在 330～500kV 超高压电网中，需采取静止补偿装置或者并联电抗器等方式，来限制工频电压的升高，将其限制在 1.3～1.4 倍相电压以下。再一次说明，工频电压升高的倍数虽然不大，一般不会对电力系统的绝缘造成危害，但在裕度较小的超高压输电系统中仍需给以重视。

工频电压升高的影响因素：

（1）断路器跳闸前输送负荷的大小。

（2）空载长线路的电容效应。

（3）发电机励磁系统及电压调整器的特性。

（4）原动机调速器及制动设备的惰性。

1.2.3.4 工频过电压的防范措施

运行经验表明：一般情况下，220kV 及以下的电网中不需要采取特殊措施来限制工频电压升高；330～500kV 超高压电网中，应采用并联电抗器或静止补偿装置等措施，将工频电压升高限制到 1.3～1.4 倍相电压以下。主要有：

（1）利用并联高压电抗器补偿空载线路的电容效应。

（2）利用静止无功补偿器 SVC 补偿空载线路电容效应。

（3）变压器中性点直接接地可降低由于不对称接地故障引起的工频电压升高。

（4）发电机配置性能良好的励磁调节器或调压装置，使发电机突然甩负荷时能抑制容性电流对发电机的助磁电枢反应，从而防止过电压的产生和发展。

1.2.4 谐振过电压

电气设备中包括有电感或电容属性的元件，如电力变压器、互感器、发电机、消弧线圈、电抗器、线路导线等的电感可作为电感元件，线路导线的对地电容、相间电容、补偿电容器、高压设备的杂散电容等可作为电容元件。当系统进行操作或发生故障时，这些电感、电容元件形成各种振荡回路，在一定条件下，可能产生不同类型的谐振现象，导致系统中某些部分（或设备）上出现过电压，这就是谐振过电压。

谐振是一种周期性或准周期性的运行状态，由于电网或电路中某些设备和负荷的非线性特性产生了谐波，只要某部分电路的自振频率与电源的谐波频率相近时，这部分电路就会出现谐振现象。谐振过电压持续时间比操作过电压长得多，甚至可能稳定存在，直到破坏谐振为止。正是因为谐振过电压持续时间长，所以危害也大。谐振过电压将危及电气设备绝缘，也可能因谐振持续的过电流烧毁小容量电感元件设备，这些可能影响过电压保护措施的选择。

谐振回路中包含有电感、电容和电阻，通常认为系统中的电容 C 和电阻 R 是线性元件，而电感元件则有三种不同的特性：线性电感、非线性电感、周期性变化电感。在不同电压等级以及不同结构的电力系统中，根据电路中所含的不同电感，谐振分为线性谐振、非线性谐振和参数谐振。

在超高压、特高压系统中，由于变压器中性点系直接接地或经很小阻抗接地，导致中性点电位基本固定，因此在低压系统中由于电磁式电压互感器饱和引起的谐振过电压在超、特高压系统中不可能发生。但是由于超高压和特高压的运输特点，输送距离远，往往在末端接有并联电抗器，例如，有非全相切合并联电抗器时的工频传递谐振，串、并联补偿网络的分频谐振以及空载线路呈容性合闸于发电机变压器单元接线时引起的高频谐振，这些使谐振的可能性有所增加。

1. 线性谐振

线性谐振是电力系统中最简单的谐振方式。线性谐振电路中的参数都是常数，不随电压或者电流变化，这些回路中主要是不带铁芯的电感元件（线路电感和变压器漏电感）或励磁特性接近线性的带铁芯的电感元件（如消弧线圈）和系统中的电容元件组成。在交流电源的作用下，当系统自振频率与电源频率相等或相近时，就可能发生线性谐振。

在电力系统运行中，可能出现的线性谐振有：空载长线路电容效应引起的谐振、中性点非有效接地系统中不对称故障的谐振、消弧线圈全补偿时的谐振以及某些传递过电压的谐振。

限制过电压的措施，除了改变回路破坏参数外，主要是增加回路电阻 R，抑制电流，增加回路的损耗，降低过电压。在电力系统设计和运行时，应设法避开谐振条件以消除这种线性谐振过电压。

2. 铁磁谐振（非线性谐振）

含有铁芯电感的 L、C、R 串联回路，在满足一定条件时会发生非线性谐振。电路中含有铁芯的电感元件会产生饱和现象，这类电感参数不再是常数，而是随着电流或磁通的变化而变化。在满足一定谐振条件时，会产生铁磁谐振。而它具有与线性谐振完全不同的特点和性能。电力系统中的铁磁谐振现象通常发生在非全相运行的状态中（如线路断线、变压器空载）。

3. 参数谐振

参数谐振是因为系统中电感元件参数在外力的影响下发生周期性的变化而引起的。通常由周期性变化的电感元件与电容元件组成的回路，在系统参数配合不当的情况下，变化的电感周期性地把系统能量不断引入到谐振回路中，而形成谐振过电压。

实际电力系统的结构比较复杂，产生故障和操作的方式很多，可能发生谐振的接线方式也比较多。将着重于定性地分析产生过电压的物理过程，比较不同类型谐振过电压的特点，以及指出防止和限制过电压的途径。

1.2.4.1 线性谐振过电压

在 L、C 串联线性电路中，在交流电源的作用下，只要系统的自振频率与电源频率相等或接近时，就发生串联谐振，这在电感或电容上产生很高的过电压，因此串联谐振也称为电压谐振。

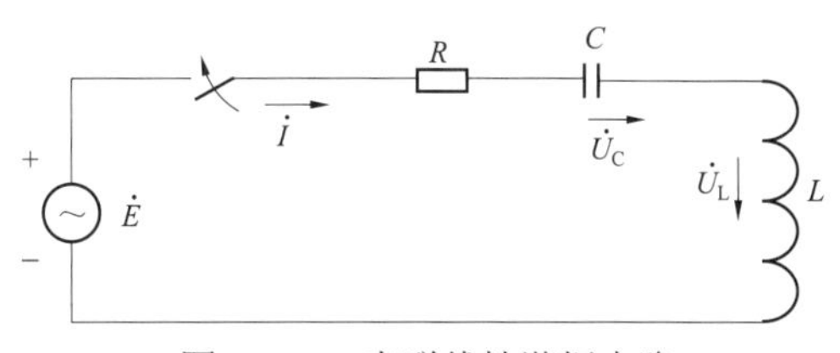

图 1－51 串联线性谐振电路

图 1－51 为串联谐振电路。这种电路常常在操作或故障引起的过渡过程中出现。

设电源电压为$\sqrt{2}E\sin(\omega t+\varphi_0)$，$R$ 为回路的阻尼电阻，$\xi=\dfrac{R}{2L}$ 为回路的电阻率。由于 R 较小，$\dfrac{\xi}{\omega_0}\ll 1$，可以忽略电阻对自振角频率的影响，$\omega_0=\dfrac{1}{\sqrt{LC}}$。当回路中电感电流和电容电压的初始值为零时，可得出在过渡过程中电容 C 上的电压为

$$u_C(t)=\sqrt{2}U_C\left[-\cos(\omega t+\varphi)+\sqrt{\left(\frac{\omega}{\omega_0}\right)^2\sin^2\varphi+\cos^2\varphi}\,e^{-\xi t}\cos(\omega_0 t+\theta)\right] \tag{1-100}$$

其中U_C及φ为电容电压稳态分量的有效值及初始相角，可由电路稳态计算得到。稳态时，回路的阻抗角φ为

$$\varphi=\arctan\frac{\omega L-\dfrac{1}{\omega C}}{R} \tag{1-101}$$

回路的电流及电容、电感电压有效值分别为

$$I=\frac{E}{\sqrt{R^2+\left(\omega L-\dfrac{1}{\omega C}\right)^2}} \tag{1-102}$$

$$U_C=\frac{I}{\omega C}=\frac{E}{\sqrt{\left[1-\left(\dfrac{\omega}{\omega_0}\right)^2\right]^2+(R\omega C)^2}}=\frac{E}{\sqrt{\left[1-\left(\dfrac{\omega}{\omega_0}\right)^2\right]^2+\left(\dfrac{2\xi}{\omega_0}\dfrac{\omega}{\omega_0}\right)^2}} \tag{1-103}$$

$$U_L=\omega LI=\frac{E}{\sqrt{\left[1-\left(\dfrac{\omega_0}{\omega}\right)^2\right]^2+\left(\dfrac{R}{\omega L}\right)^2}}=\frac{E}{\sqrt{\left[1-\left(\dfrac{\omega_0}{\omega}\right)^2\right]^2+\left(\dfrac{2\xi}{\omega_0}\dfrac{\omega_0}{\omega}\right)^2}} \tag{1-104}$$

上式中初相角

$$\varphi=\varphi_0-\arctan\frac{\omega L-\dfrac{1}{\omega C}}{R} \tag{1-105}$$

自由分量的初相角θ与φ有如下关系

$$\tan\theta=\frac{\omega}{\omega_0}\tan\varphi \tag{1-106}$$

当ω_0与ω比较接近时，在电容元件上会产生较高的过电压。下面分别就电路处于谐振和接近谐振两种状态下的过电压幅值进行讨论。

（1）回路参数满足$\omega L=\dfrac{1}{\omega C}$，即$\omega=\omega_0$。这时回路中的电流只受电阻 R 限制，回路电流$I=\dfrac{E}{R}$，电感上的电压等于电容上的电压，其表达式为

$$U_L=U_C=I\frac{1}{\omega C}=\frac{E}{R}\sqrt{\frac{L}{C}} \tag{1-107}$$

当回路电阻 R 较小时，会产生极高的谐振过电压。

（2）$\omega < \omega_0$，即回路中 $\frac{1}{\omega C} > \omega L$。此时，回路为容性工作状态。当回路电阻 R 很小，可以忽略时，$U_L = U_C - E$。根据公式，电容上的电压为

$$U_C = \frac{E}{1-\left(\frac{\omega}{\omega_0}\right)^2} \tag{1-108}$$

电容上的电压 U_C 总是大于电源电压 E。这种非谐振状态的工频电压升高现象，称为电感－电容效应，或简称电容效应。

（3）$\omega > \omega_0$，即回路中 $\frac{1}{\omega C} < \omega L$。这时回路中为感性工作状态。当忽略不计回路电阻时，$U_C = U_L - E$。由此，电容上的电压为

$$U_C = \frac{E}{\left(\frac{\omega}{\omega_0}\right)^2 - 1} \tag{1-109}$$

当 $\frac{\omega}{\omega_0} \leqslant \sqrt{2}$ 时，电容上的电压会等于或大于电源电压 E，而且随着 $\frac{\omega}{\omega_0}$ 的增大，过电压很快下降。

在电路系统中，线性谐振要求比较严格的参数配合。实际电力系统往往可以在设计或运行时避开谐振范围来避免谐振过电压。

同时在电力系统中，发生不对称接地故障或非全相操作时还有消弧线圈的补偿网络可能发生线性谐振现象。

1.2.4.2 铁磁谐振过电压

铁磁谐振发生在含铁芯元件的电路中，铁芯电感的电感值随电压、电流的大小而变化，使它的电感值呈现非线性特性，从而导致铁磁谐振的一系列的特征，所以铁磁谐振又称为非线性谐振。

图 1－52 为最简单的 R、C 和铁芯电感 L 的串联电路。在正常运行条件下，感抗大于容抗，即 $\omega L > \frac{1}{\omega C}$，此时不具备谐振条件。当铁芯饱和感抗下降使 $\omega L = \frac{1}{\omega C}$（即 $\omega = \omega_0 = \frac{1}{\sqrt{LC}}$），满足串联谐振条件，发生谐振，在电感和电容两端形成过电压，这就是铁磁谐振现象。

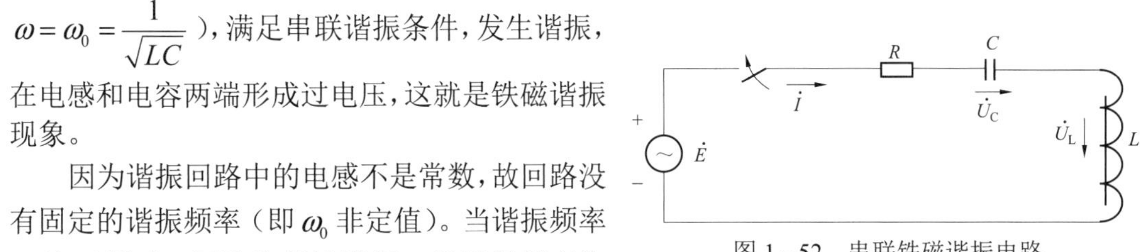

图 1－52　串联铁磁谐振电路

因为谐振回路中的电感不是常数，故回路没有固定的谐振频率（即 ω_0 非定值）。当谐振频率 f_0 为工频时，回路为基波谐振，当谐振频率为工频的整数倍时（如 2 次、3 次、4 次、…），回路为高次谐波谐振；如谐振频率是工频的分数倍时（如 1/2 次、1/3 次、1/4 次、…），回路为分次谐波谐振。即使是在基波谐振时，除基波分量外，也还可能有高次谐波。因此具有各种谐波谐振的可能性是铁磁谐振的一个

重要特点，这是铁磁谐振的重要特点。

图 1－53 给出了铁芯电感和电容上的电压随电流变化的曲线U_L、U_C，电压和电流都用有效值表示。显然U_C应是一根直线$\left(U_C=\dfrac{1}{\omega C}I\right)$。对铁芯电感，在铁芯未饱和前，$U_L$基本上是一直线，当铁芯饱和以后，电感值减小，$U_L$不再是直线，因此两条伏安曲线要相交。由此可以看出$\omega L>1/\omega C$是产生铁磁谐振的必要条件。

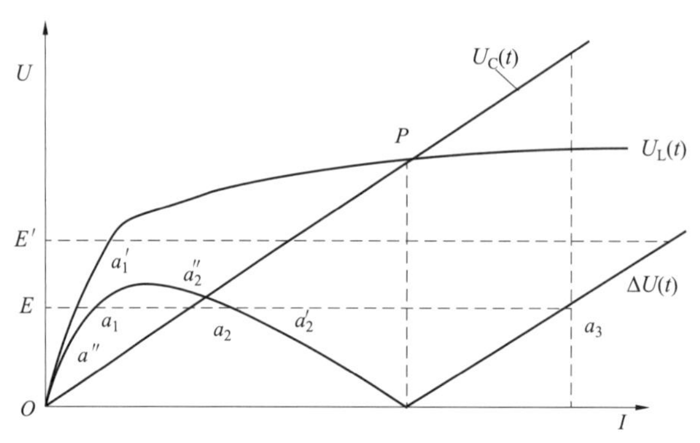

图 1－53 串联铁磁谐振回路的伏安特性

当忽略回路电阻，则回路中的 L 和 C 上的压降之和应与电源电动势相平衡，即$\dot{E}=\dot{U}_L+\dot{U}_C$，由于$\dot{U}_L$和$\dot{U}_C$相位相反，故此平衡方程变为$E=\Delta U$，而$\Delta U=|U_L-U_C|$，见图$\Delta U$的曲线，从图中可看到$\Delta U$曲线与$E$虚线在$a_1$、$a_2$、$a_3$处相交，这 3 点都满足电动势平衡的条件，$E=\Delta U$ 称为平衡点。根据物理概念：平衡点满足电势平衡条件，但不一定满足稳定条件，要成为实际的工作点，还必须满足稳定条件。通常用“小扰动”来判断平衡点的稳定性，即：若有一“小扰动”作用于回路，使回路状态偏离平衡点之后，如果回路状态能自动返回原平衡点，则该平衡点是稳定的，能成为回路的实际工作点；否则，若小扰动以后，回路状态越来越偏离平衡点，则该平衡点是不稳定的，不能成为回路的实际工作点。

根据这个原则，可以判断出a_1点为回路的非谐振工作点，回路呈感性，回路电流及电感、电容上的电压都不大。但对a_2点来说，若回路中的电流由于某种新的扰动而有微小的增加从a_2偏离到a_2'，此时 $E>\Delta U$，使回路中的电流继续增大，直到达到新的平衡点a_3为止；反之，若扰动使回路电流稍有减少，ΔU曲线从a_2点偏离到a_2'点，此时$E<\Delta U$，使回路电流继续减少，直至稳定的平衡点a_1为止。可见平衡点a_2不能经受任何微小的扰动，是不稳定的。用同样的方法可以判定出a_3点也是稳定的。

由此可见，在一定外加电动势E的作用下，铁磁谐振回路稳定时可能有两个稳定工作状态，即a_1点和a_3点。在a_1点工作状态时，$U_L>U_C$，回路呈感性，回路电流很小，电感和电容上电压都不高，回路处于非谐振工作状态。在a_3点工作状态时，回路呈容性，此时不仅回路电流很大，电感、电容上出现过电压。串联铁磁谐振现象，也可以从电源电动势E增加时回路工作点的变化中看出。

综上所述，产生铁磁谐振的根本原因是铁磁元件的非线性特性，但其饱和特性本身又限制了过电压的幅值，此外回路中的损耗，会使过电压降低，当回路电阻值大到一定数值时，就不会出现强烈的谐振现象。这就说明铁磁谐振过电压往往发生在变压器处于空载或轻载的时候。

电路中的变压器、电抗器和互感器等电感元件因铁芯而产生饱和现象，电感参数会随着电流或磁通的变化而改变，当电源频率和系统参数满足 $\omega=\frac{1}{\sqrt{L_0\times C_0}}$ 时，回路激发产生铁磁谐振，并常常伴有跃变和相位反倾的现象。对于中性点不接地或非直接接地系统，电磁式电压互感器因铁芯饱和而导致的铁磁谐振是配网中出现次数最多、危害最大的过电压之一。根据谐振的主要频率成分不同，铁磁谐振包括分频、基波以及高频谐振，图 1－54（a）为实测的分频谐振过电压波形，图 1－54（b）、（c）分别为基波谐振和高频谐振过电压波形。

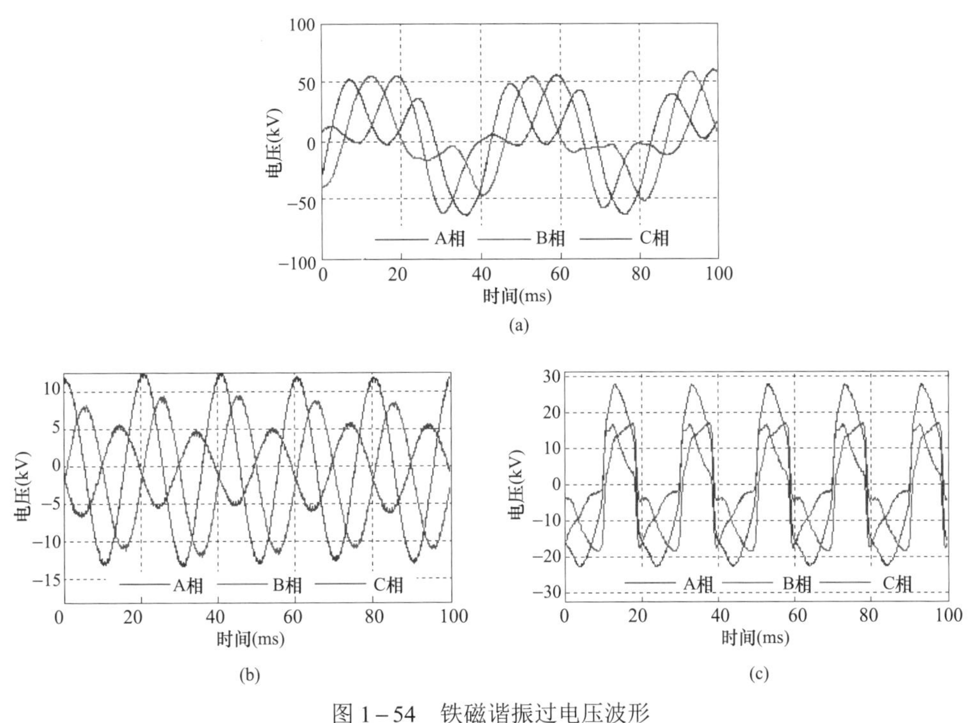

图 1－54　铁磁谐振过电压波形

（a）分频谐振过电压波形；（b）基波谐振过电压波形；（c）高频谐振过电压波形

以上讨论了基波铁磁谐振过电压的基本性质。在实际运行和实验分析中表明。在具有铁芯电感元件的谐振回路中，如果满足一定的条件，还可能出现持续性的其他频率的谐振现象，谐振频率可能为工频的整数倍或分数倍，分别称为高次谐波谐振和分频谐振。在某些特定条件下还可能同时出现两个或者两个以上频率的谐振。

电力系统中的铁磁谐振过电压常发生在非全相运行状态中，其中电感可以是空载变压器或轻载变压器的励磁电感、消弧线圈的电感、电磁式电压互感器的电感等。电容是导线对地电容、相间电容以及电感线圈对地的杂散电容等。

1.2.4.3　参数谐振过电压

由于周期性变化的电感元件与电容元件参数做周期性的变化所引起的自励磁过电压

称为参数谐振过电压。当同步发电机接有容性负荷（如一段空载线路）时，其电抗将在 $x_d' \sim x_q$ 之间周期性地变动，由于容性电流的助磁作用，如果参数配合不当，就有可能激发参数谐振现象。即使励磁电流很小，甚至为零，也会使发电机的端电压和电流急剧上升，最终产生很高的过电压，使与其他发电机的并联运行成为不可能，这现象称为发电机的自励磁，所产生的过电压称为自励磁过电压。电机的自励磁现象就其物理本质来说是由于发电机旋转时电感参数产生周期性变化，与电容形成参数谐振而引起的。发电机正式投入运行之前，设计部门都会对其参数进行自励磁过电压的校核，避开谐振点，因此在正常情况下一般不会出现参数谐振现象。

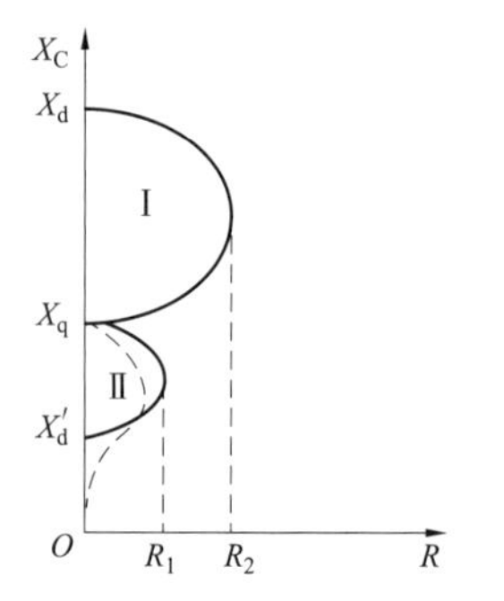

图 1－55　自励磁边界曲线

Ⅰ—自励磁的同步区；Ⅱ—自励磁的异步区

同步发电机带空载长线路时，可能出现同步和异步两种不同性质的自励磁现象，如图 1－55 所示。

在此曲线范围以内的 X_C 及 R 参数配合下，将产生自励现象。半圆曲线的范围Ⅰ为同步自励区，范围Ⅱ为异步自励区，其中虚线和实线分别表示电机有阻尼和无阻尼绕组的自励磁区域。

当具有阻尼绕组时，自励磁Ⅱ区将延伸到 $X_C < X_d'$ 范围内，即图 1－55 虚线所示自励磁区。

发电机不带有地区负荷时，R 很小，仅占 X_C 的 2%～3%，因此，近似认为，产生自励磁的条件是：

（1）同步自励磁区

$$X_q < X_C < X_d' \tag{1-110}$$

（2）异步自励磁区

$$X_d' < X_C < X_q \tag{1-111}$$

从式（1－108）可知，同步自励磁区是由于 $X_d' \neq X_q$ 引起的，因此，只有水轮机组才能产生。一般同步自励磁产生的过电压速度慢，容易被自动调节励磁装置所消除。对上升速度很快的异步自励磁，即使很快速的励磁装置也来不及限制，因此，后一种电压较危险。实际电力系统中，若发电机带有较长的空载线路，则 X_C 较小，而一般系统的损耗亦较小，因此回路可能处于自励磁范围之内。若线路采用并联电阻电抗器补偿，则相当于线路 X_C 增加，通常可以避免自励磁过电压的作用。

为了消除自励磁现象，可以采取的措施主要有：利用快速自动励磁调节装置消除同步自励磁；在超高压电网中投入并联电抗器，补偿线路电容，使得等值容抗大于 X_d' 和 X_q，从而消除谐振；临时在电机定子绕组中串入大电阻以增大回路的阻尼电阻，使之大于图中 R_1 和 R_2 值。

综上所述，参数谐振过电压具有以下特点：

（1）参数谐振所需要的能量由改变参数的原动机供给，不需要单独的电源，一般只要有一定的剩磁或电容中具有很小的残余电荷，参数配合不当就可以使参数谐振得到发展。

（2）由于回路中有损耗，只有参数变化所引入的能量足以补偿回路中的损耗，才能保证谐振的发展，因此对应一定的回路电阻存在一定的自励磁范围。谐振发生以后，由于电感的饱和，会使回路自动偏离谐振条件，使自励磁过电压不能继续增大。

过电压在线监测系统传感器研究

过电压信号的获取是雷电过电压在线监测关键环节，一般由电压传感器来实现。电压传感器的设计是过电压在线监测系统中的技术难点。输电线路的过电压信号具有幅值高、频率高等特点，因此对传感器特性提出了很高的要求，为了能够准确获取雷电过电压信号，传感器需要具有良好的暂态响应特性、稳定性及线性度。现有的过电压在线监测系统根据获取过电压信号方式的不同，主要分为接触式过电压传感器、非接触式过电压传感器、光纤过电压传感器三种，下面分别对三个类别传感器中较新式的套管末屏电压传感器、无间隙金属氧化物避雷器电压传感器、输电线路耦合电容电压传感器、全光学电压传感器做详细介绍。

2.1 套管末屏电压传感器

过电压监测领域中常用高压分压器来获取电压信号。高压分压器结构简单，测量精度较高，暂态响应特性好。但是，当要求分压器并联于电压等级较高的系统时，必须考虑其长期运行的可靠性、发热、阻抗匹配和交流冲击等一系列问题，特别是对人身和测量设备安全问题。同时，分压器的安装也增加了一次设备投入问题，这在电力系统中实施是很困难的。以 110kV 电压等级系统为例，考虑到分压器在现场实际应用中可能带来的上述问题，在不增加系统一次设备并确保安全的前提下，本节将介绍一种利用变压器电容式套管，安装特制的电压传感器组成套管分压系统，从电容式套管的末屏抽头处获取电压信号的方法，实现对电网过电压信号的实时采集。

2.1.1 传感器设计

（1）主体结构设计。套管末屏电压传感器安装于变压器电容式套管末屏测量抽头处，传感器的安装示意图如图 2－1 所示。

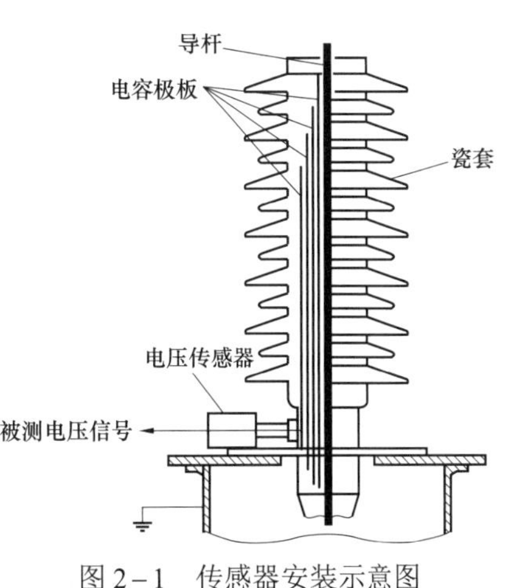

图 2－1 传感器安装示意图

套管末屏电压传感器电路原理图如图 2－2 所示。图 2－3 为传感器结构示意图。传感器由分压单元、保护单元以及信号传输电缆接口等几部分组成。分压单元由分压电容和分压电阻组成，分别构成电路高频响应和低频响应通路。为了减小分压单元元件与输出回路之间的磁耦合，最大限度地减少残余电感对传感器响应特性的影响，传感器结构采用了同轴圆柱结构。匹配电阻穿过传感器中心与信号传输电缆接口连接。阻容分压元件并联连接，并沿圆周对中心均匀对称排列。整个传感器最外层为金属外壳，通过接地的金属外壳实现对核心部件的电磁屏蔽。

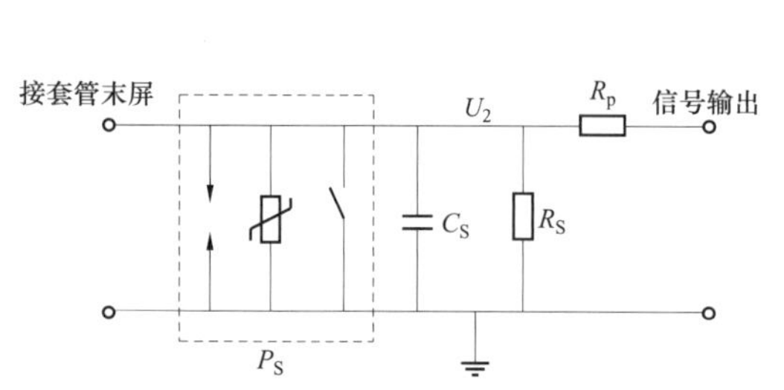

图 2－2　套管末屏电压传感器电路原理图

C_S—分压电容；R_S—分压电阻；U_2—C_S 和 R_S 的端电压；R_P—匹配电阻；P_S—保护单元

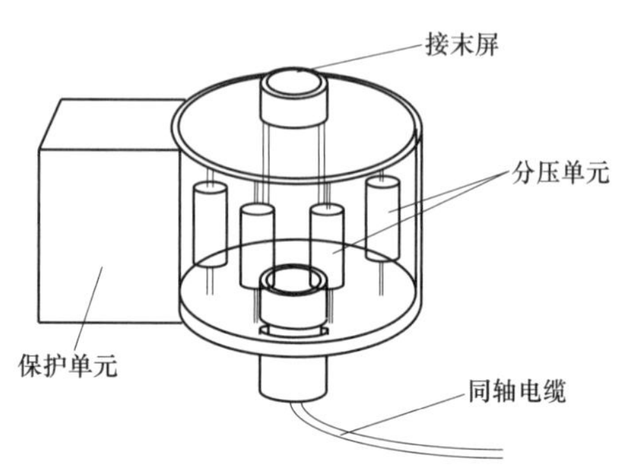

图 2－3　传感器结构示意图

（2）保护单元设计。为保证套管末屏回路在运行中不会断开，同时抑制系统有害过电压对系统二次侧的侵入，在传感器上设计了一个保护单元电路，保证在传感器发生故障时，钳制测量端子上的电压保持在安全范围内，保护单元可靠动作，使末屏可靠接地。保护单元采用压敏电阻、放电管和继电器共同组成的混合保护电路。下面详细论述保护单元的工作原理。

1）压敏电阻。压敏电阻采用 ZnO 压敏电阻。它实际上是一种伏安特性呈非线性的敏感元件，在正常电压条件下，这相当于一只小电容器，而当电压达到临界值以后，它的内阻急剧下降并迅速导通（响应时间为纳秒级），其工作电流增加几个数量级，过电压以放电电流形式被压敏电阻吸收掉，相当于过电压部分被短路，从而有效地保护了电路中的其他元器件不致过压而损坏，它的伏安特性如图 2－4 所示。利用这一特性可以有效地保证测量端子上的电压在安全范围内。

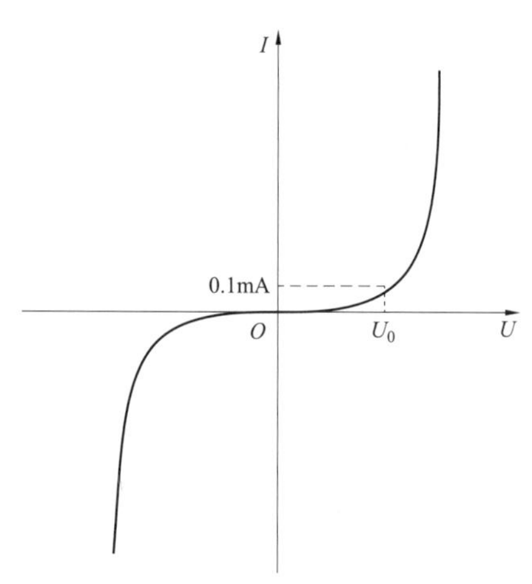

图 2－4　压敏电阻典型伏安特性

实际应用中选用压敏电阻主要根据电路情况和工作状态来选取导通电压适当的电阻。一般根据以下三个公式之一来选取

$$
\begin{aligned}
U &= U_{AC} \times K_P \times T_S \\
U &= U_{DC} \times K_P \times T_S \\
U &= U_{CP} \times K_P \times T_S
\end{aligned}
\tag{2-1}
$$

式中：U_{AC}、U_{DC}、U_{CP}分别为交流、直流、脉冲电压的幅值；K_P为所选压敏电阻实际导通电压为工作电压的倍数，对于交流和直流电路，K_P为 2～2.5，对于脉冲电路 K_P取 2；T_S为时间常数，其取值范围为 0.7～1，长时间不间断工作可取最大值，间断或短时间工作可取较小值。

2）气体放电管。气体放电管是在放电间隙内充入适当的气体介质，配以高活性的电子发射材料及放电引燃机构而制成的一种特殊的金属陶瓷结构的气体放电器件，主要用于瞬时过电压保护。

在正常情况下，放电管因其特有的高阻抗（≥1000MΩ）及低电容（≤10pF）特性，在它作为保护元件接入线路中时，对线路的正常工作几乎没有任何不利的影响。当有害的瞬时过电压窜入时，放电管首先被击穿放电，其阻抗迅速下降，几乎呈短路状态。此时，放电管将有害的电流通过接地线泄给大地，同时将电压限制在放电管的弧光上（20V 左右），消除了有害的瞬时过电压和过电流，从而保护了元件。当过电压消失后，放电管又迅速恢复到高阻抗状态，电路继续正常工作。

3）继电器保护单元。继电器保护单元是保护单元控制电路的执行机构，它受保护单元控制电路控制，实现在套管末屏开路情况下迅速可靠地短接套管末屏接地线。当传感器处于正常工作状态时，继电器断开；当传感器发生故障或整个装置失去控制电源时，继电器闭合，有效地防止套管末屏开路，同时发出装置故障信号，通知运行人员及时处理。

2.1.2 传感器参数设定

（1）分压电容容量的确定。为了简化分析，将电容式套管以纯电容来等效。从大量现场实验数据得到，110kV 变压器高压套管导杆对地的主电容 C 通常为 200～300pF，本书取套管主电容为 280pF 计算。为了准确可靠获取电网过电压信号，可在套管末屏上串入分压电容，合理选择分压电容 C_2 容量及其他性能指标，即可保证传感器输出电压信号在一个合理的范围内，并且可以得到很好的信号频率响应特性，这样既可提高信号的信噪比，保证了测量准确度，又保证了测量的安全性。

图 2－5 为整个系统电路模型，图中 C_1 为套管主电容，C_2 为电压传感器等效分压电容，R_1 为套管导杆对末屏绝缘电阻，R_2 为等效分压电阻，C_1、C_2、R_1、R_2 共同构成一个电容分压电路，由于套管绝缘电阻 R_1 和分压电阻 R_2 通常很大，且测量单元电路的输入阻抗为兆欧级。

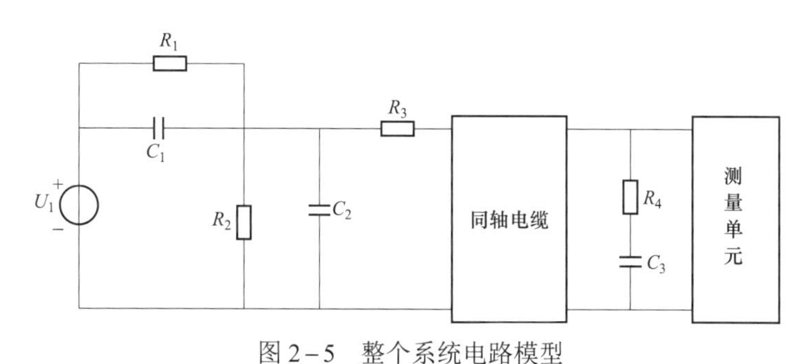

图 2－5　整个系统电路模型

图 2－5 中，同轴电缆的匹配采用首末两端匹配。R_3、R_4 为匹配电阻，其阻值均等于电缆波阻抗 Z，C_C 为电缆的分布电容。由于 C_C 很小，约几千皮法，故可以忽略。进入电缆的波为

$$U_1 \frac{C_1}{C_1+C_2} \frac{Z}{Z+R_3} = U_1 \frac{C_1}{C_1+C_2} \frac{Z}{Z+Z} = \frac{1}{2} \frac{C_1 U_1}{C_1+C_2} \tag{2-2}$$

同轴电缆末端连接 R_4、C_3、R_4 等于电缆波阻抗 Z，$C_3 \approx C_2$，由于进入波到达末端时不发生反射，故初始分压比为

$$\left.\frac{U_1}{U_2}\right|_{t=0} = \frac{2(C_1+C_2)}{C_1} \tag{2-3}$$

到达稳定后的最终分压比为

$$\left.\frac{U_1}{U_2}\right|_{t=\infty} = \frac{C_1+C_2+C_3+C_C}{C_1} \tag{2-4}$$

电路中选择 $C_1+C_2=C_3+C_C$，可得电路的初始分压比等于最终分压比。当一次侧母线电压为额定电压时，设计电压传感器输出传送到信号调理电路的电压幅值为 13V，因此可以确定系统分压比为

$$k = \frac{U_1}{U_2} = \frac{115 \times 10^3}{13\sqrt{3}} = 5107 \tag{2-5}$$

由式（2－2）可得，C_2 为 0.71μF。

（2）额定工作电压的确定。当电路中的电压高于电容器额定工作电压时，电容器可能发生击穿而失效，因此在选择电容器额定工作电压时要留有安全裕量。一般情况下，电路工作电压要比额定工作电压低 10%～20%，对于电路电压波动较大的，安全裕量应更大些。当电容器工作在交流电路时，要根据电容器技术性能确定应施加的交流电压和通过的交流电流。本书所述传感器中分压电容要求长期工作于电压波动范围较大的工频交流环境，并且能承受较大的冲击电压。根据设计，当系统为正常工作电压时，传感器输出电压幅值为 13V 左右，而当系统出现过电压时，过电压幅值按 110kV 系统中可能出现的最高过电压幅值计算，此时传感器输出电压幅值约为 60V，传感器输出电压幅值范围较大，这就给分压电容的选择提出了很高的要求。考虑到电容器长期运行的安全裕度问题，本书选取了电容器的额定工作电压为 500V。

设计过程中，采用了聚丙烯和云母两种不同介质的电容器进行了对比测试。两种电容都具有很好的高频性能。但是在同等电容量的前提下，聚丙烯电容的体积远小于云母电容的体积，因此在设计中采用了聚丙烯电容作为分压电容，达到了减小传感器尺寸的目的。

2.1.3 传感器可行性分析

（1）传感器误差分析与动态误差校正。由式（2－2）、式（2－3）可知，当首末两端达到完全匹配时，套管电容分压系统分压比 k 为

$$k = \frac{U_1}{U_2} = \frac{2(C_1+C_2)}{C_1} \tag{2-6}$$

假设在系统运行过程中，套管主电容变化量为ΔC，当ΔC很小时，仍可以认为首末端满足匹配条件 $C_1+\Delta C+C_2=C_3+C_C$，则有新的分压比k'为

$$k'=\frac{2(C_1+\Delta C+C_2)}{C_1+\Delta C} \tag{2-7}$$

则分压比误差Δk为

$$\begin{aligned}\Delta k=k-k'&=\frac{2(C_1+C_2)}{C_1}-\frac{2(C_1+\Delta C+C_2)}{C_1+\Delta C}\\&=\frac{2C_1C_1+2C_1C_2+2C_1\Delta C+2C_2\Delta C-2C_1C_1-2C_1\Delta C-2C_1C_2}{C_1(C_1+\Delta C)}\\&=\frac{2C_2\Delta C}{C_1(C_1+\Delta C)}\end{aligned} \tag{2-8}$$

分压比相对误差$\Delta k/k$为

$$\frac{\Delta k}{k}=\frac{2C_2\Delta C}{C_1(C_1+\Delta C)}\cdot\frac{C_1}{2(C_1+C_2)}=\frac{C_2\Delta C}{(C_1+\Delta C)(C_1+C_2)} \tag{2-9}$$

考虑到本系统在运行时，由于套管电容量的变化会带来传感器变比的改变，从而导致系统测量误差的增大，因此本系统集成了误差动态校正功能，校正方式采用软件校正的方法。其设计基本思想是系统校正电压取自 TV 二次电压。系统定时采样此电压值，计算其平均值作为系统电压的基准电压U_{b-A}、U_{b-B}、U_{b-C}。同时测量系统分别采集母线三相电压U_A、U_B、U_C，并判断此时系统是否出现电压突变。当此时系统未出现电压突变时，即将

$$\begin{aligned}\Delta U_A&=U_A-U_{b-A}\\\Delta U_B&=U_B-U_{b-B}\\\Delta U_C&=U_C-U_{c-C}\end{aligned} \tag{2-10}$$

作为系统测量误差的动态校正量，从而实现系统误差的动态校正。

（2）冲击响应特性测试。冲击响应试验所采用的电源为 2400kV/210kJ 冲击电压发生器，其额定标准电压±2400kV，额定能量 210kJ，8 级充电电容，每级主电容容量 0.655μF/150kV，每级最高允许充电电压为±300kV，输出标准雷电波波头时间为 1.2±0.36μs，波尾时间为 50±10μs，标准操作电压波形的波头时间为 250μs，波尾时间为 2500±60μs，标准操作波的输出效率不小于 75%，标准雷电波输出效率不小于 90%。冲击分压器为 TCF2000/0.0012 型电容分压器，额定电压 2000kV，额定分压比 3000:1。

试验用套管为油纸电容式套管，额定电压为 363kV，主电容 473pF。电压传感器等效电容为 0.64μF，考虑到信号电缆不长，测试回路采用了首端匹配，计算分压比为 1353:1。冲击响应试验接线如图 2－6 所示。

试验中，雷电冲击电压的波前/波尾时间为 1.56/51.2μs，操作冲击波前/波尾时间 219/2650μs，在 GB/T 16927.1—2011《高电压试验技术　第 1 部分：一般定义及试验要求》及 IEC 60060.1《高压试验技术　第 1 部分：一般定义和试验要求》规定误差范围内。图 2－7（a）为雷电冲击电压试验波形，图 2－7（b）为传感器测得的相应雷电冲击波形。

图 2－8（a）为操作冲击电压试验波形，图 2－8（b）为传感器测得的相应操作冲击波形。从图 2－8（a）与图 2－8（b）可以看出：传感器输出波形与标准分压器测得波形基本一致。

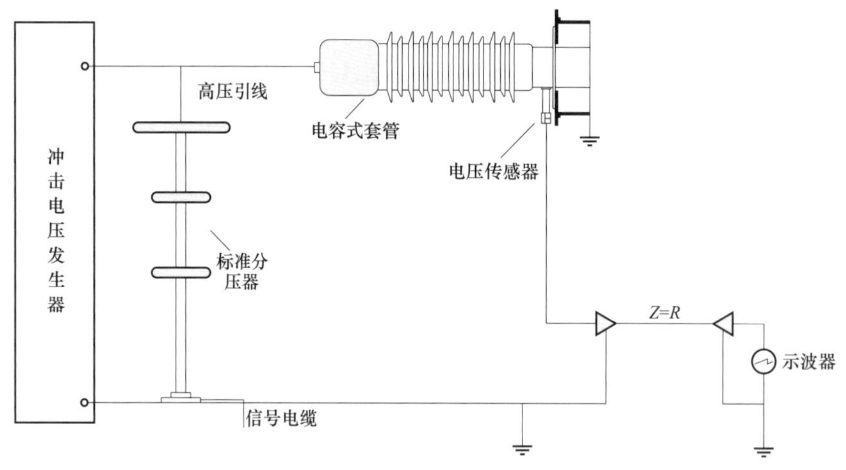

图 2－6　冲击响应试验接线图

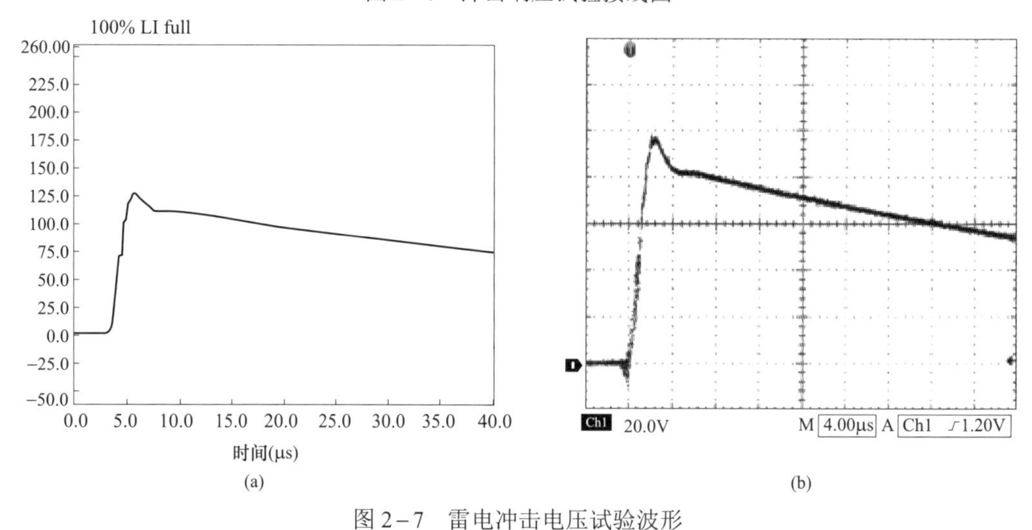

图 2－7　雷电冲击电压试验波形

（a）雷电冲击电压试验波形；（b）传感器输出雷电冲击电压试验波形

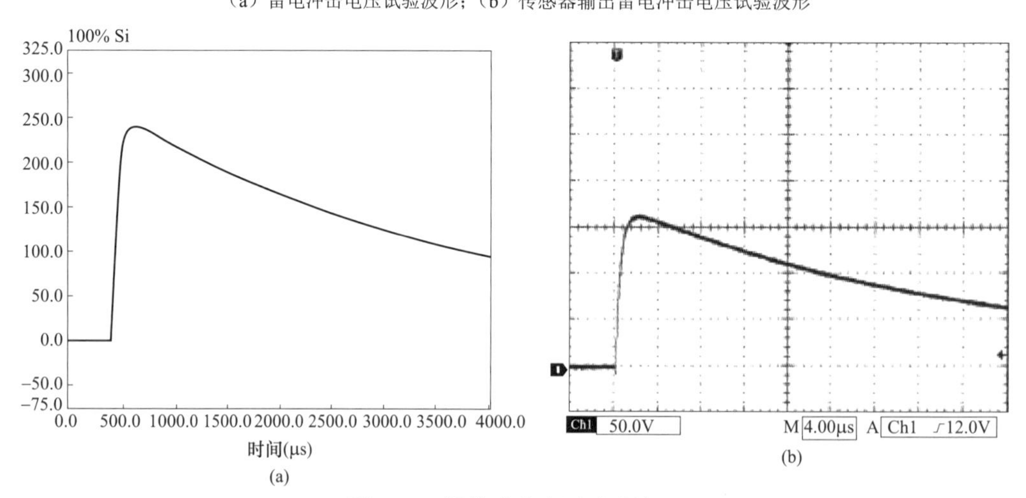

图 2－8　操作冲击电压试验波形

（a）操作冲击电压试验波形；（b）传感器输出操作冲击电压试验波形

2.2 无间隙金属氧化物避雷器电压传感器

由于电力系统的不断发展，电压等级的不断提高，变电站多装有金属氧化物避雷器，其中金属氧化物以氧化锌非线性电阻为例，其实质是一种多组分的多晶陶瓷半导体。它以氧化锌为主体，并添加各种其他成分。大多数情况下氧化锌非线性电阻的显微结构可由四部分组成：氧化锌主体、晶界层、尖晶石晶粒及孔隙。经测试，在同厂家同批次生产的氧化锌非线性电阻由于制作工艺及添加物成分的相同，最终产品性能差别也微乎其微。并且随着氧化锌非线性电阻制作工艺的提升，其阀片晶界层已具有了较高的热稳定性及电稳定性，确保了其可靠的工作性能及稳定的伏安特性。

基于氧化锌阀片的以上特点，使利用金属氧化物避雷器阀片作为分压器来制作电压传感器成为了可能。下面对该传感器的设计、可行性分析及实际应用效果三方面做详细介绍。

2.2.1 传感器设计

依照交流无间隙金属氧化物避雷器国家标准中推荐的避雷器多阶等效回路得出图 2-9（a）所示回路，非线性电阻的片柱可以用它的电容与非线性电阻并联来表示。通过电路分析程序和考虑了电容及电阻的影响，该模型可以用以确定电位分布。避雷器用与电压有关的电阻、非线性电阻片柱的电容及对地的杂散电容来模拟。等值回路的每一阶可表示为单个金属氧化物电阻片（极限情况下）或者非线性电阻片的一个单元。每个单元的长度应不超过整个避雷器长度的 3%。

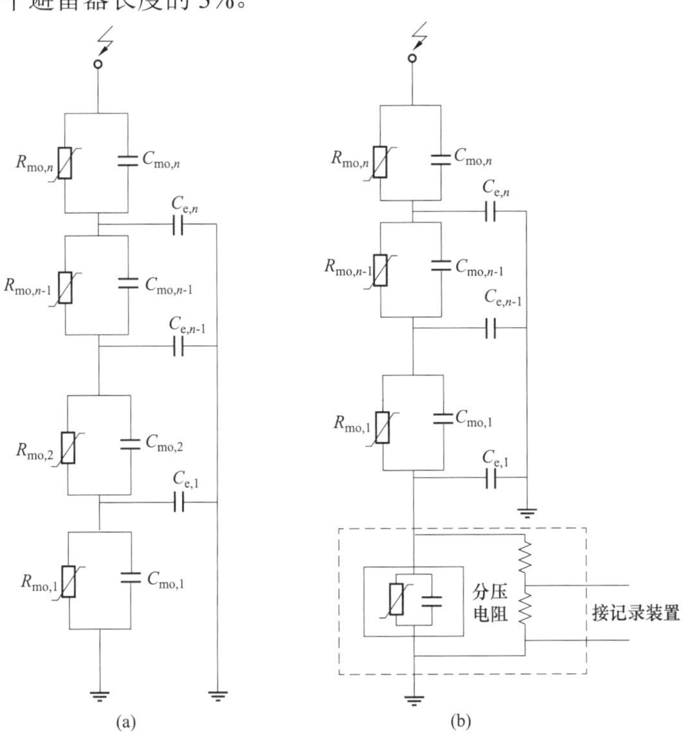

图 2-9 避雷器阀片取样结构图

（a）避雷器多阶等效回路；（b）避雷器阀片电压传感器结构图

$R_{mo,x}$—x 单元的电压相关的电阻；$C_{mo,x}$—x 单元的电容；$C_{e,x}$—节点 x 的对地杂散电容；n—单元数

依据图 2－9（a）所示模型，以无间隙氧化锌避雷器作为电压传感器的高压臂，选用同避雷器制造厂家同批次或者参数近似的氧化锌阀片作为低压臂，采样单元如图 2－9（b）虚线框中所示，为确保不影响避雷器正常运行，低压臂阀片处需并联阻值较高的电阻以保证电流依然能经阀片泄入大地。另外，为避免过电压数值太大对后端采集记录系统造成影响，并联电阻分为多组，以供分压使用。为确保采集数据准确性，采集记录系统前可连接数字信号转换模块，使采集信号在前端转化为数字信号，最大程度上降低现场复杂电磁环境干扰的影响。

通常，为避免监测受避雷器杂散电容干扰，首先需要进行电容电场计算以确定对地的杂散电容，其次引入电阻特性并通过电路分析、计算电位分布。由于温度对电阻的影响，需要进行迭代计算程序。然而，对于均压分布不能满足要求的氧化锌避雷器，可以通过在避雷器高压端加装均压环来横向补偿避雷器各氧化锌元件的对地杂散电容的影响。所以在本模型中不考虑高压臂氧化锌元件对地杂散电容对分压器精度的影响。实际使用中此杂散电容误差可以通过低压臂的取样电容进行补偿校准，从而得到理想的分压精度。

2.2.2 工作特性及可行性分析

氧化锌压敏电阻器的微观结构及性能主要由配方及制造工艺决定。氧化锌颗粒的微单元导电性能可以用图 2－10 所示的电阻和电容的串并联电路模型来表示。

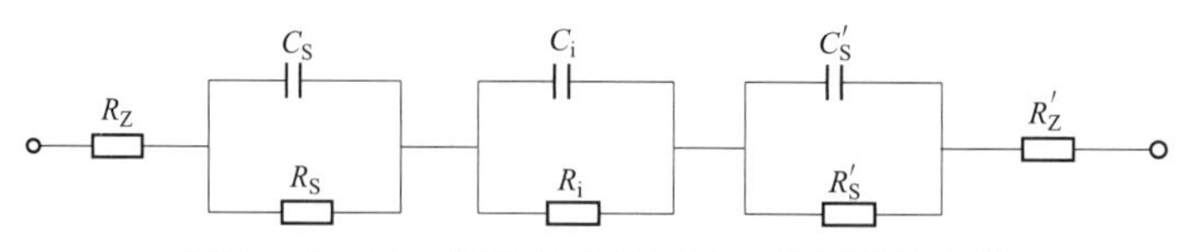

图 2－10　ZnO 颗粒的微单元导电性能等效电路

式中：R_z、R_z'代表 ZnO 的体电阻；R_i和 C_i分别代表颗粒界层的电阻和电容；C_s、R_s分别代表晶体的电容和电阻；C_s'、R_s'分别代表介质间的电容和电阻。

（1）工作在小电流区时。小电流区阀片未击穿导通，此时分压器的等效电路为电容分压器，如图 2－11 所示。

这时

$$C_1 = e\frac{S}{d_1}; C_2 = e\frac{S}{d_2} \tag{2-11}$$

$$\varepsilon = \varepsilon_{obs}\varepsilon_0 \tag{2-12}$$

式中：ε_{obs}、ε_0为 ZnO 阀片的相对介电常数和真空介电常数；C 为氧化锌阀片极间电容；S 是阀片表面电极的面积；d 是阀片的厚度。

氧化锌阀片的相对介电常数为

$$\varepsilon_{obs} = \left[d_1 d_2 (\sigma_1 - \sigma_2)^2 / (d_1\sigma_2 - d_2\sigma_1)^2 \right] \varepsilon_b \tag{2-13}$$

式中：ε_b 是阀片材料的介电常数；σ_1、σ_2 为颗粒界层区和晶粒内部的导电率；d_1、d_2 是颗粒层和晶体内部的平均厚度。

由于

$$X_{C} = 1/(\omega C) = 1/(2\pi f C) \tag{2-14}$$

所以其分压特性为

$$U_1 = U_0 \frac{X_{C2}}{X_{C1} + X_{C2}} = U_0 \frac{d_2}{d_1 + d_2} \tag{2-15}$$

（2）工作在大电流区时。氧化锌阀片的非线性伏安特性可以用函数描述为

$$U = 10^{A_0} \cdot I^{(1 + A_0 + A_2 \lg I)} \tag{2-16}$$

式中：A_0、A_1、A_2为通过对试品阀片的电流—电压测试数据进行计算而确定的三个常数。

氧化锌元件的非线性电阻率为

$$\rho_v = \frac{1}{K} \cdot 10^{[1 + A_1 + A_2 (\lg I)^2]} \tag{2-17}$$

式中：K为氧化锌元件的极面积与极间距比。

ZnO 阀片的非线性电阻值为

$$R = \rho_v \cdot d/S \tag{2-18}$$

大电流区阀片击穿导通，此时分压的等效电路如图 2－12 所示。

$$R_1 = R_{v1} = \rho_v \frac{d_1}{S}; R_2 = R_{v2} = \rho_v \frac{d_2}{S} \tag{2-19}$$

式中：ρ_v为高低压臂氧化锌元件的非线性电阻率。

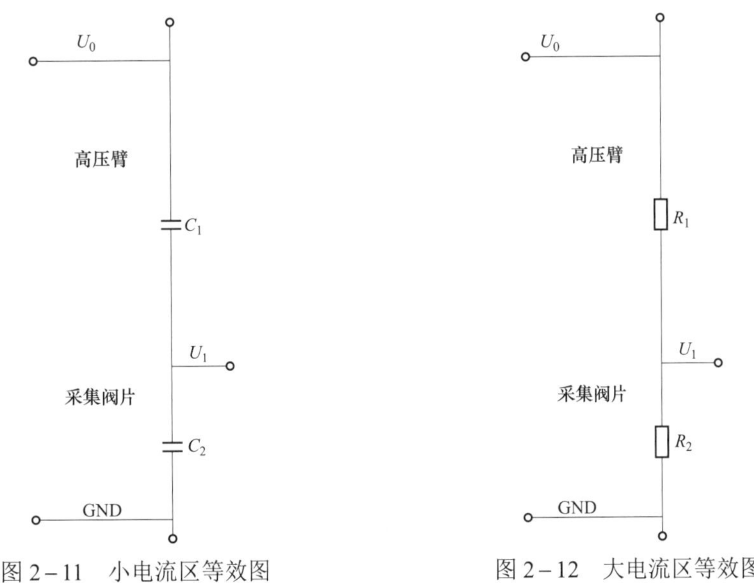

图 2－11　小电流区等效图　　图 2－12　大电流区等效图

电压传感器在大电流区时的分压比为

$$U_1 = U_0 \frac{R_2}{R_1 + R_2} = U_0 \frac{d_2}{d_1 + d_2} \tag{2-20}$$

从式（2－15）和式（2－20）得知：无论在小电流区还是在大电流区，输入输出电压比都等于避雷器阀片总厚度和采样阀片的厚度之比。即避雷器电压传感器在相当大的范围

内都具有很好的幅值比线性度。用冲击电源对其模型仿真的电流结果如图 2-13 所示，电压仿真结果图 2-14 所示。

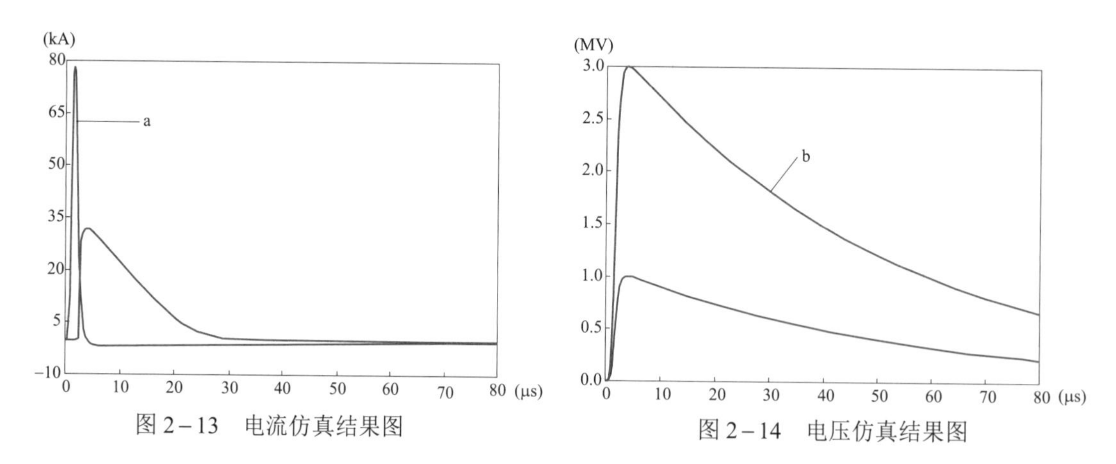

图 2-13　电流仿真结果图

图 2-14　电压仿真结果图

由图 2-13 可以看出，当通以冲击电流时，避雷器导通前，流过避雷器的电流主要是氧化锌体电容的电流（a 线），避雷器分压器的分压比由高低压臂氧化锌元件的极间电容容抗决定；避雷器导通后，流经避雷器非线性电阻的电流迅速增加（b 线），在此之后，避雷器分压器的分压比由高低压臂的非线性电阻决定。由于高低压臂的非线性电阻之比与高低压臂的氧化锌体电容的容抗之比相同，所以，在避雷器导通前和导通后的分压比不变，如图 2-14 所示。

同样，在实验室验证阶段，此处，通过 4 组氧化锌阀片对其分压效果进行了分析。试验原理可由图 2-15 所示。

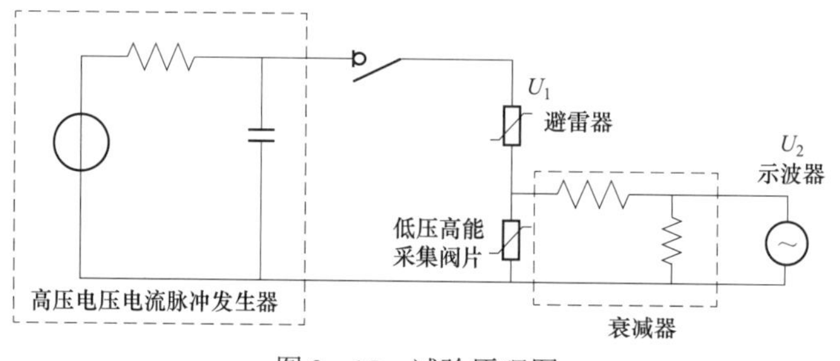

图 2-15　试验原理图

信号源采用高压脉冲发生器或工频电压，利用三组氧化锌阀片模拟避雷器作为试验高压臂，另一组相同阀片作为低压臂，虚线框为采用电阻分压的衰减器，衰减系数为 10，最后以示波器作为信号接收装置。再分别通以工频及冲击电压后测验其分压效果，其结果由图 2-16 所示。

在工频测试中，电源电压有效值为 220V，其峰值为 311V，所获得波形幅值为 7.71V，计算可得其幅值准确度为 99.14%，波形频率为 50Hz，且波形平滑。证明其工频电压作用下测量精度及频率响应均有较高可用性。另外当通以 1500V 冲击电压时，通过对采集数据及输入数据的比对，各点数据误差也都控制在 ±1%以内。

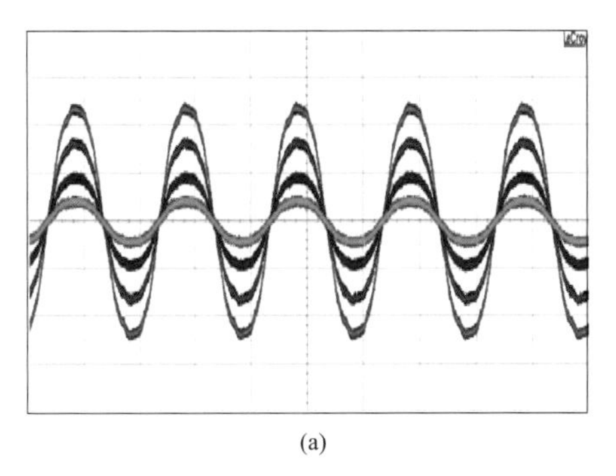

(a)

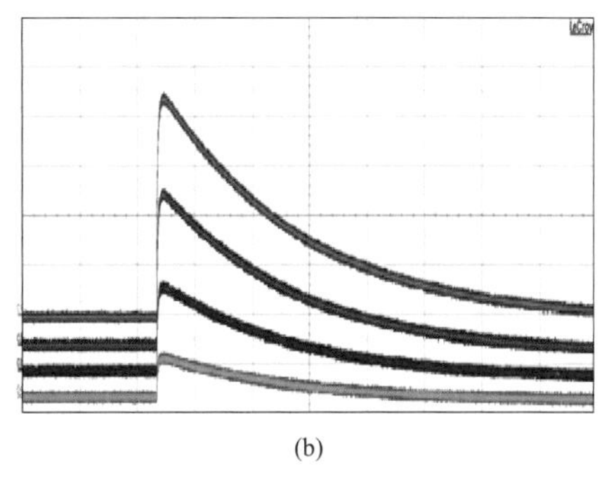

(b)

图 2－16　实验室测试波形

（a）波形一；（b）波形二

2.2.3　现场实际使用效果分析

对于过电压在线监测系统传感器，往往会因为实际采样地点环境复杂等因素使最终采样结果达不到实验室内仿真计算及试验采集的效果。所以要验证该传感器在现场的可行性。图 2－17 和图 2－18 分别是某换流站交流侧进线段人工单相接地故障模拟试验时，站内录波屏采集波形和采用氧化锌避雷器电压传感器采集波形。

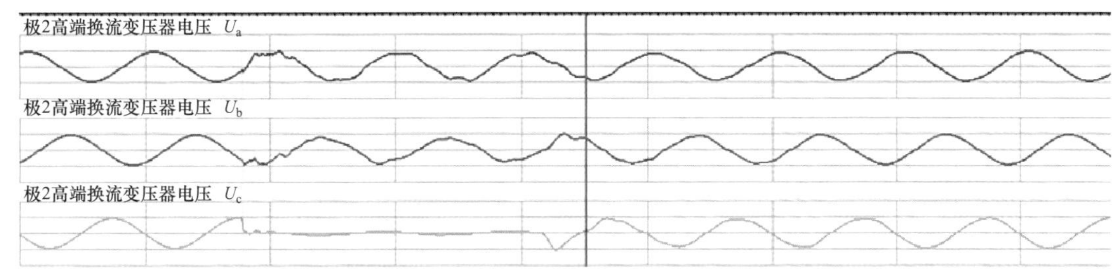

图 2－17　录波器波形图

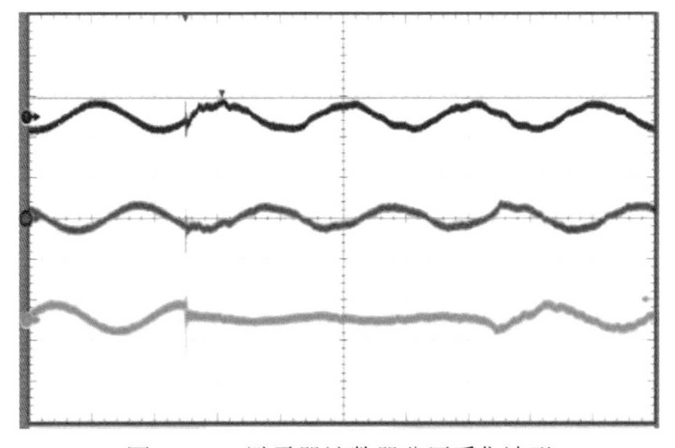

图 2－18　避雷器计数器分压采集波形

从图 2－18 中可以看出，在预触发仅为采集工频阶段，氧化锌避雷器电压传感器所采集波形与站内录波屏所采集波形保持一致，通过数据比对，其误差保持在±2%左右。当人工模拟单相接地故障发生时，录波屏采集数据由于是通过电磁式电压互感器采样，在测量精度和频率响应上存在不足，可以明显看到波形中出现断点及高频数据缺失等问题。但由氧化锌避雷器电压传感器所采集的波形则可以看到由于运行状态改变后出现的高频振荡。虽然两者在大致波形走势上相差不大，但如果要就故障波形数据做细致分析计算，录波屏所采集数据显然有所不足。对于需要提取高频及波形细节处特征作准确故障分析的时候，采用氧化锌避雷器电压传感器显然更优。

通过下式可以求得等效电路衰减在 3db 时的监测工作频率

$$\frac{1/(2\pi f_c)}{2\pi f_l+1/(2\pi f_c)}=10^{\frac{3}{10}} \tag{2-21}$$

在大电流区内，阻抗很小，可忽略 C_1 和 C_2 的影响，等效如图 2－12 所示。等效电路用式（2－21）计算得到传感器的衰减为 3db 时的工作频率

$$\frac{R}{2\pi f_l+R}=10^{\frac{3}{10}} \tag{2-22}$$

将氧化锌避雷器参数代入式（2－21）、式（2－22）可以得到传感器的小电流 3db 衰减频率为 900MHz，大电流 3db 衰减频率为：6MHz，可以满足暂态过电压最高频率为 2MHz 的要求。

2.3 输电线路耦合电容电压传感器

本节介绍一种新型的非接触式架空输电线路电压传感器，此种电压传感器工作原理示意图如图 2－19 所示：传感器安装于杆塔上，该传感器利用架空输电线路与传感器感应板之间的杂散电容 C_1 作为高压臂电容，在感应板下连接电容器 C_2 作为低压臂电容。过电压信号从感应金属板经匹配电阻引出，通过同轴电缆传输到外部的数据采集系统。整个传感器安装在金属屏蔽壳内，屏蔽其他非测量相的干扰。传感器分压比为

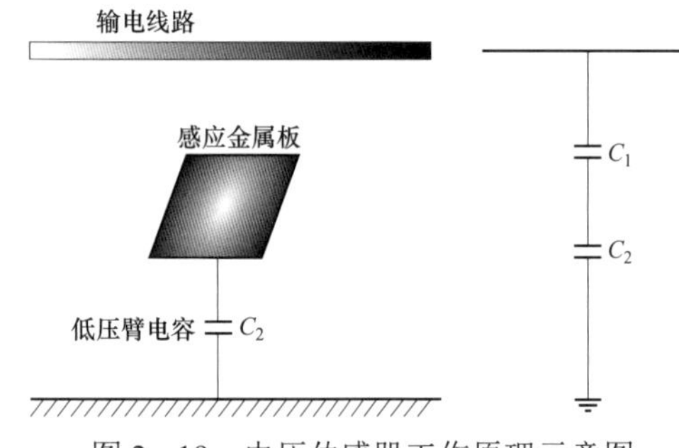

图 2－19 电压传感器工作原理示意图

$$k=\frac{C_1+C_2}{C_1} \tag{2-23}$$

2.3.1 传感器结构设计

（1）结构设计。传感器安装于单相导线下时，拟测量的电压为单相导线的电压值，但现场的架空输电线路都是多导体传输系统，为了减少其他导线的相间干扰，本书设计和提出的，考虑屏蔽其他信号干扰的传感器结构，设计时考虑传感器实际运行时遭受的大气条件。屏蔽外壳的结构如图 2－20 所示。屏蔽外壳为一上端开口的立方体外壳，感应金属板安装在绝缘支架上方，绝缘支架起到绝缘和支撑的作用。绝缘支架通过螺钉和螺母来固定。感应金属板和绝缘之间的间隙通过密封胶进行绝缘封闭，防止雨雪天气，有水渗入传感器内。分压单元由电容、匹配电阻、放电间隙组成，分压电容器外壳通过螺母固

定在屏蔽外壳上。分压单元与感应金属板紧密相连，信号从感应金属板传输到分压电容，经匹配电阻引向同轴电缆。通过同轴电缆将信号传输到信号采集单元。图 2-21 为电压传感器实物。

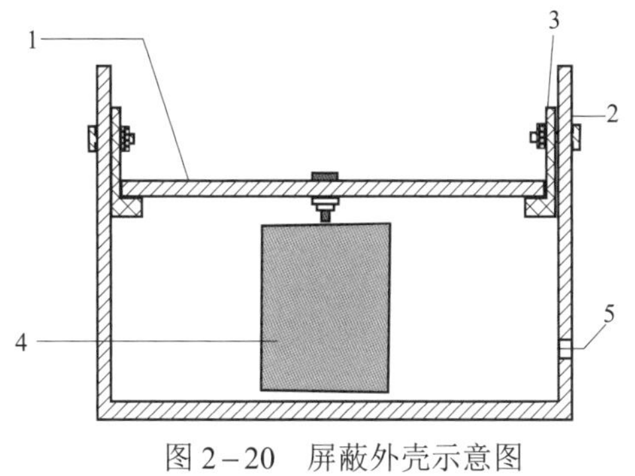

图 2-20　屏蔽外壳示意图

1—感应金属板；2—屏蔽外壳；3—绝缘支架；
4—分压单元；5—同轴电缆

图 2-21　电压传感器实物

本书试验是采上述结构制作的传感器进行，实验中发现传感器在安装和结构上存在一定的缺陷，比如安装不方便，雨雪天气容易漏水入传感器内。因此，根据工程应用需求对传感器的结构进行了改进。改进后的传感器结构示意图如图 2-22 所示。改进后的传感器结构有以下特点：安装方便，感应金属板与屏蔽外壳连接性好，不易漏水和积留雨雪。

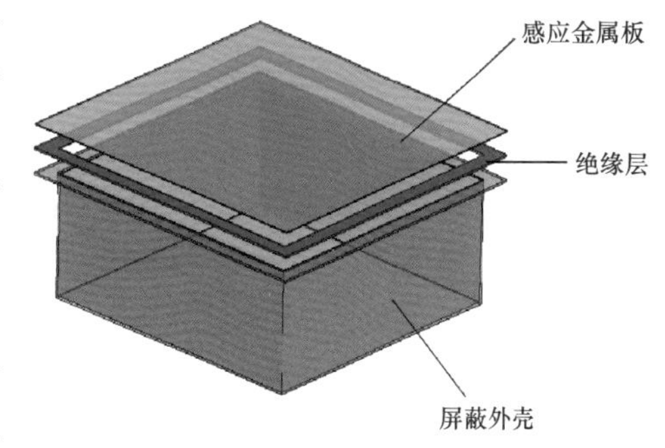

图 2-22　改进的传感器外壳结构图

（2）屏蔽材料的选择。场源特性决定传感器屏蔽材料的选择，高电压、小电流的干扰源可视为具有高的波阻抗，为电场干扰，传感器工作时主要受到电场干扰，对电场干扰的屏蔽应以反射损耗为主，反射损耗取决于干扰源的形式和其波阻抗，阻抗越低，反射损耗就越大。高导电型材料具有较大的反射损耗，故选用高导电性的材料作为屏蔽材料。经常选用的高导电性材料常见的材料有铜、铝、钢等。屏蔽效能的公式为

$$\ni = 60\pi\sigma d\times\begin{cases}1, 当\dfrac{d}{\delta}<0.1时\\ \dfrac{\delta}{2\sqrt{2}d}e^{d/b}, 当\dfrac{d}{\delta}>1时\end{cases} \tag{2-24}$$

式中：d 为屏蔽外壳的厚度；δ 为透入深度；b 为屏蔽外壳网眼空隙宽度。由式（2-24）可以看出，$d/\delta<0.1$ 时，屏蔽效能与电导率成正比，与材料的导磁系数无关，因此，在厚度相同时，铜屏蔽比铝屏蔽、钢屏蔽比好。但是随着 d 的增加和频率的增大，情况开始变化，在 $d>0.2$mm，$f>100$kHz 时，钢屏蔽比铜屏蔽的效能好。雷电冲击引起的脉冲暂态频率高达数兆赫，传感器选择屏蔽效果较好的钢作为屏蔽材料。

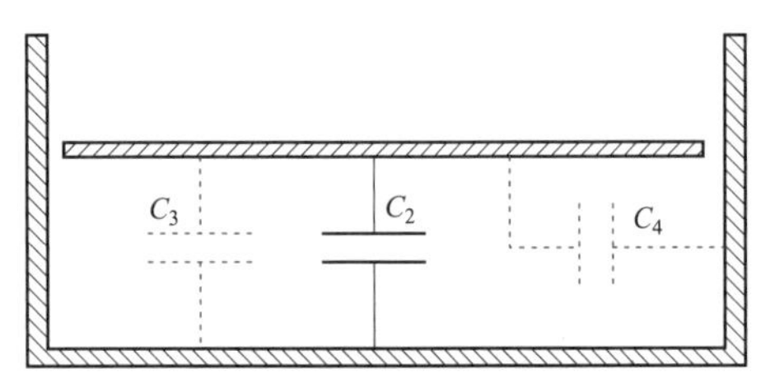

图 2－23　屏蔽外壳对传感器的影响

（3）屏蔽外壳对传感器测量的影响。屏蔽外壳对传感器的影响如图 2－23 所示，感应金属板与屏蔽外壳底部之间的电容 C_3 与传感器与屏蔽外壳侧面电容 C_4 会增大低压臂电容。

实验测量感应金属板与屏蔽外壳电容为 83.11pF，低压臂电容一般选取数百微法级电容，感应金属板与屏蔽外壳之间的电容对分压影响很小，并且对传感器分压比进行标定时会将 C_3、C_4 考虑在内，因此，屏蔽外壳对传感器测量没有影响。

2.3.2　串联法电容计算与 ANSOFT 电场仿真

根据 2.3.1 中对过电压传感器基本原理的分析可知，传感器低压臂为一集中电容，电容值已经固定，杂散电容 C_1 的大小直接影响传感器的分压比，因此，对杂散电容 C_1 的估算以及传感器分压比的准确标定，是传感器设计的关键。

1. 杂散电容 C_1 计算

电容的大小仅与导体的形状、尺寸、相对位置及导体间的介质有关。电容通常可以采用 $C=Q/V$ 来解析求得，但在工程中遇到的电极形状比较复杂，难以得到解析解。文献《用表面电荷法计算高压设备的杂散电容》采用表面电荷法计算高压设备的杂散电容，同样有学者采用有限元法、模拟电荷法、矩量法等方法计算电容，由于线板模型为三维模型，金属板长宽为有限长，且感应金属板为悬浮电位，利用上述方法计算比较困难。

本书对不规则电容器两极形状做近似简化，参照规则电容的串联法，提出串联法计算输电线路与传感器之间的杂散电容值。为便于分析和计算，对架空输电线路做如下简化和处理。忽略输电线路端部效应和弧垂影响，将输电线路视为无限长直导线，且与地面平行。进行电容计算时，半径为 r 的输电导线可等效为宽度为 $2r$，长度为 L 的薄长带，如图 2－24 所示。对于分裂导线，r 取等效半径。感应金属板长为 a，宽为 b。在两个极板之间，取一块与极板平行，距离为 $\mathrm{d}z$ 的平面，其面积为 S，由平板电容器计算公式，间距为 $\mathrm{d}z$ 的单位小平板电容器的电容为

$$\mathrm{d}C = \varepsilon S / \mathrm{d}z \tag{2-25}$$

架空导线与感应金属板间的电容可等效为多个小平板电容器电容的串联，即

$$\frac{1}{C} = \int \frac{\mathrm{d}z}{\varepsilon S} \tag{2-26}$$

其中 z 的变化范围是从 0 变化到 h，积分区域如图 2－24 所示，两平板对应顶点连线内的区域。串联电容链等效电容为

$$C = \frac{1}{\displaystyle\int_0^h \frac{\mathrm{d}z}{\varepsilon\left[2r + \dfrac{(h-z)(b-2r)}{h}\right]\left[a + \dfrac{z(l-a)}{h}\right]}} \tag{2-27}$$

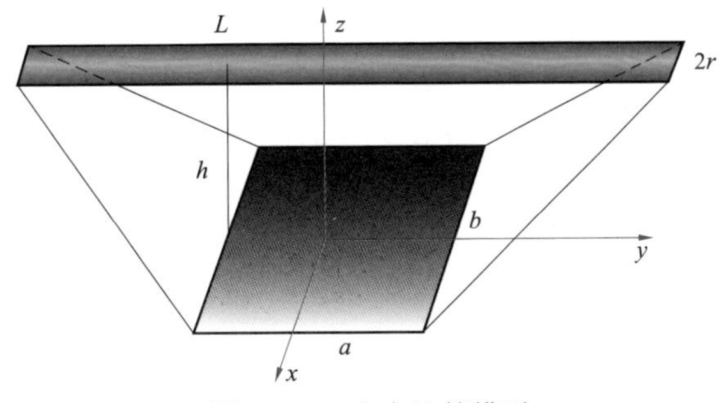

图 2-24 电容计算模型

2. Ansoft Maxwell 3D 仿真电容

电容计算的前提是线板电容间电场接近平行平板场，通过 Ansoft Maxwell 来仿真电场分布情况。

Maxwell 软件是 Ansoft 公司针对机电系统电磁计算开发的有限元软件包，采用 Ansoft Maxwell 3D 以有限元分析理论为基础，用于求解工程中普遍面临的热、应力与电磁场分析问题，是一种功能强大、易于使用、计算准确的三维电磁场有限元分析软件，软件包含自上而下执行的用户界面，自适应网格剖分技术以及用户定义材料库等特点，包含静态场、涡流场、静电场、恒定磁场、瞬态场等多种求解器。Maxwell 采用自上而下的执行命令菜单，分别为求解器、定义模型、安装材料、边界/源设置、执行参数设置、求解设置、执行求解、后处理等。本章主要用到 3D 求解器，通过建立静态场有限元模型来计算电容参数。

通过 Ansoft Maxwell 静电场求解器对线路与板之间的电容进行仿真求解，选择求解器（Solver）为静电场（Electrostatic）。模型参数如下：导线长 316cm，直径 2.5cm；传感器感应金属板长 40cm、宽 40cm。求解区域为半圆柱区域。导线材料为铝，感应金属板材料为钢。导线上电压设为 110kV，传感器感应金属板电压为 0，边界底面电压为 0，边界为默认边界 balloon。

图 2-25 为仿真模型，图 2-26 为线板模型细节图。图 2-27 为线板模型的电压分布示意图，由图中可以看出，线板之间的电压分布近似为平行分布，与电容近似计算方法前提基本一致。

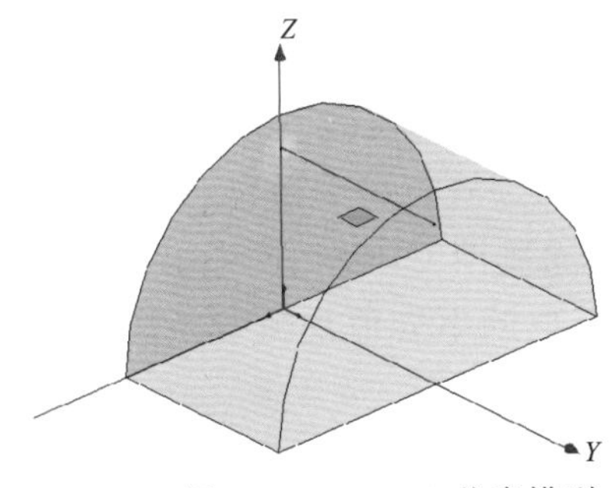

图 2-25 Ansoft 仿真模型

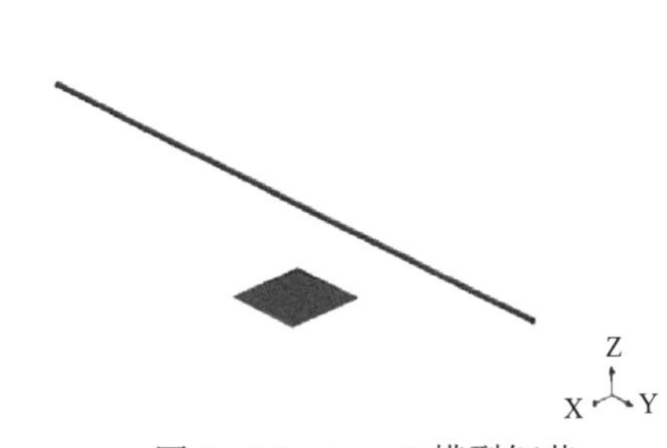

图 2-26 Ansoft 模型细节

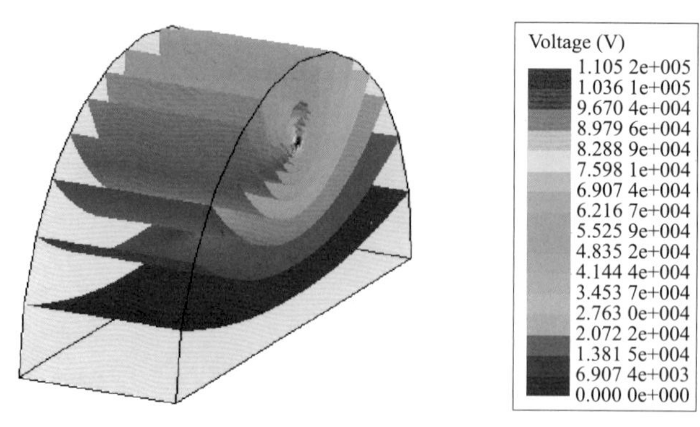

图 2-27　电压分布示意图

3. 电容计算、试验及仿真结果比对

通过 Ansoft Maxwell 电容仿真以及实际测量电容（通过工频电压试验下，标准分压器测量电压值与传感器电压值，以及低压臂电容值来确定），来验证串联计算法是否具有工程指导性。在导线长 316cm、直径 2.5cm，传感器感应金属板长 40cm、宽 40cm 的参数下，三种方法获取的电容数值见表 2-1。

由表 2-1 中可以看出，串联法与 Ansoft 仿真线板模型电容结果接近，实际测量电容值相对较小，原因是串联法电容计算和 Ansoft 仿真为独立的线板模型，而实际测量中传感器电容受外界物体（屏蔽外壳、高压发生装置等）的影响，导致实际测量得到的低压臂电容小于计算值与仿真值。

表 2-1　　不同方式获取电容值比较

线板距离（m）	0.135	0.195	0.222	0.39	0.47
串联法计算电容（pF）	11.731	8.75	7.9	5.2	4.5
Ansoft 仿真电容（pF）	11.507	8.914	8.214	5.432	4.690 6
实际测量电容（pF）	10.22	7.779	6.957 8	4.79	3.973

本书中的串联法电容计算公式是用于指导传感器设计，并不用来标定传感器分压比，传感器实际分压比是通过安装于现场后，同时考虑杆塔等外界金属导体因素后标定得来。因此，根据试验结果分析得出以下结论：三种方法获取的电容值基本一致，且随着距离的增大，电容减小的趋势一致。串联法电容计算公式可用于指导工程设计。根据表 2-1 绘制图 2-28，图中可以看出，三种方法获取的电容值均随着距离增大电容值减小。

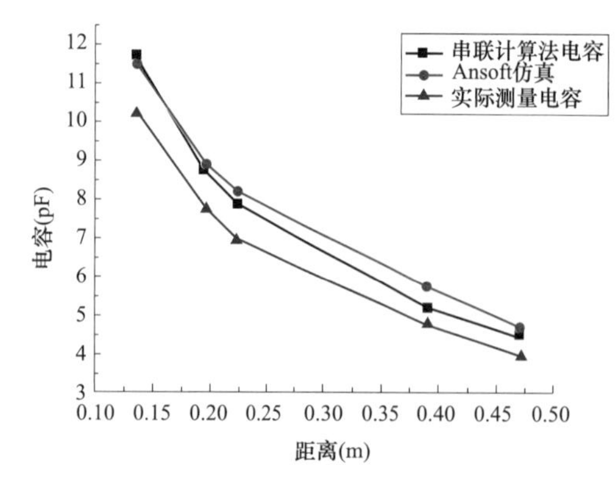

图 2-28　不同方式获取电容值比较

图 2-29 中可以看出，通过 Ansoft 仿真分析导线长度对传感器电容计算的影响，Ansoft 仿真与串联法计算趋势一致。

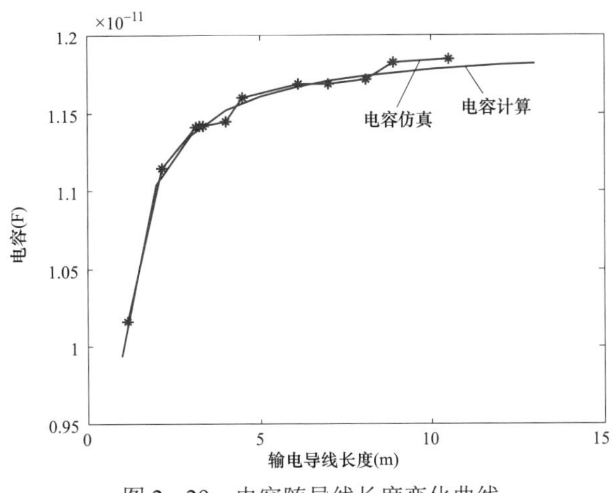

图 2-29　电容随导线长度变化曲线

4. 初步选取传感器参数

不同电压等级的架空输电导线的线路参数及安全距离要求不同，根据《电力安全工作规程》要求的最小安全距离来确定传感器安装距离，110、220、330、500kV 的安装距离分别为 1.5、3、4、5m，本传感器选用耐压值为 500V 的聚丙烯电容器。根据不同电压等级导线直径，安装距离，导线电压、低压臂电容，初步确定传感器的结构大小。计算时，330kV 与 500kV 为分裂导线，按等效半径进行电容计算。由上节可知，当输电导线长度为传感器 15～20 倍时，电容趋近稳定值，计算时导线长度选择为 15m。

表 2-2 中给出了不同电压等级下电容及传感器的参数，由于传感器分压比会受到杆塔影响，因此表 2-2 用于初步指导工程设计，实际工程应用中，需根据现场情况做进一步的调整。

表 2-2　　　　电容及传感器参数的选取

电压等级（kV）	110	220	330	500
导线型号	LGJ-240/40	LGJ-400/35	2×LGJ-300/40	4×LGJ-400/35
导线直径（单根）	21.66mm	26.82mm	23.94mm	26.82mm
安全安装距离（m）	1.5	3	4	5
电容值（μF）	0.15	0.22	0.33	0.47
传感器尺寸（m×m）	0.8×0.8	0.8×0.8	1×1	1×1
高压臂电容值（pF）	12.1	7.48	9.89	11.5

2.3.3　传感器模型试验验证

为验证传感器测量准确度、稳定性及响应特性，本书对模拟测量系统进行了工频电压和雷电冲击电压实验。实验接线示意图如图 2-30 所示，感应金属板置于模拟输电线路下方，模拟输电导线长为 3.18m，半径为 0.012 5m，感应金属板长宽为 0.4m 的铝板，金属板下方安装有分压单元，分压单元的电容值为 0.047μF，电压信号从感应金属板引出，通过一根首端接 50Ω 匹配电阻的 SYV-50-5 的同轴电缆接示波器输出。示波器型号为 Lecroy 44mxi，其模拟频带为 400MHz。

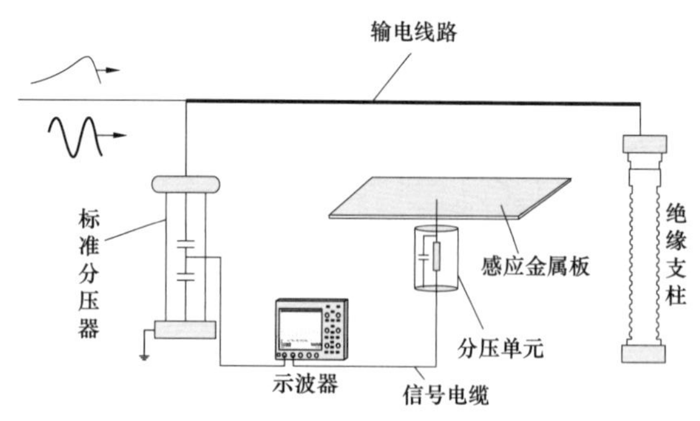

图 2-30　实验接线示意图

1. 工频实验结果与分析

工频试验变压器型号为 YDW-50/50，额定工作电压为 0～100kV。实验中施加在导线上的交流电压范围为 0～20kV，采用分压比为 1000:1 的标准电容分压器输出接示波器通道 1，传感器电压信号输出接示波器通道 2。

图 2-31 为测量工频交流电压标准分压器测量波形与传感器测量波形。图中可以看出，传感器能实时测量到输电线路的工频电压，并且波形一致。

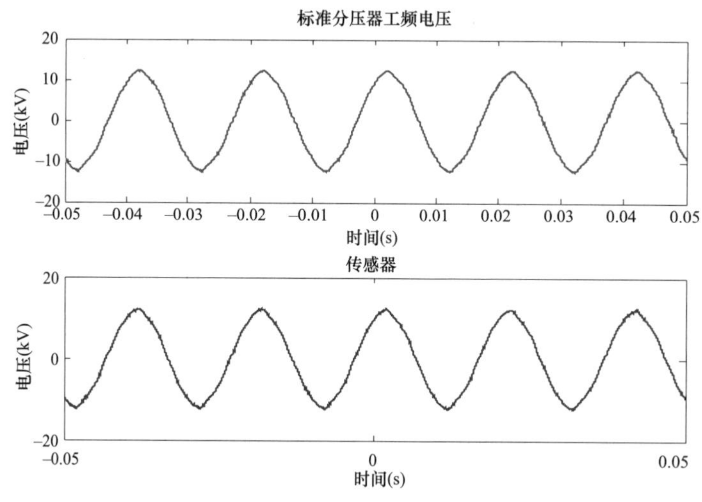

图 2-31　工频电压实验波形

表 2-3 为电压传感器测量工频交流电压实验数据，用标准分压器对电容分压器进行误差对比分析可以看出，在输入为 3～20kV 时，传感器输出的比差在±1%范围内，角差最大误差为 0.801%，在传感器允许误差之内。

表 2-3　　电压传感器测量工频交流电压实验数据

序号	分压器输出（kV）	传感器输出（kV）	比差（%）	角差（%）
1	5.124	5.148	0.468	0.674
2	8.292	8.305	0.156	0.619
3	12.280	12.195	0.692	0.713
4	14.353	14.295	0.404	0.706
5	18.118	18.130	0.066	0.801

理论分析，电容分压器在测量时，如果不计入负载阻抗，则只有幅值误差，没有相位误差。但标准分压器和传感器在测量时采用示波器来显示波形，不可避免地引入负载阻抗。图 2－32 为测量中两个测量系统负载阻抗示意图。

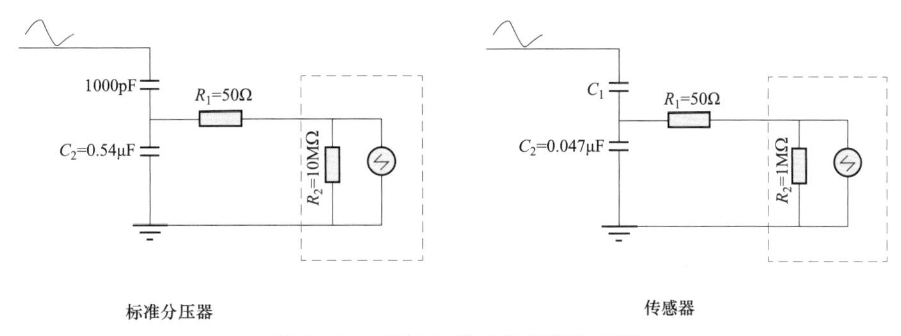

图 2－32 测量中系统负载阻抗分析

通过对测量系统电路分析，计入负载阻抗的影响后，测量波形相位将超前于 $\tan^{-1}[1/(\omega C_1R_1+\omega C_2R_2)]$，标准分压器负载阻抗为 10MΩ，传感器负载阻抗为 1MΩ，计算标准分压器相位超前于输电导线相位 0.000 6，传感器超前于输电导线相位 0.067，因此，传感器测量波形相位超前于标准分压器测量波形相位 0.066 4。

图 2－33 为电压传感器在 0～25kV 工频交流电压作用下，13 组传感器测量电压与标准分压器测量电压的关系曲线，图中可以看出曲线呈线性，通过 Matlab 分析其相关系数为 0.99，线性曲线斜率即为传感器的分压比，此实验条件下的传感器分压比为 5000:1。

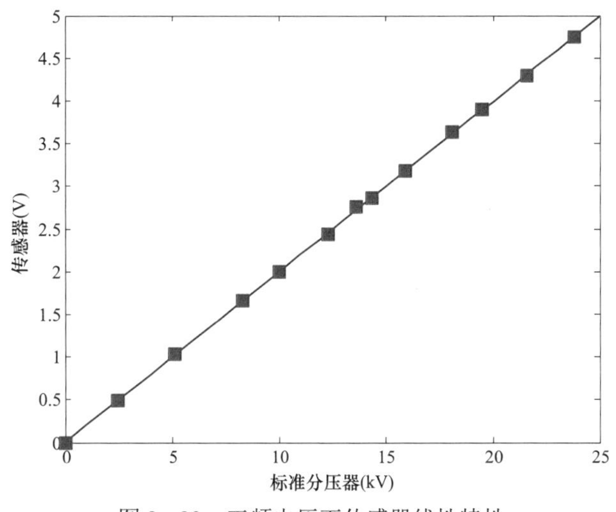

图 2－33 工频电压下传感器线性特性

2. 雷电冲击电压实验结果和分析

雷电冲击过电压由多级雷电冲击发生装置产生，调节球隙使雷电过电压放电电压为 40～50kV，装置配套有一标准分压器，分压比为 540:1。信号经标准分压器输出后，通过 Lecroy PP009 探头 10 倍衰减后输入到示波器通道 1，传感器信号由通道 2 输入。选择匹配为单端匹配，过电压行波在信号电缆末端发生全反射。雷电过电压试验中，输电线路与传感器相位位置不变，在进行数据比较时，仍采用分压比为5000:1来还原传感器测量得到的雷电过电压数据。在图2－34中，data1为标准分压器测得过电压波形，上升时间为1.511μs，半峰时间为50.231μs，峰值为43.198kV；data2为传感器测得电压波形，上升时间为1.551μs，半峰时间为50.75μs，峰值为43.688kV。可以看出，电压传感器测量雷电冲击电压时，测量峰值的相对误差在±2%范围内，测量时间参数的总不确定度在±3%范围内，表明电压传感器测量操作过电压时性能较好，可以满足工程要求。

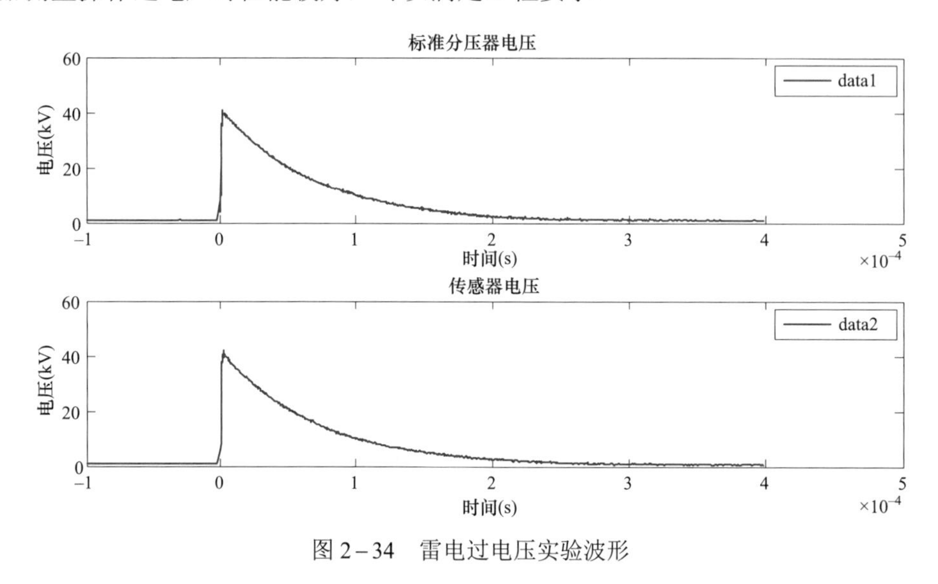

图2－34　雷电过电压实验波形

图2－35为雷电过电压的波头展开图，可以看出，两者在细节上的波动基本一致。

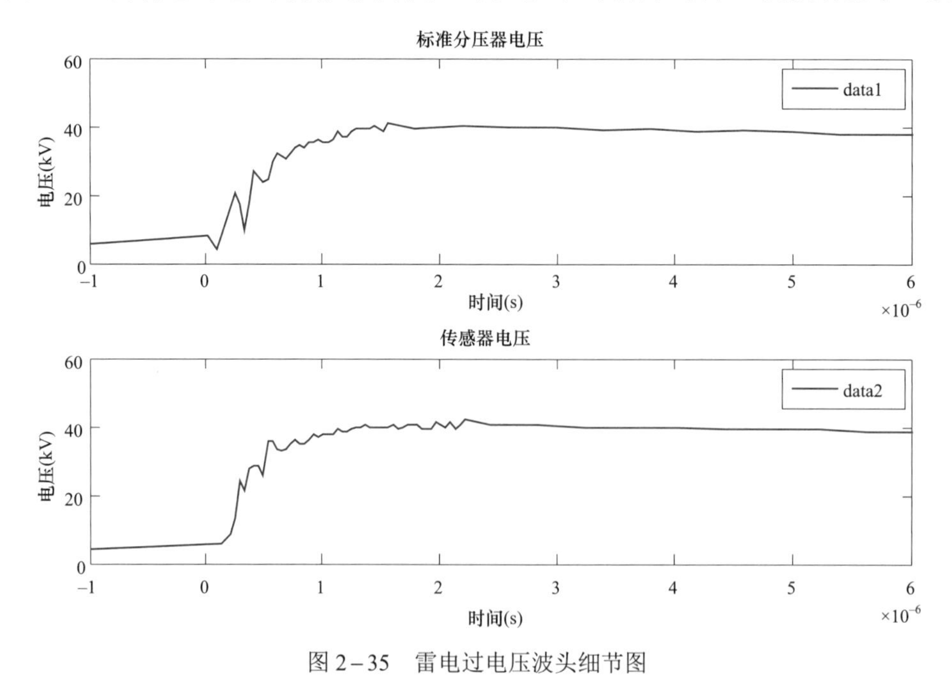

图2－35　雷电过电压波头细节图

2.4 变电站过电压全波形光学在线监测技术

2.4.1 Pockels 传感材料选择及晶体设计

1. Pockels 传感材料的选择

光学电压互感器主要基于特殊材料的普克尔斯（Pockels）效应、逆压电效应及电光克尔（Kerr）效应三种效应研制。本书在综合对比三种类型并结合现场实际后决定采用 Pockels 效应研制全波形光学传感器。具有线性电光性能的晶体品种众多，但实际上能满足应用要求的却为数甚少。表 2－4 给出了一些典型的、常用的 Pockels 电光晶体。

表 2－4　　常用的 Pockels 电光晶体的性能参数

晶体	对称性	Pockels 常数（10^{-10}cm/V）	n	ε	热电性	旋光性
KH_2PO_4（KDP）	四方晶系 42m 点群	$\gamma_{41}=8.6$ $\gamma_{63}=-10.5$（$\lambda=0.550\mu m$）	$n_o=1.512$ $n_e=1.466$	$\varepsilon_1^T=42$ $\varepsilon_2^S=21$	—	—
$LiNbO_3$（LN）	三斜晶系 3m 点群	$\gamma_{13}=10$；$\gamma_{33}=-32.2$ $\gamma_{51}=32$；$\gamma_{22}=6.7$（$\lambda=0.630\mu m$）	$n_o=2.286$ $n_e=2.220$	$\varepsilon_1^T=84.6$ $\varepsilon_2^S=28.6$	有	—
$Bi_{12}SiO_{20}$（BSO）	立方晶系 23 点群	$\gamma_{41}=4.35$（$\lambda=0.870\mu m$）	$n_o=2.54$	—	无	有
$Bi_4Ge_3O_{12}$（BGO）	立方晶系 43m 点群	$\gamma_{41}=0.95$（$\lambda=0.630\mu m$）	$n_o=2.11$	$\varepsilon=16$	无	无

注　n 为折射率，n_o 为寻常光折射率，n_e 为非常光折射率，ε为相对介电常数，S 为常应变，T 为长应力。

Pockels 效应一般在一些非中心对称的晶体（如单轴晶和双轴晶）中出现，但是，通常不考虑用双轴晶作 Pockels 敏感材料，因为其光轴的方向易受光的波长和晶体的温度影响。因而，在单轴晶中选用 Pockels 敏感材料。

$LiNbO_3$（简称 LN 晶体）和 $Bi_{12}SiO_{20}$（简称 BSO 晶体）是常选用的光学电压传感材料。但是 LN 自然双折射大，易受温度影响；BSO 具有旋光性，亦会导致测量结果的非线性。

根据上述原则和分析，选用立方晶系 43m 点群中的 $Bi_4Ge_3O_{12}$（简称 BGO）晶体作为 Pockels 敏感元件，其性能优于 LN 和 BSO 晶体。BGO 的主要优点如下：

（1）理想的 BGO 晶体既无自然双折射，又无旋光性和热电效应，因而电光调制受温度影响很小，几乎可以忽略。

（2）无光弹效应，压电常数几乎为零。

（3）因无旋光性，晶体的厚度可设计为足够厚以增大晶体的耐受电压。

（4）BGO 的相对介电常数较小（$\varepsilon=16$），且电阻率大（大于 $10^{15}\Omega\cdot cm$），对被测电压电场的分布影响很小。

（5）BGO 还具有宽广的透光区和良好的光透光率，半波电压高。

在无电场（电压）作用时，BGO 是各向同性的光学晶体；在存在外加电场（电压）时，

BGO 由各向同性变为各向异性，BGO 晶体的折射率发生了变化，通过晶体，光的偏振态也发生了变化。可见，BGO 被用来当作传感材料，非常理想，其一般性质见表 2-5。

表 2-5　　BGO 的一般性质

性质类别		性　质
颜色		无色
密度（g/cm²）		7.12
熔点（℃）		1050
热膨胀系数（$℃^{-1}$）		7.15×10^{-6}
介质常数		16
折射率	波长为 0.48μm	2.149
	波长为 0.63μm	2.098
	波长为 0.85μm	2.07
透光区（μm）		0.33～5.5
电光系数γ_{41}（cm/V）		1.03×10^{-10}

2. BGO 电光晶体技术要求

对于 BGO 电光晶体材料性能的要求：

（1）光学均匀性要好，无杂质和气泡。

（2）至少经过 3 次以上提拉处理，且晶体成型后要进行适当的退火处理，保证内部残余应力小。

（3）旋光性、热光效应、热释电效应和自然双折射等附加效应极小。

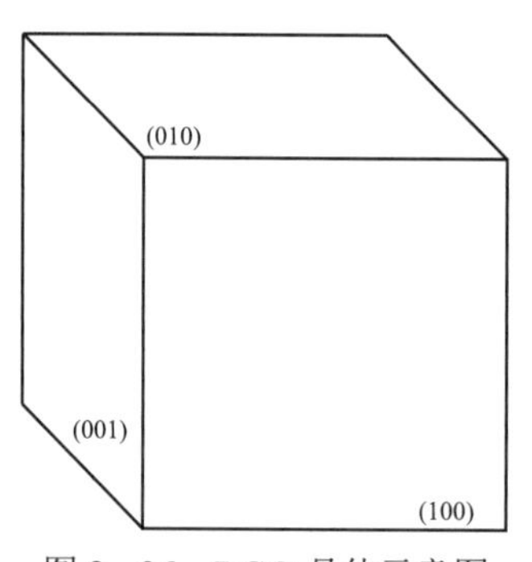

图 2-36　BGO 晶体示意图

对于晶体加工要求及技术指标：

（1）晶体尺寸：10mm×10mm×10mm，公差-0.05mm，棱边倒角 0.1mm×45°。

（2）沿（001），（100），（010）晶面切割，晶轴定向角偏≤1′。

（3）两个（001）面为通光面，精抛光，光洁度Ⅳ级。

（4）其余各面细磨，且（100）、（010）面需做出标识。图 2-36 为 BGO 晶体示意图。

（5）各对平行端面的平行度<3°。

3. BGO 晶体透明导电膜技术要求

（1）晶体尺寸：10mm×10mm×10mm。

（2）在晶体两精抛光面（001）上镀制一层 ITO 膜，尺寸为 10mm×10mm。

（3）要求导电膜透过率在 850nm 处超过 90%。

（4）要求镀膜牢固、附着力强，镀层均匀。

（5）晶体材料较软较脆，且价格较高，镀膜时注意保护，避免损坏。

2.4.2 纵向电光调制与横向电光调制比较

根据外加电场如何调制光信号，基于 Pockels 效应的 OVT 包括纵向电光调制和横向电光调制两种调制方法，图 2－37 所示为纵向调制 OVT 原理示意图，基于 Pockels 效应 OVT 的光路包括起偏器、λ/4 波片、BGO 晶体、检偏器和准直透镜等光学元件。

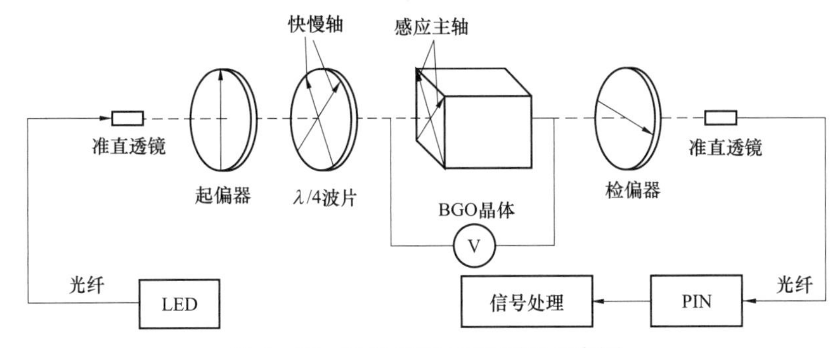

图 2－37　纵向调制 OVT 原理示意图

因现有技术精度不够，不能直接测量光相位的变化，通常需以强度调制来反映相位变化。本书选择了立方晶系 43m 点群的 BGO 材料，对于纵向调制的 OVT，出射两束光的相位之差 δ 为

$$\delta=\frac{2\pi}{\lambda}n_0^3\gamma_{41}El=\frac{\pi E}{E_\pi} \tag{2-28}$$

若以外加电压 U 形式表示，则有

$$\delta=\frac{2\pi}{\lambda}n_0^3\gamma_{41}U=\frac{\pi U}{U_\pi} \tag{2-29}$$

$$U_\pi=\frac{\lambda}{2n_0^3\gamma_{41}} \tag{2-30}$$

式中：U_π 为半波电压；U 为外加于晶体两端的电压；λ 为入射光波的波长，为 820nm；E 为外加于晶体两端的电压 U 所产生的电场；n_0 为立方晶系 43m 点群 BGO 晶体的固有折射率，为 2.11；γ_{41} 为立方晶系 43m 点群 BGO 晶体的线性电光系数，为 101.0310cm/V。

由式（2－29）可以看出，可由相位差算出外加电压 U 的大小。此时，光电检测器检出的光强信号为

$$I=I_0\sin^2\left(\frac{\pi}{4}+\frac{\pi U}{U_\pi}\right)=\frac{1}{2}I_0\left(1+\sin\frac{\pi U}{U_\pi}\right)=\frac{1}{2}I_0(1+\sin\delta) \tag{2-31}$$

当 $\delta\ll 1$ 时，$\sin\delta\approx\delta$，在一级近似情况下，可得线性响应

$$I=\frac{1}{2}I_0\left(1+\frac{\pi U}{U_\pi}\right)=\frac{1}{2}I_0(1+\delta) \tag{2-32}$$

图 2－38 为横向调制 OVT 原理示意图。

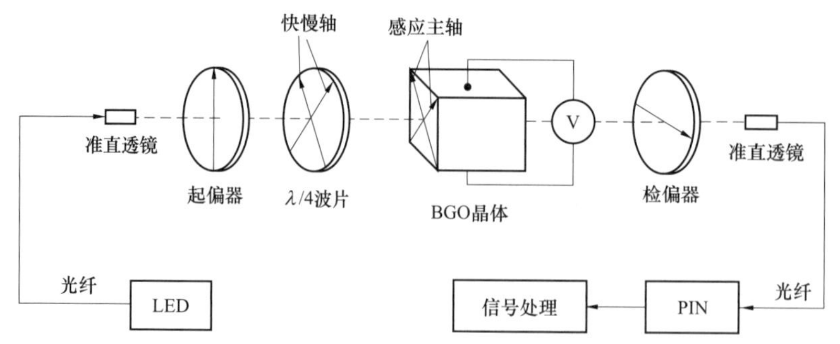

图 2－38　横向调制 OVT 原理示意图

对横向调制光学电压互感器，出射的两束光之间的相位差 φ 为

$$\varphi=\frac{2\pi}{\lambda}n_0^3\gamma_{41}El \tag{2-33}$$

若以外加电压形式表示，则有

$$\varphi=\frac{2\pi}{\lambda}n_0^3\gamma_{41}\frac{l}{d}U=\frac{\pi U}{U_\pi} \tag{2-34}$$

半波电压为

$$U_\pi=\frac{\lambda}{2n_0^3\gamma_{41}}\left(\frac{d}{l}\right) \tag{2-35}$$

此时，光电检测器检出的光强信号为

$$I=I_0\sin^2\left(\frac{\pi}{4}+\frac{\pi U}{U_\pi}\right)=\frac{1}{2}I_0\left(1+\sin\frac{\pi U}{U_\pi}\right)=\frac{1}{2}I_0(1+\sin\delta) \tag{2-36}$$

表 2－6 列出了纵向电光调制和横向电光调制的优缺点。

表 2－6　　**纵向电光调制和横向电光调制的优缺点**

优缺点比较	纵向电光调制	横向电光调制
半波电压	纵向效应的半波电压与晶片的几何尺寸无关	横向效应的半波电压可通过改变晶片的几何尺寸进行调节
位相延迟	纵向效应没有自然双折射引起的位相延迟	横向效应有自然双折射引起的位相延迟，这个附加的位相差易受外界温度变化的影响
外电场影响	纵向效应测的是电压值，不受外电场干扰，变电站中的 GIS 附近电磁环境复杂，纵向效应更佳	横向效应所加电场的方向与通光方向垂直，使用方便。但横向效应是通过测电场来测电压，易受外电场干扰，需采取措施克服外电场影响

综上所述，本书选择纵向电光调制作为调制方法。此时，晶体纵向调制的半波电压为

$$U_\pi=\frac{\lambda}{2n_0^3\gamma_{41}}=\frac{820\text{nm}}{2\times2.11^3\times1.03\times10^{-10}\text{cm/V}}=42.37\text{kV} \tag{2-37}$$

3 过电压监测系统采集与传输分析系统

3.1 过电压在线监测系统概述

电力系统中的过电压类型多种多样，其产生原因和危害也各不相同。外部过电压主要指大气过电压，其波头陡、幅值高，它是造成电力系统绝缘事故的主要原因之一。内部过电压虽然幅值不是很高，但其持续时间较长，同样对电气设备的绝缘构成严重的威胁。对于电力系统运行中出现过电压的机理、幅值和频率有很多的研究成果，但是大多数是实验室模拟或计算机仿真计算的结果，往往缺乏足够的现场数据加以验证。为了正确分析事故原因，改进电网绝缘配合，防止过电压事故，电力运行部门要求通过过电压在线监测系统，对电网过电压进行实时监测。

采用过电压监测技术对电网运行状态进行实时监测，可以及时发现可能引发电网故障的异常运行状态，从而采取应急措施进行应对，避免故障发生；建设智能化的过电压监测中心站，实现过电压监测终端数据的智能分析，以及电网异常运行状态的自动识别及报警。过电压在线监测系统如图 3－1 所示。

图 3－1　过电压在线监测系统

过电压在线监测系统实现了变电站内产生的瞬态过电压事件监测和记录。

图 3－2 是某变电站记录的一组母线上的数据，此时没有过电压产生。

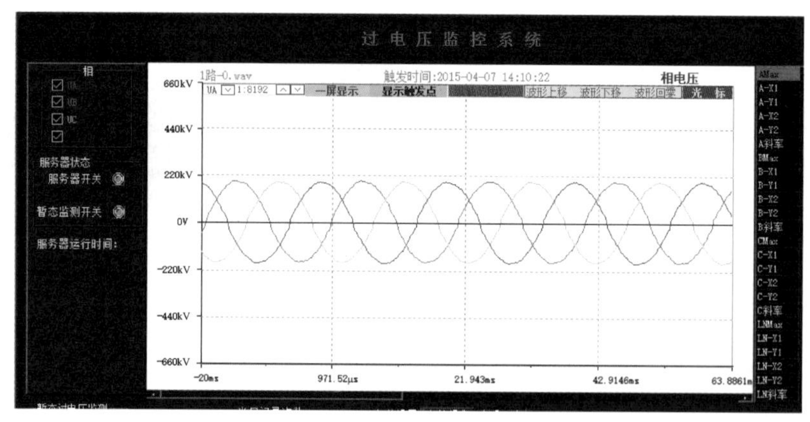

图 3-2　过电压监测系统

当现场有其他线路合闸时，对该线路产生了较明显的影响，产生了过电压，设备完整的记录了这一过程，如图 3-3 所示。

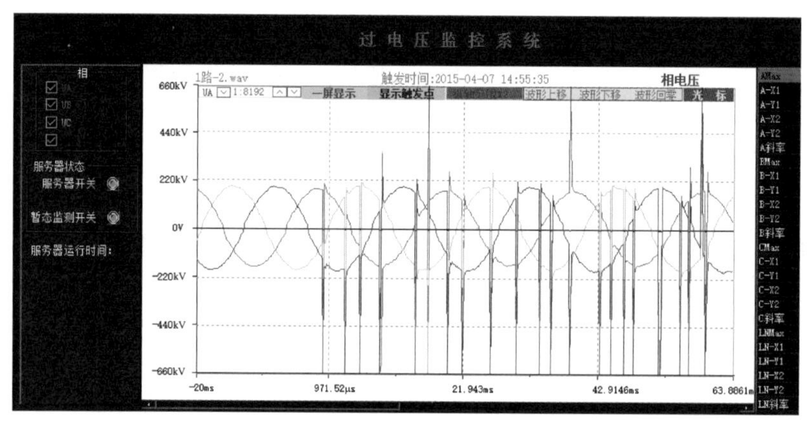

图 3-3　线路合闸过电压截取图

进行局部放大后，可以对瞬态过电压信号进行浏览、研究。如图 3-4、图 3-5 所示。

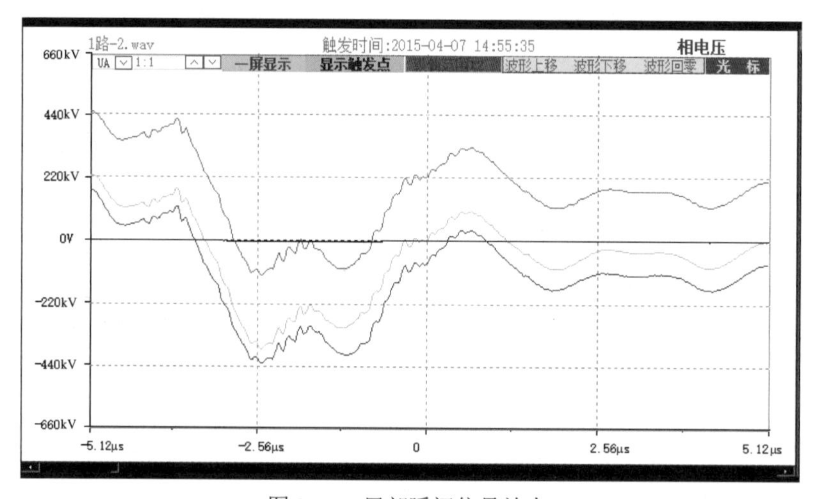

图 3-4　局部瞬间信号放大

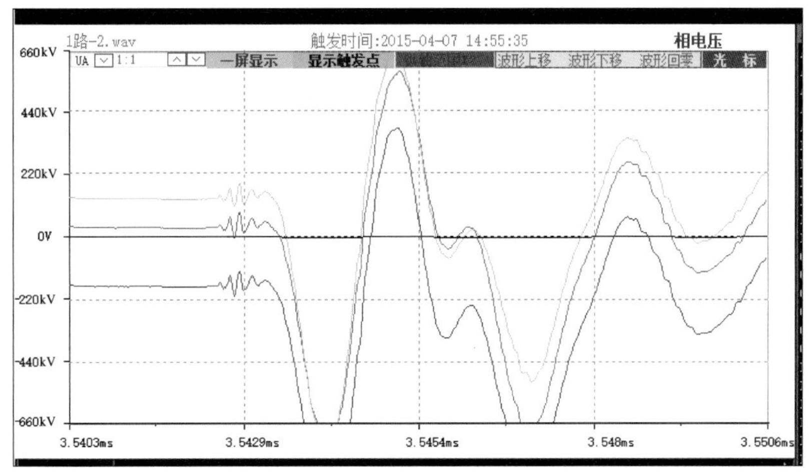

图 3－5　局部瞬间信号放大

这些数据，在变电站部署的监测仪器完成记录后，会将状态和数据在传送回监测中心和数据中心。管理人员在中心监测点可以实时获取指定变电站设备上的监测结果。

因此，研究过电压在线监测具有以下重要意义：

（1）当前对过电压在线监测的研究主要集中在对配电网过电压的监测，而在 110kV 及以上电压等级的电网中，对过电压的监测还处在研究阶段。雷电过电压是引发电力系统绝缘故障的重要起因。对雷电过电压及内部过电压的产生机理的研究大多基于数值计算仿真。由于缺少实测数据支持，往往对模型的有效性缺乏必要的验证，这就大大制约了对上述过电压的产生作用机理的研究。对过电压监测的根本目的是研究电网雷电过电压及内部过电压的产生作用机理、对电力系统的危害以及提出对过电压的快速响应抑制方法提供科学依据和实测数据。因此，其研究成果为研究电网雷电过电压及内部过电压的产生机理、输变电设备绝缘的放电物理过程、运行状态在线监测及状态维修策略等一系列基础理论，必然提供有力的数据支持。

（2）由于过电压在线监测的研究涉及高电压技术、电子技术、计算机与网络通信技术、现代传感技术与人工智能技术和模糊、神经网络等数学方法，因此通过多学科交叉融合，既可促进多学科的发展，又可促进电气工程学科本身的基础理论研究和工程技术的进步。

（3）由于 110kV 及以上电压等级电网的过电压在线监测是本学科研究的热点和提高电网安全运行的前沿技术。因此，本书在基础理论和方法等方面的研究成果对于研究更高电压等级下的过电压在线监测技术必将提供有益的借鉴，对研究过电压产生的机理，并根据过电压在线监测系统提供的监测数据，采取过电压快速响应抑制的措施，对保证电网安全运行具有十分重要的意义。

3.2　过电压在线监测系统结构

过电压在线监测系统一般可分为分散式监控结构和集中式监控结构两种。其中分散式监控结构采用前置智能化过电压在线采集器，现场监测单元就地进行数据采集。除具备信号提取功能外，还具备故障记录、事件记录、电气量的计算和记录以及记录管理等功能。该设计采用完全模块化设计，采集完成后使用数据压缩技术通过标准的格式由通信接口将数据传送到后台 PC 机，后台 PC 机主要完成数据的分析处理、波形显示、智能识别以及数据库查询等功能。

一般过电压在线监测采集器具有多个串行接口，多个过电压在线采集器通过以太网连到 1 台 PC 机或专用处理器上，实现对多条母线电压的监测。基于分布式监控的过电压在线监测系统结构框图如图 3－6 所示。

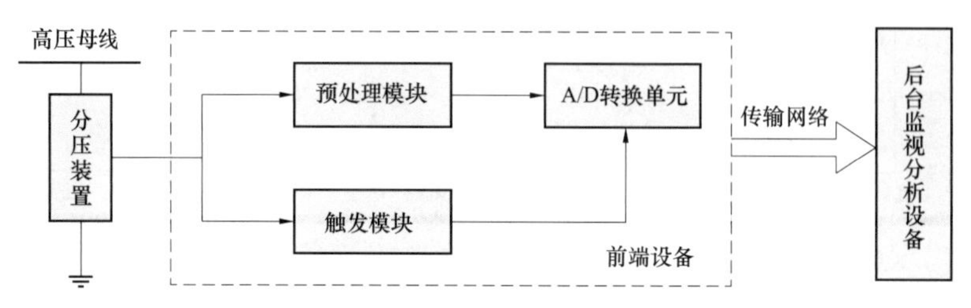

图 3－6　基于分布式监控的过电压在线监测系统结构框图

分布式监控结构的主要特点是：采用模块化结构，通道便于扩展，现场监测单元就地进行数据采集，除具备信号提取功能外，还具备信号的预处理、数字化和处理功能，采用数字信号传输其稳定性和抗干扰能力好。

集中式监控结构是通过屏蔽电缆将被测信号引入系统主机，然后由主机进行集中循环检测和数据处理。集中式过电压在线检测装置一般采用分层式结构，管理层一般采用 PC 系列工控机，主要完成数据的存储、分析、处理、显示，以及数据采集层的定时互检和对时等功能；数据采集层大多采用单片机作为智能化部件，常用的方式是采用 MSC196 和 MSC51 系列单片机组成双 CPU 结构，一个单片机负责数据的采集和 A/D 转换，另一个负责计算和判断是否要启动数据存储，也有的从机模板采用 1 块工控板负责数据的采集和启动判断，管理层与数据采集层之间采用 PCI 或 ISA 总线相联。但这种设计受硬件配置的限制，采样频率不高，分辨率一般为 12 位，同时容易产生数据传输的瓶颈效应，不利于故障信息的及时传输和处理。基于集中式监控的过电压在线监测系统结构框图如图 3－7 所示。

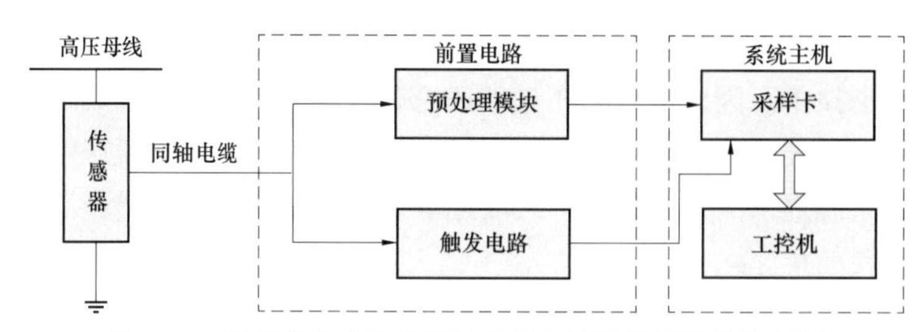

图 3－7　基于集中式监控的过电压在线监测系统结构框图

集中式监控的过电压在线监测系统的主要特点是：结构简单，技术成熟，可靠性高；利用工控机的高性能使得数据处理分析比较简单。其缺点是：测量系统阻抗难以精确匹配，过电压高频模拟信号用同轴电缆长距离传输，信号会衰减和畸变，抗干扰性差；需要专用采样卡，扩展不灵活；若监测对象较多时，系统实时性较差；单个监测系统比较庞大，成本较高。

3.3 过电压监测系统采集装置

3.3.1 信号预处理电路设计

信号调理电路包括电压跟随电路与二阶有源低通滤波电路，电路原理图如图 3－8 所示。电路由三级运放组成，第一级与第三级运放实现阻抗隔离，第二级运放实现低通滤波，运算放大器选用高速低功耗运算放大器，它具有 50MHz 单位增益带宽，350V/μs 转换速率，驱动负载能力强，由它组成的信号调理电路可以满足过电压信号预处理的要求。

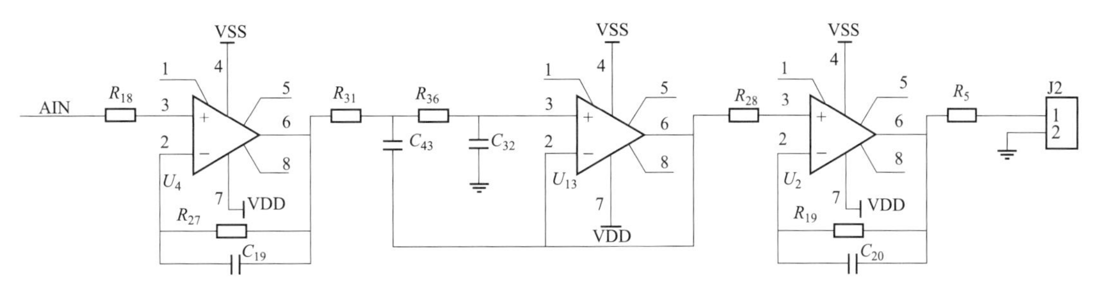

图 3－8 信号调理电路原理图

有源低通滤波电路为二阶压控电压源低通滤波器，其高频截止频率为

$$f_{\mathrm{H}}=\frac{1}{2\pi R_{36}C_{43}} \quad (3-1)$$

当 $R_{36}=200\Omega$，$C_{43}=100\mathrm{pF}$ 时，低通滤波器的截止频率为 8MHz 左右。

3.3.2 触发电路设计

触发电路是将调理电路的输出信号与预先设定的触发电平进行比较，判断电网是否出现过电压，以便能实时启动采集单元进行数据采集。由于电网过电压信号的随机性，事先无法确定发生过电压的极性，因此触发电路采用了双比较器组成窗口检测电路，实现不同极性过电压的触发判断。触发电路原理图如图 3－9 所示。

触发电路主要由触发电平电路、比较器以及光耦隔离电路等组成。正极性触发电平由采用 LM336 组成的精密稳压电路产生，负极性触发电平由正极性触发电平经反相器提供，由此实现正负参考电平同步调节。比较器选用高速双比较器 LM319，其响应延迟时间小于 80ns，集电极开路输出允许将三路电压比较器输出直接连接到一起。为了抑制干扰信号，保证采集电路可靠触发，采用高速光电耦合器 6N137 将比较器的输出脉冲隔离后输入到采集模块的外部触发通道。

对应用于不同电压等级的过电压监测系统，其触发电平是不一样的，用于 10kV 和 35kV 电网的过电压监测系统，其触发电平为工频稳态时传感器输出信号的 1.5 倍；用于 110kV 电网的监测系统，触发电平为工频稳态时传感器输出信号的 1.3 倍。

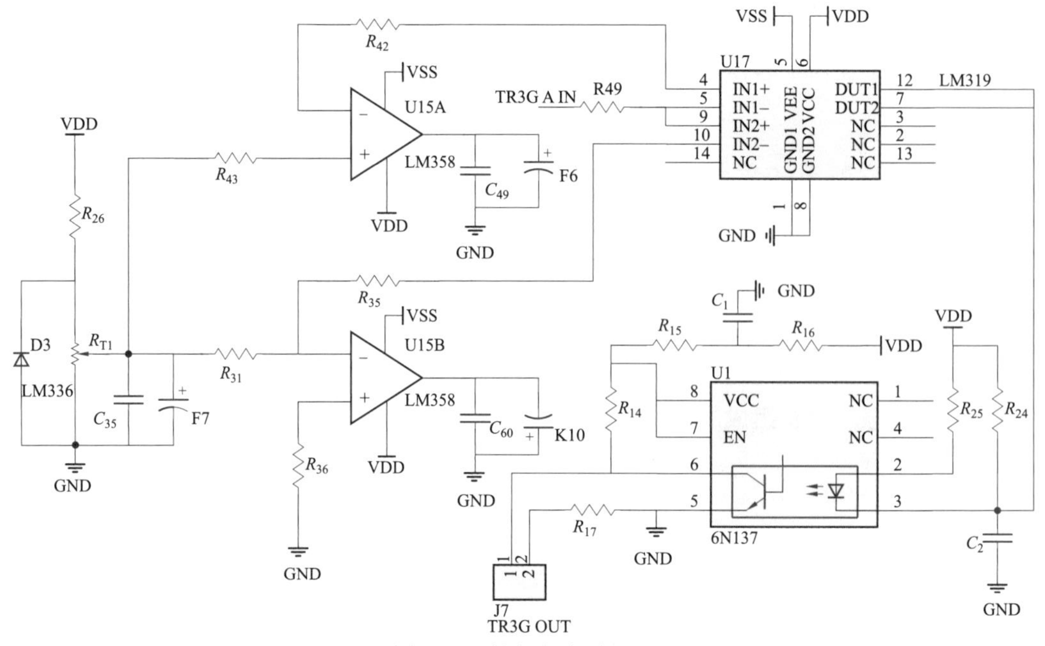

图 3-9　触发电路原理图

3.3.3　保护单元控制电路设计

保护单元控制电路主要实现控制传感器保护单元中的继电器开断。当传感器处于正常工作状态时，继电器处于断开位置；当传感器发生故障或整个装置失去控制电源时，继电器闭合，有效地防止套管末屏开路。保护单元控制电路的原理如图 3-10 所示。

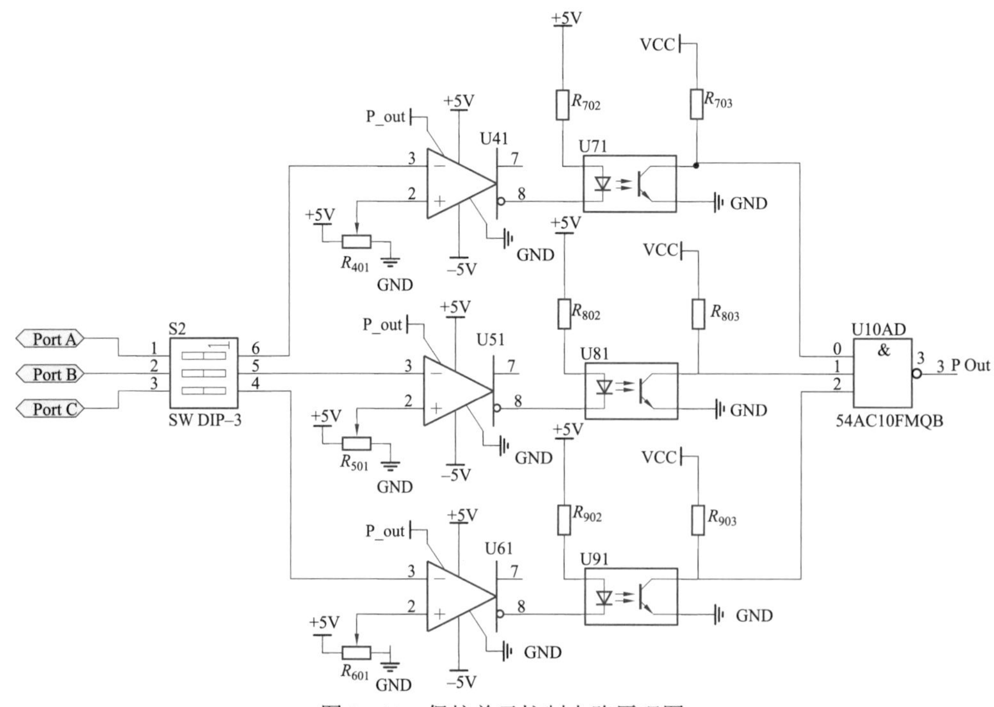

图 3-10　保护单元控制电路原理图

电路由三个电压比较电路组成，电压比较器的门限电压由套管末屏最大承受的安全电压决定，并考虑一定的可靠裕度。

保护电路的设计原理是：设定两个门限电压，低定值启动触发电路，高定值启动保护电路。当传感器测得电压达到触发电路的触发电压而未达到保护电路的动作电压时，系统判断为电网发生过电压，启动数据采集卡采集数据；当传感器测得电压超过保护控制电路的动作电压时，判断为发生套管末屏开路，立即启动保护继电器，短接套管末屏接地线。保护电路中电压比较器选用单比较器 MAX913。电路原理与触发电路类似。由于当套管末屏发生开路引起末屏电压升高时，不会产生触发电路中所遇到的电压极性问题，故电路采用了单极性比较方式。保护电路中与非 71 输出端接一反馈信号至 MAX913 的锁存允许端，这样就不会发生继电器结点抖动现象，保证了继电器动作的可靠性。

3.3.4 数据采集卡的选择

采样定理说明了要重现原始信号，采样率必须远大于信号带宽的两倍，即 $f_s > 2BW$。其中，f_s 为采样率；BW 为信号的带宽。上述关系保证频率处于带宽极限的正弦波每周需进行两次以上的取样，确定了理论上的最小取样率。实际工程应用中，需要较高的取样率来精确呈现原来的信号。

电力系统中的过电压信号包含了丰富的频率成分，其频带最高可达数十兆赫，这对数据采集卡提出了很高的要求。

（1）采集卡性能介绍。所用采集卡需为三路高速并行 A/D 转换板，具有每通道 40MHz 的并行转换速度，同时支持多种触发模式。总线 PC 插卡在 16 位 ISA 之上，采用大规模门阵列设计，同时支持在线编程，硬件上需具有可灵活更改设计的特性。采集卡由输入通道、信号调理回路、模数转换（ADC）电路、RAM、内部时钟、触发控制逻辑、存储器接口、时钟/时序控制、总线接口等组成，系统框架原理如图 3－11 所示。

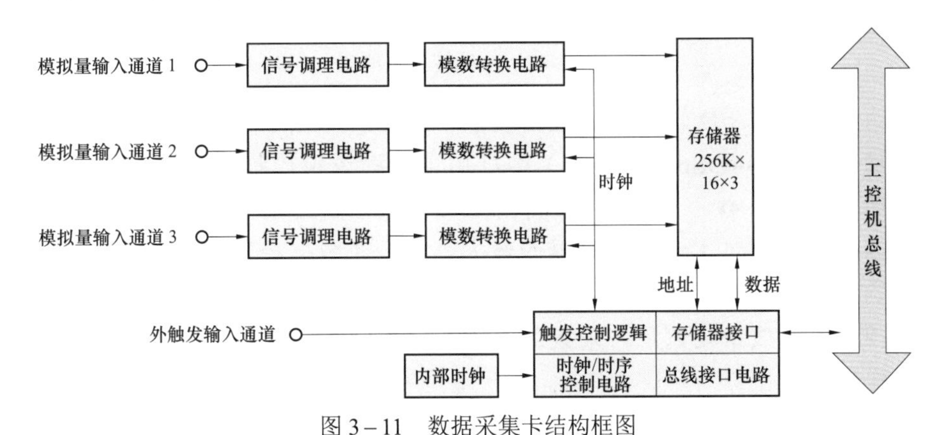

图 3－11　数据采集卡结构框图

数据采集卡具体功能与性能如下：

1）输入信号范围：±1V，±5V。

2）输入信号带宽：0～10MHz。

3）输入阻抗：50Ω、1.25kΩ、1MΩ。

4）3 路 12 位 A/D 并行采样，最大转换速度 40MHz/通道。

5）分辨率 12 位，系统精度：±0.1%。峰值噪声：±1LSB（±5V 输入）。

6）存储深度：256K 字 RAM/通道。3 个 A/D 转换器将采样结果按采样顺序存放在各自的 RAM 中。

7）具有三种采样模式：正常采样、预触发采样、变频预触发采样。

8）具有两种 A/D 触发模式：软件、硬件触发；其中硬件触发又分为上升沿触发和下降沿触发。

9）支持预触发采样，预触发长度为 1K～255K。

10）支持变频采样，变频长度为 1K～255K。

11）时钟模式：内部晶体分频，分频系数为 1、2、…、128，共 8 挡。

12）外部触发输入电平：TTL 电平，高电平 2.5～5V，低电平：0～0.6V。输入吸入电流小于 1mA。

13）A/D 采样结束：查询或中断。中断由 4 位 DIP 开关选择，中断可以选用：10、11、12、15 号。

14）基地址范围：200H～2FOH，占用 16 个基地址。由四位 DIP 开关选择。

15）提供 3 路模拟信号输入与 1 路外部触发信号（TTL 电平）输入。

（2）采集卡数据采样实现原理。

1）A/D 转换过程。输入通道通过跳线选择 50Ω、1.25kΩ、1MΩ 三种输入阻抗，输入模拟信号经电压跟随和差分放大后输入模拟数字转换器进行模数转换。A/D 转换原理图如图 3－12 所示。

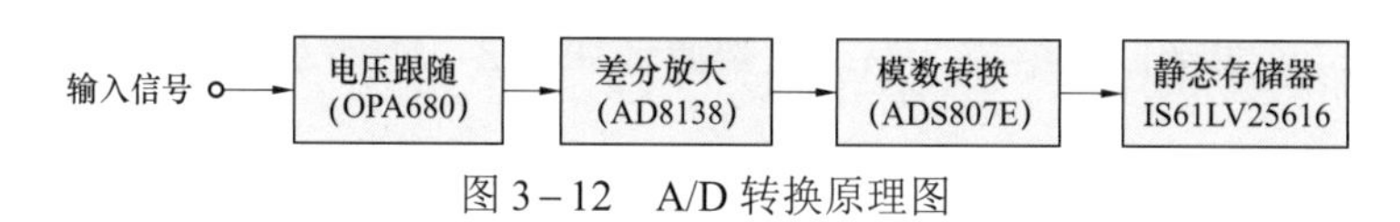

图 3－12　A/D 转换原理图

当启动采集后，A/D 转换后的数据经锁存，然后保存于每通道独立的卡上存储器中。静态随机存储器（IS6lLV25616）地址由可编程逻辑控制器（EPM3256ATC144）提供，存储器地址在 0～（218－1）间循环，卡上存储器相当于环形缓冲，如果 A/D 转换的数据样点数超过了卡上存储器的最大容量，新数据会覆盖旧数据。这个过程是周而复始的，只有当触发条件满足后，门阵列开始计数，计数达到指定值（该值由采集长度和预触发长度决定）后，采集结束，卡上存储器数据通过可编程逻辑控制器由计算机程序控制读出。

2）触发原理。当设置预触发采样模式后，A/D 转换器连续在存储器空间内循环存储数据，当触发信号到来后，启动计数器 1 进行计数，计数器 1 计满一定长度（存储器长度减去预触发长度）后停止采样，采样停止后的起点就是设定的预触发点，数据依次读入计算机后，前面预触发长度为预触发数据，后面的为触发后数据。预触发示意图如图 3－13 所示。

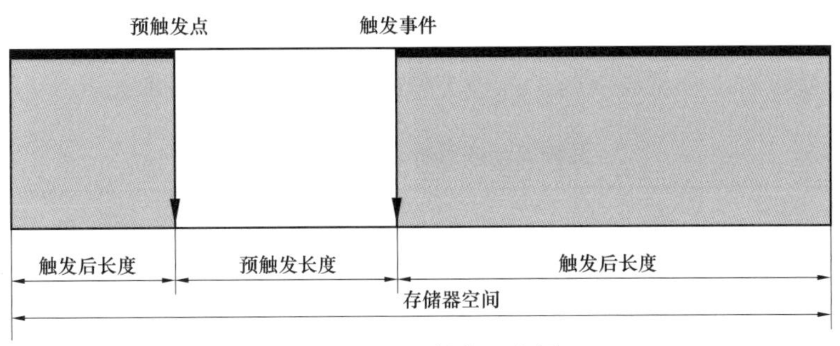

图 3-13　预触发示意图

3）变频采样原理。变频采样技术是针对电力系统过电压在线监测系统的采集要求提出的。为解决过电压采集中采样速度与采样深度的矛盾，满足同时监测电力系统内部过电压与大气过电压的需要，INSULAD2053 型数据采集卡采用了变频采样这一新技术。变频采样技术的基本原理是采样启动后，采集系统按频率 F1 数采样，在触发后启动计数器 2 计数，计数器 2 计满一定长度后（触发后采样长度=存储器长度-预触发长度-变频长度），A/D 采样和地址发生器时钟切换为设定的频率 F2，直至完成数据采集过程。变频采样原理图如图 3-14 所示。

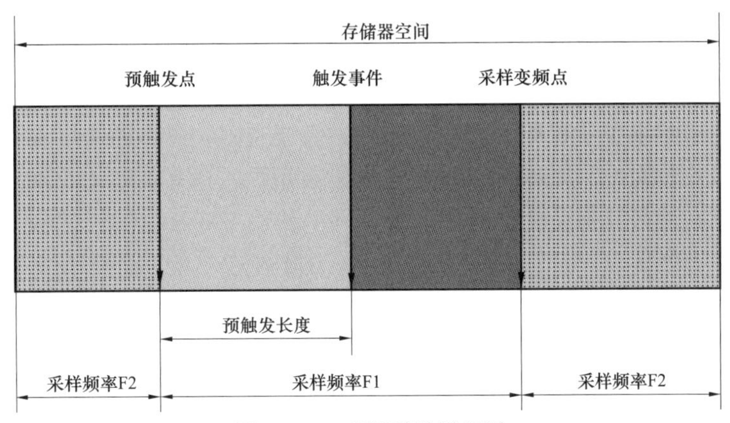

图 3-14　变频采样原理图

电力系统中的雷电过电压和内部过电压的等效频率和持续时间不同，标准雷电波的波头/波尾时间为 1.2/50μs，标准操作过电压的波头/波尾时间为 250/2500μs，其他原因引起的过电压可能持续 1s 至几十秒（等效频率相对较低）。如果按照采集雷电过电压的频率（10Msps）持续采集，则采样时间为 100ms，可能遗漏其他过电压波形。采用变频采集方式后，以 10MHz 采集频率采集 5ms 后，以 100kHz 可采 10s 数据，可在较长时间内记录系统内部过电压的发展情况，从而可记录不同形式的内部过电压。

3.4　过电压信号传输系统

为了将现场采集到的过电压数据回传到监测中心以实现对过电压信号的远程监测，远程传输系统必不可少。根据专用网络与否来划分，过电压信号传输系统可分为专网（内网）传输系统和公网（外网）传输系统。

该系统的数据传输有着以下几个特点。

（1）数据量较大，带宽需求高。几种类型应用所需的带宽要求见表 3－1。

表 3－1　几种典型应用所需的带宽要求

项　目	带　宽　需　求
单组母线（A+B+C+N）监测数据非实时传输	10Mbit/s
单组母线（A+B+C+N）压缩监测实时传输	50Mbit/s
单组母线（A+B+C+N）无损监测实时传输	800Mbit/s
未来发展需要	3.2Gbit/s 或更高

（2）数据并发概率大。以雷电过电压为代表，一旦产生，就容易在同一区域的多个站点和多条母线上产生。这些特点对网络基础建设提出了较高的要求。

3.4.1　过电压信号的专用网络传输监测

3.4.1.1　电力系统专用通信网络

电力系统的安全稳定经济运行离不开厂站各节点的相关数据信息、各级调度的调度指令。同时，各级电话电视会议以及各种业务往来的相关信息需要传输和共享，由于电力系统安全稳定运行对各种继电保护等信息的实时性和可靠性方面具有严格的要求，因此组建了电力系统专用通信网络。

电力专用通信网络主要有电力线载波通信、微波通信、卫星通信以及光纤通信几种通信方式。电力线载波通信利用输配电线路作为传输介质，具有高度的经济性，但数据传输速率低及容量不高使得其不适合作为通信骨干网的传输方式；微波通信和卫星通信具有通信带宽高、容量大的优点，且为无线通信方式，在不便于布线的地区具有相当的优势，因此是电力通信网中重要的传输方式；光纤通信因具有高带宽、容量大、节约有色金属、衰减小和抗干扰能力强等众多优点而倍受青睐，并且光缆可以与输电线路一起架设于杆塔上，主要有 OPGW 光纤复合地线、ADSS 全介质自承式光缆，光纤通信已成为电力通信传输网的主要通信方式。

目前，光纤通信已经基本覆盖到各变电站，调度中心可以通过网络实现对变电站的远程监测和控制以达到变电站无人值守的目的。变电站内过电压信号可以通过电力通信专用网络回传到监测中心，以实现对过电压信号的远程监测。

3.4.1.2　网络传输监测系统总体结构

网络传输监测系统是利用现代通信技术和计算机技术，对变电站在线运行的设备进行远程监测和控制的网络系统。由于变电站中的监控设备点多面广，许多情况下不能把所有的监控设备终端都直接连接到变电站控制中心，特别是在有线通信方式下更是如此。因此，网络传输监测系统一般由远程监测终端——通信网络——变电站监测终端三层结构组成，各站端之间通过通信媒介完成通信和控制。

如图 3－15 所示，一种用于过电压网络监测系统，包括远程监测终端、通信网络和至少一个变电站监测终端。远程监测终端通过通信网络与变电站监测终端连接。远程监测终端包括主服务器和至少一个用户计算机终端。通信网络选择以太网。变电站监测终端包括网络交换机、工控机和至少一个监测采集单元，工控机通过网络交换机与以太网连接，工控机通过通信电缆与监测采集单元连接。

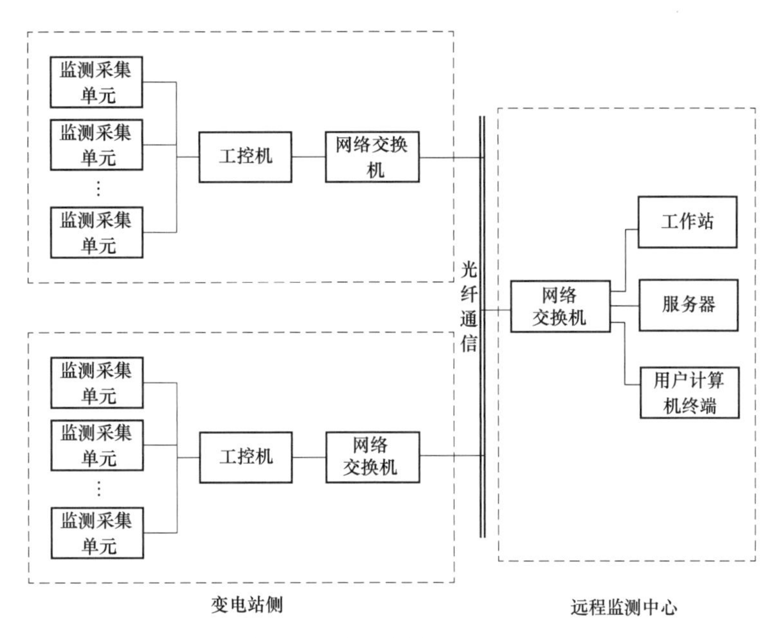

图 3-15　过电压内网监测系统

其中，工控机从各个监测采集单元处获取实时电压信息，对变电站进行全面监测和控制，分析变电站的运行状态，实现对三相电压信号进行实时监测和分析。根据分析结果判断电路故障，对故障电压进行故障录波，可判断的故障类型电压闪变、电压变动、雷击过电压、操作过电压、三相不平衡度、电压的暂升暂降和零序电压过高等，对整个变电站进行有效的管理。

监测采集单元负责本区域内变电站电压的信息采集处理，每相采集数据经通信电缆输出至工控机，工控机装有网络通信接口（100Mbit/s 以上速率的以太网卡）。为了保证三个监测采集单元相互间的全隔离，其时钟同步通道、同步触发通道、数据输出通道全部采用光纤通信方式。监测采集取样方法可参考本书第 2 章。

工控机接收到相关电压信号，进行处理分析，将接收到的信息通过网络交换机处理后，实时通过以太网传输给计算机远程终端；计算机远程终端将相关数据进行还原，在线实时显示电压波形，当出现过电压时，启动过电压录波，判断过电压故障类型，保存过电压波形和数据；同时可以通过计算机远程终端对工控机进行控制，调节相关参数。计算机远程终端主要完成对变电站各种电压数据的实时显示、实时控制以及数据通信等功能。远程终端包括电压数据存储、电压故障分析、电压故障报警、串口通信等。

本系统具有实时远程动态采集监测变电站的状态信息、对变电站进行实时过电压监测等优点。

3.4.1.3 内网网络监测的具体实现方式

电力系统各个节点（包括厂站和调度等各部门）的计算机、交换设备和传输设备组成电力系统计算机通信网络，实现基于 IP 的数据通信。变电站侧过电压监测终端采集到的过电压信号数字化后存储于站内工控机，监测中心可以通过基于 TCP/IP 协议的以太网远程访问变电站工控机，可以通过计算机远程桌面连接的方式登录工控机获取过电压信号，也可以将工控机监测存储的过电压数据导出至监测中心数据库服务器或者工作站，以供查询和分析。

1. 远程桌面连接访问方式

此种方式需要先进行站内工控机的 IP 地址及计算机远程桌面连接权限的设置：首先工控机需要一个固定的 IP 地址（此 IP 地址一般属于私有段 IP 地址，仅能与电力系统内部网络进行通信），以便监测中心计算机能建立远程桌面连接；同时，需要开放该工控机的远程桌面连接的权限，设置一个具有相应权限的用户名和密码，以便监测中心计算机能够成功登录此工控机。

具体实现过程：过电压监测终端采集到的过电压数据数字化后通过同轴电缆传送给站内工控机，工控机接受来自监测终端的过电压数据，并对数据进行存储记录形成数据文件；远程监测中心工作站运行计算机远程桌面连接程序，根据变电站工控机与 IP 地址的对应表，输入需要访问的变电站工控机的计算机 IP 地址或者计算机名称进行登录访问申请，输入用户名和相应的密码，验证正确后成功登录到变电站工控机，然后监测中心就如同在变电站内操作工控机一样，可以利用相应的过电压数据处理软件对工控机接收到的各监测终端的电压信号进行实时波形显示、历史数据波形回放、频谱分析、过电压类型识别等操作。同时，登录到工控机的计算机监测中心工作人员还可以将工控机上的数据远程导出至监测中心的数据库服务器或者工作站。

此种方式优点是：利用计算机现有的远程桌面连接程序，只需简单设置即可实现数据远程访问。但是一般过电压监测点较多，若每个变电站工控机都使用这种方式进行访问，监测中心需要逐一分别进行远程桌面连接，势必带来很大的不便。

2. C/S 模式远程实时传输方式

除了用远程桌面连接的方式来实现过电压数据的远程访问，还可以通过编写远程通信程序，采用 C/S（客户端/服务器）的方式实现工控机和监测中心之间的通信，让各个站点的工控机自动实时传输采集到的电压数据至监测中心。

这种方式具体实现过程是：各监测站点工控机运行远程通信客户端程序，将接收到的监测单元发来的电压数据经过打包处理后经网络交换机上传到电力通信网，经路由转发至远程监测中心服务器端。工控机发送数据的方式可调，可以实时发送电压数据，也可以当有过电压信号产生时发送过电压数据，前者可以实现实时电压监测，但发送数据量大。远程监测中心运行服务器端程序，连接于网络交换机的服务器实时接收来自监测站点工控机的电压数据，根据通信协议，解包完成数据的处理，存储记录过电压数据。监测中心的工作站或者个人电脑可以通过交换机访问服务器，获取过电压数据，完成对过电压波形的实时显示、频谱分析、过电压识别等。

这种方式可以实现监测中心同时对多个监测站点的实时监测，解决了远程桌面连接方式必须逐一访问的不足。

3.4.2 无线公网的传输监测

过电压数据的远程传输，利用现有电力系统专用光纤通信网络，具有传输速率高、无需组网的优点，适合变电站过电压远程在线监测。但是对于某些输电线路的过电压监测，由于其距离变电站较远，无法使用电力系统专用通信网络进行过电压数据传输，要实现此种情况下的过电压远程监测，可以通过无线公用网络来实现。利用无线公网进行过电压数据的远程传输省去了架线的成本。

3.4.2.1 GSM 网络

1. 网络介绍

GSM 全名为 global system for mobile communications，中文为全球移动通信系统，俗称“全球通”。它是第二代移动通信系统，相对于第一代模拟通信系统而言，GSM 属于数字通信系统，可以提供远程数据业务，因此，可以用来进行过电压数据的远程传输。但是 GSM 的数据传输速率不够高，只有 9.6kbit/s，适合数据速率较低的业务，对于数据速率较高的过电压信号，其在线监测的实时性难以保证。GSM 的短消息业务可以提供过电压故障和报警信息。其具体实现过程为：当工控机收到过电压数据或者故障信号后，触发安装在工控机上的 GSM 模块，以短信的方式向 GSM 通信网络发送报警信息给相关工作人员。

GPRS（general packet radio service，通用分组无线服务）是 GSM 网络为提高数据传输速率而开通的一种新的分组数据传输业务。GPRS 将移动通信技术和 IP over PPP 实现数据终端的高速、远程接入技术有机结合，组成了移动 IP 网络，与高速发展的固定 IP 网络实现无缝连接，为用户提供数据、语音、图像等多媒体业务。GPRS 速率可达 114kbit/s，具有较高的数据传输速率，可以作为过电压数据远程在线监测的传输方式。

除了上述两种网络，无线公用网络目前还包含 3G 和 4G，分别指第三代移动通信和第四代移动通信。相比 GPRS 而言，这两者的数据传输速率都提高了很多，4G 更是可达 100Mbit/s，对于过电压数据的远程监测具有更高的实时响应，因此将会是输电线路过电压数据远程监测传输方案的发展方向。

2. 基于 GSM 网络远程传输的系统总体结构

本系统基于 GSM 短消息网络设计的过电压信号传输监测系统的一个应用方向，监控的目标是过电压信号，功能是通过电压信号采集电路、工控机及外围接口电路、GSM 通信模块电路以及 GSM 通信模块与上位机的连接来监测过电压信号、实现远程自动监控报警的过程。当系统出现过电压信号时，工控机将相关信号进行处理后，通过 GSM 通信网络将过电压信号传送给监测中心，同时将相关信息编辑为短消息发送给相关的人员。

系统的结构如图 3－11 所示，整个系统可分为两部分：上位机过电压信号监测中心和工控机及外围接口电路无线监测分站。上位机硬件部分用计算机通过 RS232 通信串口与 GSM 无线通信模块连接传递数据。

（1）监测中心服务器基本功能包括：

1）上位机界面实时显示和接收无线监测分站采集处理的电压信号并分类保存过电压

信号。

2）对工控机及外围接口电路无线监测分站进行监控，对紧急报警进行处理。

3）管理数据库，并且能实时显示工控机及外围接口电路无线监测分站的情况，打印备份；工控机及外围接口电路无线监测分站包括过电压信号采集电路、工控机及其外围处理电路、GSM 无线通信模块。

（2）工控机及外围接口电路无线监测分站的基本功能：

1）通过过电压信号采集系统采集、滤波和放大过电压信号。

2）通过数据采集卡模块进行转换并处理外围传感器采集的数据。

3）LCD 液晶显示处理的数据并处理报警信号。

4）发送实时数据给上位机监控中心或管理人员。

5）控制 GSM 无线通信模块接收和发送短消息。

3. 基于 GPRS 网络远程传输的系统总体结构

基于 GPRS 网络的过电压数据远程传输系统结构有两种，其中一种与 GSM 方式相同，下位机（即工控机）和上位机（监测中心）均需要 GPRS 通信模块，整个数据流在 GPRS 网络上传输，如图 3－16 所示。

由于 GPRS 通信支持 TCP/IP 协议，可以通过 GPRS 网络访问因特网，所以在上位机（监测中心）处，可以省去 GPRS 通信模块，上位机直接通过交换机或者路由器接入因特网，但是为了保证下位机与上位机进行通信，上位机必须要有一个固定的公有 IP 地址，如果上位机是连接在内网中的交换机上且只有私有 IP 地址，就需要在路由器上做端口映射，使得外网（下位机 GPRS 模块）客户端能够访问内网服务器（监测中心服务器）。其系统总体结构如图 3－16 所示。

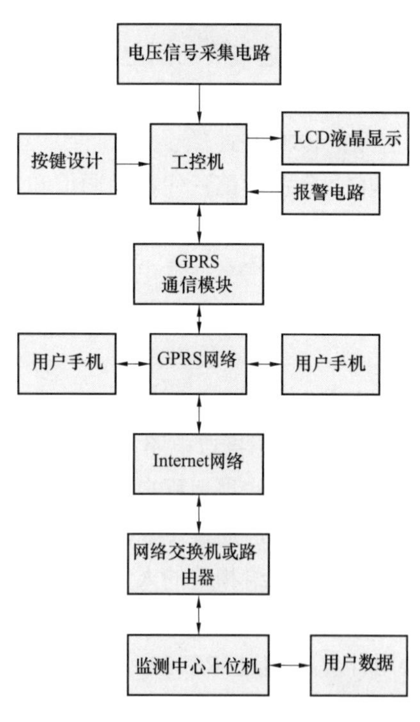

图 3－16　基于 GPRS 和 Internet 网络的传输系统总体结构

TCP/IP 协议有以下特点：

（1）TCP/IP 协议不依赖于任何特定的计算机硬件或操作系统，提供开放的协议标准，即使不考虑 Internet，TCP/IP 协议也获得了广泛的支持。所以 TCP/IP 协议成为一种联合各种硬件和软件的实用系统。

（2）TCP/IP 协议并不依赖于特定的网络传输硬件，所以 TCP/IP 协议能够集成各种各样的网络。用户能够使用以太网（Ethernet）、令牌环网（Token Ring Network）、拨号线路（Dial-up line）、X.25 网以及所有的网络传输硬件。

3）统一的网络地址分配方案，使得整个 TCP/IP 设备在网中都具有唯一的地址标准化的高层协议，可以提供多种可靠的用户服务。

（4）TCP 是面向连接的通信协议，通过三次握手建立连接，通信完成时要拆除连接，非常适用监测仪与中心之间进行端到端的通信。

在TCP/IP的基础上，建立系统的网络通信协议。下面是部分协议内容，端口号为9000。

1）启动/停止监测见表3－2。

表3－2 启动/停止监测

字节序号	值	说明
0～3	8d00000A	命令码
4～7	1/0	启动/停止监测

2）设置监测电压见表3－3。

表3－3 设置监测电压

字节序号	值	说明
0～3	8d000014	命令码
4～11	电压值	双精度浮点数

3）设置工作目录见表3－4。

表3－4 设置工作目录

字节序号	值	说明
0～3	8d00000B	命令码
4～73	服务器目录	限制在70字节内

4）获取文件列表见表3－5。

表3－5 获取文件列表

字节序号	值	说明
0～3	8d000007	命令码
4～67	服务器目录	限制在64字节内
68～71	0	保留
72～75	0	保留
76～79	0	保留

5）下载文件见表3－6。

表3－6 下载文件

字节序号	值	说明
0～3	8d000009	命令码
4～67	文件名	限制在64字节内

续表

字节序号	值	说明
68～71	递增序号	包索引
72～75	文件起点	文件数据起始位置
76～79	数据长度	数据长度

3.4.2.2 万兆全光以太环网（CE）

过电压在线监测系统基于电力系统内部网络搭建而成。其本质上，也是运营商级别的网络。因此，在建设中，可以参考典型的电信运营商的模式来搭建。

传统的接入方式有 ADSL/VDSL、LAN、SDH/MSTP 以及 PON。

本系统拟采用较先进的 CE 接入模式——万兆全光以太环网。

CE 与上述其他接入模式的优劣见表 3－7。

表 3－7　　CE 与其他接入模式的比较

特点	SDH/MSTP	PON	LAN	xDSL	CE
分支带宽（Mbit/s）	2～10	100	100	1～10	1000
保护	＜50ms	TypeB 秒级	无	无	＜50ms
L3 能力	无	差	无	无	好
可维护性	好	好	差	差	好

CE 在城域范围内提供高速、可靠的综合业务接入，是城域高速接入的最佳技术。它具备以下特点。

1. 全万兆

传统 IP 城域网大多采用 xDSL、SDH/MSTP 和 PON 完成接入。由于过电压监测的带宽要求，xDSL 和 SDH/MSTP 已很难满足上述要求，PON 虽然可以完成小范围的高速接入，但缺乏城域范围传送的条件，需要依附于一个高速的城域接入和传送平台。CE 的城域覆盖和万兆接入，正好迎合了这个要求。通过 CE 接入，有效节约了 OLT、SW 等设备上行光纤，保障了光纤网络安全，提高了链路利用率。传统 IP 接入 CE 接入模式对比如图 3－17 所示。

2. 全光网

传统的 SDH 的 EoP 低速接入（2M～8Mbit/s），必定会引入协转和光纤收发器，并容易在局端造成堆叠，过多的协转和光收发器不但难于管理，且易出故障，由于没有网管功能，往往用户投诉后才发现和处理故障。MSTP 的 EoS 接入（2M～50M）虽不使用协转，但一般仍需光收发器从局端拉远至用户。目前业界还有 MSAP，试图通过局端设备内置 SDH 模块并插卡化来避免堆叠并改善网管，但用户端光纤收发器仍是故障点，且依托 SDH 的低速接入是其致命缺陷。光电混合接入的问题如图 3－18 所示。

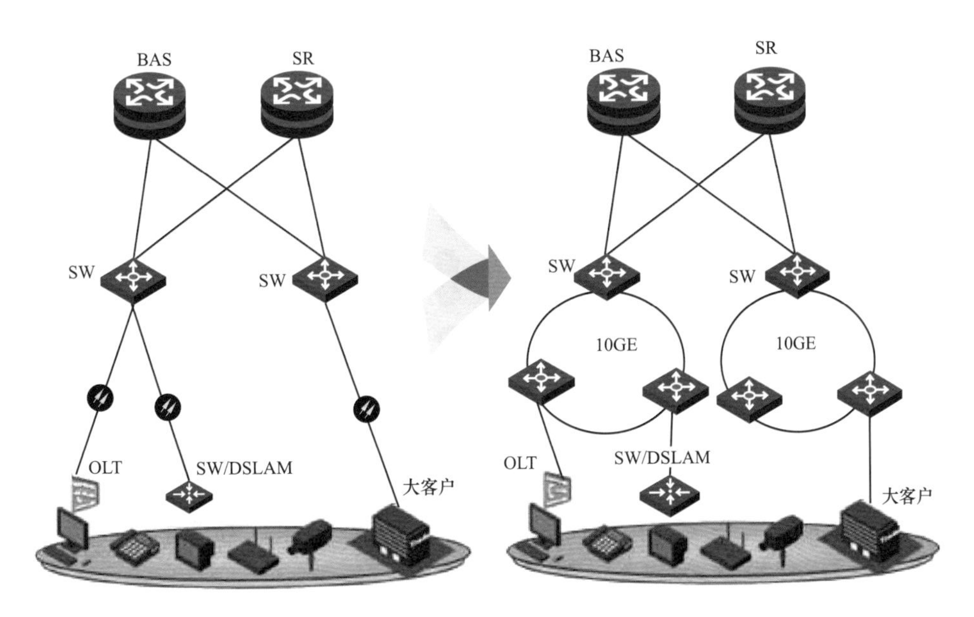

图 3－17　传统 IP 接入与 CE 接入模式对比

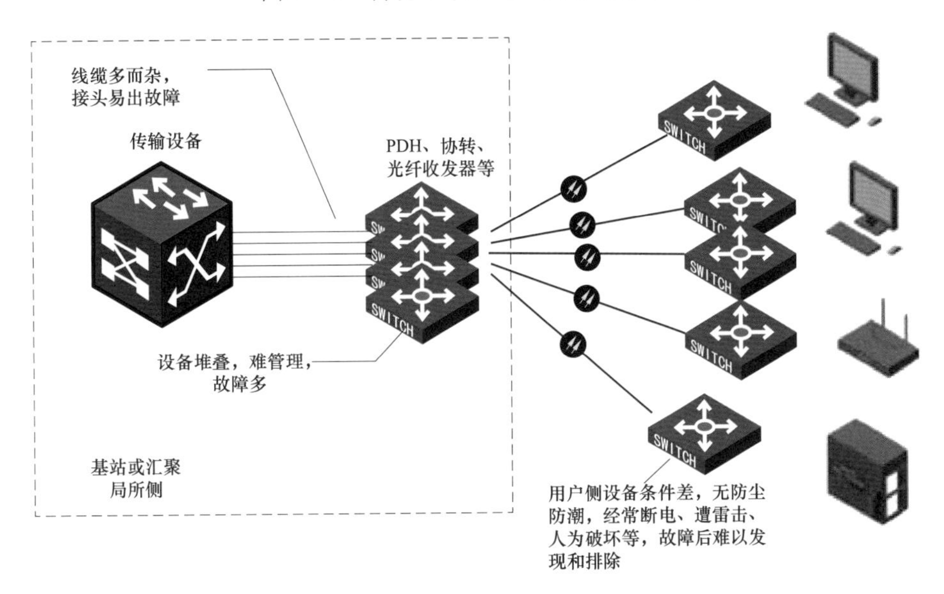

图 3－18　光电混合接入的问题

而 CE“全光网”意味着用户和局端光纤对接，克服了光电转换和协议处理的问题，并提供 2M～1000M 的接入能力。光纤直驱方式如图 3－19 所示。

3. 以太环网

目前，SDH 大量使用环网以便对业务实施保护。现在尚未完全标准化的 PTN 也提出了共享环保护技术。以太环网部署有以下优点：

（1）网络投资小。RRPP 在部署时，由于其接口都是普通以太光口，不需要特殊的接口板，因此其部署快速，节省投资。

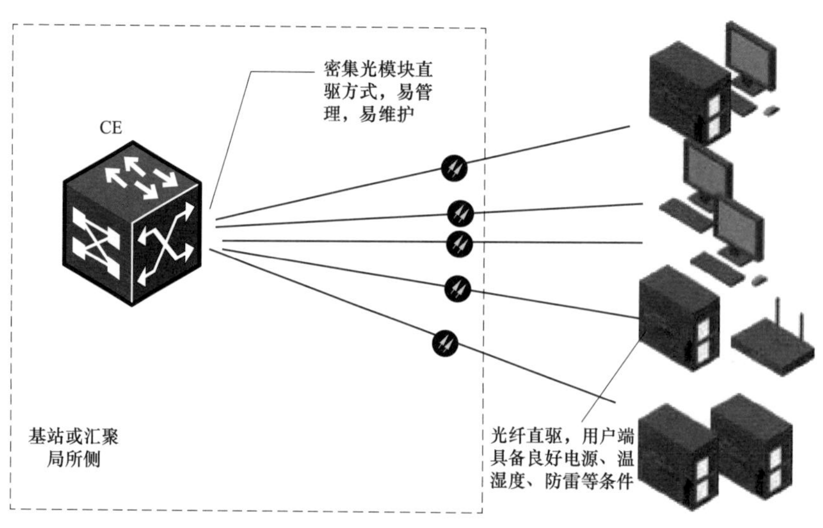

图 3－19　光纤直驱方式

环网可以对传统的分组交换设备双归部署起到很好的替代作用，极大减少了双归造成的链路消耗，节约了宝贵的光纤资源，降低了工程实施复杂度。

（2）链路利用率高。传统的 SDH 环网具有多种环保护方式，但无论哪种，都需要 50% 的资源来进行冗余备份，这使得其链路使用率小于 50%。而 CE 的环保护技术属于统计复用，不需要特别的冗余资源，其链路使用率可以大于 50%。

（3）三层到边缘。可实现三层能力部署到环网边缘，支持 MPLS/VPLS，可有效支持用户的 L2/L3 多业务传送需求。相比之下，SDH/MSTP 无法提供 L3 功能，PTN 标准目前尚不支持 L3 功能。

（4）跨环端到端保护。传统的 SDH 无法做复杂的跨环保护，只能通过 SNCP（子网连接保护）、DNI（双节点互连）等手段完成跨环通道保护。

总结以上分析，CE 作为各类接入方式中的最佳技术，完全可以满足过电压在线监测系统的基础网络需求。

在可以预见的将来，针对瞬态过电压信号的监测和研究会采用更高的采样率和更高的 AD 分辨率来完成数据采集。这样一来，从设备到传输网络，对整个系统的性能都提出了更高的要求。

目前变电站终端网络采用千兆网，监测中心和数据中心等骨干网段采用万兆网，就将面临带宽瓶颈的问题。

针对这一矛盾，可以采取的革新技术是应用 InfiniBand 网络。

3.4.2.3　InfiniBand 网络

InfiniBand 是一种开放标准的高带宽、高速网络互联技术；是一种支持多并发链接的“转换线缆”技术；支持三种连接（1×，4×，12×），是基本传输速率的倍数，即支持速率是（QDR）10G、40G、120Gbit/s，见表 3－8。

表 3-8　　不同模式与通道数所支持的速率　　单位：bit/s

模　式	SDR 模式	DDR 模式	QDR 模式
通道数 1×	2.5G	5G	10G
通道数 4×	10G	20G	40G
通道数 12×	30G	60G	120G

InfiniBand 技术主要应用于服务器与服务器（比如复制、分布式工作等），服务器和终端设备（比如过电压监测仪器）以及服务器和网络之间（比如 LAN、WANs 和 Internet）的通信。

它具备以下特点：

1. 高速度

InfiniBand 第一代 DDR 技术，所支持的数据传输量为 5、20 或 60Gbit/s，延迟低于 1.3μs。第二代 QDR 技术，带宽最高可达 120Gbit/s，延迟低于 100ns。传输带宽远高于万兆网（10Gbit/s）。

2. 远程直接内存存取功能

该功能对于本系统来说很适合，因为它可以通过一个虚拟的寻址方案，让服务器知道和使用终端仪器的部分内存，无需涉及操作系统的内核。

3. 传输卸载

远程直接内存存取能够帮助传输卸载，后者把数据包路由从操作系统转到芯片级，节省了处理器的处理负担。

目前，InfiniBand 网络的系统造价还比较昂贵，随着电子工业技术的发展，它得到的支持和应用也越来越多，届时，其应用成本也将达到合理的水平，即可在过电压在线监测等领域发挥关键作用。

3.5　过电压波形分析系统

3.5.1　波形分析软件整体简介

过电压波形离线分析软件仅将记录下来的过电压数据载入后进行处理分析，这样就可以在任何计算机上对采集的具有一定格式的过电压数据文件进行分析而不局限于只能在某台计算机上才能分析处理记录的数据。

主要基本功能项目如下：

（1）过电压波形再现。

（2）过电压脉冲次数、采样频率、采样点数、采样周期等采样信息统计。

（3）同时显示 A、B、C 三相电压波形或任意单相电压波形。

（4）测量过电压最大幅值、最大倍数、波头时间、过电压持续时间、波头陡度的计算和统计。

（5）对采集得到的过电压数据进行频谱分析和功率谱分析，帮助用户分析过电压的主要频率范围。

（6）能对过电压波形进行缩放、拉伸等基本操作，具有对过电压波形打印的功能。

分析软件功能说明图如图 3－20 所示。

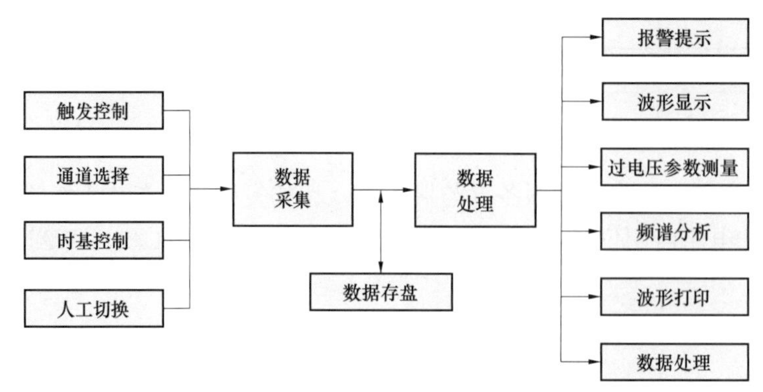

图 3－20　分析软件功能说明图

过电压波形离线分析程序界面是按照用户要求设计的，具有简单直观，可操作性强，用户界面简单工整且功能完善，该分析程序完善的各项功能为用户分析过电压事故提供一个平台并找出原因，本书编写的过电压波形离线分析程序能对所有符合电力系统暂态数据交换格式标准的过电压数据文件进行处理分析。

3.5.2　软件功能及界面设计

以下对本书设计的过电压波形离线分析软件的主要功能进行介绍。

1. 串口通信界面

通过串口通信模块，上位机将过电压数据通过串口发送过来，通过后台机过电压分析软件的串口通信接受程序将数据及时接受并按照相应的数据格式形成相应的文件存盘，该串口通信程序具有数据读写和文件管理功能，可对计算机磁盘进行操作。

执行程序即可进行串口通信，接受的数据按照过电压发生时间命名形成数据文件并保存于指定的磁盘下的文件中。

2. 打开过电压数据文件界面

用户启动程序后可通过菜单栏的文件菜单来打开载入过电压数据文件项的对话框，该对话框非常类似很多和 Windows 系统兼容的一般界面对话框，因此操作也简单明了。

通过对本地磁盘路径的选择可以找到过电压数据所在的文件夹，通过文件名找到相应的过电压数据文件双击就可将该过电压数据载入过电压数据分析程序中。

在“当前文件路径”显示了所选择数据文件所在的地址及路径，并罗列了所选文件夹下所有的过电压数据文件，用户可以根据过电压发生的时间来选择数据文件，并将所选择的数据文件加载到程序中去，同时显示出了过电压发生时间，为了和其他程序有很强的兼容性，本程序窗口下拉菜单中设计了“Excel 保存”的一项下拉菜单，可将数据文件保存为 Excel 格式文件，其他过电压分析软件也能对数据文件进行分析处理。

3. 频谱分析界面

用户启动程序后可通过频谱分析菜单项打开过电压数据频谱分析界面。该频谱分析功能包括对过电压数据的幅频图分析和相频图分析，通过对过电压信号的频谱分析可以了解过电压信号分布的主要频率区间，为分析过电压形成原因提供帮助和依据。通过对右边按钮的单击可以选择对 A、B、C 相任意一相过电压数据的频谱分析，同时通过对“横向放大”或“横向缩小”按钮的连续单击可以对过电压数据频谱图局部放大或缩小。

4. 过电压数据波形分析软件主界面

用户启动程序后就可进入主界面，主界面包括菜单栏、操作按钮、波形显示界面、操作基本设置、采样信息、过电压参数主要功能项目，如图 3-21 所示。

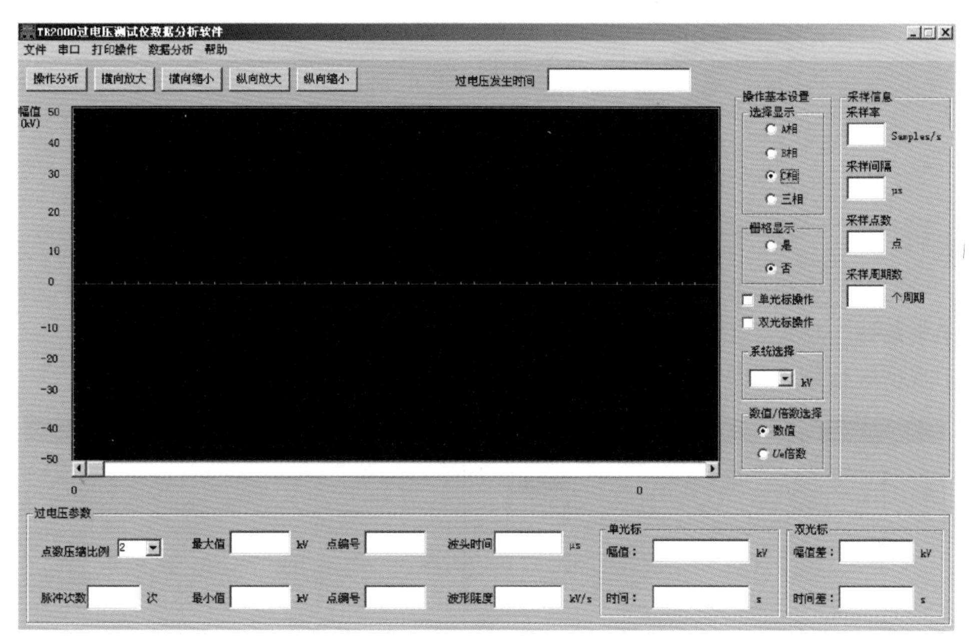

图 3-21　过电压波形分析软件主界面

菜单栏包括打开过电压数据文件，过电压数据分析，过电压波形打印等菜单栏，操作按钮可以对波形局部放大或缩小，操作基本设置菜单项可以对 A、B、C 相过电压波形进行数值或倍数选择显示，采样信息菜单包括采样率、采样点数、采样周期数，这对用户来说一目了然，过电压菜单包括对过电压波形数据的脉冲次数，波形陡度，过电压数据最大值的统计和计算。

3.6　过电压波形远传终端分析系统

该系统的基本原理如图 3-22 所示。当线路中存在过电压故障，其信号向线路两端传播，进入变电站时，电流信号被与输电线路地线相连接的电流监测单元接收并处理，电压信号中的工频及过电压信号被电压监测单元接收并处理，信号数据实时存储于系统的海量存储阵列中，故障警告信息通过无线通信网（GSM）以短信方式传送至监控中心和线路专职人员手机，监控人员可以通过 GPRS 无线传输系统远程调出故障数据信息，经评价中心监测站的海量存储处理系统及监测显示大屏迅速查看故障电气参量、过电压类型、故障发生位置等详细信息，并给出相应紧急抢修方案，指导尽快恢复供电。当线路中无过电压故障时，整个系统仍然可以实时采集并记录存储线路电气参量。

电源系统
海量存储阵列
电流监测单元
GPRS系统
工频及过电压监测单元
电压互感器
电源系统
1号变电站
输电线路
电源系统
电流监测单元
海量存储阵列
GPRS系统
电压互感器
工频及过电压监测单元
电源系统
2号变电站
海量存储及处理系统
评价中心监测大屏
GPRS系统
电源系统
评价中心监测站

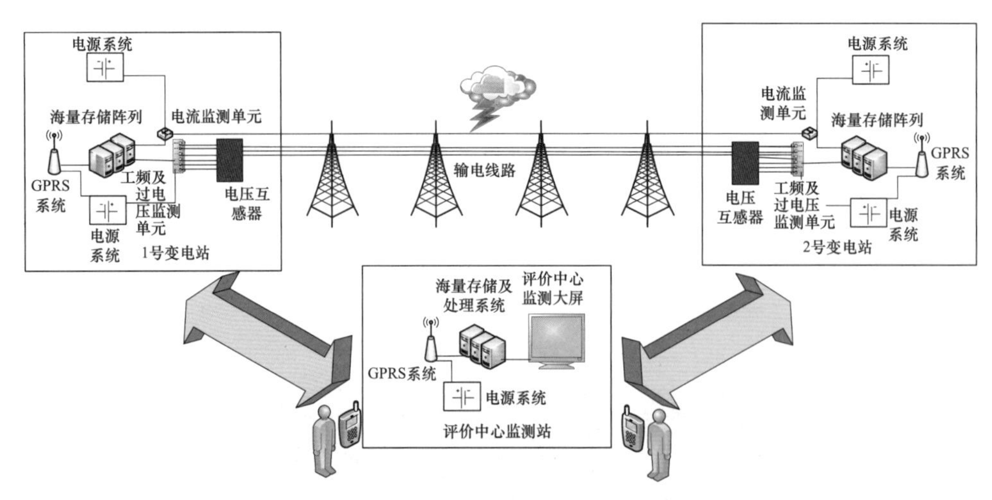

图 3-22　输电线路状态监测及故障分析系统原理图

实时监测的窗口如图 3-23 所示，从该界面可以实现以下功能：读取电压数据采集系统的采集数据；将采集到的电压数据直接在曲线上显示；切换显示线电压或相电压；对采集到的数据进行频谱分析及不平衡度分析。

母线电压实时监测
实时显示电压的采集数值
电压(V)
相电压
A相电压
B相电压
C相电压
零序电压
A+B+C
实时电压　实时频谱　不平衡度
母线电压实时监测
频谱响应曲线
电压(V)
A相电压
B相电压
C相电压
零序电压
A+B+C
实时电压　实时频谱　不平衡度

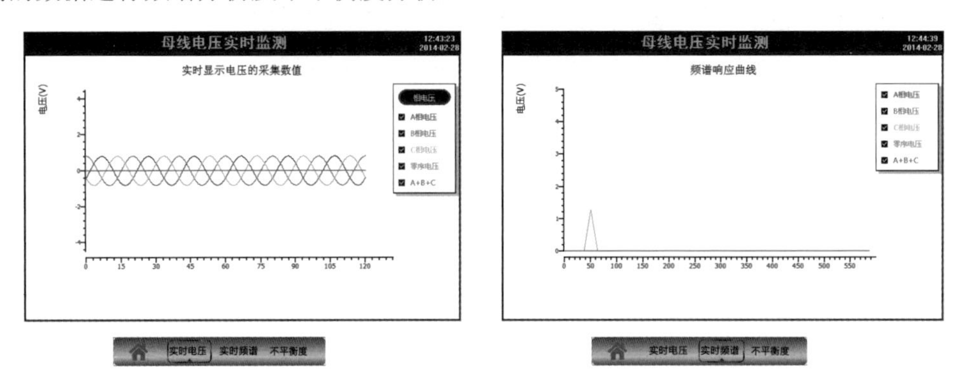

图 3-23　实时监测窗口

故障记录和故障录波如图 3-24 所示，当系统监测到电压故障时，启动录波系统并记录相应的数据文件。

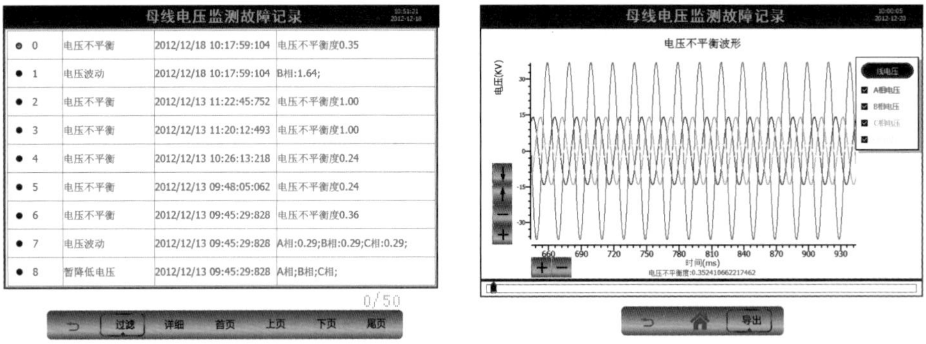

母线电压监测故障记录
0　电压不平衡　2012/12/18 10:17:59:104　电压不平衡度0.35
1　电压波动　2012/12/18 10:17:59:104　B相:1.64;
2　电压不平衡　2012/12/13 11:22:45:752　电压不平衡度1.00
3　电压不平衡　2012/12/13 11:20:12:493　电压不平衡度1.00
4　电压不平衡　2012/12/13 10:26:13:218　电压不平衡度0.24
5　电压不平衡　2012/12/13 09:48:05:062　电压不平衡度0.24
6　电压不平衡　2012/12/13 09:45:29:828　电压不平衡度0.36
7　电压波动　2012/12/13 09:45:29:828　A相:0.29;B相:0.29;C相:0.29;
8　暂降低电压　2012/12/13 09:45:29:828　A相;B相;C相;
0/50
过滤　详细　首页　上页　下页　尾页
母线电压监测故障记录
电压不平衡波形
电压(KV)
线电压
A相电压
B相电压
C相电压
时间(ms)
导出

图 3-24　故障记录与录波

该系统可根据电力系统信号的波形特点，分析信号的时域特性及频域特性，计算出信号的若干个时域和频域参数，作为识别不同电力系统信号的特征参量。通过这些特征量，系统可进行初步的过电压模式识别。现有的故障录波装置由于采样率较低，不能准确而快速记录暂态过电压，而瞬态波形高速记录和存储装置以 40M 高频采集过电压数据，过电压自动触发，并用双内存变频存储工频与高频过电压，准确地记录暂态过电压并通过网络远传至监控室，以此分析设备故障原因和制定设备故障预防措施。

3.7 过电压在线测量案例分析

电力系统运行的可靠性主要由停电次数及停电时间来衡量，停电原因很多，但很大程度上取决于设备的绝缘水平及工作状况。设备承受正常运行电压时不会对其绝缘造成损坏，由于各种原因，电力设备绝缘要承受各种过电压的袭击。其波形、幅值和持续时间各不相同。过电压的存在，可能导致系统事故的发生。由于引起事故的原因很多，在事故发生以后，进行分析十分困难。在电力系统中，对过电压的分析有着极其重要的意义，为过电压发展过程对电网的影响提供可靠和准确的信息，还可为处理事故，提出改进措施提供参考依据。

在线监测暂态过电压并对变电站现场记录的过电压数据进行分析，通过对过电压数据分析，可以清楚地显示出过电压的波形，能够得知过电压的幅值大小、持续时间以及上升陡度等参数，从而可以大致地判断出该变电站经常受到哪类过电压的袭击，为电力系统安全运行提供了科学的监测依据。电力系统中的过电压种类多种多样，按照常用的分类方法可以将过电压分为外部过电压和内部过电压两大类。就对“TR2000 型暂态过电压监测及记录系统”所监测的典型过电压波形进行分析，通过分析过电压波形的幅值（或倍数）、陡度和持续时间等，判断过电压的类型和原因，为过电压的防范、设备绝缘性能的预测以及电力系统的改进等提供可靠的依据，也为以后电力系统过电压的进一步研究提供必要的条件。

3.7.1 雷电过电压

（1）直击雷过电压。图 3－25 是某变电站采集到的一组雷电过电压波形，从图中能大

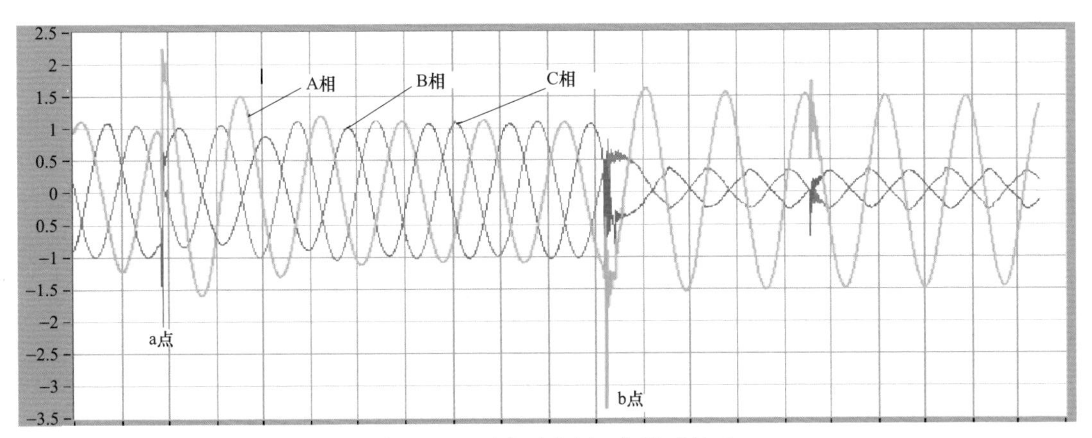

图 3－25 雷电过电压三相波形显示

概地看出在某一时刻（a 点）A、B、C 三相电压突然升高，然后很快又趋于稳定，大约又经过五个工频周期，在 b 点三相电压又突然发生变化，接着 A 相电压升高，B、C 两相电压同时下降，且下降的幅度相同。

为了更清楚地了解该过电压，对 a 点的过电压波形进行放大分析，三相波头部分有一个向下的尖峰，其中波头部分 A 相陡度最大，预测为 A 相线路受雷，雷电波沿线路到变电站，由于 A 相线路受雷，其他两相受到感应，波形形状相似。三相波头的时间差很小，雷电发生在距离变电站很近的线路（母线）上。由于上升时间较长，过程中三相相序基本上未发生改变。

之后，三相波形微小的振荡后，出现大约 5 个周期的正常波形，随后发生第二次过电压，有一段高频振荡，A 相数值 1.7 倍，接近线电压，其他两相不到 0.4 倍，三相相序略有改变（不正常），B、C 相滞后大约 30°；这样经过了 5.5 个工频周期直到结束。紧接着在 b 点又发生一次雷电过电压，B、C 两相短路。

图 3－26 为在某变电站采集到的一组直击雷过电压波形，过电压发生前三相基本稳定，雷击后，三相波头部分有明显的向上尖峰，上升时间约为 6μs，其中波头 A 相陡度最大。A 相过电压倍数为 5，B 相为 4，C 相为 2.3，此次事故应该是 A 相线路受雷击，其他两相受到感应，故波形相似。在雷击过后，电压波形有小幅度振荡，很快电压又恢复了正常。该变电站的保护设备避雷器正常动作，能迅速地把雷电过电压降低，此次雷击过电压造成变电站的主变压器绝缘击穿损毁。

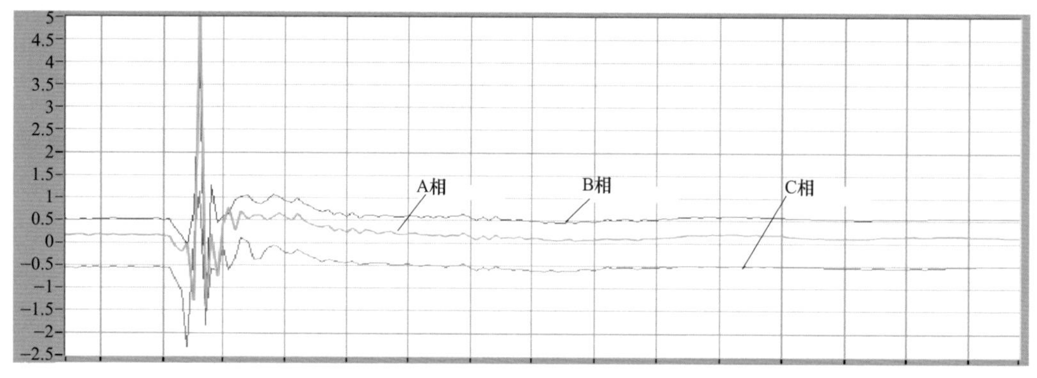

图 3－26　直击雷过电压波形

（2）感应雷过电压。图 3－27 的波形是从某变电站采集到的另一组雷电过电压，分析可知为雷击暂态过电压，最大过电压为 1.5 倍，并且三相接近，但波形振荡与上一组雷电波有差异，很有可能为变电站近区感应雷电压，因此没有线路入侵波过程。由于感应雷过电压同时存在于三相导线上，三相导线上感应过电压在数值上的差别仅仅是由导线高度不同而引起的。因而，相间电位差很小，所以感应过电压不会引起架空线路相间绝缘闪络。过电压过去后，波形很快恢复正常。

由于线路落雷机会多，其绝缘又比变电站强，所以变电站必须对沿线路来的入侵波加以保护，主要措施为在变电站内采用阀式避雷器并在离变电站 1～2km 内的线路段上加以防雷措施。

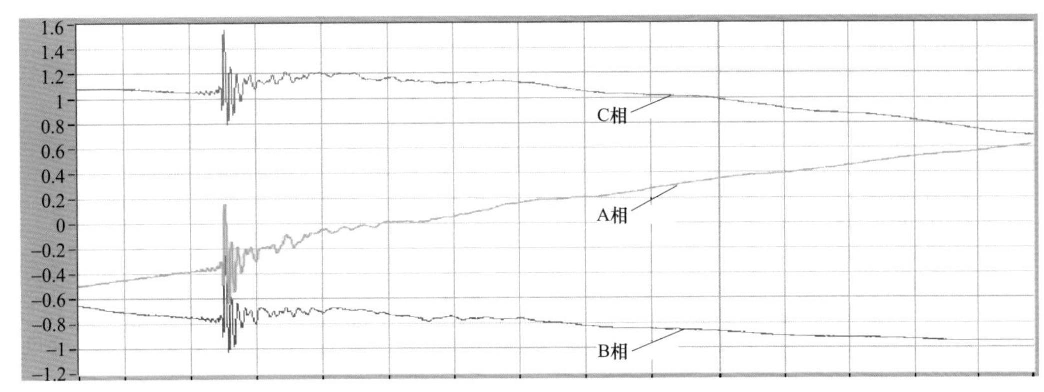

图 3－27　雷电过电压波形

图 3－28～图 3－32 的波形是从某地区变电站采集到的几组雷电过电压，为雷击暂态过电压，最大过电压为 5 倍，采集到的雷电过电压波形都与雷电定位系统数据作了对比，数据吻合。

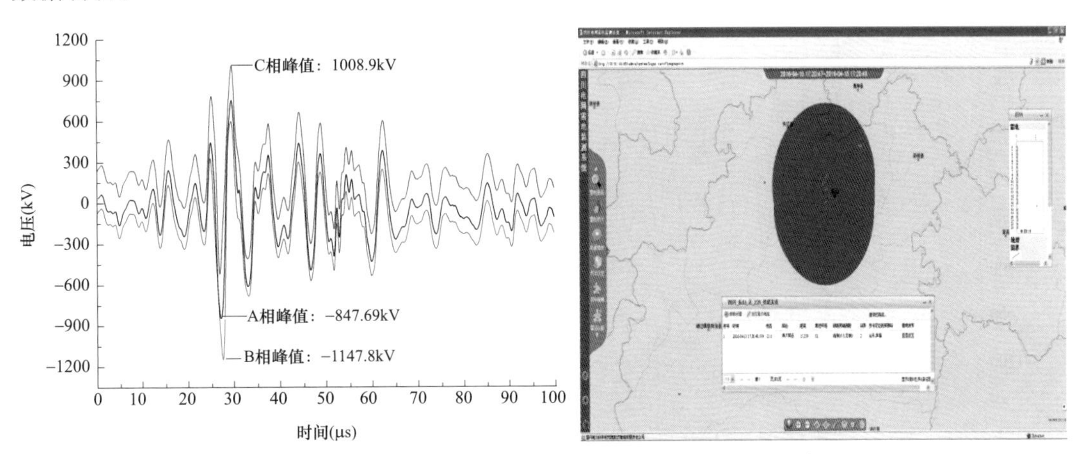

图 3－28　2016 年 4 月 15 日 17:20:48 某线雷电过电压波形

A 相峰值：－847.69kV；B 相峰值：－1147.8kV；C 相峰值：1008.9kV

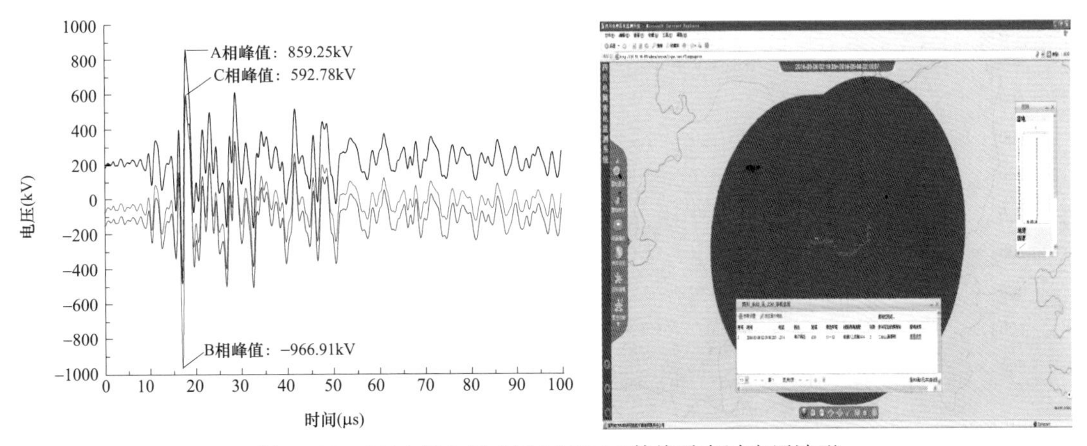

图 3－29　2016 年 5 月 6 日 02:19:06 某线雷电过电压波形

A 相峰值：859.25kV；B 相峰值：－966.91kV；C 相峰值：592.78kV

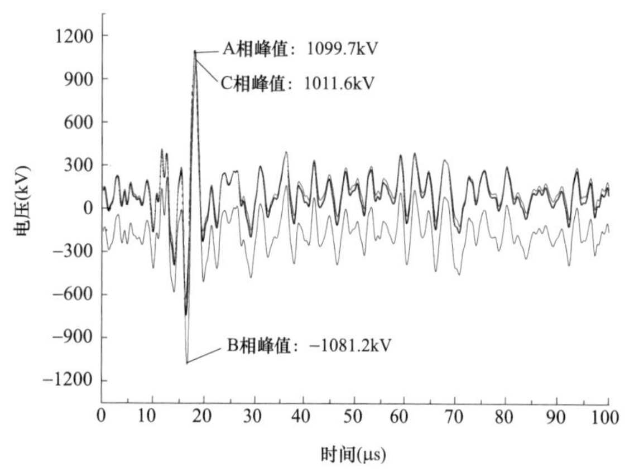

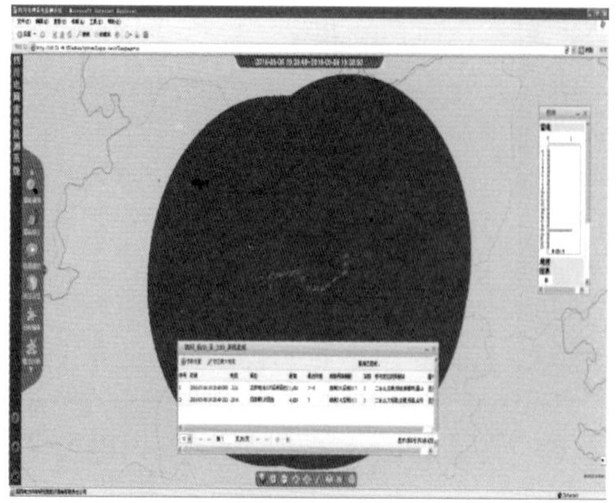

图 3－30　2016 年 5 月 6 日 19:38:49 某线雷电过电压波形

A 相峰值：1099.7kV；B 相峰值：－1081.2kV；C 相峰值：1011.6kV

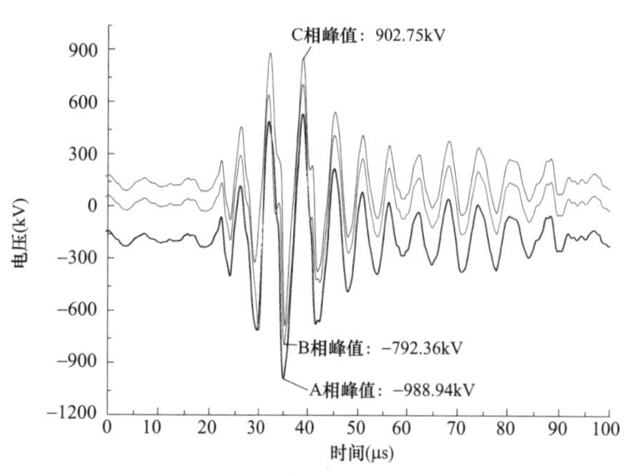

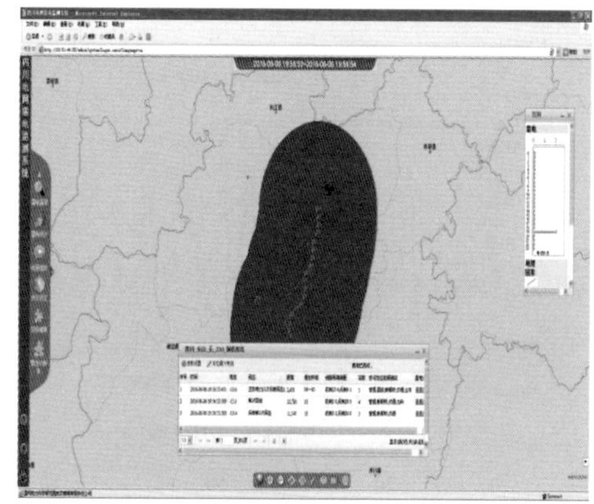

图 3－31　2016 年 6 月 6 日 19:56:53 某线雷电过电压波形

A 相峰值：－596.51kV；B 相峰值：786.63kV；C 相峰值：－645.11kV

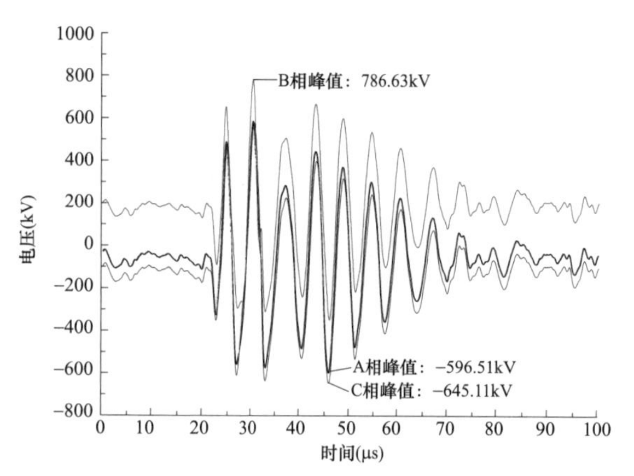

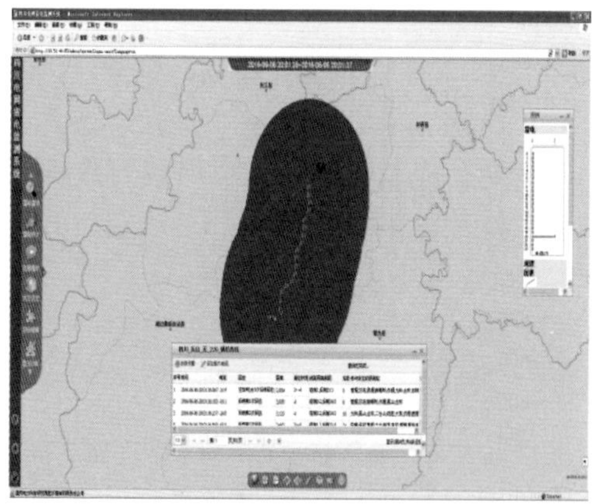

图 3－32　2016 年 6 月 6 日 20:01:36 某线雷电过电压波形

A 相峰值：－988.94kV；B 相峰值：－792.36kV；C 相峰值：902.75kV

3.7.2 工频过电压

图 3－33 所示是在某变电站采到的一组工频过电压，从图中可以看出三相工频电压相序基本保持不变，三相电压包络线趋于正常，最大过电压倍数为 1.5 倍。从图 3－34 可以看出三相同时小幅低频振荡。在此后的一段时间内出现了多次工频过电压升高现象。从图 3－35 的幅频特性图上可以看出只有 50Hz 的工频。

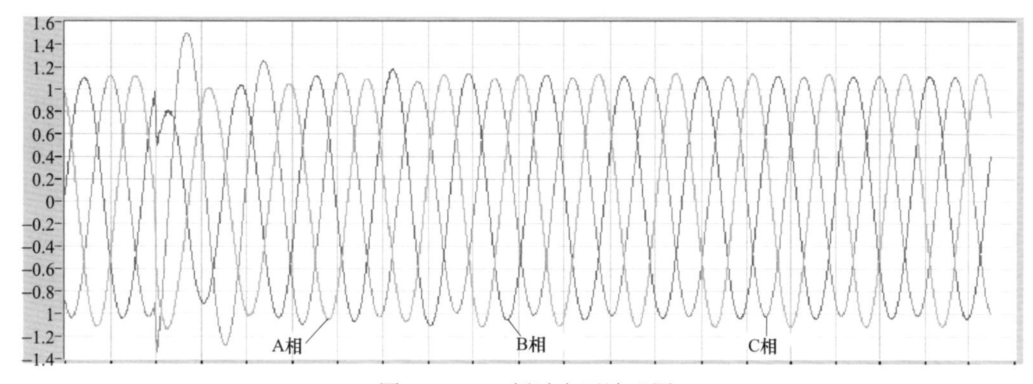

图 3－33 工频过电压波形图

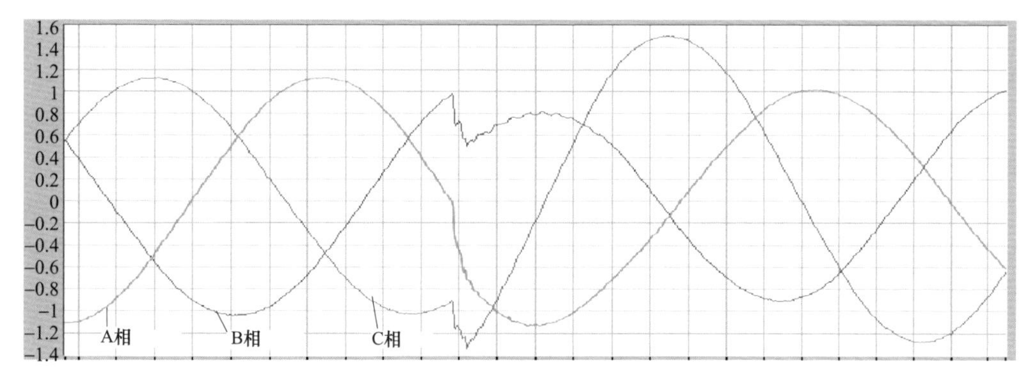

图 3－34 工频过电压放大波形图

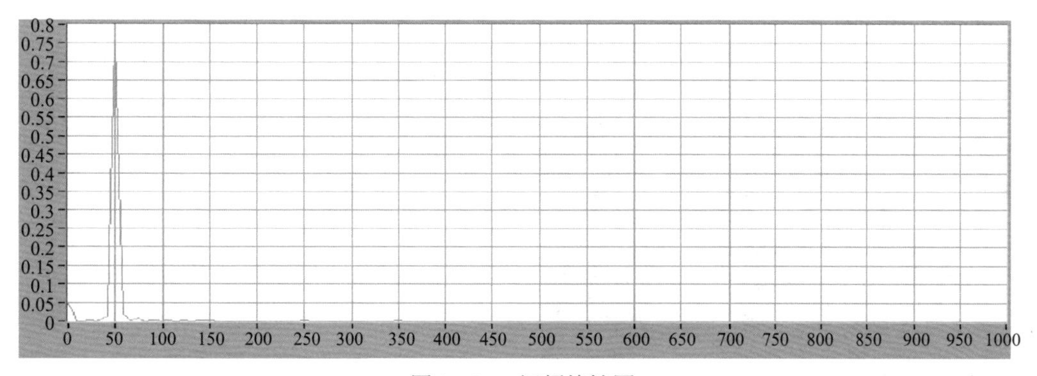

图 3－35 幅频特性图

工频过电压对系统内正常绝缘的电气设备一般没有危险，但在超高压远距离输电系统中确定绝缘水平时，却起着重要作用，所以超高压电网的暂态工频过电压必须予以限制，系统中采用并联电抗器或无功补偿装置等措施来加以限制。目前 500kV 网络，一般要求母线的暂态工频电压升高值不超过工频电压的 1.3 倍，线路不超过 1.4 倍。500kV 空载变压器允许 1.3 倍工频电压持续 1min，并联电容器允许 1.4 倍工频电压持续 1min。

产生工频过电压的主要原因是空载线路的电容效应、不对称接地故障、发电机突然甩负荷等。

3.7.3 谐振过电压

案例一：

某变电站 35kV 系统运行方式为：主变压器中压侧经两根 3×400mm 的高压电缆与 35kV 母线相连，35kV 系统只有一条光伏电厂出线，线路由 170m 架空线路加 50m 的 3×300mm 电缆组成，互感器一次接线为 Y 形，二次为 Y 形加开口三角形接线方式，高压熔断器型号为 RW9－35/1A。投运时发生 35kV 母线 B、C 两相电压互感器炸裂，更换电压互感器后 B 相电压互感器高压熔断器连续熔断。

此前，对于 110kV 变电站暂态电压的监测仅依赖于站内的故障录波仪，其存在以下两点不足：

（1）故障录波仪的采样率仅为 5kHz，即每毫秒记录 5 个点，远远不足以用于记录微秒级别的暂态过电压。

（2）故障录波仪主要依赖于变电站内开关操作及故障等触发，对于未引发故障的暂态电压波形，基本上未记录。

上述不足使得仅依赖于故障录波仪的电压监测结果仅能监测到三相电压开始畸变的波形，无法监测到诱发波形畸变的暂态过程，不能为故障分析提供直接证据。

为了揭示该变电站 35kV TV 设备故障的真实原因，进而为提出合理的故障预防措施提供参考依据，采用了“母线 TV+EPO 采样设备”“非接触光学暂态电压测量装置”两种方式对 110kV 该变电站的暂态电压进行监测。

1. 测量方法

（1）“TV 采样设备”测量方式。该技术方法属于在线监测方式，其对 35kV 母线 TV 二次侧电压进行测量（见图 3－36）。采用高采样率数据采集装置对母线暂态电压进行监测，装置的采样率为 40MHz，其具有“电压瞬变”“三相电压不平衡”等多种触发方式。当监测到电压变化后，其所存储数据可通过内网进行远程访问。

图 3－36　35kV 母线 TV 二次侧电压监测

（2）“分布电容光学暂态电压测量装置”测量方式。在该测量技术中，分压器的高压臂是导线和金属极板构成的分布电容，低压臂采用电容器，构成电容分压器。将基于 Pockels 效应的光学传感器置于低压臂电容端，通过感应电场，测量暂态过电压。该传感器具有空间电容耦合，与一次系统无直接接触、不会引入新的安全隐患，且其带宽可达 100MHz，可以满足雷电过电压、操作过电压以及 VFTO 的测量要求。传感器尾端采用泰克示波器对测量数据进行采样和存储，采样率设置为 50MHz。

2. 测量结果

在 TV 损坏事故发生前，该变电站变压器 35kV 出线至母线用两根约 70m 电缆连接，发生了 TV 基波铁磁谐振，如图 3－37 所示。

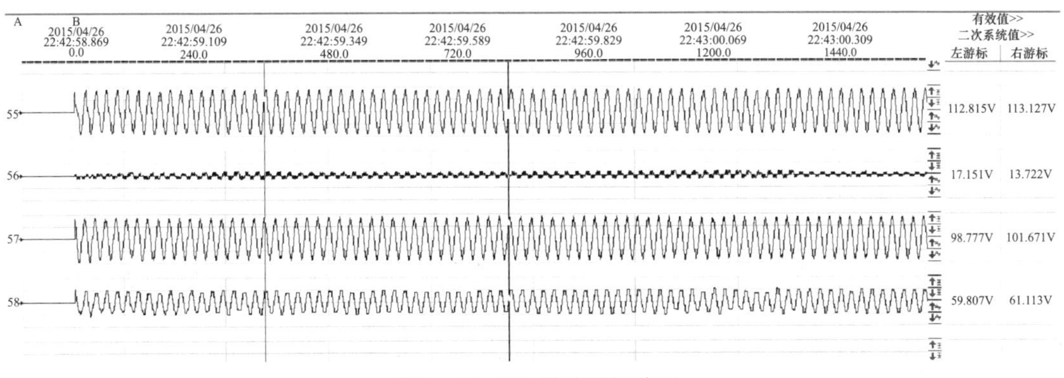

图 3－37　TV 基波谐振波形

在 TV 损坏事故发生前，TV 二次开口三角未加消谐装置，基波铁磁谐振持续了 25s 仍未恢复正常，26s TV 熔断丝熔断，如图 3－38 所示。

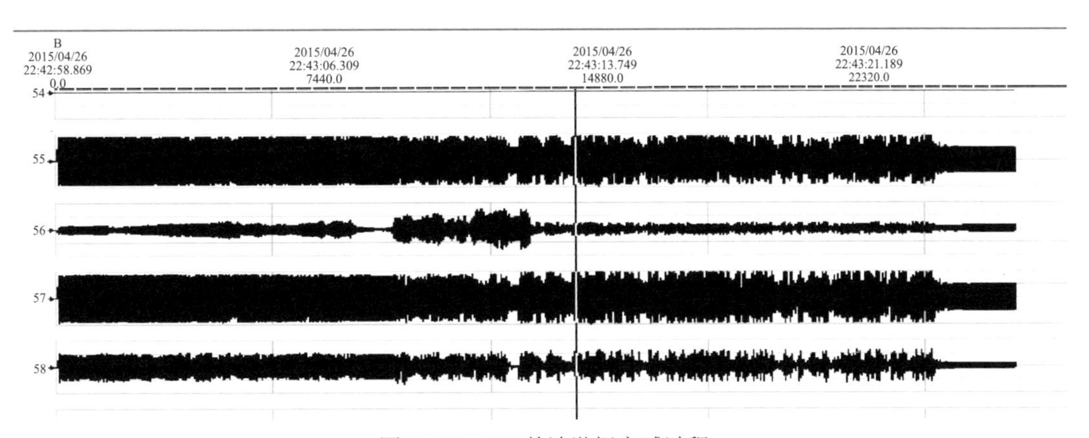

图 3－38　TV 基波谐振衰减过程

为防治 TV 故障，将 35kV 出线至母线的两根电缆换成一根电缆，并在 35kV TV 二次开口三角形处加装二次消谐装置。更换电缆数量（即降低谐振回路电容）后，多次合闸 TV，仍频繁发生分频铁磁谐振，TV 电流及过电压水平都限制在裕度范围内（见图 3－39），未引起 TV 故障及熔丝熔断。加装二次消谐装置后，分频谐铁磁振持续 3s 后恢复正常（见图 3－40）。

在 35kV 出线至母线的两根电缆换成一根电缆后，当 TV 侧断路器合闸时，产生较高幅值的合闸暂态过电压从而引发 TV 分频铁磁谐振，合闸暂态过电压频率较高，TV 监测方法能够完全记录此暂态过程，而故障录波器无法监测显示，如图 3－41 所示。

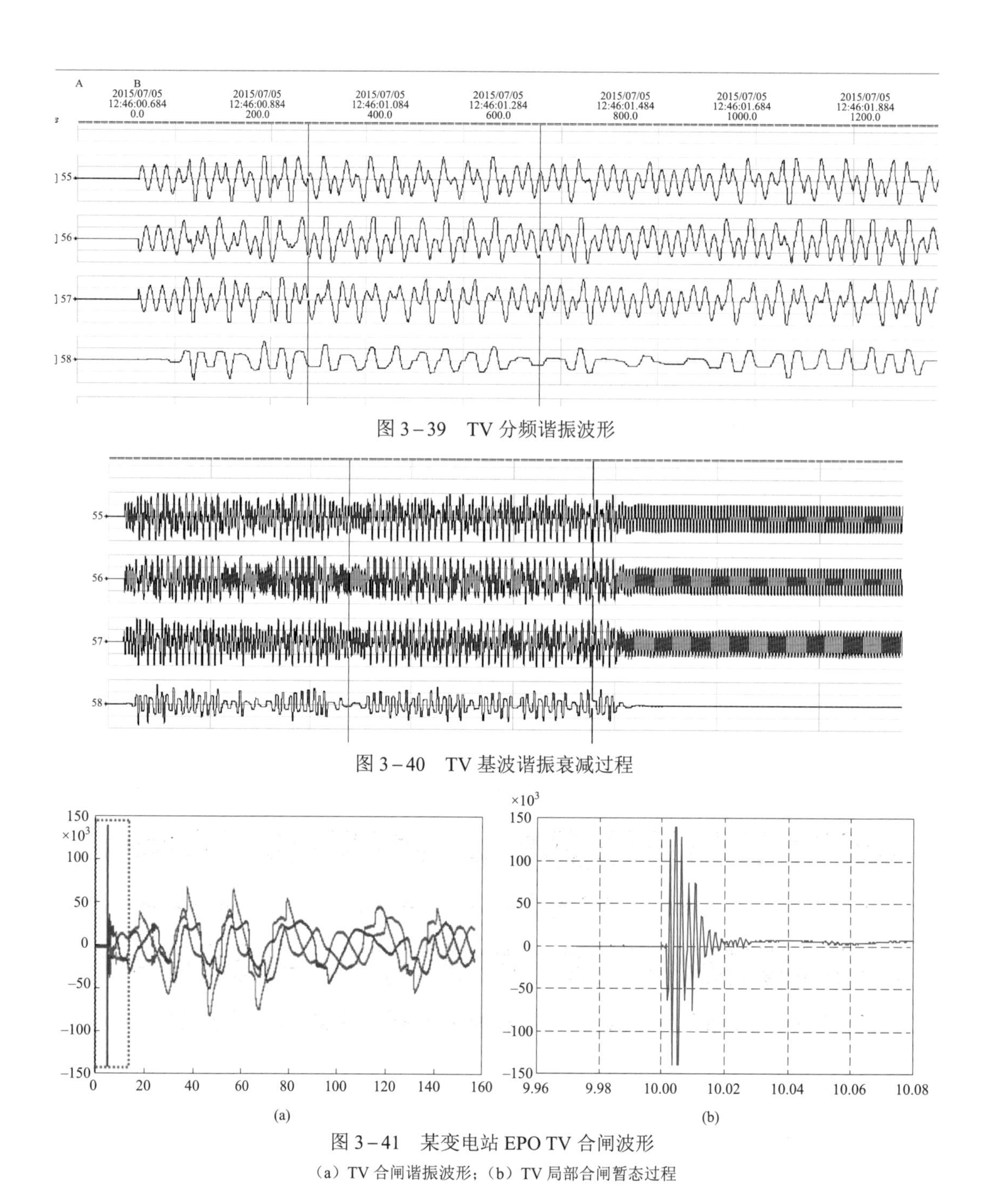

图 3－39　TV 分频谐振波形

图 3－40　TV 基波谐振衰减过程

图 3－41　某变电站 EPO TV 合闸波形

（a）TV 合闸谐振波形；（b）TV 局部合闸暂态过程

分频谐振的频谱曲线如图 3－42 所示，与基频谐振单相“虚幻接地”频率主要为工频分量不同，分频谐振频率主要分布在 25～50Hz。

3. 分析

（1）同样的 TV 回路，在倍频谐振所需电磁暂态扰动幅值最大，基频次之，分频最小，相应引起的 TV 电流、过电压幅值也是倍频最大，基频次之，分频最小，变电站 TV 谐振故障主要由于参数配置不当引起，电磁暂态扰动幅值在基频谐振范围内，基频谐振时 TV

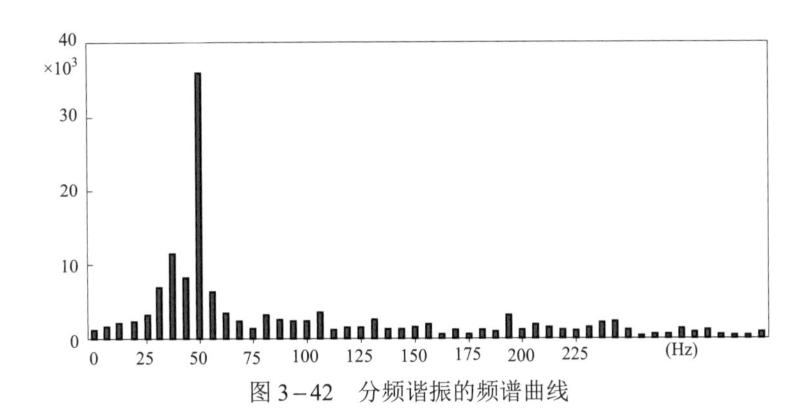

图 3－42　分频谐振的频谱曲线

电流及过电压幅值较大，通过参数配置更改后，电磁暂态扰动幅值在分频谐振范围内，虽所需电磁暂态扰动较小，更易发生谐振，但分频谐振时 TV 电流及过电压幅值均在设备裕度范围内。

（2）二次侧加装的消谐装置，对 TV 内部回路产生的谐振消谐作用较好，但对由线路参数引起的谐振及基频与分频谐振中的消谐作用不明显。

（3）TV 谐振的一个必要条件是存在电磁暂态扰动，引起 TV 铁芯饱和谐振，而故障录波器不能记录电磁暂态扰动，需要安装在线监测电磁暂态扰动过程的设备，通过监测的扰动来源及幅值，判断 TV 回路可能发生的谐振类型，合理配置回路参数，限制 TV 电流及过电压，保障设备正常运行。

案例二：

图 3－43 所示是在四川中部某变电站采到的一组过电压，由历史数据得知这次谐振过电压共持续了 50 多分钟，是一组典型的谐振过电压。如图 3－44 所示，A 相频谱，2、3、4、5、6、7、9、10 倍频有明显的尖峰，其中 4、5 倍频较其他幅值更大，其他两相相似。由图可看出，时域波形变形，A 相幅值 0.625 倍，其他两相 1.6 倍左右，接近线电压。这组过电压发生前未触发仪器记录。

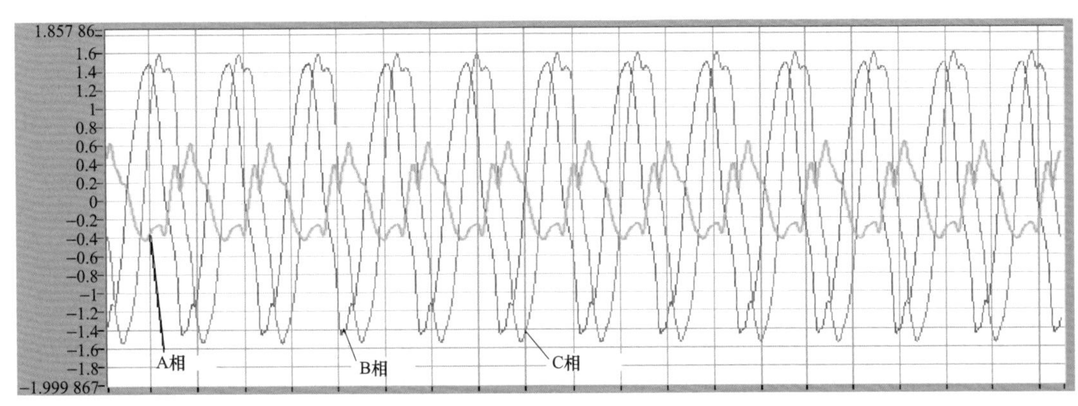

图 3－43　谐振过电压波形图

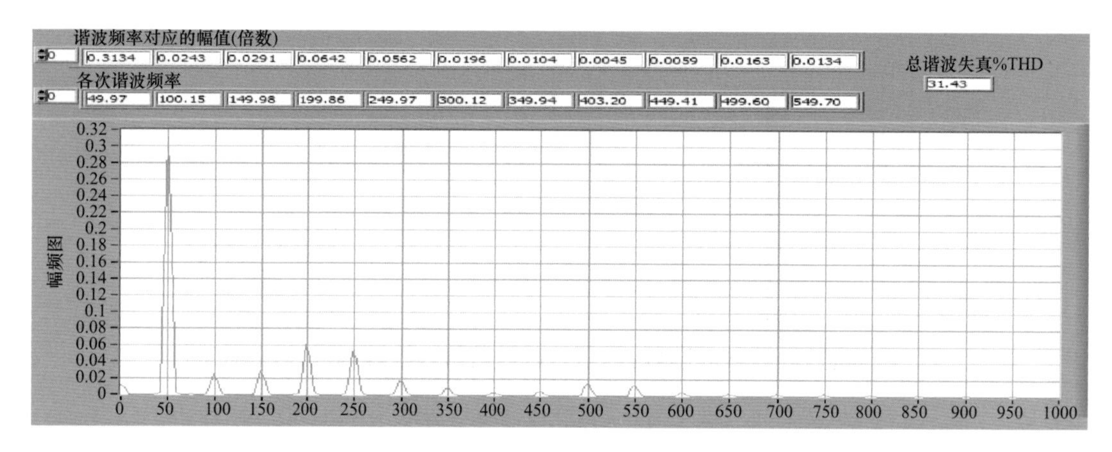

图 3－44　A 相谐波分析图

谐振是一种稳态的现象，谐振过电压的危害性既决定于其幅值的大小，也决定于持续时间的长短。正是因为谐振过电压的持续时间长，所以其危害也大。谐振过电压不仅会危及电气设备的绝缘，还可能产生持续的过电流而烧毁设备，而且还可能影响过电压保护装置的工作条件。运行经验表明，谐振过电压可在各种电压等级的网络中产生，尤其是在 35kV 及以下的电网中，因谐振造成的事故较多，已成为一个普遍注意的问题，在电网设计时及进行操作前，有必要做一些估计和安排，尽量防止谐振的发生或消除谐振存在的条件。

谐振过电压产生在电压互感器内部时，由外部过电压易激发电压互感器内部的铁磁谐振，这种过电压情况可在互感器二次绕组加接电阻型消谐装置即可消除，当谐振过电压是由外部参数配合不当引起时，在二次绕组加装电阻型消谐就没有效果，这时应改变外部系统参数配合来消除谐振。

3.7.4　某 110kV 变电站过电压数据统计分析

针对该 110kV 变电站 35kV 侧多次发生设备损坏故障的问题，对该站进行了过电压在线监测，跟踪记录过电压的发生情况，以便为事故原因的分析和过电压防范措施的采取提供依据。现将阶段性监测数据进行分析。

根据监测到的过电压数据，该站主要出现了较为频繁的操作和谐振两类过电压，结合典型波形，现从发生过电压的倍数、次数以及过电压持续时间等几个方面进行统计分析。

3.7.4.1　典型波形

本站监测到的典型操作过电压和谐振过电压波形分别如图 3－45 和图 3－46 所示，其中各图中纵坐标表示过电压的倍数(基准值为正常运行时的工频电压峰值)，横坐标为时间。

（1）操作过电压波形。操作过电压波形如图 3－45 所示。此波形对应 2015 年 7 月 25 日 14:46:28 发生的一次操作过电压，三相均因操作而发生振荡，其中 A 相和 B 相均产生过电压，分别为 1.6 倍和 1.49 倍。

（2）谐振过电压波形。监测到的谐振过电压波形如图 3－46 所示，主要有带暂态冲击的谐振过电压和无暂态冲击的谐振过电压两种。带暂态冲击的谐振过电压，相电压和线电压幅值最大可达到正常工作时的 2.37 倍，其暂态冲击的振荡时间在 3～5 个工频周期，如图 3－46（b）所示。无论有无暂态冲击，整个谐振时间持续约 1s。通过频谱分析得知，低频谐振分量主要集中在 10Hz，也就是该谐振近乎为 1/5 分频谐振。此外，低频谐振过程线电压幅值基本不变。

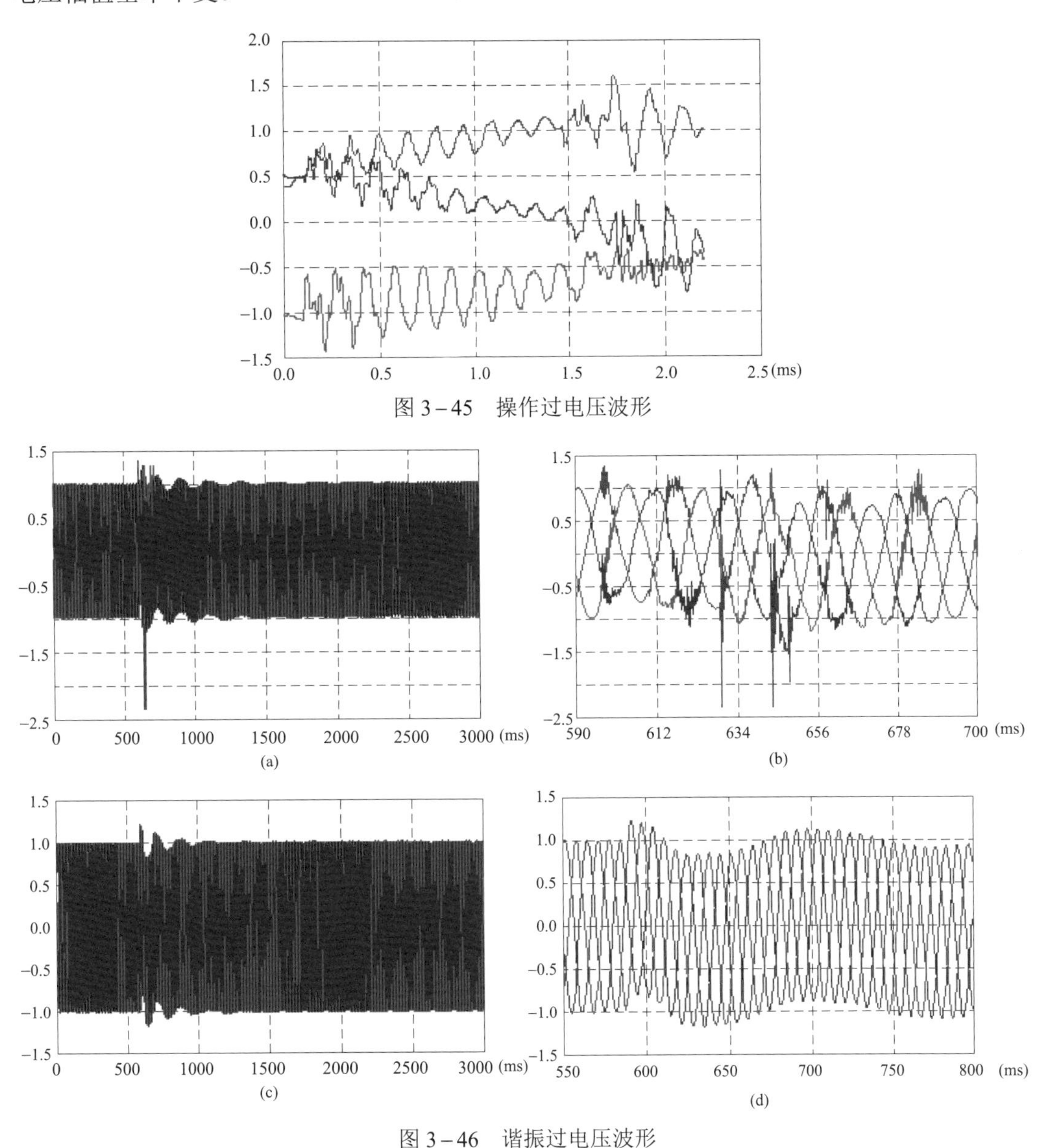

图 3－45　操作过电压波形

图 3－46　谐振过电压波形

（a）带暂态冲击的谐振；（b）暂态冲击局部放大图；（c）无暂态冲击的谐振；（d）谐振局部放大图

3.7.4.2　数据统计与分析

从统计数据可知，操作过电压发生次数最多，在统计的 12 天时间范围内达到了 317 次，日均近 27 次，相比而言，该站的操作过电压产生频率较高。就过电压的倍数而言，操作过电压的幅值有 70%左右集中在 1.10～1.49 倍工频峰值范围内，1.50～1.99 倍工频峰值范围内的过电压幅值占比 27.7%，两倍工频峰值及其以上的过电压幅值仍记录到 8 次，其中，最大过电压为工频峰值的 2.37 倍。各时段、各倍数范围内的过电压次数分布见表 3－9。

表 3－9　　　　2015 年 5～7 月操作过电压统计

时间	过电压类型	各倍数范围内发生次数			合计次数	最大过电压倍数
		1.10～1.49	1.50～1.99	2		
2015/5/18	操作过电压	13	10	1	24	2.06
2015/5/19		13	7	2	22	2.37
2015/5/21		1	2	0	3	1.58
2015/7/19		10	3	0	13	1.89
2015/7/20		8	3	0	11	1.61
2015/7/21		7	6	0	13	1.92
2015/7/22		28	10	0	38	1.82
2015/7/23		55	16	4	75	2.37
2015/7/24		41	18	0	59	1.99
2015/7/25		27	8	1	36	2.06
2015/7/26		15	4	0	19	1.53
2015/7/27		3	1	0	4	1.46
总计		221	88	8	317	2.37

除操作过电压外，监测到的另一类较为频繁的过电压是谐振过电压。在统计的 9 天时间范围内共监测到 252 次谐振过电压，日均 28 次。谐振过电压的幅值分布与监测到的操作过电压的幅值分布大致相同，依然是集中于 1.10～1.49 倍工频峰值范围内，其次是 1.50～1.99 倍工频峰值，两倍工频峰值及以上出现的次数相对较少，各倍数范围内过电压次数的占比分别为 80%、17.8%和 2.2%。谐振过电压的最大倍数亦为 2.37。通过谐振过电压波形可以得知，多数是带暂态冲击的谐振，由操作引起的暂态冲击加上操作带来的系统参数的改变会激发谐振过电压，因此，操作过电压和谐振过电压的统计特性有较大的一致性。各时段、各倍数范围内的过电压次数分布见表 3－10。

表 3－10　　　　2015 年 5～7 月谐振过电压统计

时间	过电压类型	各倍数范围内发生次数		合计次数	最大过电压倍数
		1.10～1.49	1.50～1.99		
2015/5/18	谐振过电压	22	10	33	2.06
2015/5/19		31	7	40	2.37
2015/5/21		3	2	5	1.58
2015/7/22		24	3	27	1.64
2015/7/23		48	11	60	2.03
2015/7/24		41	6	47	1.83
2015/7/25		22	2	24	1.66
2015/7/26		12	3	15	1.78
2015/7/27		0	1	1	1.66
总　　计		203	45	252	2.37

3.7.4.3　小结

（1）监测到的过电压类型主要有操作和谐振过电压两类。

（2）操作过电压和谐振过电压发生较为频繁，两者的统计较为一致，主要是操作产生的过电压以及系统参数的改变会激发谐振过电压。

（3）监测到的谐振过电压主要是 1/5 分频谐振，其持续时间接近 1s。

（4）两类过电压的倍数虽集中在 1.5 倍以下，但发生的频率较高，尤其谐振过电压持续时间近 1s，长期加在设备上，会对设备的绝缘造成一定的损伤。

3.7.5　单相接地过电压

图 3－47 所示是在四川中部某变电站采到的一组过电压，是一组很明显的单相接地事故，很明显 B 相接地，A、C 两相升高至线电压 1.85 倍附近，这次过电压共持续了大约 20min。

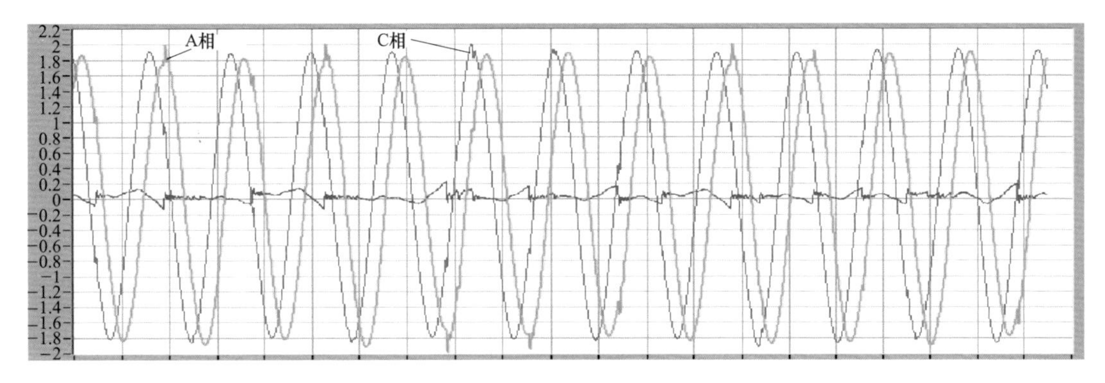

图 3－47　单相接地过电压波形图

单相接地是运行电网的主要故障形式。在中性点不接地的电网中，单相接地并不改变电源变压器的三相绕组电压的对称性，并且接地电流一般也不大，不必立即切除线路中断对用户的供电，运行人员可借接地指示装置来发现故障并设法找出故障所在位置及时处理，这就大大提高了供电可靠性。

3.7.6　两相接地过电压

图 3－48 所示是在四川西部某变电站采到的一组过电压，是一起很明显的两相接地事故，很明显 A、B 相接地，C 相升高至线电压 1.18 倍附近。

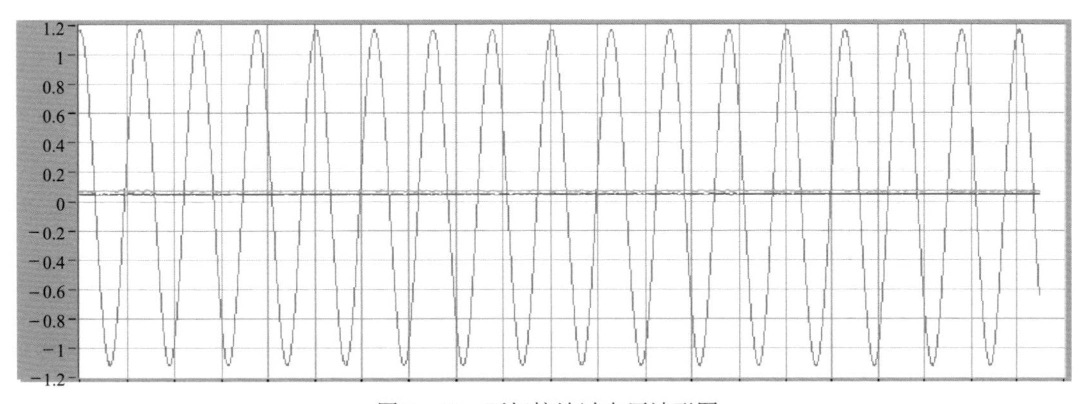

图 3－48　两相接地过电压波形图

3.7.7 间歇电弧接地过电压

图 3－49 所示是在某变电站采到的一组过电压，从图中的波形看该过电压很像弧光接地过电压，与典型的弧光接地过电压波形一致，波头有振荡。图 3－50 和图 3－51 分别是 A 相和 B 相的波形放大图，可以看出这两相波形很相似，两相的最大过电压倍数都为 3.5 倍左右，接地发生在 C 相，其波形放大图如图 3－52 所示。

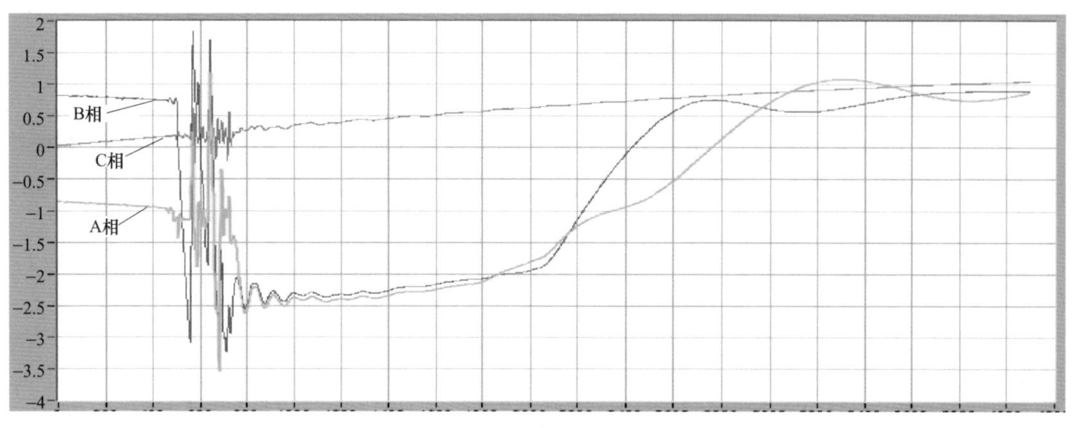

图 3－49 间歇电弧接地过电压

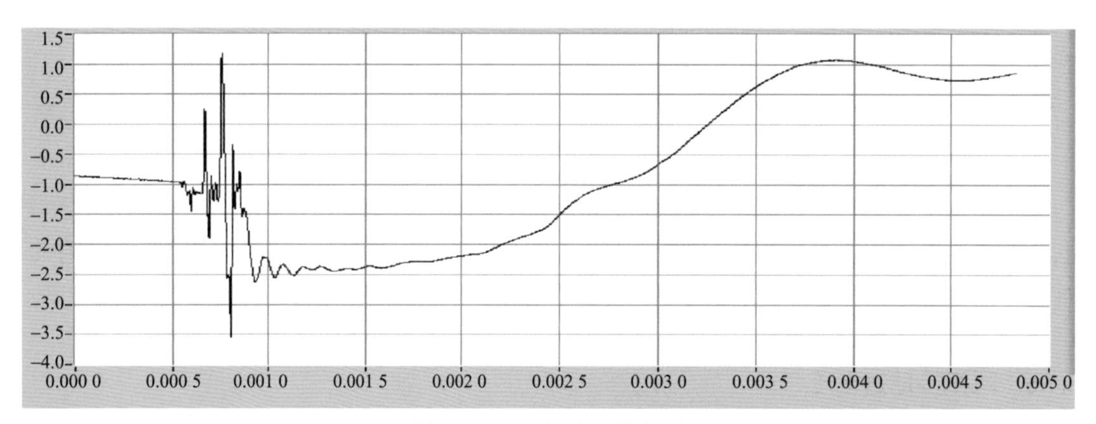

图 3－50 A 相波形放大图

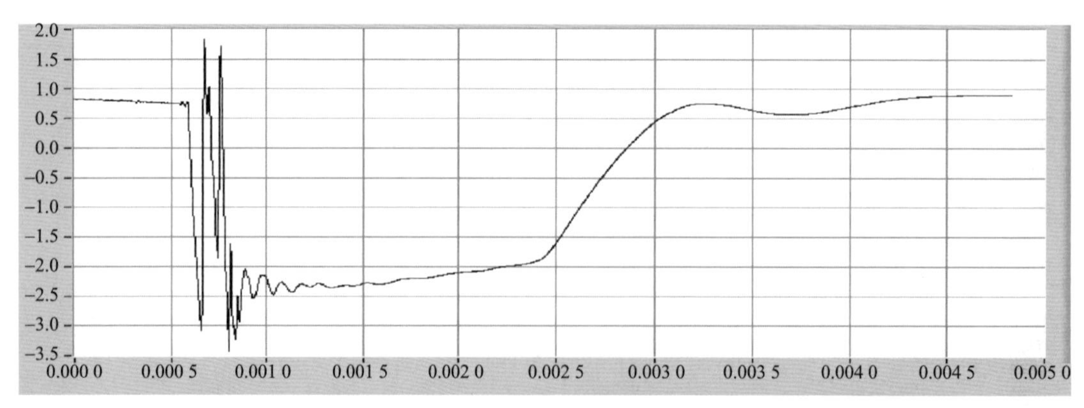

图 3－51 B 相波形放大图

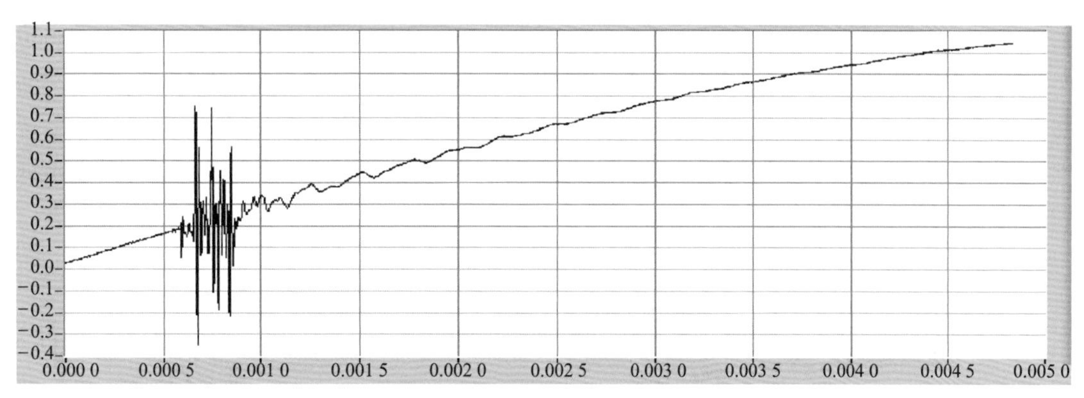

图 3－52　C 相波形放大图

间歇电弧接地过电压的幅值并不太高，对于现代的中性点不接地电网中的正常设备，因为它们有较大的绝缘裕度，是能承受这种过电压的。但因这种过电压持续时间长，对绝缘较差的老设备、线路上存在的绝缘弱点等都将存在较大的威胁。防止电弧接地过电压的危害，要靠电气设备绝缘良好，为此应做好定期预防性试验和检修工作，运行中应注意监视和维护工作。

3.7.8　母线投 220kV CVT 暂态电压测量

3.7.8.1　现场布置

为论证过电压监测技术在现场的适用性，开展 220kV 母线 CVT 投切产生的过电压测试试验。CVT 投切试验在 220kV 某变电站进行，所操作的 CVT 为 220kV Ⅱ段母线 CVT，依靠 228 号隔离开关投入 CVT，Ⅰ、Ⅱ母线均带电，只有需要投切的 CVT 侧不带电。传感器采用地电位式布置方法，现场布置情况如图 3－53 所示。

图 3－53　传感器的现场布置示意图

3.7.8.2　实验结果

（1）合闸暂态电压测量结果。

某站 220kV Ⅱ段母线 CVT 通过隔离开关投入的过程中，现场布置的电场测量装置获得的测量结果如图 3－54 所示。测量结果表明，在 228 号隔离开关投入前，CVT 尚未充电时，布置于现场的三支电场传感器均测量到幅值较低的工频电场。这是因为现场中Ⅰ、Ⅱ段母线均带电，即便 228 号隔离开关仍处于断开装置，其他带电导体也会在传感器布置位置产生电场。该部分电场的幅值较低、恒定，频率为工频，可视为背景噪声。背景噪声处理后的波形如图 3－55 所示。

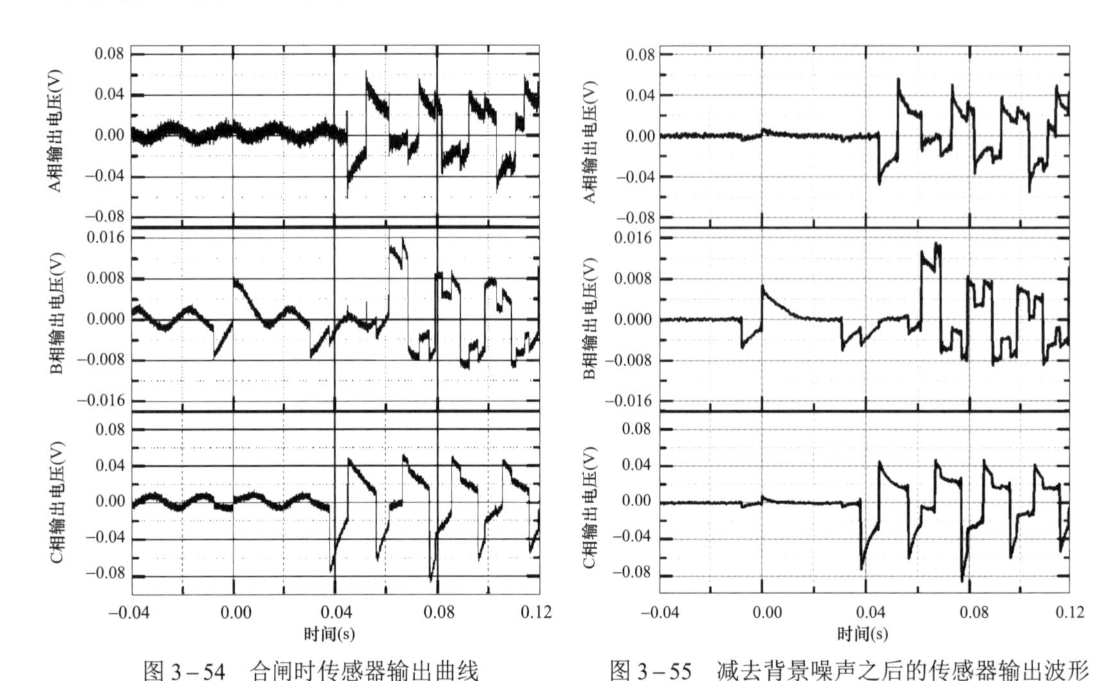

图 3－54　合闸时传感器输出曲线　　图 3－55　减去背景噪声之后的传感器输出波形

如图 3－55 中 B 相测量结果所示，在电场测量波形上，出现了明显的凹陷现象，该现象与电容充电后电压缓慢、连续变化的物理过程不符。这是其余相的电压瞬变对本相电场的影响。将三相电场测量结果绘制在一起，如图 3－56 所示。从图中可以看出，B 相电场波形，在出现过电压的上升沿或下降沿时，其余 A、C 两相均会受 B 相的影响而发生较为明显的跃变。另外，在 A、C 两相波形出现过电压上升沿或下降沿时，B 相也会出现明显的跃变。分析结果进一步论证了之前的推论。

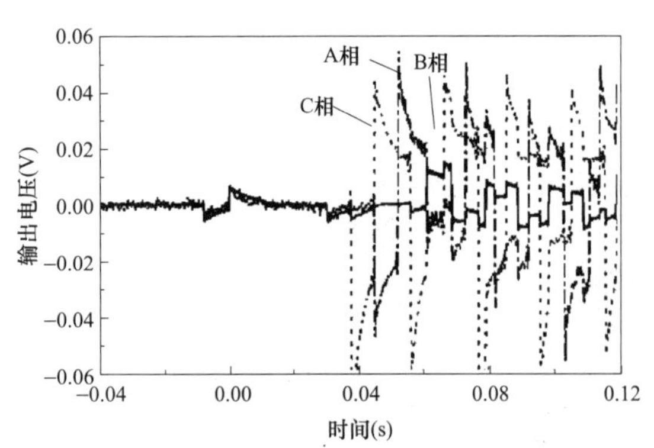

图 3－56　减去背景噪声之后的三相传感器输出波形

上述分析结果表明：由于在测试中，电场传感器布置位置距离导体较远，其测量的电场为三相导体的耦合电场。为获得耦合前的波形，数据分析中利用波形中的跳变量计算式（3－2）中的三相相对耦合矩阵 $\boldsymbol{M}$，并对测量结果进行解耦。

$$\begin{bmatrix} U_{\text{S-a}} \\ U_{\text{S-b}} \\ U_{\text{S-c}} \end{bmatrix} = \begin{bmatrix} 1 & \dfrac{k_{\text{Ba}}}{k_{\text{Bb}}} & \dfrac{k_{\text{Ca}}}{k_{\text{Cc}}} \\ \dfrac{k_{\text{Ab}}}{k_{\text{Aa}}} & 1 & \dfrac{k_{\text{Cb}}}{k_{\text{Cc}}} \\ \dfrac{k_{\text{Ac}}}{k_{\text{Aa}}} & \dfrac{k_{\text{Bc}}}{k_{\text{Bb}}} & 1 \end{bmatrix} \begin{bmatrix} U_{\text{S-Aa}} \\ U_{\text{S-Bb}} \\ U_{\text{S-Cc}} \end{bmatrix} = \mathrm{M} \begin{bmatrix} U_{\text{S-Aa}} \\ U_{\text{S-Bb}} \\ U_{\text{S-Cc}} \end{bmatrix} \tag{3-2}$$

其中，***M*** 为相对耦合系数矩阵，$U_{\text{S}-\text{Aa}}$、$U_{\text{S}-\text{Bb}}$、$U_{\text{S}-\text{Cc}}$ 分别为 U_{A}、U_{B}、U_{C} 单独作用下，对应相的暂态电压监测装置输出结果，其波形变化趋势与 U_{A}、U_{B}、U_{C} 相同。在求得相对耦合系数矩阵的情况下，可以根据三相暂态电压监测装置的测量结果，解耦获得实际的各相导线电压波形。因此，获得相对耦合系数矩阵是实现三相导体系统复合电场解耦的关键。

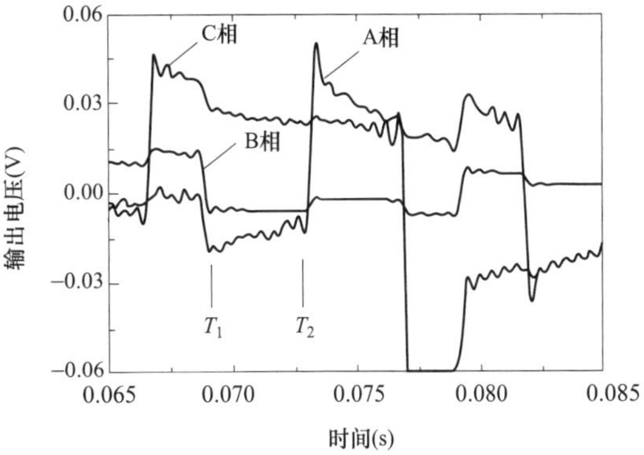

图 3－57　出现跃变的三相传感器局部波形

以图 3－57 为例，在 T_1 时刻，B 相测量波形出现明显的电压下降，并导致 A、C 相测量波形发生向下的跃变。由于此刻应是 B 相波形出现过电压，A、C 两相波形跃变全部由 B 相波形变化引起。以 B 相波形变化幅值为单位 1，则根据波形的相对幅值变化，A 相波形变化 0.98，C 相波形变化 0.52。采用上述相同原理，可以获得 A 相波形对 B 相、C 相波形的相对耦合系数，以及 C 相波形对 A 相、B 相波形的相对耦合系数。

采用上述方式，即可获得相对耦合系数矩阵 ***M***，即

$$\boldsymbol{M} = \begin{bmatrix} 1 & 0.98 & 0.06 \\ 0.07 & 1 & 0.09 \\ 0.05 & 0.52 & 1 \end{bmatrix} \tag{3-3}$$

结合式（3－2）和式（3－3）解耦后三相传感器输出波形如图 3－58 所示。

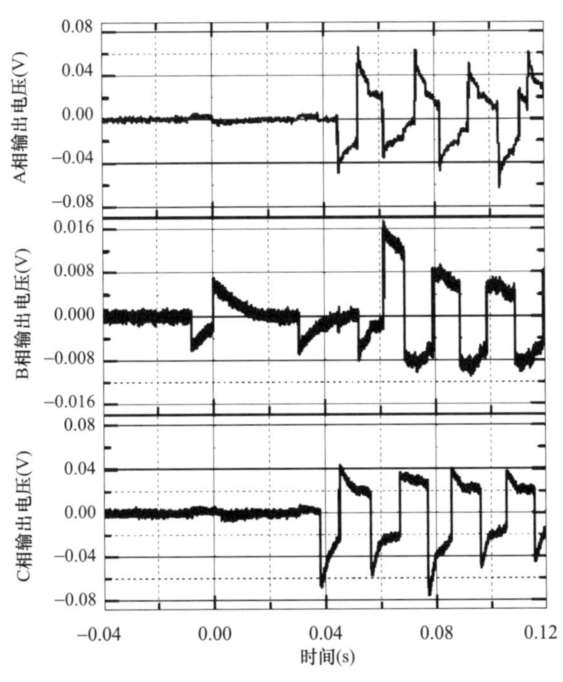

图 3－58　解耦后三相传感器输出波形

从实际操作过程来看，CVT 可以等效为电容，投切过程的等效电路如图 3－59 所示。其中，C 为 CVT 的等效电容，约为 1nF；R 为母线的等效阻抗，小于 1Ω；S_{AC} 为等效的母线电源，相电压有效值为 220kV，单相电压峰值约为 180kV；S_{w} 为隔离开关投入过程的等效开关，当开关间隙因触头间的电压击穿时，S_{w} 闭合，当触头击穿后的电弧电流无法维持电弧燃烧

时，S_W 断开。根据母线的等效阻抗和 CVT 电容量，可以估计触头击穿后给 CVT 的充电时间常数约为 1ns 量级，相对于工频周期可以忽略不计，故 CVT 的充电时间可以忽略不计。此外，根据 CVT 等效电容和电源电压可以估计，在触头击穿后，通过电弧的电流小于 0.06A，难以维持电弧的持续燃烧。根据上述分析结果可得投入 CVT 的过程为：

1）隔离开关触头逐渐接近，触头两端的电压差为母线交流电压 U_s。

2）当触头距离无法耐受 U_s 时，间隙击穿，母线电压给 CVT 充电，CVT 端电位瞬间升高至 U_s，此时的母线侧触头电位也为 U_s。

3）随即由于维持电流较小，电弧熄灭，母线侧电位随母线电压交变，CVT 通过杂散电容逐渐释放电荷，并使得 CVT 侧的电位由 U_s 逐渐降低。

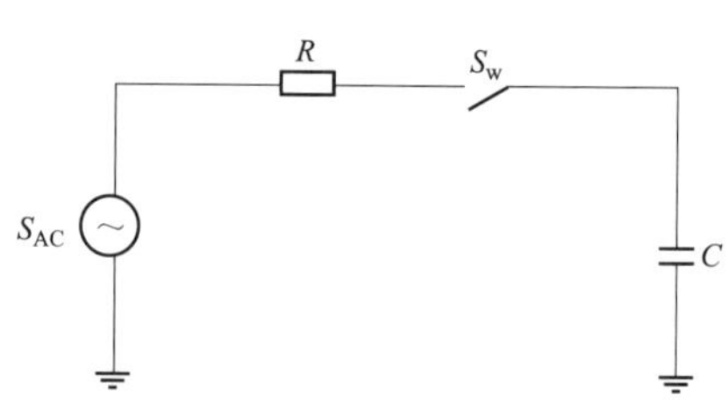

图 3－59　投切过程的等效电路

4）当 CVT 侧电位逐渐降低，母线侧电位变化至反极性，达到间隙击穿电压时，触头两端的电位差导致间隙再次击穿。

5）间隙电弧再次熄灭，CVT 侧电位逐渐降低，母线侧电位随母线电压交变，并反复 4）、5）过程，直至隔离开关合闸过程结束。

上述分析与图 3－57 测量结果所体现的过程相符。

分析 B 相过电压的两个上升沿，如图 3－60 所示。上升时间分别为 14.5、18μs。统计其余过电压上升、下降时间，均在 10～20μs 范围内。

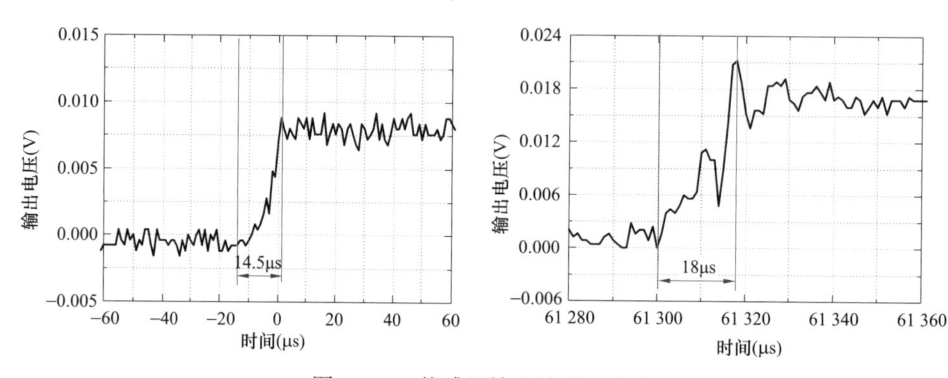

图 3－60　传感器输出波形上升沿

（2）工频电场波形。

为了分析过电压的电压幅值和过电压倍数，采集了投运后工频下的电场波形。同样，三相之间相互会有影响，采用上述的方式进行解耦，可以得到图 3－61 波形。

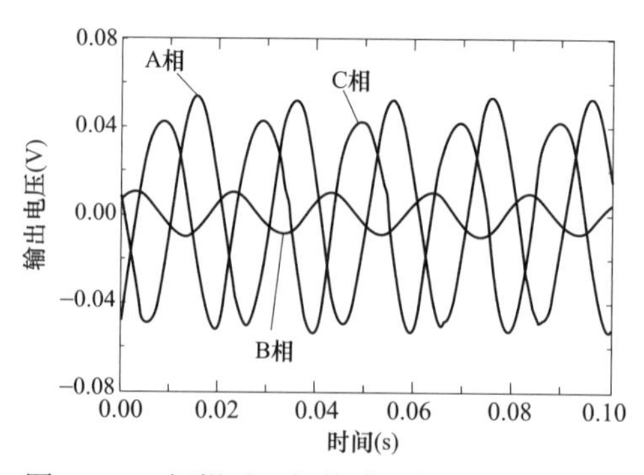

图 3－61　解耦后三相传感器的工频输出波形

（3）过电压倍数的计算。

1 通道，B 相：背景工频电压：峰峰值 0.003 65V，投运后工频电压峰峰值为：0.027V；最大过电压为：0.017V。

2 通道，C 相：背景工频电压：峰峰值 0.012V，投运后工频电压峰峰值为：0.094 6V；最大过电压为：0.075V。

3 通道，A 相：背景工频电压：峰峰值 0.012V，投运后工频电压峰峰值为：0.103V；最大过电压为：0.08V。

由于传感器频响范围大，在该测量频率范围内，响应刻度因素相同，所以可以利用测量系统输出的工频和过电压比较，得到过电压倍数：

$$k_{A}=\frac{0.08}{(0.103-0.012)/2}\times 100\%=1.76$$

$$k_{B}=\frac{0.017}{(0.027-0.003\,65)/2}\times 100\%=1.46$$

$$k_{C}=\frac{0.075}{(0.094\,6-0.012)/2}\times 100\%=1.82$$

三相之中，最大过电压倍数为 1.82。

3.7.9 母线投空载架空线路暂态电压测量

采用高电位式暂态电压测量方法，对 220kV 母线利用断路器投空载架空输电线路的暂态电压进行了测量。高电位式暂态电压测量装置现场安装如图 3－62 所示。

图 3－62 高电位式暂态电压监测装置现场安装

220kV 母线采用断路器投入空载长线过程中的暂态电压测量结果如图 3－63 所示。由于空载长线路较短（仅 11km），线路的充电时间较短，经过数个毫秒的暂态过程后，线路电压即达到稳态。整个过程产生的最大暂态电压发生在 C 相合闸期间，暂态电压幅值最大达到 228kV，电压倍数为 1.27 倍。

对合闸期间的暂态电压进行展开，如图 3－63（b）所示。由于断路器的不同期，三相短路的实际合闸动作完成时间存在数百微秒的差异。A 相先于 B 相和 C 相投入约 300μs。由于变电站在投入线路时，该线路的一侧处于断开状态，因此暂态电压在断线侧将发生全反射。t_3 时刻为 C 相合闸动作完成时刻，t_4 为合闸暂态电压从断线侧反射回变电站的反射电压。t_3 与 t_4 的时间差约为 76μs，根据行波单端定位原理，计算得该线路的长度约为

11.4km，与实际距离相符。因此，暂态电压监测装置的监测结果也可用于输电线路的故障定位。操作暂态电压的上升沿均为数个微秒，远快于传统的 250μs 波前时间的标准操作冲击电压波。

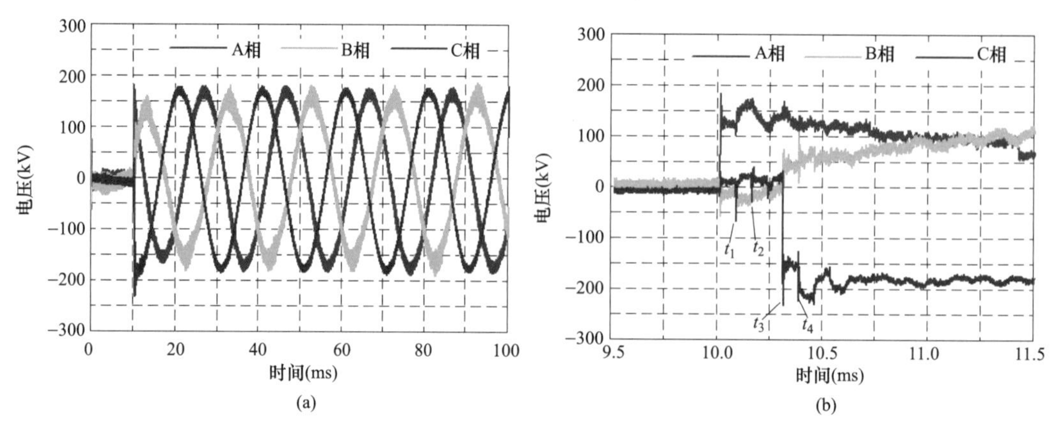

图 3-63　220kV 母线断路器投空载架空线路暂态电压过程波形

（a）波形整体图；（b）局部放大图

3.8　过电压统计分析

3.8.1　相对地过电压数据统计分析

对某变电站相对地过电压数据进行统计，其冲击系数见表 3-11。

表 3-11　　某变电站相对地过电压冲击系数表

A		B		C	
1.190 96	1.317 74	1.247 47	1.142 82	1.568 87	1.576 54
1.927 72	1.921 44	1.366 31	1.510 95	1.594 92	1.473 51
1.451 12	1.211 42	1.283 05	1.718 41	1.354 42	1.289 33
1.651 66	1.463 06	1.655 84	1.461 19	1.364 68	1.777 02
1.548 49	1.180 49	1.195 41	2.354 72	1.354 22	2.281 45
1.513 05	1.791 67	1.153 28	1.293 05	1.402 36	1.571 65
1.182 58	1.934 25	1.486 02	1.682 38	1.479 83	1.245 38
1.934 12	1.329 18	1.456 31	1.718 41	1.361 25	1.622 13
1.253 75	1.515 61	1.342 35	1.228 63	1.178 42	1.787 02
1.205 61	1.815 96	1.465 62	2.226 36	1.611 66	2.01
1.496 25	1.708 53	2.122 37	2.345 87	2.055 98	1.488
2.178 56	2.245 6	2.34	1.884 87	1.665 7	1.737
1.863 25	2.436	1.345 89	1.718 36	2.317 56	1.681

3.8.2　过电压特征值计算

过电压特征值见表 3-12。

表 3－12　过电压特征值

相序	A	B	C	三相合并后
最大值	3.436	2.354 72	2.317 56	3.436
最小值	1.180 49	1.153 28	1.178 42	1.153 28
平均值	1.63	1.61	1.61	1.617
标准偏差	0.13	0.15	0.39	0.34

由于该变电站过电压遵从正态分布，所以$U_{2S}=U_{50\%}+2.05\sigma$，其中$U_{50\%}$按过电压的平均值计算，$\sigma$按标准偏差计算。

3.8.3 变电站系统电气设备绝缘水平的确定与分析

变电站电气设备绝缘水平的确定（以系统的最大工作电压U_m来表示）。

（1）雷电过电压下的绝缘配合。电气设备在雷电过电压下的绝缘水平通常用它们的基本冲击绝缘水平 *BIL* 来表示

$$BIL=K_1U_{P(i)}$$

式中：$U_{P(i)}$为避雷器在雷电过电压下的保护水平（kV），通常简化为以配合电流下的残压U_r作为保护水平；K_1为雷电过电压的配合系数，其值处于 1.2～1.4 的范围内。

根据经验，规定在电气设备与避雷器相距很近时取 1.25，相距较远时取 1.4，即$BIL=(1.25\sim1.4)U_r$。

（2）操作过电压下的绝缘配合。在按内部过电压作绝缘配合时，通常不考虑谐振过电压，因为在设计和选择运行方式时均设法避免谐振过电压的出现；此外也不单独考虑工频电压升高，而把它的影响计划在最大长期工作电压内。

下面就分为两种不同的情况来讨论：

1）对于各类变电站中的电气设备，其操作冲击绝缘水平（SIL）可由下式求得：$SIL=K_sK_0U_m$，式中K_s为操作过电压下的绝缘配合，$K_s=1.15\sim1.25$；K_0为操作过电压计算倍数，$K_0=4.0$。

2）电力系统目前普遍采用氧化锌避雷器来同时限制雷电与操作过电压。它等于规定的操作冲击电流下的残压值：① 在 250/2500μs 标准操作冲击电压下的放电电压；② 规定的操作冲击电压下的残压。其操作冲击绝缘水平计算公式为

$$SIL=K_sU_{P(s)}$$

式中：操作过电压下的配合系数$K_s=1.15\sim1.25$，操作过电压配合系数K_s较雷电冲击配合系数K_1微小，主要是因为操作波的波前陡度较雷电波远小，被保护设备与避雷器之间电气距离所引起的电压差值很小，可以忽略不计；$U_{P(s)}$为避雷器在操作过电压下的保护水平。

某 35kV 变电站系统过电压实例分析：

以 2008 年采集的实时数据为例进行系统的绝缘配合分析，取采集时间段里面最严重的雷电过电压和操作过电压进行分析见表 3－13 和表 3－14。

表 3-13　　雷电过电压波形参数

<table>
<tr><td>日期</td><td>2008-8-11</td><td>时间</td><td>0:40:6</td><td>过电压幅值（kV）</td><td>-49.15</td><td>过电压倍数</td><td>-1.720</td></tr>
<tr><td colspan="2">波形参数
相序</td><td colspan="2">最大持续时间（μs）</td><td colspan="2">波头上升时间（μs）</td><td colspan="2">陡度（kV/s）</td></tr>
<tr><td colspan="2">A</td><td colspan="2">107.5</td><td colspan="2">5</td><td colspan="2">8.474×10^5</td></tr>
<tr><td colspan="2">B</td><td colspan="2">122.5</td><td colspan="2">5</td><td colspan="2">10.777×10^5</td></tr>
<tr><td colspan="2">C</td><td colspan="2">112.5</td><td colspan="2">5</td><td colspan="2">11.429×10^5</td></tr>
<tr><td colspan="2">过电压类型</td><td colspan="6">雷电过电压</td></tr>
</table>

电气设备在雷电过电压下的基本冲击绝缘水平为：$BIL=(1.25\sim1.4)U_r$。在这里考虑配合到最小绝缘水平时的状态选择系数为1.25，即$BIL=1.25\times U_r$。

通过雷电过电压的过电压幅值的绝对值为49.15kV，避雷器的额定电压有效值为35kV，灭弧电压有效值为73kV。于是电气设备在雷电过电压下的基本冲击绝缘水平为：$BIL=1.25\times73=91.25$kV。

统计分析之后该变压器的雷电过电压最大幅值绝对值为49.15kV，其值小于*BIL*。

表 3-14　　操作过电压波形参数

<table>
<tr><td>日期</td><td>2008-8-8</td><td>时间</td><td>16:45:6</td><td>过电压幅值（kV）</td><td>50.302</td><td>过电压倍数</td><td>1.760</td></tr>
<tr><td colspan="2">波形参数
相序</td><td colspan="2">最大持续时间（μs）</td><td colspan="2">波头上升时间（μs）</td><td colspan="2">陡度（kV/s）</td></tr>
<tr><td colspan="2">A</td><td colspan="2">237.5</td><td colspan="2">7.5</td><td colspan="2">-5.215×10^5</td></tr>
<tr><td colspan="2">B</td><td colspan="2">250</td><td colspan="2">7.5</td><td colspan="2">-6.721×10^5</td></tr>
<tr><td colspan="2">C</td><td colspan="2">260</td><td colspan="2">7.5</td><td colspan="2">-6.605×10^5</td></tr>
<tr><td colspan="2">过电压类型</td><td colspan="6">操作过电压</td></tr>
</table>

实测的电力系统属于上面讲述的范围Ⅰ。其操作冲击绝缘水平*SIL*可由$SIL=K_sK_0U_m$求得。这里考虑最低绝缘水平，取$K_s=1.15$，$K_0=3.2$（此时假定系统中性点经小电阻有效接地）。于是$SIL=1.15\times3.2\times28.57=105.13$。统计分析之后该变电站的操作过电压最大幅值为50.302kV，其值小于*SIL*。

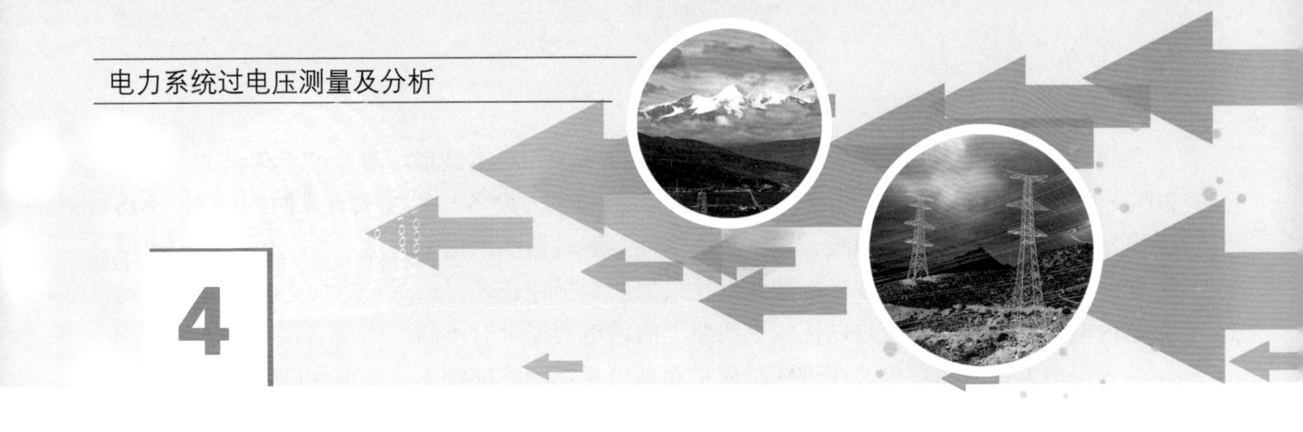

雷电波入侵电力系统波过程研究及暂态响应特性分析

4.1 雷电波入侵电力系统研究现状

中国东部沿海、华南、西部以及华中部分地区属于雷电活动较为频繁的区域，雷电放电所产生的雷电流高达数十、甚至数百千安，并将引起巨大的电磁效应、机械效应和热效应。就雷击点附近而言，雷击输电线路不仅危害线路的绝缘安全，还会对临近的通信线路造成强烈的电磁干扰，高电位差还会对接近故障点的人身安全造成严重威胁；另外，雷电流以雷电波的形式在输电线路中传播，幅值较大的雷电流会对相邻变电站的绝缘配合电磁兼容稳定带来较大的影响。1990～2010 年 220kV 及以上电压等级输电线路运行统计表明，雷电过电压是导致电力设备绝缘发生故障的主要因素之一，已成为电网安全运行不可忽视的一个重大威胁。

在确定高电压等级架空线路耐雷水平时，线路参数的频变特性、冲击电晕以及雷电波的实际波过程对于雷击引起的电磁暂态过程的影响较大。因此，在配置电力系统各项电力设备的绝缘水平时，较为精确地掌握入侵电力系统内部的实际雷电过电压水平及波形对合理选择设备的绝缘配合十分关键。

IEC 规定的 1.2/50μs 标准雷电波是在不考虑波过程受变电站及电气设备影响的情况下的雷电引起暂态过电压的代表波形，而实际工况下，有各种形状的雷电波形存在，使用标准雷电波代替非标准雷电波来评价、测试电力设备的绝缘特性本身就存在种种问题。因而早在 20 世纪就有专家学者对非标准雷电波波形参数开展了大量研究。S.Okabe 在对雷电波的统计研究中指出，站内变压器上的过电压波形因为站内折反射而叠加了许多高频振荡分量，并且即使施加一个标准雷电波在变压器上，也会产生一个具有绕组自然频率的振荡电压波形，其在大量波形统计的基础上定义了单脉冲波、波头脉冲波、衰减震荡波以及上升震荡波 4 种典型的非标准雷电波形。I.D.Couper 和 K.J.Cornick 等人对震荡冲击电压的极性效应展开了研究，其研究结果表明：受电力系统中杂散电感、电容的影响，电力设备上的过电压波形常常是衰减震荡的波形，衰减的阻尼系数取决于系统中电阻和损耗。

现行的用于雷电冲击的绝缘设计和耐压试验大都采用标准波形，即（1.2±30%）/（50±20%）μs。而实际情况下，由于如今的电力系统和电力设备与以往大有不同，例如，GIS变电站的广泛使用，架空地线、避雷线、高性能避雷器的采用等，这一方面可能会导致现有输电线路上的直击雷电波形参数跟以往采集的数据存在差异，另一方面也会导致入侵现有站内电力设备的雷电波与以往输电线路上的雷电数据大有不同。

入侵电力系统的雷电波在进线端保护和站内避雷器的限制下，幅值和陡度都得到了一定程度的衰减，入侵变电站的雷电冲击电压波形因为避雷器的位置、站内拓扑结构和运行方式的变化等原因会变得非常复杂，再加上系统内部折反射的过程，作用在变压器上的雷电入侵波已不再是1.2/50μs的标准型。因此，传统设计和试验中所用的雷电波形不能完全反映真实状况下电力设备内部绝缘所承受的雷电波参数特点，这将影响电力设备绝缘参数的设计和耐压试验的可靠性。同时近年来，过电压在线监测技术发展迅猛，有关站内实测雷电波形的研究屡见报道。但这些研究仅仅是对实测雷电波形的波形特征做简单的定性总结，并没有对其进行定量的分析，更没有针对实测雷电过电压对变压器绝缘的影响开展试验研究，将其结果与标准雷电波下的试验结果进行对比。

因此，结合电力系统长期的过电压在线监测系统统计变电站实测雷电入侵波，研究雷电波入侵电力系统的实际波过程将对电力设备合理的绝缘设计具有重要的参考价值，从而为电网的安全经济运行提供保障。

4.2 复杂情况下的波过程

4.2.1 无损平行多导线系统中的波过程

输电线路较短时，线路电阻 R_0 对波过程的影响可忽略不计，一般线路对地电导 G_0 也很小，也可以忽略不计，此时线路可视为单根无损线。但实际上输电线路是由三相导线和架空避雷线构成，同塔双回线路导线的条数更多。忽略大地的损耗时，多导线系统的波过程仍然可近似地看成是平行一维电磁波的传播，引入波速 v 的概念便可将静电场中的麦克斯韦方程应用于平行多导线系统。

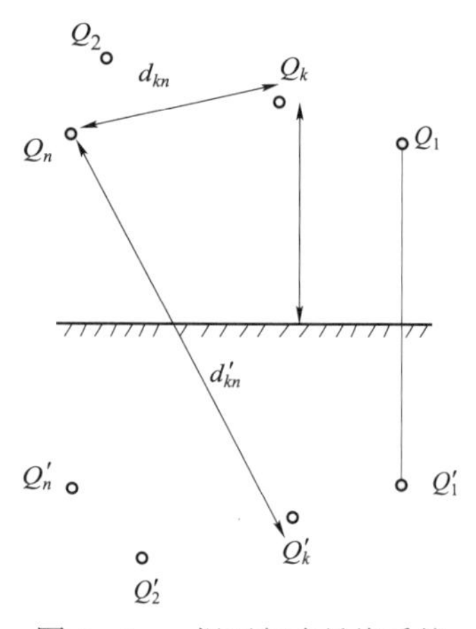

图 4－1　n 根平行多导线系统

对于图 4－1 所示的平行多导线系统，它们单位长度的电荷分别 Q_1、Q_2、…、Q_n，导线对地电压 u_1、u_2、…、u_n，用麦克斯韦方程组表示如下：

$$\left.\begin{aligned} u_1 &= \alpha_{11}Q_1 + \alpha_{12}Q_2 + \cdots + \alpha_{1n}Q_n \\ u_2 &= \alpha_{21}Q_1 + \alpha_{22}Q_2 + \cdots + \alpha_{2n}Q_n \\ u_n &= \alpha_{n1}Q_1 + \alpha_{n2}Q_2 + \cdots + \alpha_{nn}Q_n \end{aligned}\right\} \tag{4-1}$$

式中：下标相同的 α_{kk} 为 k 号导线的自电位系数，下标不同的 α_{kj} 为 k 号导线和 j 号导线之间的互电位系数。各电位系数由导线以及它们的镜像之间的几何尺寸确定，计算式如下

$$\left.\begin{aligned}\alpha_{kk} &= \frac{1}{2\pi\varepsilon_0}\ln\frac{2h_k}{r_k}\\ \alpha_{kj} &= \frac{1}{2\pi\varepsilon_0}\ln\frac{d_{j'k}}{d_{jk}}\end{aligned}\right\} \tag{4-2}$$

式中：r_k 为 k 号导线的半径，显然 $\alpha_{kj}=\alpha_{jk}$。h_k 是 k 号导线的对地高度，d_{jk} 是 j 号导线与 k 号导线的距离，$d_{j'k}$ 是 j 号导线的镜像与 k 号导线之间的距离。ε_0 为空气的介电系数。式（4－1）右边每一项均乘以 υ，其中 $\upsilon=\frac{1}{\sqrt{\varepsilon_0\mu_0}}$ 为雷电波在架空线中的传播速度，考虑到 $Q_k\upsilon=i_k$ 为 k 号导线的电流，式（4－1）改写为

$$\left.\begin{aligned}u_1 &= Z_{11}i_1+Z_{12}i_2+\cdots+Z_{1n}i_n\\ u_2 &= Z_{21}i_1+Z_{22}i_2+\cdots+Z_{2n}i_n\\ u_n &= Z_{n1}i_1+Z_{n2}i_2+\cdots+Z_{nn}i_n\end{aligned}\right\} \tag{4-3}$$

式中：下标相同的 Z_{kk} 为导线自波阻抗，下标不同的为 k 号导线和 j 号导线之间的互波阻抗，假设线路同时存在正向行波和反向行波，则 k 号导线的电压，电流表示为

$$\left.\begin{aligned}u_k &= u_{k\mathrm{q}}+u_{k\mathrm{f}}\\ i_k &= i_{k\mathrm{q}}+i_{k\mathrm{f}}\end{aligned}\right\} \tag{4-4}$$

$$\left.\begin{aligned}u_{k\mathrm{q}} &= Z_{k1}i_{1\mathrm{q}}+Z_{k2}i_{2\mathrm{q}}+\cdots+Z_{kn}i_{n\mathrm{q}}\\ u_{k\mathrm{f}} &= -(Z_{k1}i_{1\mathrm{f}}+Z_{k2}i_{2\mathrm{f}}+\cdots+Z_{kn}i_{n\mathrm{f}})\end{aligned}\right\} \tag{4-5}$$

n 个方程写成矩阵的形式

$$\left.\begin{aligned}u_{\mathrm{q}} &= Zi_{\mathrm{q}}\\ u_{\mathrm{f}} &= -Zi_{\mathrm{f}}\end{aligned}\right\} \tag{4-6}$$

式中：Z 是多相线的波阻抗矩阵，u、i 分别是多相线的电压、电流矢量，下标 q、f 分别表示前行波和反行波，实际应用时再配上具体的边界条件即可分析多相平行多导线的波过程。

由图 4－2，当导线 1 有电压波 u_1 传播时，导线 2 两端绝缘（因感应电流较小，电流近似为零），列出多相线行波方程

$$\begin{aligned}u_1 &= Z_{11}i_1+Z_{12}i_2\\ u_2 &= Z_{21}i_1+Z_{22}i_2\end{aligned} \tag{4-7}$$

导线 2 绝缘，线路较短时，$i_2=0$（当导线很长时还是会感应出电流波）则有

$$u_2=\frac{Z_{12}}{Z_{11}}u_1=Ku_1 \tag{4-8}$$

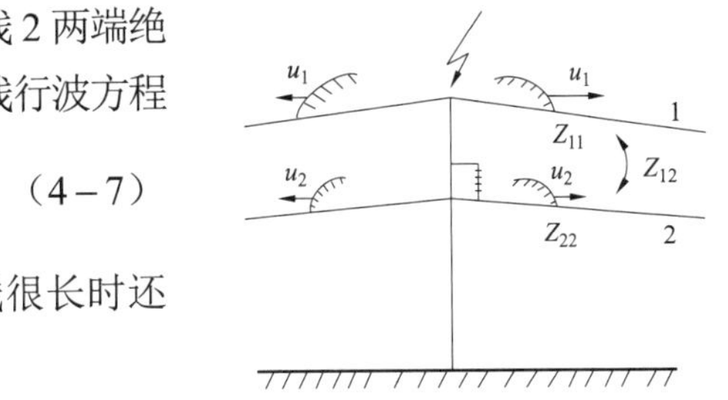

图 4－2　两平行导线系统，导线 1 遭受雷击，导线 2 对地绝缘

式中：K 为导线 1、2 之间的耦合系数，由导线的空间几何尺寸决定。由式（4－8）可知，导线 1 上有电压波传播，导线 2 上会感应出一个电压波，波形和极性与之相同。根据波阻抗计算公式，$Z_{12}\leqslant Z_{11}$，K 小于等于 1。导线距离越小，耦合系数越大，导线间电压

$u_1 - u_2 = (1-K)u_1$，当 K 较大时，加在导线绝缘间的电压越小。

4.2.2　有损线路上波的传播过程

4.2.2.1　线路损耗

行波在理想无损线路上传播时，能量不会消失（存储于电磁场中），波也不会衰减变形。然而实际过程中，所有线路都是有损耗的，引起能量损耗的因素有：

（1）导线电阻（包括集肤效应和邻近效应的影响）；

（2）大地电阻（包括波形对地中电流分布的影响）；

（3）绝缘的泄漏电导与介质损耗（后者只存在于电缆线路中）；

（4）高频或陡波下的辐射损耗；

（5）冲击电晕。

上述损耗因素将使行波发生下列变化：

（1）波幅降低（伴随衰减）；

（2）波前陡度减小，波前被拉平；

（3）波形被拉长；

（4）波形趋于平滑；

（5）电压波与电流波波形不再相同。

4.2.2.2　线路电阻和对地电导的影响

考虑单位长度线路电阻 R_0 和对地电导 G_0 后，输电线路的分布参数等值电路如图 4－3 所示。R_0 包括导线电阻和大地电阻，G_0 则包括绝缘泄漏和介质损耗。当行波在有损导线上传播时，由于 R_0 和 G_0 的存在，将有一部分波的能量转化为热能而耗散，导致波发生衰减和变形。

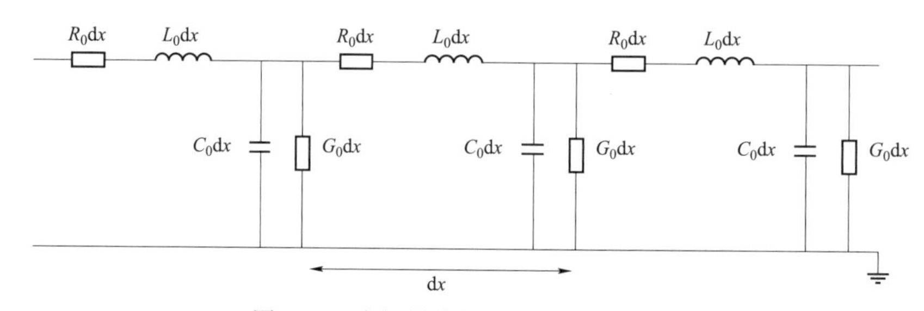

图 4－3　有损导线的分布参数等值电路

若输电线路参数满足无畸变线的条件，即 $\dfrac{R_0}{L_0} = \dfrac{G_0}{C_0}$，那么从均匀长线方程出发，可求得过电压波的衰减规律如下

$$U_x = U_0 e^{-\frac{1}{2}\left(\frac{R_0}{L_0}+\frac{G_0}{C_0}\right)t} = U_0 e^{-\frac{1}{2}\left(\frac{R_0}{Z}+G_0 Z\right)x} \tag{4-9}$$

式中：U_0、U_x 为电压波的原始幅值和流过距离 x 后的幅值；t，x 为行波沿线流动所经过的时间和距离：Z 为导线的波阻抗。

由式（4－9）可知，电压波仅按指数衰减而不发生变形。但是实际工程中，无畸变线的条件很难满足，多数情况下 $\frac{R_0}{L_0} \neq \frac{G_0}{C_0}$，这就意味着波在衰减的同时也将发生波形变形的现象。一般架空线绝缘泄漏电导和介质损耗很小，G_0 可以忽略不计，因此波在输电线路传播时的衰减可近似按下式计算

$$U_x = U_0 \mathrm{e}^{-\frac{1}{2}\frac{R_0}{Z}x} \tag{4-10}$$

由上式可知，波所流过的距离 x 越长，衰减得越多；$\frac{R_0}{Z}$ 的比值越大，衰减得越多，由于电缆的 $\frac{R_0}{Z}$ 比值比架空线路大得多，因此波在电缆中传播时衰减较多；R_0 与波的等效频率有关，波形变化越快，集肤效应越显著，R_0 也越大，可见短波沿线路传播时衰减较显著。

4.2.2.3 冲击电晕的影响

电磁波在单相无损线上传播不会发生波形衰减和畸变，实际上，输电线路的电阻和对地电导会引起能量损耗，使波形衰减，当线路参数 $\frac{R_0}{L_0} \neq \frac{G_0}{C_0}$ 时，会使波形畸变；大地是非理想导体，电阻率不为零，地中电流除了分布于地表，在地中也有分布。集肤效应的存在使得线路参数随频率变化，造成波形畸变；多导线输电系统各线之间由于有电磁耦合，使线路微分方程不同于单相线，理论和实测都能表明多相线波的传播会发生畸变。

高压线路上，冲击电晕是行波衰减和变形的主要原因。线路遭受雷击时，只要超过线路电晕起始电压 U_c，导线表面空气将会电离，形成电晕放电。形成冲击电晕所需时间极短，可认为是瞬时完成的，因而在波前范围内，冲击电晕的发展强度只与电压瞬时值有关，而与电压波的陡度无关。电压的极性对冲击电晕的发展强度有明显的影响，正极性时要比负极性时强，亦即在负极性冲击电压时波的衰减和变形程度较小，加上雷电大部分是负极性的，通常过程分析中一般采用负极性冲击电晕作为计算条件。

冲击电晕相当于在导线表面形成一个电晕套，其径向导电性能比较好，相当于增大了导线的半径，导线电容参数增大。但电晕套的轴向导电性能较差，线路电感参数几乎无变化。冲击电晕使行波能量损耗，线路的波阻抗减少，导线的耦合系数变大，对线路上的波过程产生了多方面的影响。

（1）导线波阻抗减小

$$Z' = \sqrt{\frac{L_0}{C_0'}} = \sqrt{\frac{L_0}{C_0 + \Delta C_0}} < Z\left(= \sqrt{\frac{L_0}{C_0}}\right) \tag{4-11}$$

一般可减小 20%～30%，有冲击电晕时，避雷线与单导线的波阻抗取 400Ω，双避雷线的并联波阻抗可取 250Ω。

（2）波速减小

$$v' = \frac{1}{\sqrt{L_0 C_0'}} = \frac{1}{\sqrt{L_0 (C_0 + \Delta C_0)}} < v\left(= \frac{1}{\sqrt{L_0 C_0}}\right) \tag{4-12}$$

当冲击电晕强烈时，v'可减小到$0.75c$（c为光速）。

（3）耦合系数增大：出现冲击电晕后，导线的有效半径增大了，导线的自波阻抗减小，与相邻导线间的互波阻抗略有增大，因而线路之间的耦合系数变大。考虑冲击电晕影响时，输电线路避雷线与导线间的耦合系数增大为

$$k = k_1 k_0 \tag{4-13}$$

式中，k_0、k_1分别为几何耦合系数与电晕校正系数，见表4-1。

表4-1　　耦合系数 k_1

线路电压等级（kV）	20～35	66～110	154～330	500
双避雷线	1.1	1.2	1.26	1.29
单避雷线	1.15	1.24	1.3	–

注　雷击档距中间避雷线时，可取$k_1=1.5$。

（4）引起波的衰减与变形，随着波前电压的上升，波的传播速度开始变小，此后变得越来越小，具体数值与电压瞬时值有关。由于波前各点电压所对应的波速不一样，电压越高波速越小，就造成了波前的严重变形。

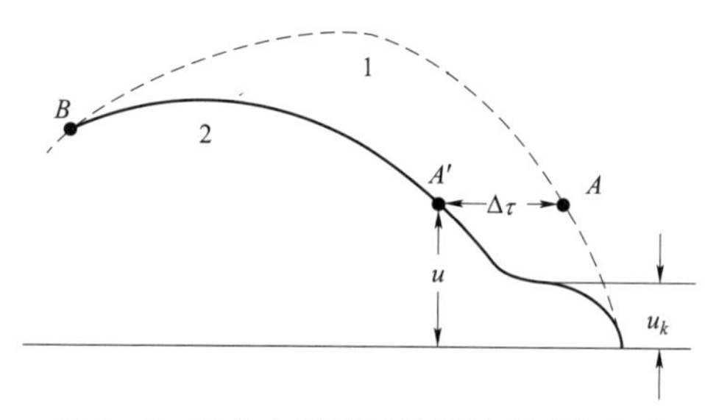

图4-4　冲击电晕引起的行波衰减和变形

如图4-4所示，曲线1代表原来的波形，曲线2表示电压波传播l距离之后的波形。当电压高于电晕起始电压u_k之后，波形发生剧烈的衰减和变形。因为电压高于u_k，线路形成电晕套，使线路电容参数增大，线路电感参数几乎无变化，行波的波速减慢。经过距离l传播后，波形1上的A点就滞后到A'，滞后时间为$\Delta\tau$，对应电压u的波速u_k称为相速度，电压越高相速度越低。不同的电压对应不同的线路电容参数，可由伏库特性经验公式确定。滞后时间$\Delta\tau$与行波传播距离及其电压值有关，过电压保护规程建议采用下式

$$\Delta\tau = l\left(0.5 + \frac{0.008u}{h}\right) \tag{4-14}$$

式中：l为波的传播距离，km；u为行波电压幅值，kV；h为导线平均悬挂高度，m；$\Delta\tau$单位是μs。

冲击电晕使行波衰减和变形，所以在变电站的雷电波入侵保护中，设置进线段保护是一个非常重要的措施。

4.2.3　变压器绕组中的波过程

电力变压器遭受入侵雷电波袭击时，或者在系统内部操作过电压波的作用下，在绕组内部会出现复杂的电磁振荡过程，导致线圈各点对地绝缘，或者绝缘各点之间出现很高的电位差。由于绕组结构的复杂性，和铁芯电感的非线性，要准确求解各类不同波形的冲击波作用下的绕组各点对地电压以及各点的冲击电压或电流响应是比较困难的。

要从理论上分析变压器的波过程，需要先建立一个简单的等值电路，以下的介绍将由简入繁、从理想状态逐步接近实际情况。

4.2.3.1　单相绕组中的波过程

无论是单相变压器还是三相变压器，绕组都要接成三相才能运行，但是下列情况下，只需研究单相绕组波过程即可：① 当采用 Y 接法的高压绕组中性点直接接地，且不计三相绕组之间的耦合；② 高压绕组的中性点不接地，三相绕组同时进波，由于三相完全对称，只需研究一相末端开路的绕组。

变压器绕组对行波的波阻抗远大于线路波阻抗，简化分析时，忽略其他绕组的影响，假定所有绕组参数均相同，忽略电阻和电导，不计各种互感，于是得到绕组的简化等值电路（见图 4－5）。K_0、C_0、L_0 分别是绕组单位长度纵向电容、对地电容和电感，U_0 是直流电源电压。

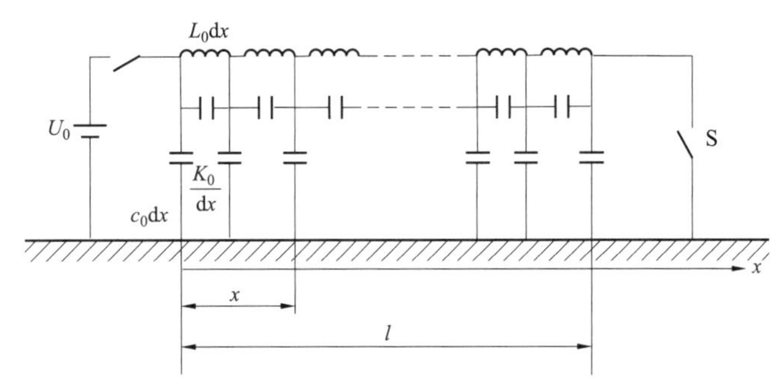

图 4－5　单相绕组简化等值电路

$t=0$ 时刻，电源突然合闸，由于电感电流不能跃变，各电感电流均为零值，此时的等值电路如图 4－6 所示。距离绕组首端为 x 处的电压为 u，纵向电容 $K_0/\mathrm{d}x$ 上的电荷为 Q，对地电容 $C_0\mathrm{d}x$ 上的电荷为 $\mathrm{d}Q$，则可写出下列方程

$$Q=\frac{K_0}{\mathrm{d}x}\mathrm{d}u \tag{4-15}$$

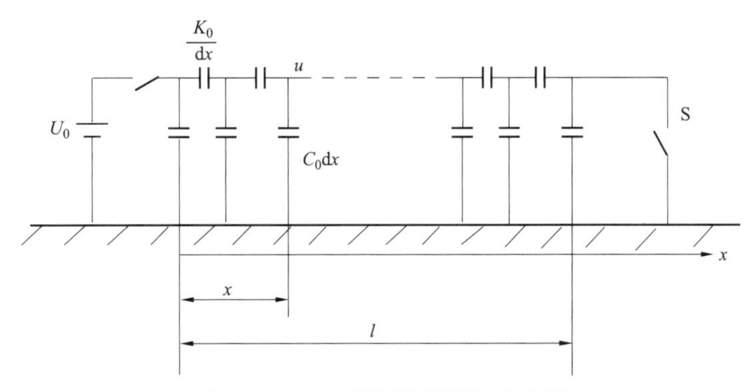

图 4－6　$t=0$ 瞬间绕组的等值电路

K_0 是绕组单位长度纵向电容，$\mathrm{d}x$ 越短，电容值越大，该处对地电容上的电荷为

$$\mathrm{d}Q=(C_0\mathrm{d}x)u \tag{4-16}$$

因为是无穷小电路，电荷近似看成空间点上的电荷，由式（4－15）对 x 求导并代入式（4－16）可得

$$\frac{d^2u}{dx^2}-\frac{C_0}{K_0}u=0 \tag{4－17}$$

其解为

$$u=Ae^{\alpha x}+Be^{-\alpha x} \tag{4－18}$$

式中：$\alpha=\sqrt{C_0/K_0}$，A、B 是根据边界条件确定的积分常数。

当绕组末端接地（图 4－6 中开关 S 闭合时），$x=0$，$x=l$，$u=0$，$u=U_0$，则可求出积分常数 $\left|\frac{du}{dx}\Big|_{x=0}\right|=\alpha U_0=\alpha l\frac{U_0}{l}$，$B=\frac{U_0}{1-e^{-2\alpha l}}$。$t=0$ 时刻，绕组上坐标 x 处电压

$$u=U_0\frac{\mathrm{sh}\alpha(l-x)}{\mathrm{sh}\alpha l} \tag{4－19}$$

当绕组末端不接地时（图 4－6 开关 S 未打开），$x=0$，$x=l$，$i=0$，$u=U_0$，由于各对地电容的分流作用，在线路末端非常小的微段内，电压基本为零，即 $K_0\frac{du}{dx}\approx 0$，所以绕组上的电压分布为

$$u=U_0\frac{\mathrm{ch}\alpha(l-x)}{\mathrm{ch}\alpha l} \tag{4－20}$$

以上两个电压公式反映了变压器绕组合闸瞬间，绕组各点的对地电压分布，这里称之为起始电压分布。对于采用特殊措施的连续式绕组，αl 值为 5～15，平均值为 10，当 $\alpha l>5$ 时，$\mathrm{sh}\alpha l\approx\mathrm{ch}\alpha l\approx\frac{1}{2}e^{\alpha l}$，因此当 $x<0.8l$ 时，$\mathrm{sh}\alpha(l-x)\approx\mathrm{ch}\alpha(l-x)\approx\frac{1}{2}e^{\alpha(l-x)}$。无论绕组末端是否接地，由上述两个公式分析，合闸初瞬间，大部分绕组起始电压分布接近相同，起始电压分布可写为

$$u\approx U_0e^{-\alpha x} \tag{4－21}$$

起始电压分布很不均匀，与 α 有关，α 越大则分布越不均匀（见图 4－7），大部分电压降落在首端附近，绕组首端电位梯度（du/dx）大，由下式计算

$$\left|\frac{du}{dx}\Big|_{x=0}\right|=\alpha U_0=\alpha l\frac{U_0}{l} \tag{4－22}$$

式中：U_0/l 为绕组的平均电位梯度。$t=0$ 瞬间，绕组首端电位梯度可达平均值的 10 倍，当 αl 的值为 10 时，雷电入侵波会在绕组首端形成很高的电位梯度，严重威胁到匝间绝缘。因此常在变压器绕组首端采取相应的保护措施，防止纵绝缘被击穿。

变压器绕组电感较大，遭受陡波冲击时，10 μs 内绕组电感电流很小，可以忽略。此段时间内绕组可等值成一个电容链（即对外等值成一个集中参数电容 C_T），称为变压器的入口电容。不同电压等级的变压器入口电容见表 4－2。

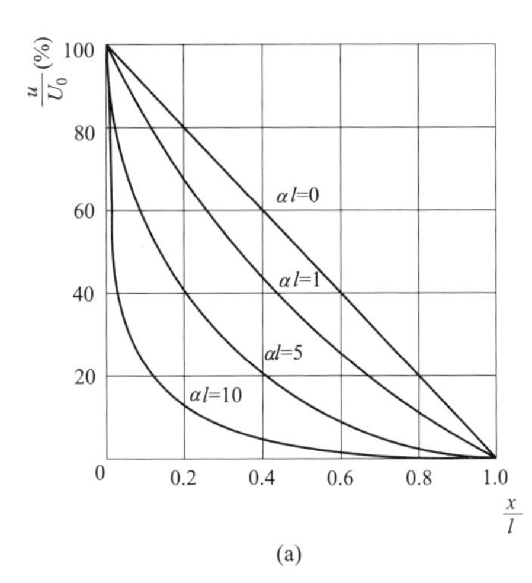

(a)

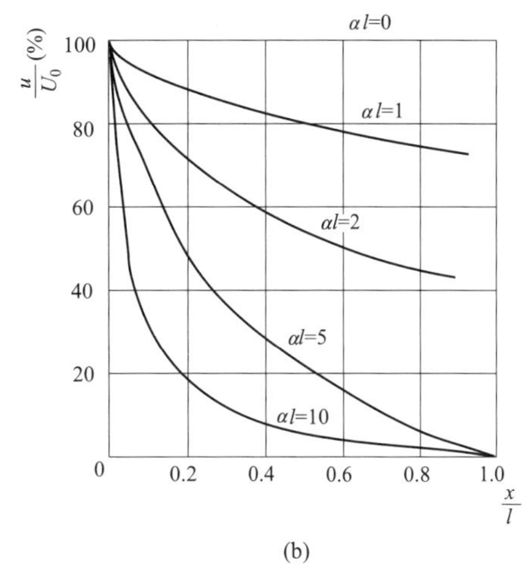

(b)

图 4－7 不同 αl 值下，绕组电压初始分布的变化

表 4－2 变压器入口电容值

变压器额定电压（kV）	35	110	220	330	500
入口电容（pF）	500～1000	1000～2000	1500～3000	2000～5000	4000～6000

前面分析了直流电压作用下变压器的绕组电压的分布情况，但实际上变压器绕组内部具有电阻和电感，在雷电波的作用下形成复杂的振荡回路，由于电阻消耗能量，整个振荡过程是一个衰减的振荡并最终稳定形成绕组电压的稳态分布。

（1）末端接地时，绕组上稳态电压分布是均匀的，即

$$u_{\infty}(x)=U_0\left(1-\frac{x}{l}\right) \tag{4-23}$$

（2）末端不接地时，绕组各点的稳态电位均等于 U_0，即

$$u_{\infty}(x)=U_0 \tag{4-24}$$

电感电容构成的复杂回路中，若电压的初始分布与最终的稳态分布不一致，那么中间必然会经历一个过渡过程才能达到稳定状态，实际上这个过渡过程包括一系列的电磁振荡。

在振荡过程中不同时刻 t_1、t_2、t_3、…，绕组各点对地电位分布如图 4－8 所示。通常把稳态分布与初值分布的差值分布（曲线 3）叠加在稳态分布上（曲线 5），近似表示绕组各点最大包络线。末端接地绕组，最大电位出现在绕组首端附近，将达到 $1.4U_0$ 左右，末端不接地绕组的最大电位出现在绕组末端附近，为 $2.0U_0$ 左右。实际变压器中，对这些部位的变压器绕组主绝缘要特别加强，但振荡过程中有电阻损耗存在，最大值会低于包络线上的差值分布幅值。

末端绕组接地与否的两种情况中，$t=0$ 时刻首端电位梯度最大，为 αU_0，随着振荡的发展，绕组其余各点在不同时刻出现最大电位梯度，导致匝间电压过高，这是绕组纵向绝缘需要重点考虑的因素。绕组内振荡过程与入侵波波形有关，波头时间越长，电压上升速度越慢，相当于入侵波等值频率低，初始电压分布受电阻电感参数的影响就要大一些，此

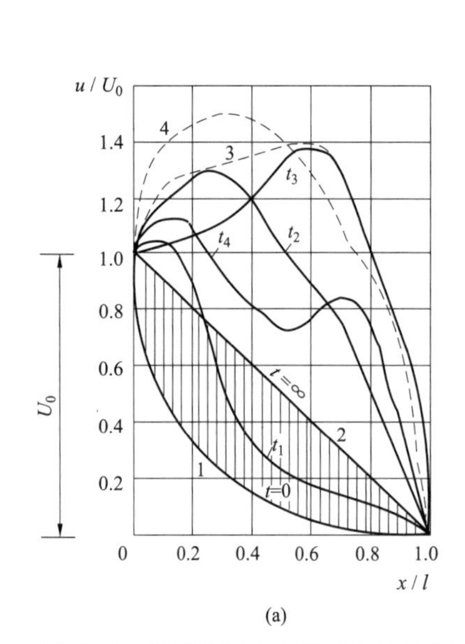

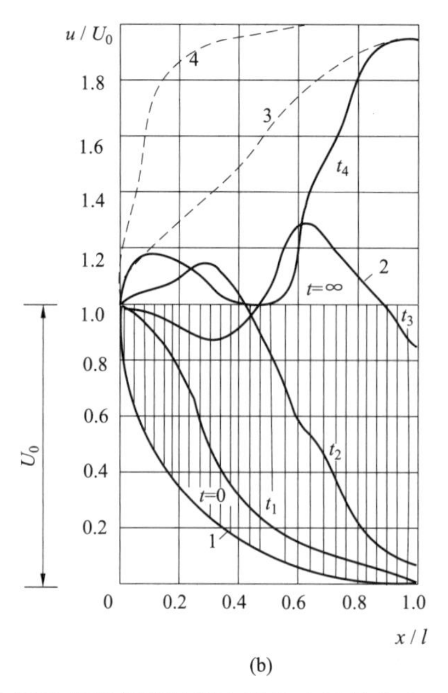

图 4－8　单相绕组中的起始电压分布、稳态电压分布和振荡过程中对地电压的分布

（a）末端接地；（b）末端不接地

时振荡较平缓，最大电位和最低电位梯度均较低。反之，陡波入侵变压器绕组，绕组内振荡就激烈，另外冲击波波尾较长，提供的能量更多，因此振荡也要激烈一些。

对绕组绝缘（特别是纵绝缘）最大的威胁无疑是直角短波，幅值为“$+U_0$”的直角波进入绕组后又将会有幅值为“$-U_0$”的直角波抵达绕组首端，两个振荡相互叠加使得振荡更加激烈，绝缘承受更大的过电压，因此变压器设备除了冲击全波试验外还需要进行截波试验。

4.2.3.2　三相绕组中的波过程

（1）星形接法中性点接地（Y_0）。此时三相之间相互影响很小，可以看作三个独立的末端接地的绕组。无论入侵波是两相还是三相入侵，都可按单相入侵处理。

（2）星形接法中性点不接地（Y）。一相进波（A 相）如图 4－9 所示。略去绕组间互感，每相绕组长度是 l。因绕组对冲击波的阻抗远大于线路波阻抗，近似认为 B、C 接地。绕组

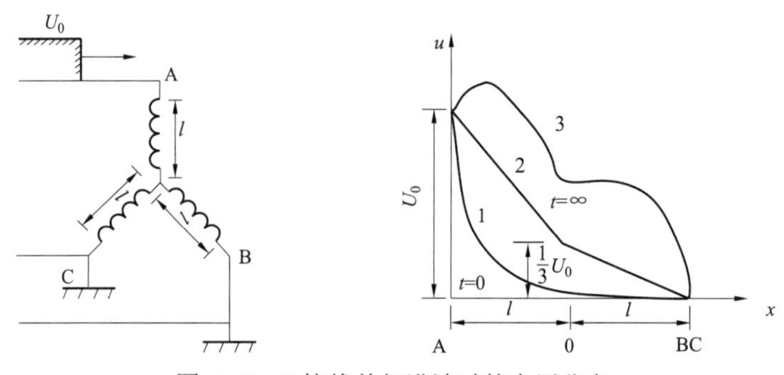

图 4－9　Y 接线单相进波时的电压分布

1—初始电压分布；2—稳态电压分布；3—最大电压包络线

电压分布，设A点为起点，终点为B、C点，曲线1是初始电压分布，曲线2是稳态电压分布，曲线3是绕组各点对地最大电压包络线。中性点稳态电压是$U_0/3$，振荡过程中，中性点最大对地电压不超过$2U_0/3$。

两相同时进波，波幅都是$+U_0$，可采用叠加原理，A相单独进波或者B相单独进波，中性点最大电压均是$2U_0/3$，A、B两相同时进波，中性点最大电压可达$4U_0/3$。

三相同时进波，与绕组末端不接地的单相绕组相同，中性点最大电压可达首端电压的两倍，但出现这种情况概率很小。

（3）三角形接法（△）。变压器△接线绕组，只有一相进波时，因绕组波阻抗远大于线路波阻抗，行波入侵的两个绕组的另外一端相当于接地，因而和末端接地的单相绕组相同。

两相进波和三相进波的情况可使用叠加定理。图4－10为三相进波情况。曲线1为绕组只有一相进波时的起始电压分布，曲线2是稳态电压分布。曲线4是绕组两端同时进波时的稳态电压分布，则可估计绕组中部电压最高可达$2U_0$。曲线3为绕组各点对地最大电压包络线。

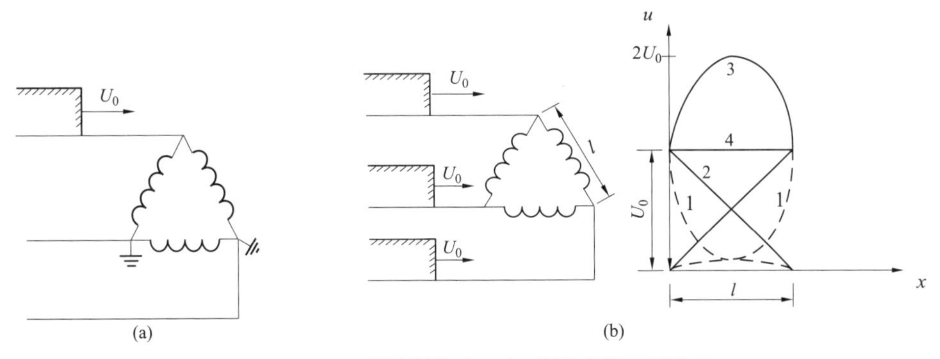

图4－10　△接线单相和三相进波时的电压分布

（a）单相进波时电压分布；（b）三相进波时电压分布

1—初始电压分布；2—稳态电压分布；3—最大电压包络线曲线；4—绕组两端同时进波时的稳态电压分布

4.2.3.3　冲击电压在绕组间的传递

当变压器某一绕组受到冲击电压波入侵，由于绕组间的电磁耦合，其他绕组也会产生过电压，即所谓绕组间过电压的传递。这种传递包含两个分量：静电分量和电磁耦合分量。

（1）静电分量。由图4－11所示，冲击电压波到达变压器某一绕组，陡波头冲击波使电感电流不能跃变，Ⅰ、Ⅱ绕组的等值电路都是电容链，且绕组之间又存在电容耦合，使之形成各自的起始电位分布，绕组Ⅱ的对地电容为C_2，Ⅰ、Ⅱ绕组间的电容为C_{12}，绕组Ⅱ出现的静电分量为

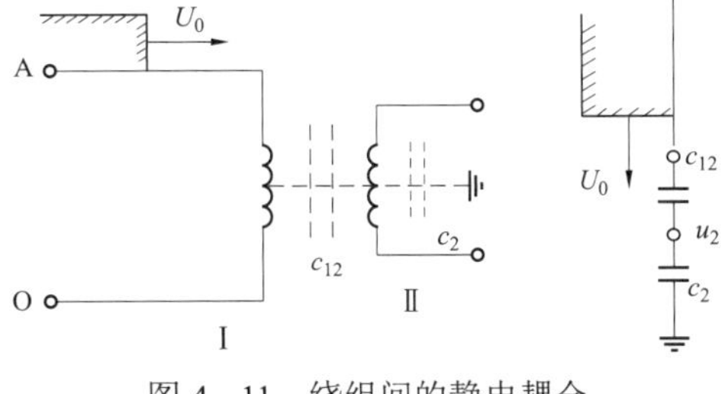

图4－11　绕组间的静电耦合

$$U_2 = \frac{C_{12}}{C_{12}+C_2}U_0 \qquad (4-25)$$

上式中 C_2 还包含绕组Ⅱ连接的电器、线路、电缆的对地电容，使 $C_2>C_{12}$，静电耦合分量对二次一般没有危险，但二次开路时，例如三绕组变压器，高压、中压侧运行，低压侧切除，C_2 仅是低压绕组本身的对地电容，其值很小，低压绕组的静电分量可能很高，应采取保护措施。

（2）电磁分量。冲击电压波入侵变压器绕组，因电感较大，在一定时间以内电感电流较小，二次绕组的过电压主要是静电耦合分量。当电感电流增大后，二次绕组会受到磁场变化感应的过电压分量 $M\frac{\mathrm{d}i}{\mathrm{d}t}$ 的作用，即电磁耦合分量，电磁分量在绕组间按绕组变比传递。

由于低压绕组的相对冲击强度（冲击耐压与额定相电压之比）要比高压绕组大得多，因此凡是高压绕组能够耐受的过电压波按变比传递到低压侧时，对低压绕组是没有危险的。可见这个感应电压分量只是在低压绕组进波时，有可能在高压绕组中引起危险，例如它往往成为配电变压器低压侧线路遭受雷击时高压绕组绝缘击穿的事故原因。通常依靠紧贴高压绕组出线端安装的三相避雷器组对这种过电压进行保护。

4.3　电力设备雷击过电压形成过程

由前两节可知，电力设备在实际中耐受的雷电冲击波形主要分为三步：第一步是雷击中输电线路在雷击位置的导线上产生的原始雷电冲击波形；第二步是原始雷电冲击波形延输电线路向变压器传播发生畸变；第三步是在雷电电压行波入侵母线后，受到避雷器的抑制而发生畸变。电力设备雷击过电压行波形成过程如图 4-12 所示。

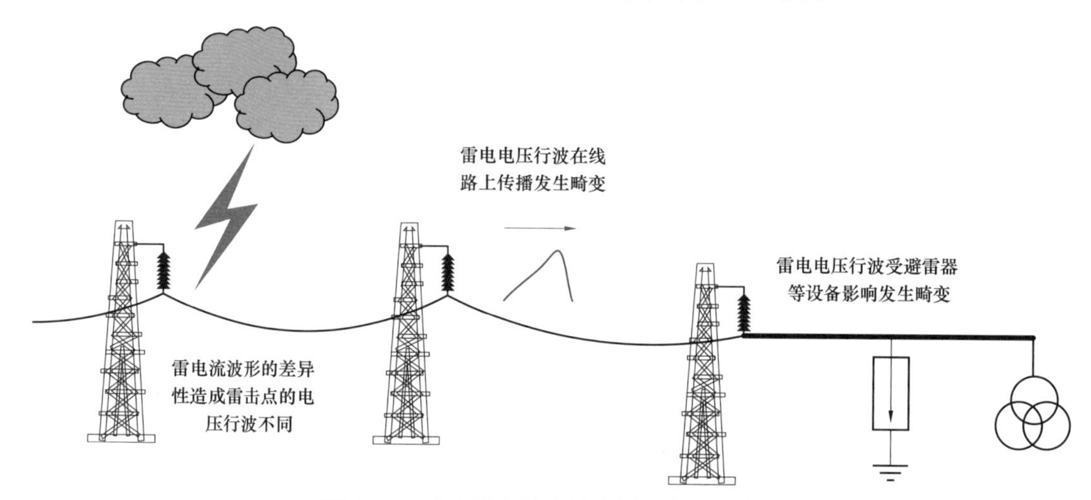

图 4-12　电力设备雷击过电压行波形成过程

雷击输电线路在导线上产生原始雷电冲击波形的形式主要有四种：

（1）雷电绕击导线并未引起绝缘子闪络，该情况下的原始雷电冲击波形特征为较为完整的双指数波；

（2）雷电绕击导线并引起绝缘子闪络，该情况下的原始雷电冲击波形特征为闪络前与情况（1）类似，闪络后呈现截波特点；

（3）雷电击中屏蔽装置并未引起绝缘子闪络，该情况下的导线原始雷电冲击波形主要为避雷线过电压感应而来；

（4）雷电击中屏蔽装置并引起绝缘子闪络，该情况下的原始雷电冲击前段为感应电压，后段为雷电流注入形成的电压行波。

四种形式的导线原始雷电冲击波形示意图如图 4－13 所示。

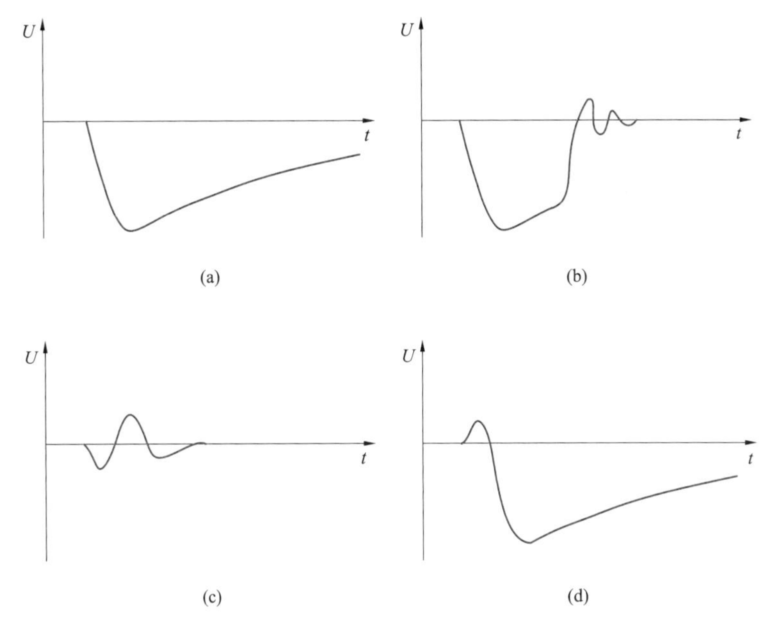

图 4－13　四种形式的导线原始雷电冲击波形

（a）绕击导线未闪络；（b）绕击导线闪络；（c）雷击避雷线未闪络；（d）雷击避雷线闪络

此外，由于雷电的分散性，原始雷电冲击波形特征也受雷电波形分散性的影响。雷击在导线上产生的行波信号是一些传播模式的混合信号。每种传播模式的不同频率分量具有不同的速度和衰减，即产生色散，使得行波在传播过程中发生畸变。电压行波传播过程中，由于高频分量衰减较快，使得行波波形的传播总体规律为波形变缓。

电压行波传播过程中的衰减和畸变过程受输电线路参数的影响，具体表现在与大地电阻率、导线形式、分段地线、线路间距等线路结构相关。

变电站设备是输电系统的核心器件。为了保证站内设备不受雷电入侵波的影响，在架空输电线路进入变电站时，必须布置避雷器，对电压进行限制，因此可以认为在变电站入口处，雷击电压行波的折射波远低于雷击电压行波的入射波，即变电站的等效波阻抗 Z_2 远小于架空输电线路的波阻抗 Z_1。

以图 4－14 为例，定义正电荷向变电站移动方向为电流正方向，向变电站运动的行波为前行波。当雷击输电线路后，在线路上产生负极性的电压前行波 u_q，产生负极性的电流前行波 i_q，当行波传播至避雷器位置时发生折反射。对于电压行波，由于避雷器的电压抑制作用，通过避雷器的前行电压折射波 u_z 幅值大幅度降低，为了保证避雷器布置的电压唯一性，将产生一个反极性的电压反射波。对于电流行波而言，电流反射波 i_f 为反行波，其

极性与电压反行波 u_f 相反，故 i_f 的极性为负。

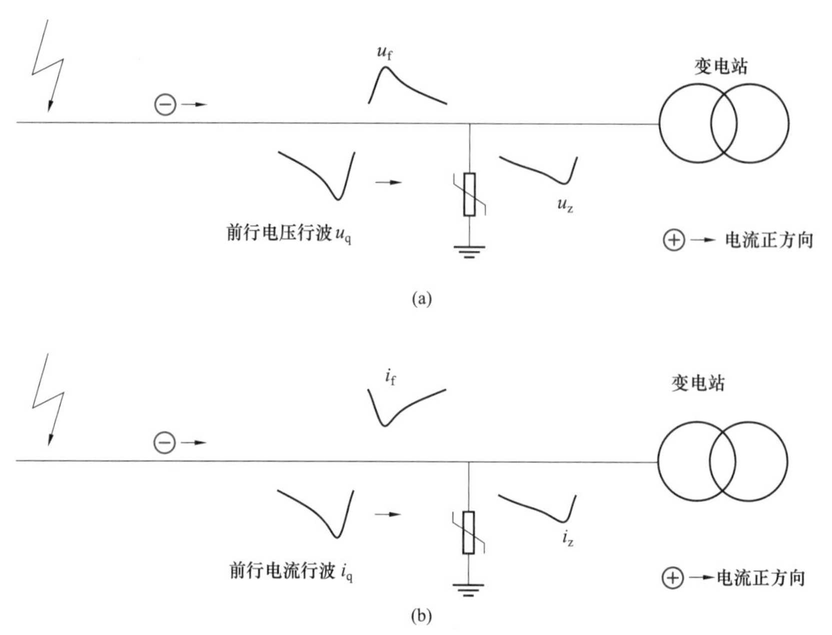

图 4－14　变电站中过电压波的折反射过程

（a）电压行波；（b）电流行波

综上所述，在架空输电线路与变电站连接处，电压行波将发生负的反射过程，电流行波将发生正的反射过程。

4.4　变电站雷电入侵波仿真研究

本书借助 EMTP－ATP 电磁暂态仿真软件建立了 500kV 交流变电站遭受雷电入侵波的仿真模型。交流变电站的基本结构如图 4－15 所示。该变电站共有 5 回出线，1 回线路和 2 回线路均为 46km，线路进站入口布置有电压互感器，变压器入口处布置有 ZnO 避雷器组。假设雷击发生于 1 回线路，考虑到变电站内断路器的开断情况，影响变电站内暂态行波传播的主要为 1、2 回线路、站内母线、避雷器以及变压器入口电容。因此，在 ATP 中建立该变电站的模型如图 4－16 所示。

变电站模型中，TV 采用 0.5nF 的电容模拟其对暂态行波的作用，采用 3nF 的电容模拟变压器入口电容。站内的母线及其他连接线用分布参数模型模拟，各段长度如图 4－15 所示。避雷器的 $U-I$ 特性曲线参数见表 4－3。

表 4－3　　避雷器 $U-I$ 特性曲线参数

电流（A）	电压（V）	电流（A）	电压（V）
0.001	565 000	5000	863 000
1000	744 000	10 000	903 000
2000	788 000	20 000	960 000

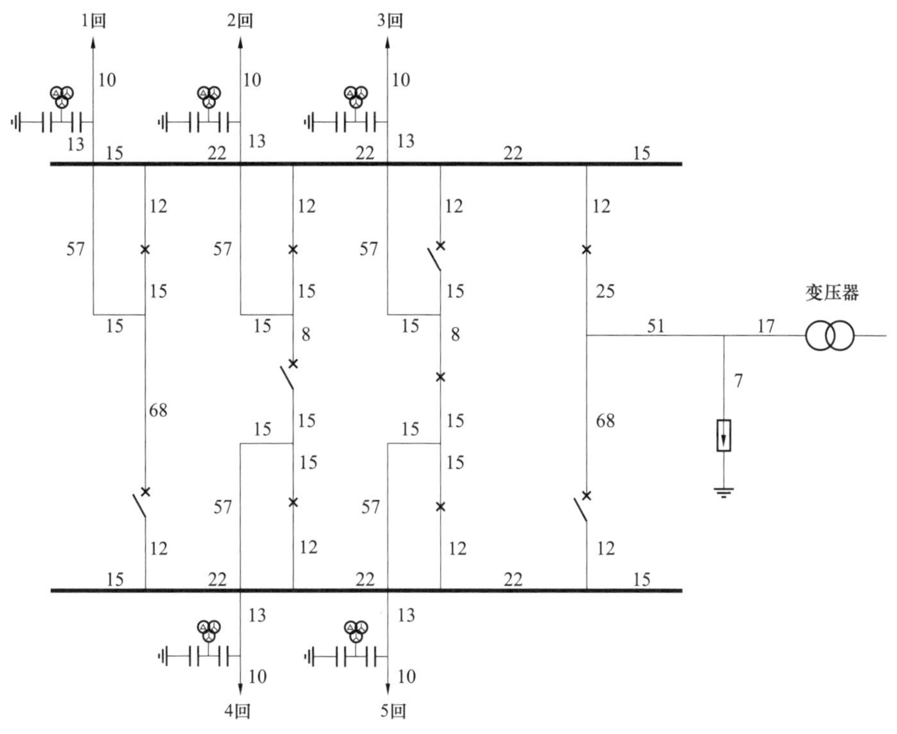

图 4-15　500kV 变电站电气结构简图

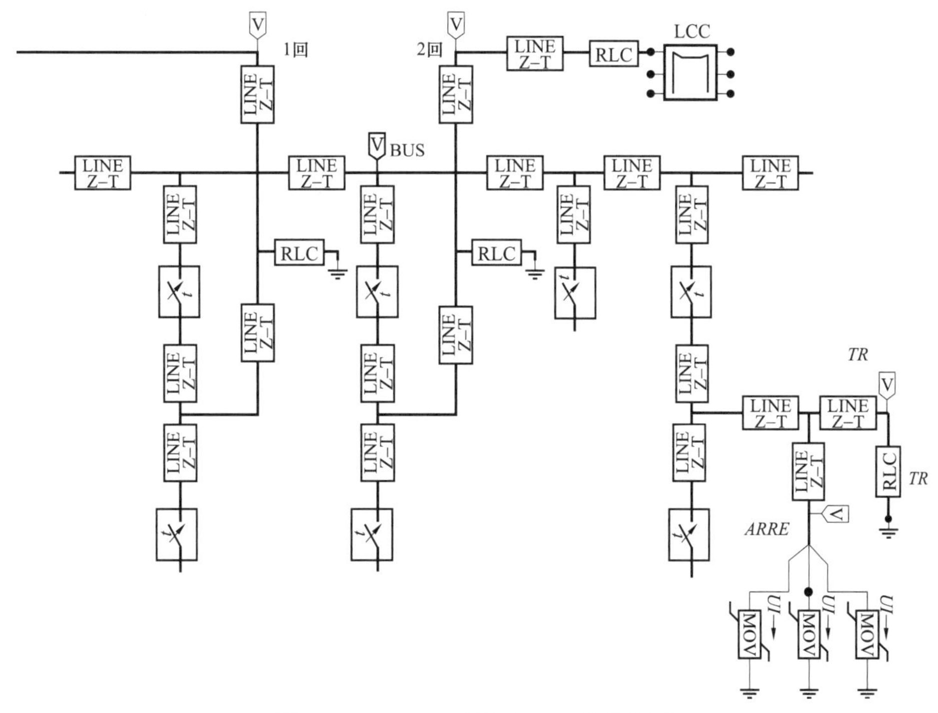

图 4-16　500kV 变电站 ATP 仿真模型

由于输电线路的雷击响应是一个微秒级别的暂态过程，涉及不同频率行波分量在输电线路上的传播问题。因此，在ATP中采用频率相关模型（JMarti模型）建立架空输电线路。

输电线路杆塔采用多波阻抗模型，以使得行波在塔身内以及杆塔接地点处的折反射过程能够较好地反映实际过程。以500kV交流5D1X1－ZH1型杆塔为对象建立的多波阻抗模型如图4－17所示。

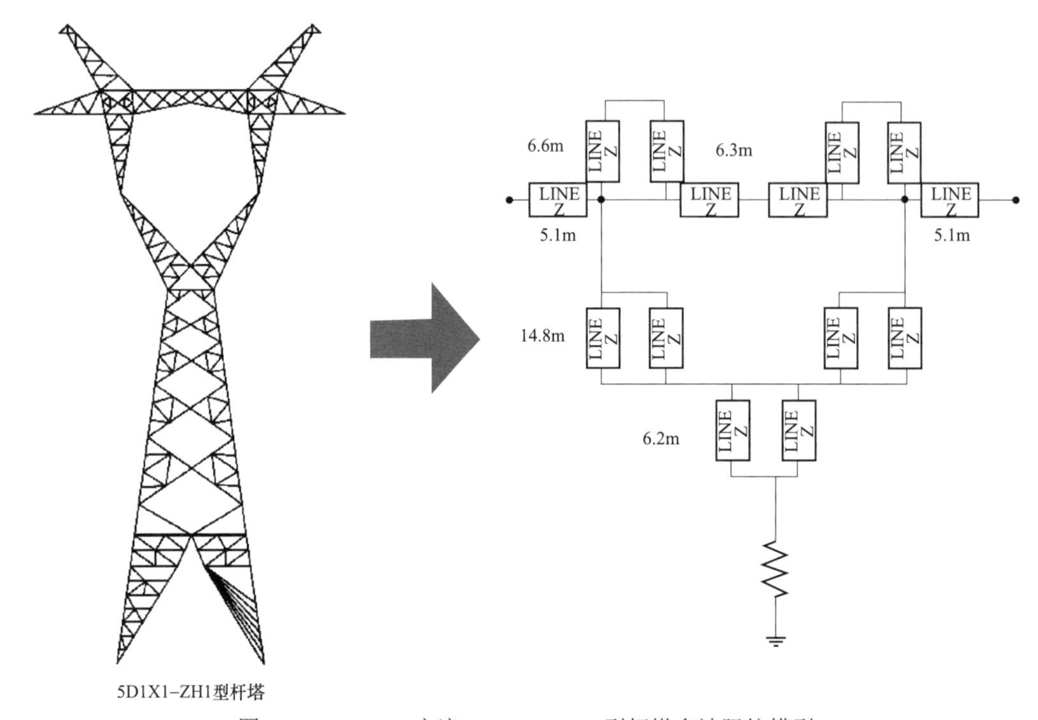

图4－17　500kV交流5D1X1－ZH1型杆塔多波阻抗模型

为了模拟雷击输电线路后，绝缘子串的击穿过程，需要建立绝缘子串闪络模型。目前主要的绝缘子串闪络模型主要有定义法、相交法和先导法。其中，定义法和相交法判断绝缘子闪络的基本原理，是通过对比绝缘子串两端的过电压波与标准雷电波下（1.2/50μs）冲击试验获得的伏秒特性曲线来判断绝缘子的闪络。而实际雷击造成的绝缘子串两端电压波形与标准雷电波存在较大差异。先导法源于对长空气间隙放电机理的研究成果，具有较多的物理内涵，本章采用先导法判断雷击下的绝缘子闪络，并利用ATP中自定义元件，用Models语言编程，构建该闪络模型。

此外，在实际中，绝缘子串两端过电压波形还包括回击通道的感应雷电压。该感应雷对绝缘子两端过电压的贡献也通过Models语言在绝缘子闪络模型中进行体现。

4.5　变电站雷电入侵波的影响因素研究

4.5.1　雷击类型对入侵波形的影响

雷电可以有多种方式在输电线路导线上产生过电压行波。根据雷电是击中输电线路本体还是击中输电线路旁边的大地，可以分为感应雷和直击雷。其中，直击雷又可以根据雷击部位以及绝缘子是否闪络分为绕击导线未闪络、绕击导线闪络、雷击避雷线（或塔顶）未闪络、雷击避雷线（或塔顶）闪络四种。不同类型的雷击，其产生入侵波过电压的物理过程有所不同，从而造成在雷击点附近的导线雷电过电压即有所差异。本节将对不同雷击类型下雷击点附近的雷电过电压进行分析，如图 4－18 所示。

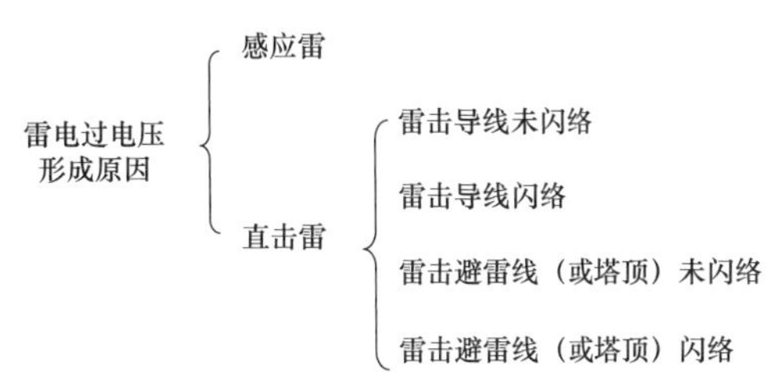

图 4－18　导线雷电过电压行波形成原因

（1）绕击导线未闪络。直接绕击导线的情况下，雷云电荷通过回击通道直接注入导线，大量负极性电荷的短时间注入，使得导线上形成与雷电流波形类似的过电压行波。基于前面建立的计算模型，假设雷电击中距离变电站 6km 处的 1 回线路 A 相导线上。对于 500kV，其绕击耐雷水平一般在 20kA 以上，为了模拟绕击导线绝缘子未闪络的情况，施加的雷电流幅值为－10kA。图 4－19 为通过三相绝缘子串的电流计算结果，计算结果表明，三相绝缘子均未闪络。图 4－20 为距离雷击点 400m 处的导线电压行波波形和电流行波波形。在计算所得的电压、电流波形中，50μs 时刻左右的抖动为变电站反射波所形成，波形总体上与施加的标准雷电波形类似。

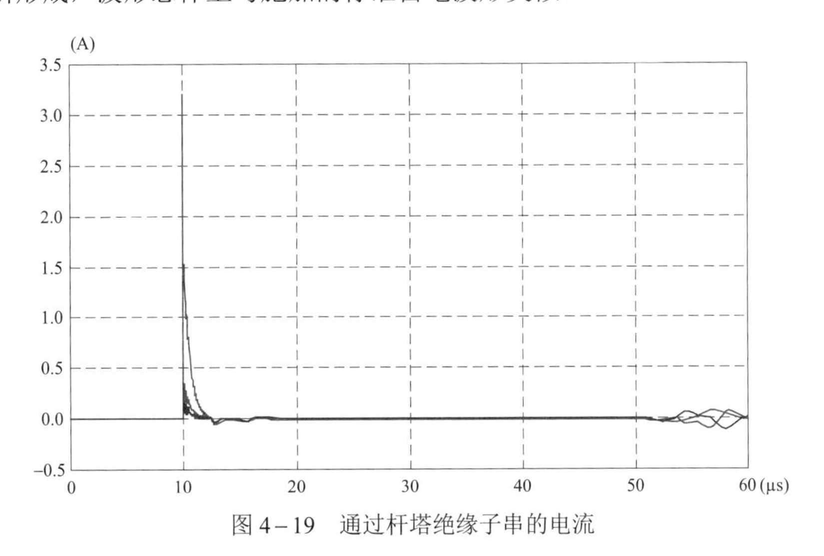

图 4－19　通过杆塔绝缘子串的电流

（2）绕击导线闪络。在绝缘子闪络前，绕击导线导致绝缘子闪络的情况与绕击导线未闪络的情况类似；而在闪络后，大部分的雷云电荷以及导线感应电荷通过闪络绝缘子通道流入大地，导致导线上通过的电压、电流行波均为截波。采用与绕击未闪络相似的计算条件，仅将所施加的雷电流幅值修改为－30kA 以引起绝缘子闪络。图 4－21 所示为通过绝缘子串电流的计算结果，计算结果表明，在 15μs 时刻，A 相绝缘子发生闪络。图 4－22 所示为距离雷击点 400m 处的导线电压行波波形和电流行波波形。计算结果表明，在闪络前，行波特征与绕击未闪络的情况相同，呈现雷电冲击的标准波头特征；在闪络后，行波电流和行波电压幅值均迅速降低。该现象是由于绝缘子闪络后，导线上电荷主要经过绝缘子电弧通道流入大地所导致。

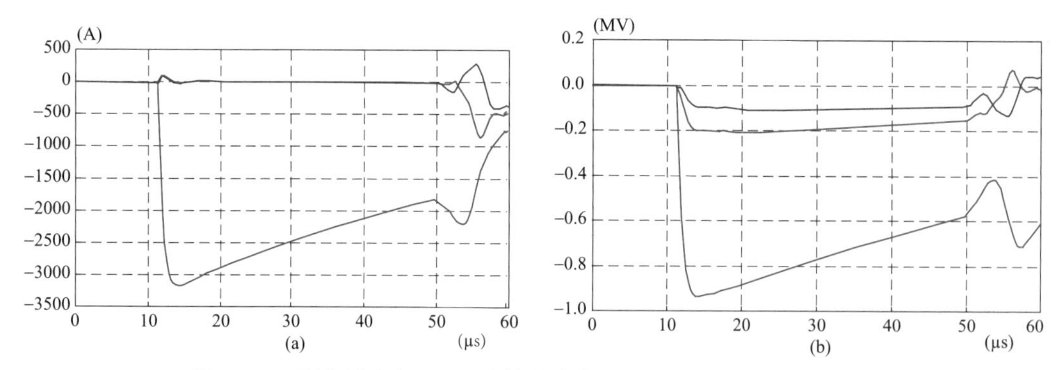

图 4－20　距离雷击点 400m 处的导线电压电流波形（绕击未闪络）

（a）电流；（b）电压

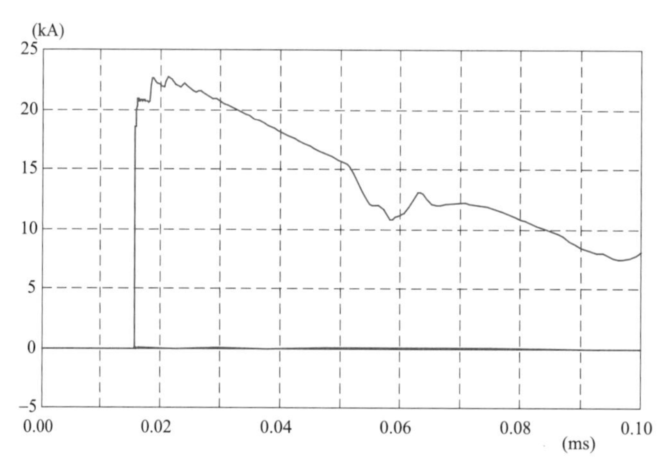

图 4－21　通过杆塔绝缘子串的电流

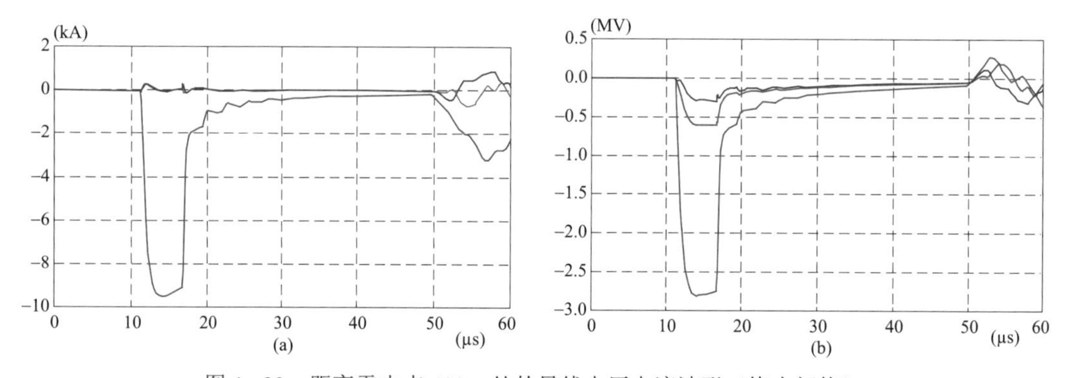

图 4－22　距离雷击点 400m 处的导线电压电流波形（绕击闪络）

（a）电流；（b）电压

（3）雷击避雷线（或杆塔）未闪络。在雷击避雷线（或杆塔）未闪络的情况下，导线上的电压行波和电流行波主要由流经避雷线和杆塔的电荷通过静电感应和电磁感应而来。其中，导线上的电压行波主要由避雷线上的电位静电感应而来，导线上的电流行波主要由避雷线上的电流通过电磁感应而来。因此，电压波形与避雷线电位呈现类似的特征，而电流波形与避雷线流经电流的倒数类似。采用与（1）相似的计算条件，所施加的雷电流幅值为－30kA，雷击位置设置为杆塔顶部。图4－23为绝缘子串电流，表征绝缘子串未闪络。图4－24为距离雷击点400m处的导线电压电流波形。计算结果表明，施加于电路的标准雷电波形，其电压波形的波头波尾时间均有所增加，但在总体上仍然近似为双指数波。

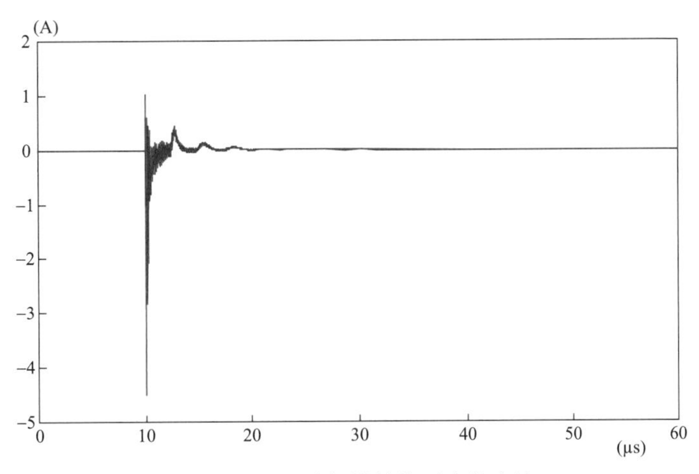

图4－23　通过杆塔绝缘子串的电流

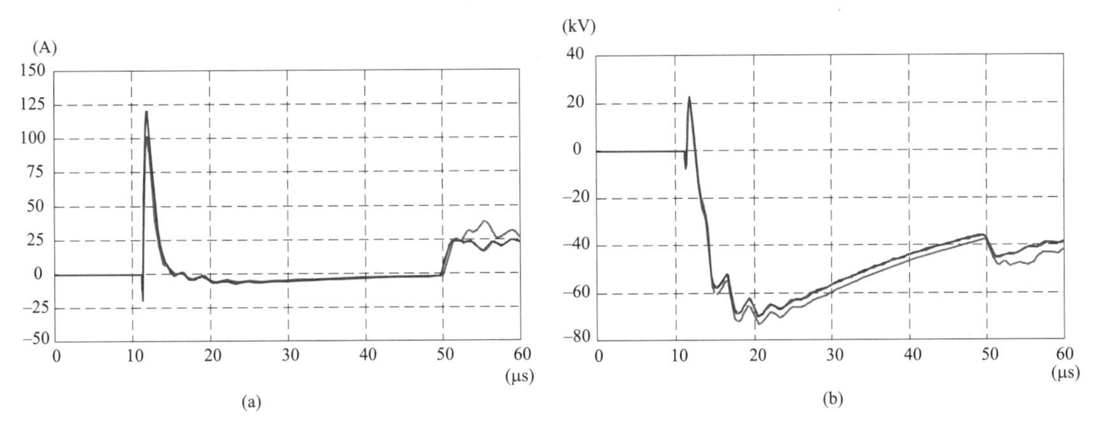

图4－24　距离雷击点400m处的导线电压电流波形（反击未闪络）

（a）电流；（b）电压

（4）雷击避雷线（或杆塔）闪络。在雷击避雷线（或杆塔）闪络的情况下，闪络前导线电压、电流波形特征与（3）所述的未闪络的情况相同；在绝缘子闪络后，闪络前通过避雷线和杆塔注入大地的雷云电荷，一部分通过闪络导通的绝缘子注入导线，从而使得闪络相的电位抬升，电流增加。采用与（3）类似的计算条件，仅将雷电流幅值修改为150kA。图4－25为通过绝缘子的电流，计算结果表明，A相绝缘子串在18μs左右时刻被击穿。图4－26为距离雷击点400m处的导线电压电流波形。计算结果表明，在绝缘子串闪络前，电压电流波形均为避雷线感应而来，幅值较低；绝缘子串闪络后，由于雷电流的注入使得电压和电流均有大幅度的提升，波形类似于双指数波，但是相比于雷电源的标准雷电波，其波头和波尾时间均有所缩短。

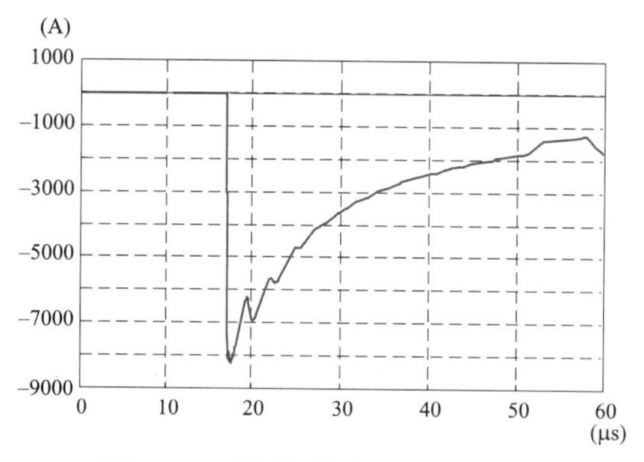

图 4－25　通过杆塔绝缘子串的电流

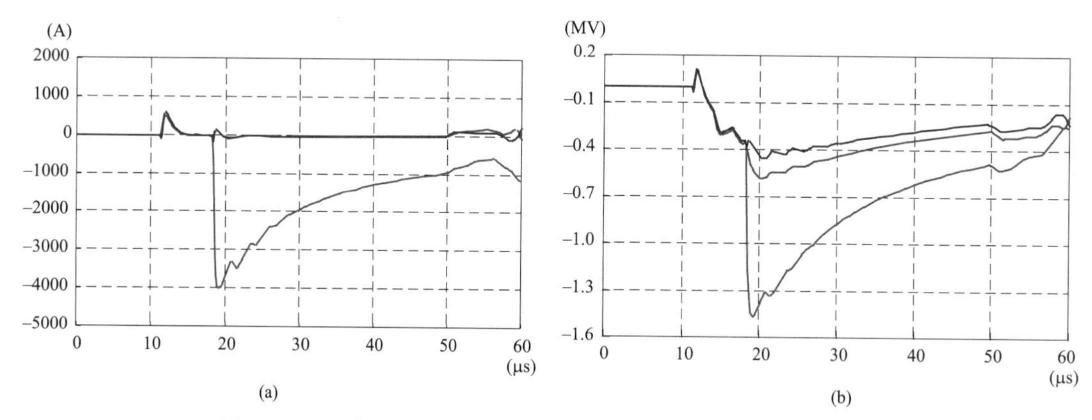

图 4－26　距离雷击点 400m 处的导线电压电流波形（反击闪络）

（a）电流；（b）电压

4.5.2　架空输电线路对过电压行波传播的影响

电压行波和电流行波在理想的无损输电线路上传播时，能量难以散失（存储于电磁场中），波形难以变形。实际上，行波在输电线路的传播均会发生损耗，导致发生损耗的原因主要有：

（1）导线电阻引起的损耗。

（2）导线对地电导引起的损耗。

（3）导线电晕引起的损耗。

（4）大地损耗。

输电线路的分布参数等值电路如图 4－27 所示。其中，R_0 包括导线电阻和大地电阻；G_0 包括绝缘泄漏和介质损耗；L_0 包括导线自感和相间导线互感；C_0 包括导线对地电容和导线间电容。当行波在有损导线上传播时，R_0 和 G_0 的存在使得一部分能量转化为热能而耗散，导致行波的衰减；L_0 和 C_0 的存在使得一部分能量用于建立磁场和电场，而存储于电磁场中，不仅导致行波衰减，且由于电磁场的建立与频率相关，故也容易导致波形的畸变。

高频分量损失较快，低频分量损失较慢，因此波形有逐渐变缓的趋势。

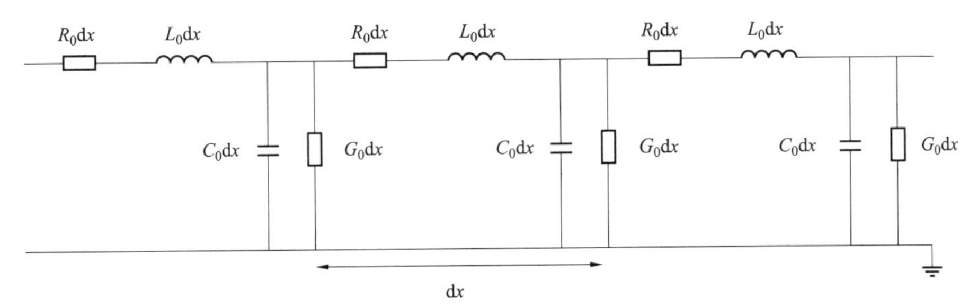

图 4－27 输电线路分布参数等值电路（单相）

为进一步分析，假设幅值为 U 的直角电压行波通过上述线路，单位长度导线周围空间所获得的电场能将为 $\frac{1}{2}C_0U^2$；如果线路存在对地电导 G_0，则电压波传播单位长度所消耗的电场能量将为 $G_0{U_0}^2t_0$（t_0 为电压波行进单位长度所需的时间）。电能的消耗将引起电压波的衰减。电压 u 衰减的规律为

$$u = Ue^{-\frac{G_0}{C_0}t} = Ue^{-\frac{G_0}{C_0}\times\frac{x}{v}} \tag{4-26}$$

式中：U 为电压起始值，v 为传播速度。

电压行波衍生的电流行波沿线传播时，单位长度导线周围空间所获得的磁能将为 $\frac{1}{2}L_0I^2$。如果线路存在电阻 R_0，则电流波流过单位长度距离所消耗的磁场能量将为 $R_0i^2t_0$。磁能的消耗将引起电流波的衰减，电流 i 衰减的规律为

$$i = Ie^{-\frac{R_0}{L_0}t} = Ie^{-\frac{R_0}{L_0}\times\frac{x}{v}} \tag{4-27}$$

式中：I 为电流起始值。

因此，电磁波在输电线路的传播过程中，由于电场能量（主要体现为电压）和磁场能量的（主要体现为电流）存储和耗散，导致电压行波和电流行波的衰减。且对于一般的输电线路，磁场能量耗散快于电场能量的耗散，导致电场能量向磁场能量转换，造成电压波在行进过程中不断发生负反射，使波头部逐渐被削平，尾部逐渐被拉长。此外，由于集肤效应，导线电阻随着频率的增加而增加，波头较陡的行波沿线传播时衰减较显著。

上述分析基于电压行波为直角波的情况。实际情况中，电压行波波形复杂多样，往往包含了多种频率分量，不同频率分量的电压在通过同一段线路时，其衰减系数存在较大差异。一般高频分量的衰减速度较快，低频分量的衰减速度较慢。各个频率分量的衰减程度不同也将导致行波的畸变。

为进一步阐述电压行波在输电线路传播过程中的衰减和畸变过程，对该过程进行了仿真研究。由于仅研究电压行波在输电线路的传播过程，计算中暂未考虑变电站的影响。所研究的输电线路长度共 45km，线路末端采用相同参数的一段 40km 线路进行末端匹配，避免线路末端反射波对计算结果的影响。

当 A 相遭受－10kA 雷电绕击后，距离雷击点 1、5、15、25、35、45km 处 A 相导线

的电压行波仿真结果如图 4－28 所示。计算结果表明，经过 45km 的传输，电压行波幅值约衰减至原始行波的一半，波头时间由 2～3μs 增加为 12μs 左右，波尾显著变缓。图 4－29 为绕击闪络后的电压行波仿真结果，施加雷电流幅值为－30kA。仿真结果同样表明：电压行波在经过 45km 的传播后，幅值衰减，且波形变缓。

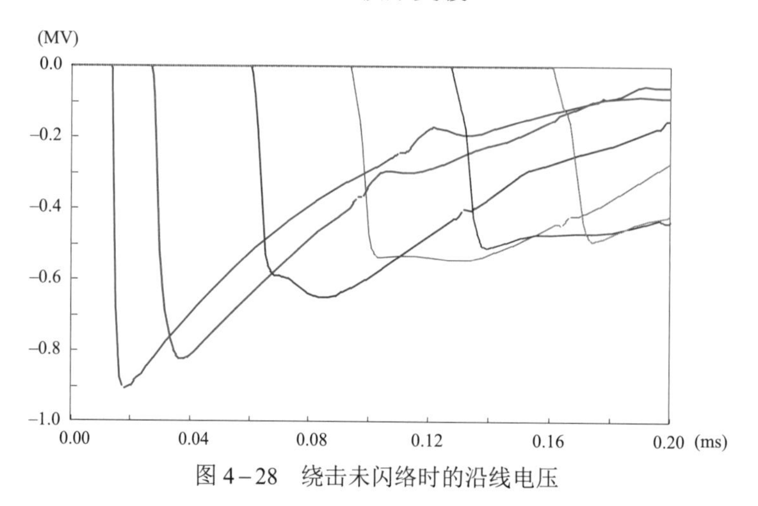

图 4－28 绕击未闪络时的沿线电压

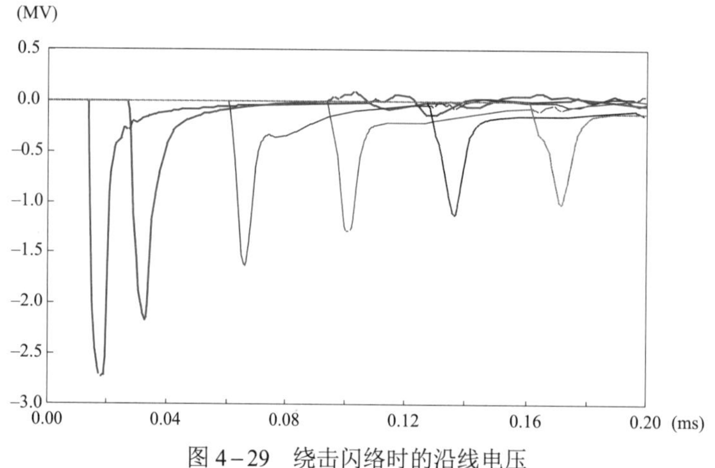

图 4－29 绕击闪络时的沿线电压

4.5.3 站内设备对过电压行波传播的影响

（1）电压互感器。一般在变电站的出线上布置有电压互感器。对于暂态过程的分析，电压互感器可以等效为电容。该等效电容可能会对侵入电压波形产生影响。假设入侵波的波头时间约为 20μs，则对于入侵波的高频分量可以认为是周期约为 80μs，即频率为 1.25×10^4Hz，电压互感器的等效电容为 0.5nF，根据容抗的计算公式，即

$$Z_C=\frac{1}{\mathrm{j}\omega C}=\frac{1}{\mathrm{j}2\pi fC} \tag{4-28}$$

可以估算对于入侵波高频分量电压互感器的等效阻抗约为数十千欧，远大于母线和输电线路波阻抗；因此可以初步估计电压互感器的等效电容不会对电压入侵波产生显著影响。

为进一步分析电压互感器等效电容的影响，基于建立的仿真模型对考虑和未考虑电压

互感器的线路电压行波和母线电压行波进行了对比。仿真模型的变电站部分如图 4－30 所示。其中，圆圈标识的元件即为电压互感器等效电容。电压行波监测点分别为变电站入口处和母线上，如图 4－30 中箭头所示。

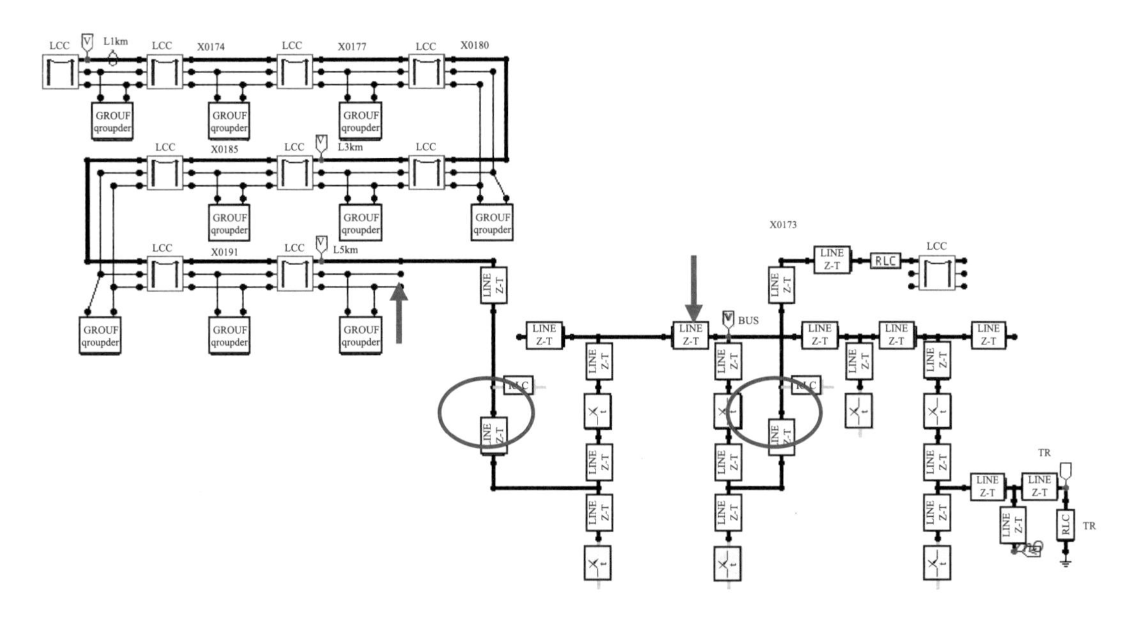

图 4－30　变电站仿真模型

图 4－31（a）和图 4－31（b）分别为未考虑电压互感器和考虑电压互感器等效电容后的变电站入侵波计算结果。计算结果表明：电压互感器的等效电容不会与变电站入侵波的波形产生显著影响。

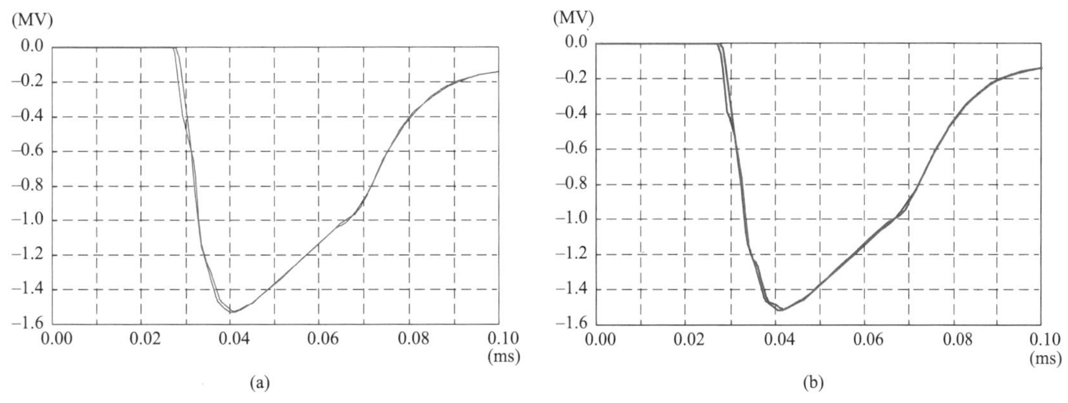

图 4－31　电压互感器对电压入侵波的影响计算结果

（a）未考虑电压互感器；（b）考虑电压互感器

（2）避雷器。避雷器是变压器过电压保护最主要的设备，一般布置于变电站母线上或是变压器的入口处。现今最常使用的 ZnO 避雷线具有较好的非线性 $U–I$ 特性，如图 4－32 所示。当其承受的电压幅值较低时，通过避雷器的电流幅值极低，一般仅为泄漏电流

（mA 级），避雷器等效为开路；当有过电压通过避雷器时，通过避雷器的电流幅值增加至安培级或者千安级，避雷器成为良好的能量泄放通道，并限制电压幅值。

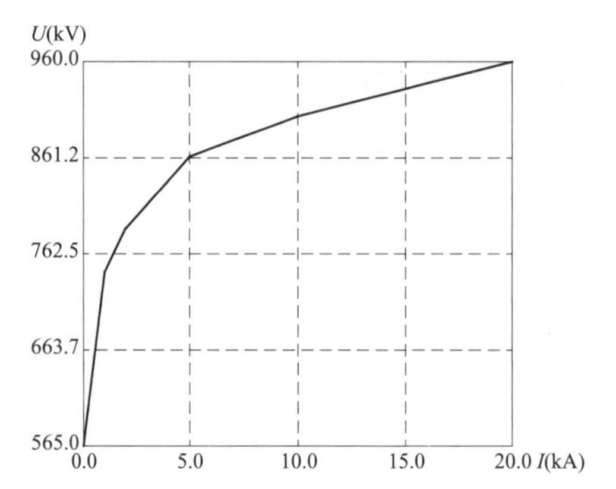

图 4－32　500kV 变电站母线 ZnO 避雷器典型 $U-I$ 特性曲线

图 4－33 所示为考虑了避雷器的变电站仿真模型。其中，圆圈内即为避雷器模拟元件，其 $U-I$ 特性曲线如图 4－32 所示。其布置位置于距离变压器约 17m。图 4－34 为未考虑避雷器与考虑避雷器后的避雷器、母线以及变压器入口处电压波形。计算结果表明：变压器过电压保护避雷器对于变电站入侵波过电压具有显著的抑制作用。在过电压入侵波通过的时候，通过避雷器的电流显著增加（如图 4－35 所示），避雷器成为良好的能量释放通道。

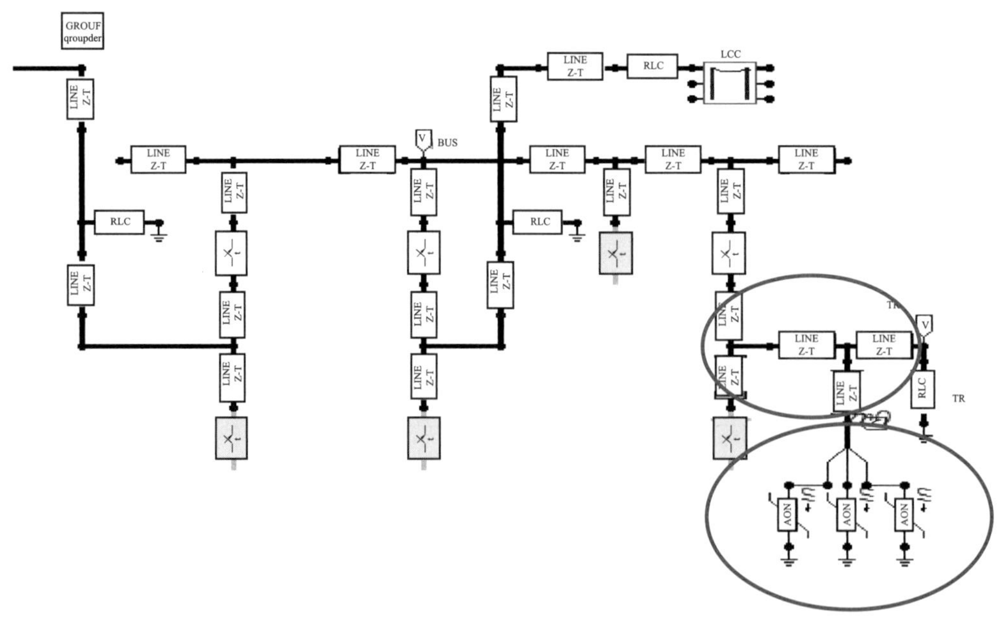

图 4－33　考虑避雷器的变电站仿真模型

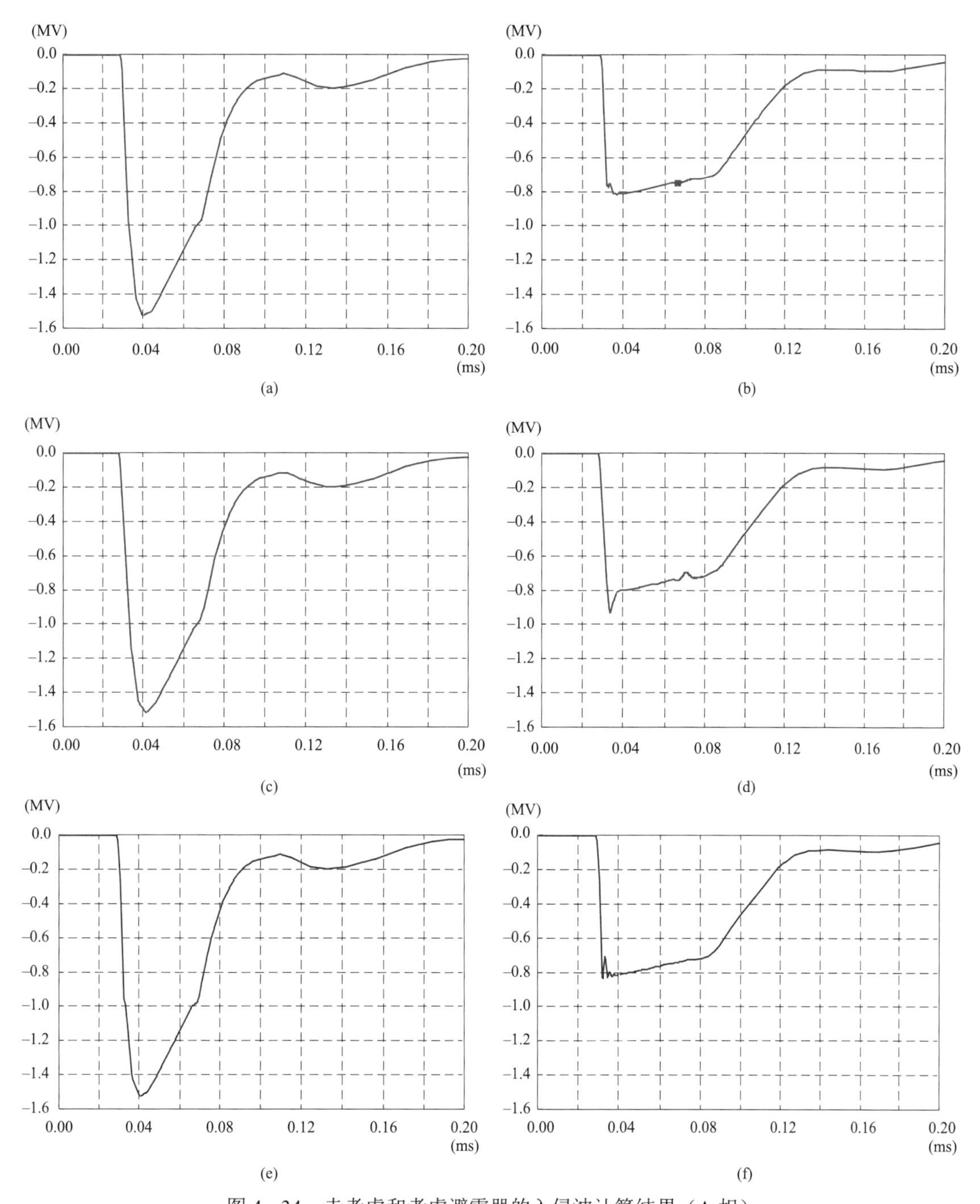

图 4－34　未考虑和考虑避雷器的入侵波计算结果（A 相）

（a）未考虑避雷器的避雷器入口处电压；（b）考虑避雷器后的避雷器入口处电压；（c）未考虑避雷器的母线处电压；（d）考虑避雷器的母线处电压；（e）未考虑避雷器的变压器入口处电压；（f）考虑避雷器的变压器入口处电压

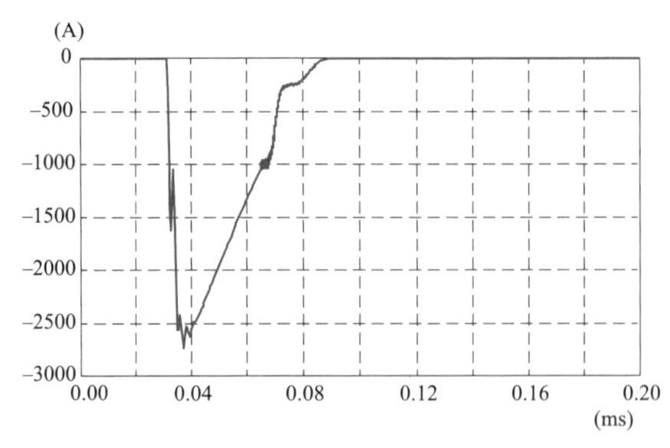

图 4－35　避雷器电流（A 相）

如图 4－36 所示，避雷器主要通过“削顶”的方式抑制过电压，故不改变波头上升的斜率，却改变波头时间。例如在未考虑避雷器的情况下，过电压入侵波从 0 上升至－1.52MV 的峰值经历了 12μs，波前斜率约为－0.12MV/μs，在考虑避雷器的情况下，过电压入侵波从 0 上升至－0.78MV 的峰值经历了 4.5μs，波前斜率约为－0.17MV/μs，波头时间从 12μs 缩短至 4.5μs。对于入侵波的波尾，在避雷器抑制过电压的阶段（t_2～t_4），母线过电压被限制于一个相对较低的水平，入侵波过电压的波峰被削平，形成了一个变化缓慢的电压波形，其等效波尾时间约为 200μs；在过电压幅值较低的波尾阶段（$t>t_4$），电压下降较快。

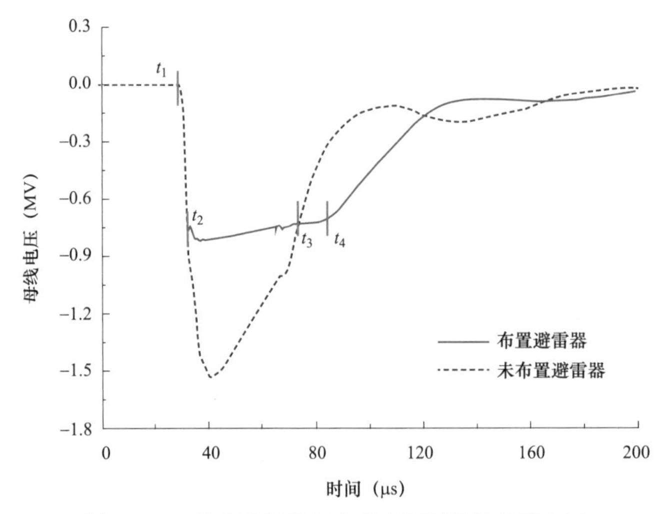

图 4－36　考虑避雷器和未考虑避雷器的母线电压

4.6　变电站雷电入侵波的典型波形

根据 4.4～4.5 的分析，雷击形式、过电压行波在输电线路的传播以及站内的避雷器均可能畸变雷电过电压波形，使得站内核心设备，如变压器遭受的雷电入侵波波形与标准雷电波形存在较大差异。本节将对几种典型的变电站雷电入侵波波形进行仿真和分析。

（1）短波头短波尾入侵波。根据 4.5 节计算结果，入侵波的波头时间主要与雷电源波形以及过电压行波的传播距离有关；而波尾时间主要与过电压行波的传播距离、雷击类型、避雷器的配置有关，因此形成短波头短波尾入侵波的条件一般有以下几点：

1）雷击位置距离变电站较近；

2）雷击类型为绕击闪络；

3）避雷器作用时间较短，即入侵波过电压幅值较低。

由于一般变电站均有进线段保护设计，该段线路采用保守设计，在研究过程中认为该段线路不会发生绕击闪络时间，计算中假设距离变电站 2km 处（进线段以外）遭受雷电绕击引发绝缘子闪络，雷电流幅值为线路的绕击耐雷水平（约 -28kA）。近区雷电绕击闪络入侵波波形如图 4-37 所示，计算结果表明：该情况下，变压器耐受的过电压的波头时间仅为 2μs、波尾时间也仅为 12μs。

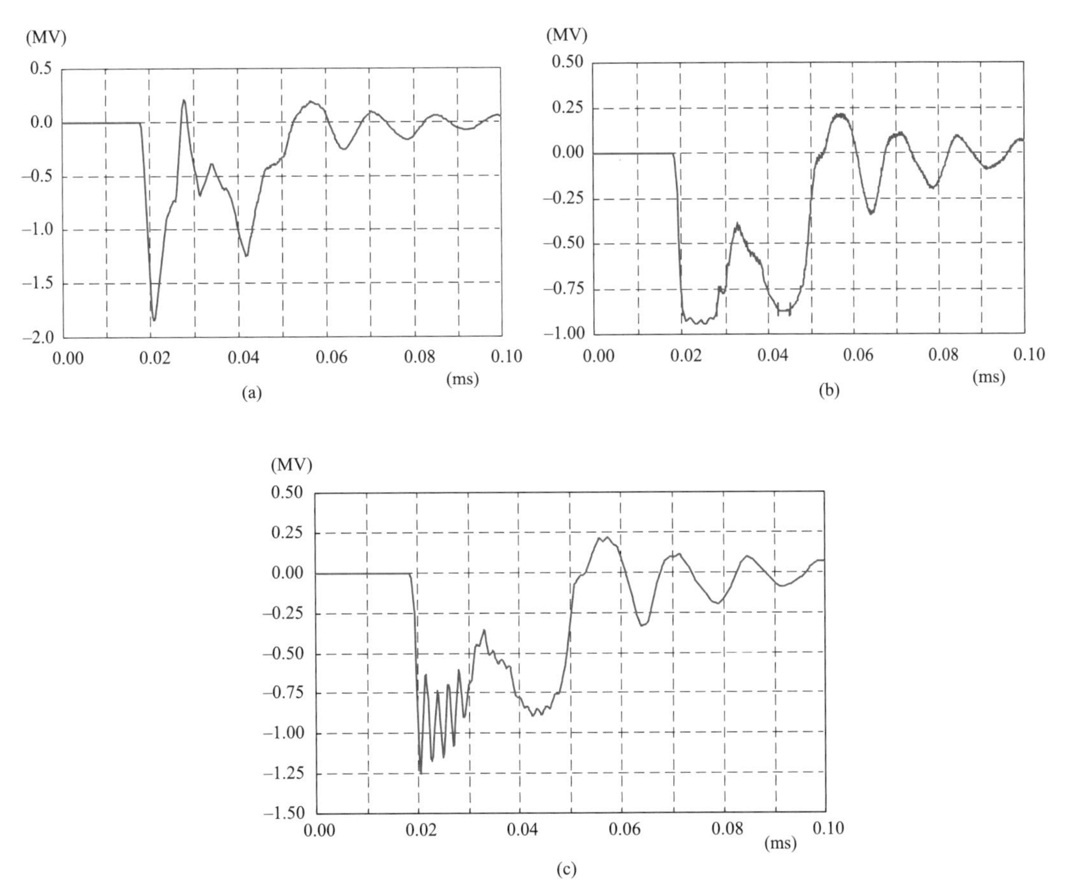

图 4-37　近区雷电绕击闪络入侵波波形

（a）母线电压；（b）避雷器电压；（c）变压器电压

（2）短波头长波尾入侵波。采用类似的分析方法，形成短波头长波尾入侵波的条件一般有以下几点：

1）雷击位置距离变电站较近；

2）雷击类型为绕击未闪络型；

3）避雷器作用时间较长，即过电压波形幅值较高。

根据上述条件，计算中假设距离变电站 2km 处（进线段以外）遭受雷电绕击，但未引发绝缘子闪络，雷电流幅值为 –26kA（未引起绝缘子闪络）。计算结果如图 4–38 所示，计算结果表明：该情况下，变压器耐受的过电压的波头时间仅为 2μs、波尾时间可达 120μs。

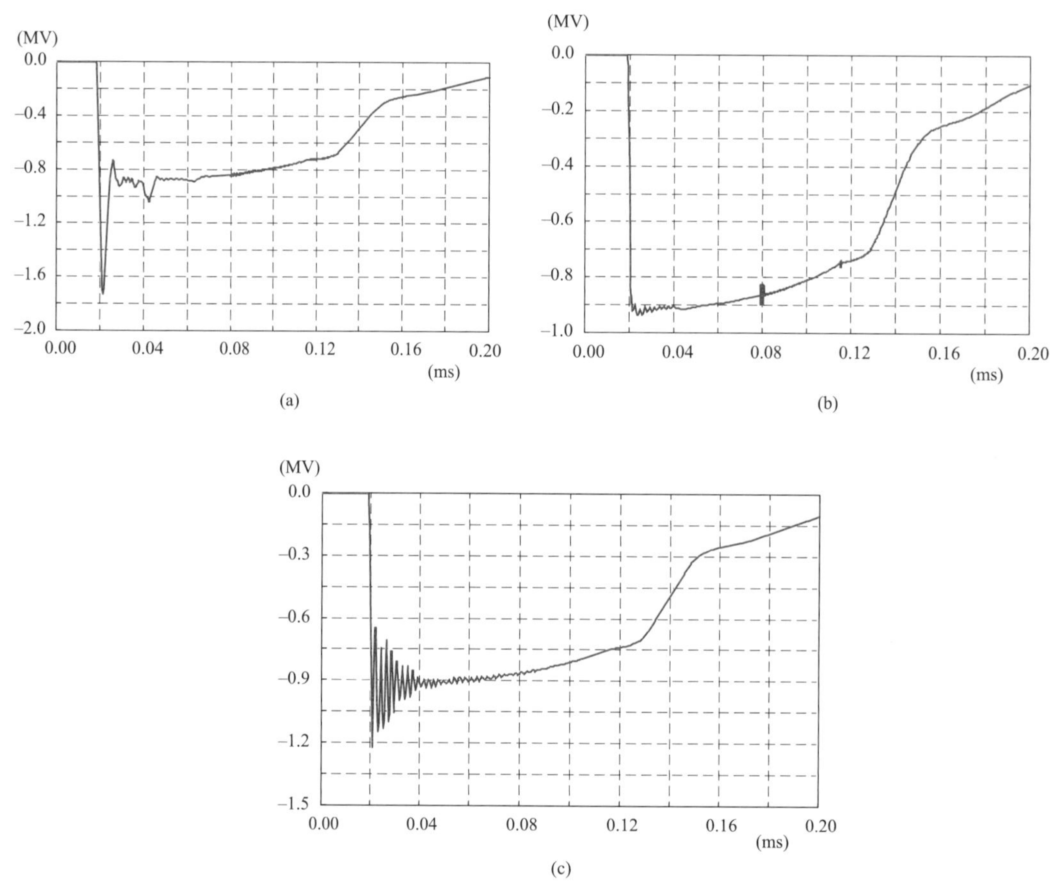

图 4–38　近区雷电绕击未闪络入侵波波形

（a）母线电压；（b）避雷器电压；（c）变压器电压

（3）长波头长波尾入侵波。入侵波的波头时间主要与雷电源波形以及过电压行波的传播距离有关，在雷电源不变的情况下，雷击点距离变电站的位置越远，入侵波的过电压波形变得越缓，从而形成长波头波形；入侵波的波尾时间主要与雷击形式，传播距离有关，综合上述考虑要形成长波头长波尾的雷电入侵波形，应满足以下条件：

1）雷击点距离变电站的距离较远；

2）雷击类型为绕击未闪络波形。

应注意过电压行波在传播过程中会不仅发生畸变，也会发生衰减，因此若雷击点距离过远使得入侵波幅值低于变电站设备绝缘耐受水平，对于这种入侵波形就没有研究的意义了。综合考虑，计算中雷击点位置距离变电站 50km，绕击雷电流幅值为－26kA。波形如图 4－39 所示，计算结果表明：该情况下，变压器耐受的过电压的波头时间为 12μs、波尾时间可达 150μs。

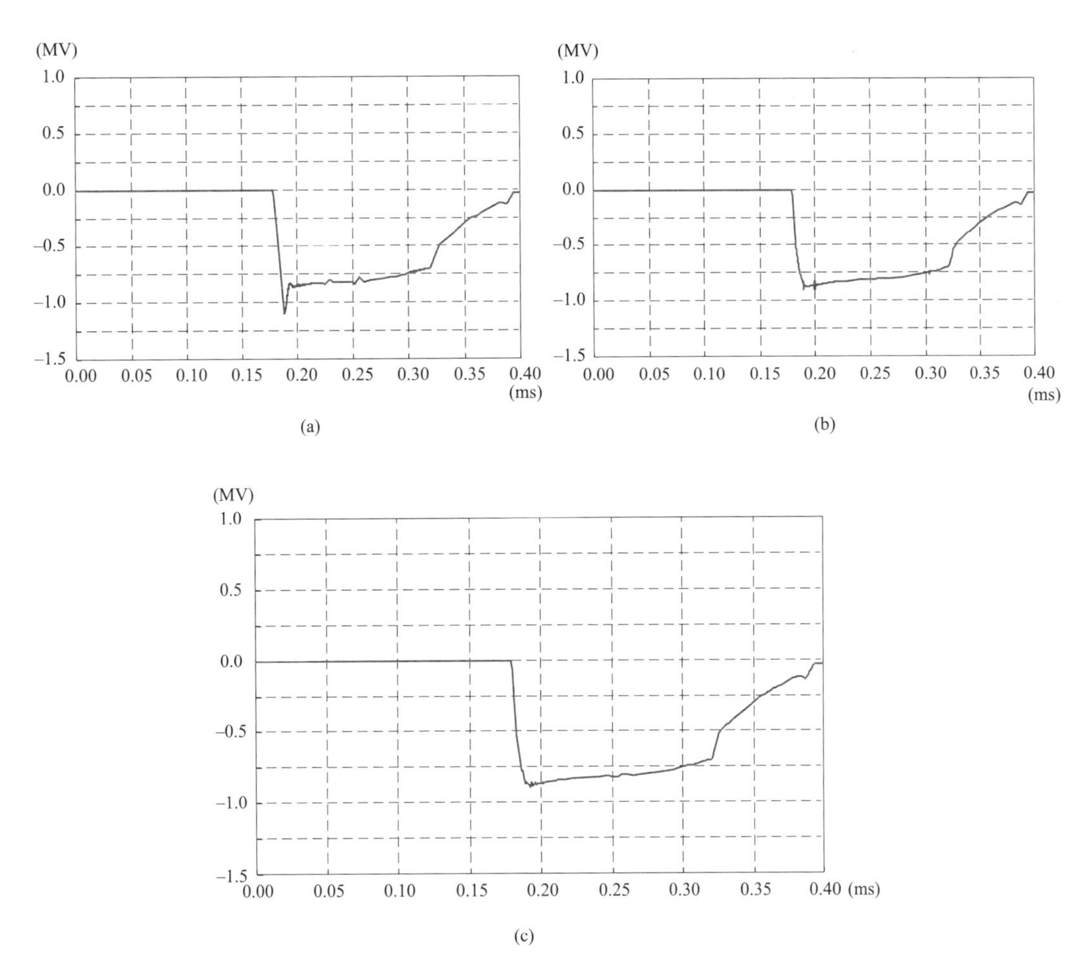

图 4－39　远区雷电绕击未闪络入侵波波形

（a）母线电压；（b）避雷器电压；（c）变压器电压

（4）长波头短波尾入侵波。根据上节分析，形成长波头短波尾入侵波的条件为：

1）雷击点距离变电站的距离较远；

2）雷击类型为绕击闪络波形。

根据上述分析，计算中考虑雷击点距离变电站 50km，绕击雷电流幅值为－28kA。波形如图 4－40 所示，计算结果表明：该情况下，变压器耐受的过电压的波头时间为 12μs、波尾时间仅为 22μs。

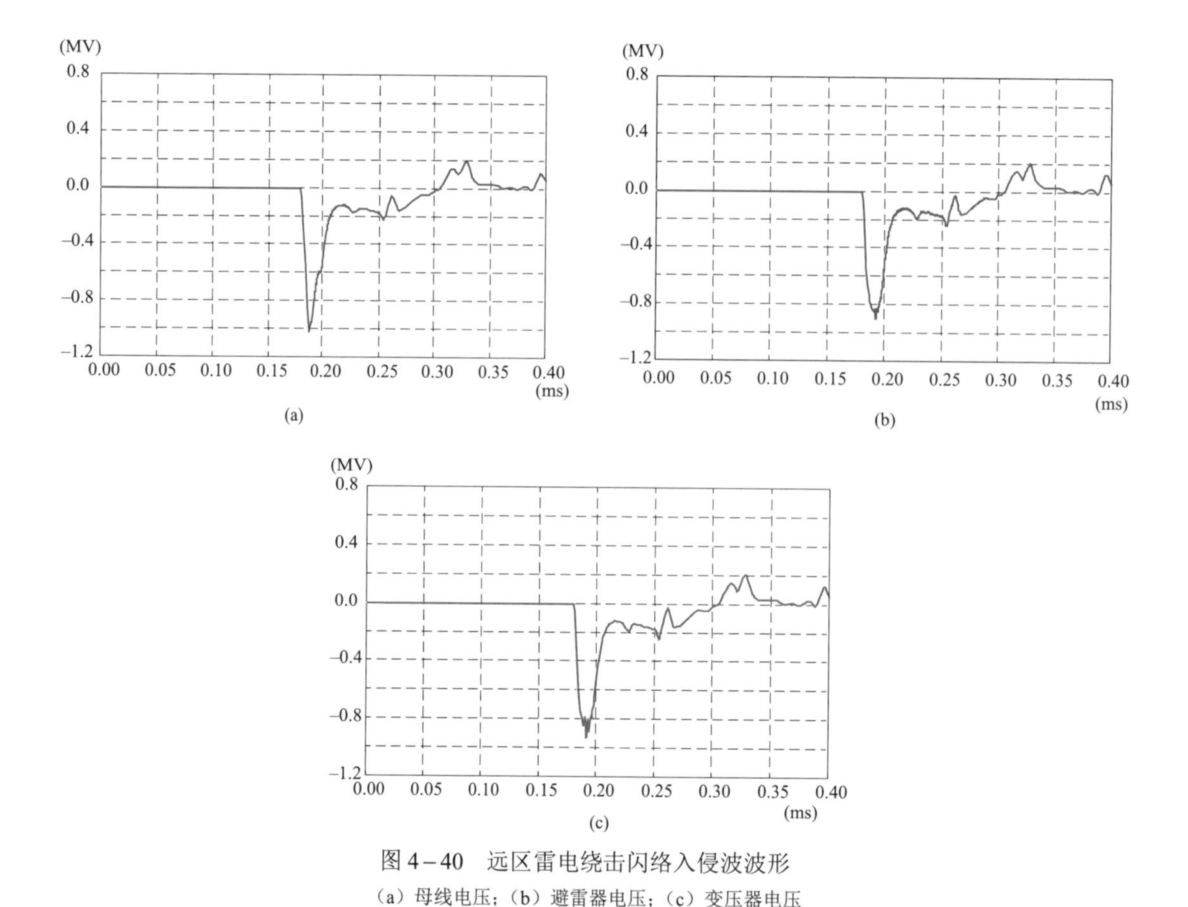

图 4－40　远区雷电绕击闪络入侵波波形

（a）母线电压；（b）避雷器电压；（c）变压器电压

4.7　雷击过电压在电网传播过程中的响应特性测量研究

如果雷电击中输电线路或附近区域，将在电网中产生雷击过电压。雷击过电压是电力系统中最为常见的过电压类型，可沿输电线路在电力系统中长距离传播，入侵变电站，造成断路器跳闸，损坏设备，威胁电网安全稳定运行。

雷电先导与长间隙火花的先导性质相似，发展速度极其迅速，平均速度高达 8×10^5m/s，而主放电过程可达 10^9m/s。因此雷击放电持续时间短，上升沿极陡峭，引起的电力系统雷击过电压波头时间短，高频分量较多。目前 IEC 60060－1 标准中规定雷电冲击电压全波的波前时间为 1.2μs.，半波时间为 50μs。

雷击过电压在电力系统传播过程中，其波形将发生畸变。雷击过电压在输电线路传输时，由于线路阻抗影响，高频分量将衰减，导致雷击过电压波头变缓。当雷击过电压入侵变电站时，由于架空线进站之后，变电站侧的行波阻抗与架空线路阻抗不一致，因此在变电站的进线端雷击过电压将发生反射，部分分量反射回线路，部分分量沿站内线路继续传播，此时不仅雷击过电压的幅值将大幅削减，而且其高频分量也将进一步衰减。但是，入侵变电站的雷击过电压也会引起一些线圈型绕组设备发生内绝缘击穿事故和一些外绝缘闪络以及避雷器损害。

因此为了深入研究雷击过电压对电力设备的危害，弄清雷击过电压在电网传播过程中的响应特性尤为必要。掌握雷击过电压在输电线路传输和入侵变电站时，幅值和各频率分量的变化，对优化电网结构，设备选型都具有很强的指导意义。

4.7.1 研究现状

雷电过电压一直以来都是研究热点，很多研究者尝试用多种方法测量雷电流和雷击过电压。为了测量雷击过电压，有的研究者专门制作低阻尼分压器直接接于母线，也有的研究者利用电容型导管末屏引出分压。由于在高电压等级的电网中将分压器长期并联于母线运行将会给系统带来很多潜在的风险。而套管串联构成分压器获取电压信号，存在末屏接地线断线或传感器断路造成末屏放电的潜在危险，因此这些测量方式均有局限性。

除此之外，现有测量系统对测量带宽要求不严格，IEC 标准要求标准雷击冲击电压全波的波前时间为 1.2μs，测量系统的测量带宽可以低于 1MHz，这是因为在半个世纪以前测量硬件设备便跟不上需求。但是为了尽可能的准确测量雷击过电压，测量系统的测量带宽应至少提高至 100MHz，这在现有技术条件下完全可以实现。

4.7.2 研究方案

为了准确掌握雷击过电压在电网传播中的响应特性，本书提出一种测量雷击过电压侵袭电力系统的全过程测量方案。测量方案如图 4－41 所示。

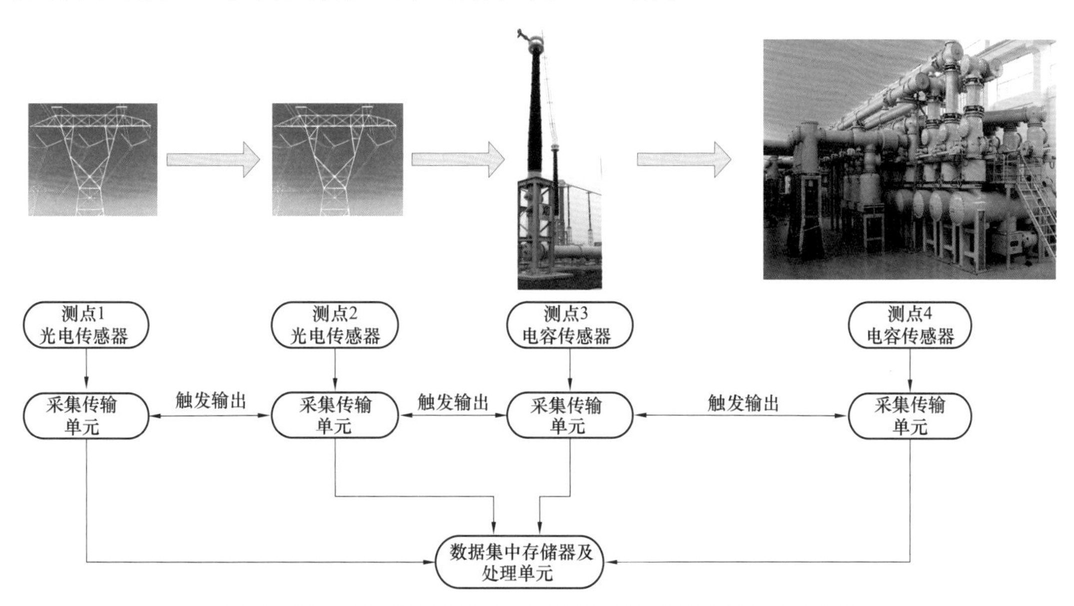

图 4－41　雷击过电压在电网传播过程中的响应特性测量方案

通常情况，电力系统中的雷击过电压均是由雷击导线、杆塔或感应引起，一般是从输电线路传向变电站。因此雷击过电压在电网传播中的响应特性测量中，首先在线路杆塔上至少布置两个测点，在进入变电站的最后一级杆塔上必须布置一个测点，情况允许可以增加测点。在进入变电站之后至少布置两个测点，一个位于进线套管附近，另一个位于变压器进线侧，其间也可适当增加测点。

输电线路上的过电压测量采用光电传感器，系统包括传感器探头、激光源、光接收机、起偏器和偏振分束器。激光源采用特定波长的线偏振光源。线偏振光通过传感器内部的光波导时被外加电场调制；调制后的信号最终通过光接收机转化为电压信号并最终通过示波器进行数据显示；根据电压信号可以计算待测电场信号。根据所测电场信号，再反推得到线路电压。测量系统所采用光电电场传感器集成度高，体积小，对待测电场分布影响小，适合高压领域的强电场测量，系统测量带宽在300MHz以上。

测量站内的雷击过电压，以GIS站为例，通过预先设计或现有改造，再根据GIS结构上安装电容型分压器，增加阻抗变换单元，优化采集系统线缆结构，其分压比稳定，测量带宽也可提高至300MHz。

所有传感器采集传输单元的采样率不低于200MHz，带宽不低于100MHz，采集长度不低于20ms。整个系统的触发方式采用自触发，只要其中任意一个传感器的采集传输单元触发，其他所有测点均由该传感器的触发输出信号进行触发。每次所有测点采集完成之后，再通过以太网将测量结果传输至数据集中存储器及处理单元进一步分析。

4.8 雷电入侵波与变压器的绝缘水平的关系特性

电力变压器主、纵绝缘电气强度直接影响变压器的安全稳定运行，因此绝缘的可靠性一直是变压器设计中的关键环节。得到雷电波形后，可以进一步规范变压器的绝缘水平，保证变压器可靠性前提下，降低变压器和开关等组配件的成本。

变压器抗雷击能力取决于避雷器残压大小，电网就是依据各种不同避雷器残压来进行绝缘配合，以确定各种电器的绝缘水平。按IEC 60076－3：2000《电力变压器　第3部分：绝缘水平、绝缘试验和外绝缘空气间隙》和GB1094.3—2003《电力变压器　第3部分：绝缘水平、绝缘试验和外绝缘空气间隙》，110kV、220kV变压器绝缘水平见表4－4。

表4－4　　110kV、220kV变压器绝缘水平

<table>
<tr><th>设备最高电压 U_m
（方均根值）（kV）</th><th>额定雷电冲击耐受电压LI
（峰值，kV）</th><th>额定短时感应或外施耐受电压AC
（方均根值，kV）</th><th>应用国家举例</th></tr>
<tr><td>126</td><td>480</td><td>200</td><td>中国</td></tr>
<tr><td rowspan="2">100或123</td><td>450</td><td>185</td><td rowspan="2">美国</td></tr>
<tr><td>550</td><td>230</td></tr>
<tr><td rowspan="2">123或145</td><td>550</td><td>230</td><td rowspan="2">印度、孟加拉、瑞典</td></tr>
<tr><td>650</td><td>275</td></tr>
<tr><td rowspan="3">245</td><td>850</td><td>360</td><td>美国</td></tr>
<tr><td>950</td><td>395</td><td>中国</td></tr>
<tr><td>1050</td><td>460</td><td>印度</td></tr>
</table>

表4－4中110kV绝缘水平有LI480AC200、LI450AC185、LI550AC230、LI650AC275四种，220kV绝缘水平有LI850AC360、LI950AC395、LI1050AC460三种，绝缘水平有待规范。

由于有载分接开关是变压器调压的关键装置，它的可靠性和正确选用自然成为关注的焦点。分接开关各个具体绝缘间距上的电压梯度取决于变压器的规范数据，诸如额定系统电压、调压范围、调压方式（线性调、粗细调和正反调）、绕组型式（如饼式、圆筒式、螺旋式、层式）和绕组的布置。

分接开关的绝缘分为内绝缘和外绝缘两类。外绝缘的耐受电压及其所对应的设备最高电压 U_m 已经纳入国家标准。在单相或三相中性点分接开关上，外绝缘即对地绝缘。在角接绕组用的三相分接开关上，外绝缘为对地绝缘和相间绝缘，两者均由设备最高电压 U_m 决定。

分接开关的内绝缘不可能标准化，只能分等标定额定耐受电压。它是依据变压器试验时出现的电压梯度的经验累积，再依照实际需要分作几个等级。随着计算机仿真技术的迅速发展，准确计算不同调压方式、不同绕组型式和不同绕组布置下的电压梯度就变得很容易，在变压器设计阶段就能准确选择分接开关。

在全波或截波雷电冲击试验时，由于沿绕组的电压分布为非线性，在分接开关内绝缘上出现的梯度最高。因此，必要的绝缘间距就可以按这些梯度确定。操作冲击试验和感应工频过电压试验时，沿绕组的电压分布近似于线性，产生的梯度都比较低，由雷电冲击所确定的绝缘间距足以耐受这些梯度。外施工频电压试验时，分接开关的内绝缘上将不存在梯度。

对于绝缘水平 LI480AC200 和 LI450AC185 的 110kV 大容量变压器，高压绕组可以采用全连续。采用全连续，主要分析截波，因为截波比全波要严重。如图 4－43 所示，高压绕组末端 Ak 对地电位和高调 1－9 范围电压梯度均相当于 20kV 雷电冲击电压；高压绕组末端 Ak 对地电位、高调 1－9 范围梯度、二级、四级、六级电压振荡系数 $k=2.6$，比高压绕组采用纠结－连续或内屏－连续的振荡系数 $k=1.85$ 要大。高压绕组采用全连续，不但绕制简单、绝缘可靠，而且安匝比纠结－连续或内屏－连续好排列、短路机械力小、杂散损耗小。

变压器绕组冲击特性随绕组结构形式的不同而改变，冲击波作用在绕组内要引起振荡，所以在绕组内将产生高于试验电压值很多的振荡电位，也可能使冲击电压大部分降落在首端几个线段上。为了有效抑制振荡电位，根据不同产品采取适当的绕组结构，如 110kV、220kV 变压器，高压绕组采用部分并联电容补偿（如端部带静电板）、全连续、全纠结、纠结－连续或内屏－连续等绕制方式，从而减小冲击电压作用下主、纵绝缘过电压，提高变压器的绝缘可靠性，缩小绕组尺寸，降低成本。

以通过雷电冲击试验的有载调压变压器 SSZ11－50MVA/110kV 为例，利用波过程软件详细计算绕组间及段间电压梯度。

变压器型号 SSZ11－50MVA/110kV，部分参数如下：

（1）高压、中压、低压绕组额定容量：50/50/50MVA。

（2）额定电压及调压范围：110±8×1.25%/38.5±2×2.5%/11kV。

（3）绝缘水平：HV　线路端子　LI/AC　480/200

HV　中性点端子　LI/AC　325/140

MV　线路端子　　LI/AC　　200/85

MV　中性点端子　LI/AC　　200/85

LV　线路端子　　LI/AC　　75/35。

（4）额定频率：50Hz。

（5）联结组标号：YNyn0d11。

50MVA/110kV 采用中性点正反调压，接线原理如图 4－42 所示。分接 1 表示 X 接 1，A_k 接+，即最大分接。额定分接有两种状态：额定 1 表示 X 接 9，A_k 接+；额定 2 表示 X 接 1，A_k 接－；分接 17 表示 X 接 9，A_k 接－，为最小分接。

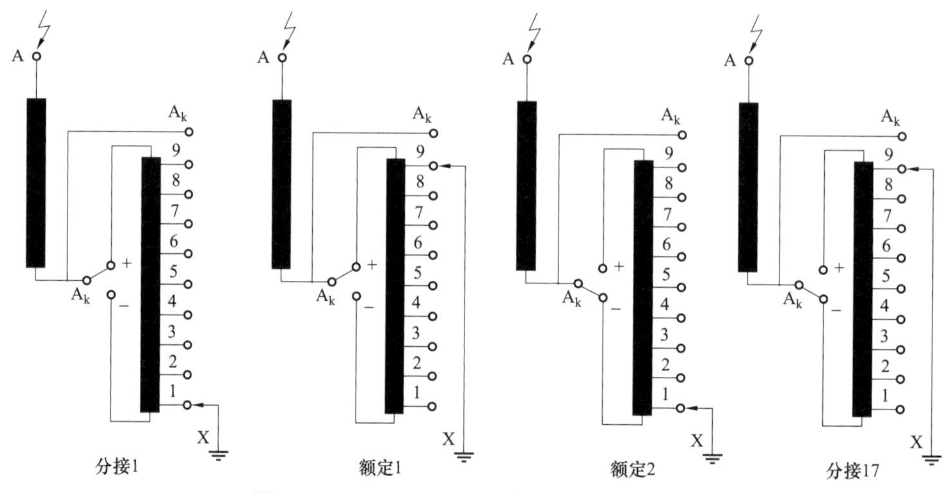

图 4－42　50MVA/110kV 高压 A 相接线原理

电力变压器主、纵绝缘电气强度直接影响变压器的安全稳定运行，因此绝缘的可靠性一直是变压器设计中的关键环节。变压器绕组冲击特性随绕组结构形式的不同而不同，冲击波作用在绕组内要引起振荡，所以在绕组内将产生高于试验电压值很多的振荡电位，也可能使冲击电压大部分降落在首端几个线段上。为了有效抑制振荡电位，对不同产品应采取适当的绕组结构。如对 110、220kV 变压器高压绕组采用部分并联电容补偿（如端部带静电板）、全连续、全纠结及纠结－连续或内屏－连续等绕制方式，从而减小冲击电压作用下主、纵绝缘过电压，提高变压器的绝缘可靠性，缩小绕组尺寸，降低成本。

就雷电截波而言，不同过截波零点换位系数 0.3 或 0.4，不同截波冲击预先放电时间 2.5 或 5.0，绕组段间（或饼间）仅首端绝缘安全系数相差很大。通过比较，不同全波波前时间为 1.2 或 2.4，绕组段间（或饼间）绝缘安全系数相差很大，约 20%。

准确掌握雷击过电压在电网传播中的响应特性，利用变压器绕组内冲击电压软件进行计算，对改进 110、220kV 变压器纵绝缘结构尺寸和提高可靠性有指导意义。对每份设计计算单，都利用绕组内冲击电压软件准确计算绕组各部位的电压梯度、作用时间和安全系数，并据此确定各部位绝缘，调整主、纵绝缘距离，使设计更加合理、可靠。

4.9 雷电定位测量系统

4.9.1 雷电定位系统概况和现状

雷电是积蓄巨量电荷的雷云在极短时间内释放出巨大能量的过程，形成的大电流和高电压具有极强的破坏能力，因而给人类的日常活动带来了极大的影响和威胁。因其影响面大，受到了气象、航天、航空、电力、石油诸多部门的广泛关注，其中，电网因其具有广域分布特征、几何尺度达数百甚至数千千米，更易受到雷电的冲击。

有效的雷电监测是进行雷电防护的基础。现代雷电遥测定位技术在 20 世纪 70 代末由美国科学家提出，并在 90 年代建立了全美国统一、布置合理的国家雷电监测网。20 多年来，随着科学技术的发展和自身不断完善，雷电定位系统（lightning location system，LLS）已广泛应用于航天航空、减灾防灾、保险理赔和电力行业，特别是全球电力系统的广泛采用，极大地推动和提高了 LLS 定位精度和探测效率。中国在 20 世纪 80 年代从美国引进了雷电定向定位系统设备，同时开展自主研发，并于 1993 年研制出第一套投入工程运用的 LLS 设备，现已建成覆盖 25 个省份的雷电监测网以实现电网系统联网监测与信息共享。

LLS 是一套全自动、大面积高精度、实时雷电监测系统，能实时遥测并显示云对地放电（地闪）的时间、位置、雷电流峰值和极性、回击次数以及每次回击的参数，雷击点的分时彩色图能清晰显示雷暴的运动轨迹。LLS 可实时监测电网雷电活动，掌握雷电运动发展趋势，进行雷电预警，供电力调度部门制订预案，安排运行调度计划，快速查询输电线路雷击故障点，鉴别雷雨季节期间输电线路故障性质。同时，LLS 测量的地闪时间和位置、雷电流幅值和极性等数据一直以来都是防雷工程界既依赖又十分贫乏的基础数据。LLS 长期监测形成的资料是雷电工程技术领域的重要资源。经过多年发展，LLS 已经成为中国输电线路一线运维人员进行线路故障查找及防雷评估、设计的重要依据。

雷电信号的采集与处理技术对提高雷击定位精度和雷电参数监测预报精度有重要的意义。本书探讨了雷电信号监测定位理论和主要方法，结合具体的科研课题，设计和实现了基于到达时间法（time of arrival，TOA）的高精度雷电信号监测定位系统中雷电信号数据采集、GPS 校频、数据传输等模块，对方案进行了验证，并给出了结论。

4.9.2 探测原理

雷电发生时会产生强大的光、声和电磁辐射，最适合大范围监测的信号就是电磁辐射场。雷电电磁辐射场主要以低频/甚低频（LF/VLF）沿地球表面方式传播，其传播范围可达数百千米或更远，取决于其放电能量。地闪和云闪是雷电放电的主要形态，地闪危害地面物体安全，由主放电和后续放电构成，现代光学观测表明，超过 50%后续放电在接近地面时会挣脱主放电通道，形成新的对地放电点。

LLS 是采用多个探测站同时测量雷电 LF/VLF 电磁辐射场，剔除云闪信号，实现对地闪定位的综合系统。探测站的宽频天线系统和专门设计的电子电路，识别地闪信号并采样地闪每次回击波的峰值，使测量值对应回击波形成的开始部分，即对应相当垂直的回击通道的较低部分，这时相应的电离层折反射、通道的水平分支的影响最小，在理论和技术上保证测量雷击点和雷电流峰值的准确性。

每次闪电持续的时间主要由回击数决定，闪电持续的时间一般在1s以内，平均在0.2s。一个回击的持续时间一般小于0.1ms，回击和回击之间的时间间隔一般为20～200ms，平均值为50～70ms。雷电定位系统所测定的回击放电时间是回击产生的电磁脉冲的第一个峰值到达监测站的时刻，它等于回击发生的时刻加上传播时延。

1. LLS典型定位方法

（1）定向法。定向法原理：地闪磁场辐射波穿过探测站的正交框形天线，在南北与东西方向天线（对应 $X-Y$ 轴）产生的磁场强度分别为 H_{NS} 和 H_{WE}，测量 $\tan\alpha = H_{\mathrm{NS}} / H_{\mathrm{WE}}$，即可求得雷击点A相对探测站的方位角，用2个探测站的坐标和方位角可求得A点坐标，较多观测量可平差求最优值并估计误差。定向定位法原理如图4－43所示。

（2）时差法。时差法定位原理如图4－44所示，图中A、B、C为探测站；设P为地闪位置，测量发生在P处的地闪到达探测站的时刻，每2站有一时间差及对应的距离差，构成一条双曲线，雷击这条双曲线上的某一点。当第3个探测站符合定位条件时，构成了另一条双曲线，2条双曲线的交点P即为雷击点，而P′是2条双曲线另一个数学解，即伪雷击点。4站及以上系统能剔出P′，可平差求最优值并估算精度。

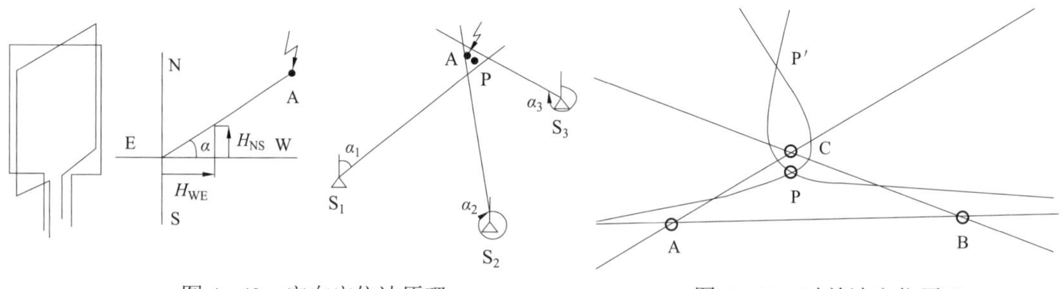

图4－43 定向定位法原理　　图4－44 时差法定位原理

（3）综合定位法。定向法的测向误差较大，需要观测量较少；时差法定位精度高，需要观测量较多。将二者综合优势互补，且在一个站上同时获取方向和时间观测量，可增加观测量，提高精度，解决某些特殊问题（如剔除P′）。综合法是当前使用最广的方法。

2. 到达时间检测法

到达时间检测法（TOA）是一种利用电磁波到达各个雷电探测站点的时间差对雷电定位的多站式雷电定位系统。通过采集雷电事件发生时产生的电磁波信号到达各个探测站点的时间，计算出站点之间的时间差，得到雷电事件发生的三维位置和发生时间。因此，各个站点之间的标准时间差，即站点的同步问题决定了整个系统的定位精度。同时，由于采集的信号是射频信号，在空气中传播时存在大量的无线电波干扰，所以在这种TOA定位的系统中，各站的时间同步性是最重要的。TOA检测法的示意图如图4－45所示。

由图4－46可知，雷电脉冲发生时，其辐射的电磁波信号有四个未知因素，三维的位置（x，y，z）和发生的绝对时间 t，由于事件到达各个站点的时间不同，首先传播到离雷电事件最近的站点，然后是较远的站点。电磁波的传播速度是一定的，必然有

$$c(t_i - t) = \sqrt{(x - x_i)^2 + (y - y_i)^2 + (z - z_i)^2} \tag{4-29}$$

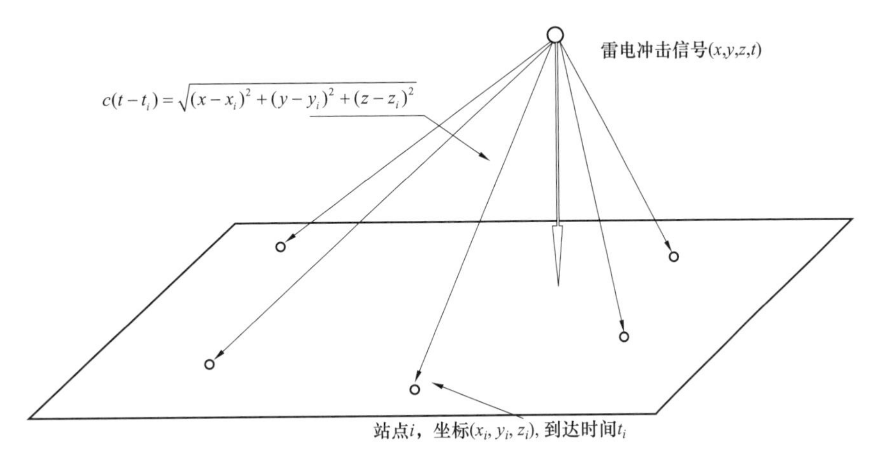

图 4－45　TOA 监测示意图

根据式（4－29）可得

$$t_i = t + \frac{1}{c}\sqrt{(x-x_i)^2+(y-y_i)^2+(z-z_i)^2} \tag{4-30}$$

其中，c 是信号的传播速度，而（x_i，y_i，z_i，t_i）表示第 i 个站点的三维位置和电磁波到达第 i 个站点的时间。

定义

$$r_i^2 = x_i^2 + y_i^2 + z_i^2 \tag{4-31}$$

$$r^2 = x^2 + y^2 + z^2 \tag{4-32}$$

可以得到

$$c^2(t^2+t_i^2) = r^2 + r_i^2 - 2(xx_i + yy_i + zz_i - c^2tt_i) \tag{4-33}$$

把上式中的 i 换成 j，并减去上式，得到

$$c^2(t_i^2-t_j^2)-(r_i^2-r_j^2) = 2[x(x_i-x_j)+y(y_i-y_j)+z(z_i-z_j)-c^2t(t_i-t_j)] \tag{4-34}$$

定义

$$t_{ij}=t_i-t_j; x_{ij}=x_i-x_j; y_{ij}=y_i-y_j; z_{ij}=z_i-z_j \tag{4-35}$$

从而有

$$\frac{(r_i^2-r_j^2)-c(t_i^2-t_j^2)}{2} = xx_{ij}+yy_{ij}+zz_{ij}-c^2tt_{ij} \tag{4-36}$$

令

$$q_{ij} = \frac{(r_i^2-r_j^2)-c(t_i^2-t_j^2)}{2} \tag{4-37}$$

则有

$$q_{ij} = xx_{ij}+yy_{ij}+zz_{ij}-c^2tt_{ij} \tag{4-38}$$

由上式可以得到一组关于（x，y，z，t）的线性方程组。通过矩阵表示，得到

$$\begin{bmatrix} ct_{ij} & x_{ij} & y_{ij} & z_{ij} \\ ct_{ik} & x_{ik} & y_{ik} & z_{ik} \\ ct_{il} & x_{il} & y_{il} & z_{il} \\ ct_{im} & x_{im} & y_{im} & z_{im} \end{bmatrix} \begin{bmatrix} -ct \\ x \\ y \\ z \end{bmatrix} = \begin{bmatrix} q_{ij} \\ q_{ik} \\ q_{il} \\ q_{im} \end{bmatrix} \tag{4-39}$$

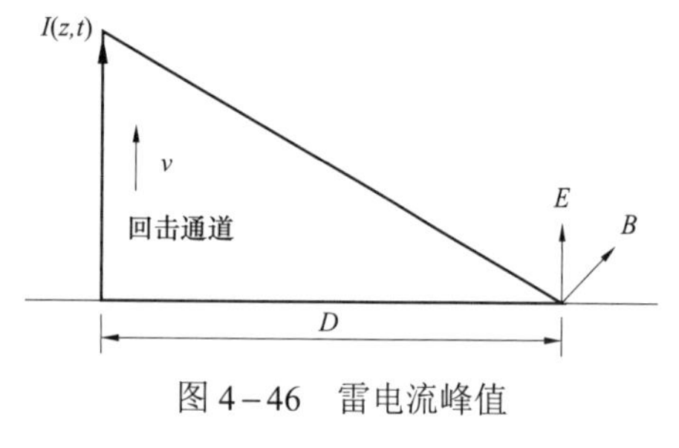

图 4－46　雷电流峰值

对这个矩阵方程求解可以得到到达时间的结果，即雷电时间的定位。

3. 雷电流峰值计算模型

雷电流峰值 I 计算如图 4－46 所示。根据 Uman 地闪回击场电流模型，假设某处的地闪回击通道为电流源且以回击传输速度 v 向上传播，则根据传输线模式在距离 D 产生的辐射场分量为

$$B(D,t)=(\mu_0 v/2\pi CD)I(t-D/C) \tag{4-40}$$

式中：C 为光速，m/s；v 取 1.3×10^8 m/s；μ_0 为空气磁导率，H/m；D 为雷击点到探测站的距离，m。

框形磁场天线的感应电压经过积分、放大后可得到信号强度

$$M=knS\int\frac{\mathrm{d}B}{\mathrm{d}t}\mathrm{d}t=k'B=knS(\mu_0 v/2\pi CD)I(t-D/C) \tag{4-41}$$

式中：k 为积分器放大倍数；n 为框形天线线圈匝数；S 为线圈面积，m²。

$$I=ADM\text{（其中 }A=2\pi C/knS\mu_0 v\text{）} \tag{4-42}$$

显然，不同探测站的 M 有一定分散性，归一化处理是解决多站雷电流计算分散性的合适方法。将加入计算点的信号强度值一并归算至 r 为 100km 处，即探测站信号强度 M 的归一化值 M_{RN} 为

$$M_{\mathrm{RN}}=M(r/100)^b \mathrm{e}^{\left(\frac{r-100}{\lambda}\right)} \tag{4-43}$$

式中，b 和 λ 是需要和雷电流直接测量值比对后选取的，推荐指数 b 取 1.13，A 取 100 000，将式（4－43）代入式（4－42），得 LLS 输出的 $I=AM_{\mathrm{RN}}$。

4. 误差分析

LLS 的定位精度主要取决于探测站测量雷电信号的时钟同步技术与时钟标定技术。目前，以高稳恒温晶体和 20～50ns GPS 授时模块为核心部件构成的守时钟完全能够实现 10^{-7}s 精度，时钟同步已成为成熟技术。相比时钟同步，雷电波到达时刻的标定技术更为关键。频谱丰富的雷电波在传播过程中衰减变形影响，使到达各个探测站的地闪回击特征波波峰点产生不同的后移畸变，导致波峰点时钟标定达 ps 级误差。我国目前有 2 种方法解决雷电波时钟标定误差：① 特征点实时标定技术；② 波形反演方法。前者是依据雷电波主特征频点传播性能优于全信号特性，采用硬件窄波滤波方法摘取雷电波主特征信号点标定，其特点是探测与时间标定同步，减小 75%波峰点时间标定误差；后者是依据探测站遥测的地闪特征波和传播距离，在基于对传播路径、媒介的设定条件下，对地闪特征波峰值点进行反演后再修正时钟标定，该方法的难点是建立雷电波传播路径、传播媒介等的

反演模型。

LLS 通过测量电磁辐射场推算雷电流幅值 I，其幅值误差一直受到关注。Uman 模型于 1975 年提出的，以后陆续有所改进并不断有新的雷电流计算模型产生，但就工程应用，不及 Uman 模型简便。Weidman 和 Willett 等在 1988 年分别对 Uman 模型验证测量结果表明，在回击的起始数微秒内还较准确，随时间的延长，误差逐渐增大。对 I 的测量仍可沿用简单公式，但应实验校核。目前还无法对引起 LLS 雷电流峰值误差因素准确量化，无法给出每次电流值的误差，但用统计学观察，雷电流幅值的概率分布服从统计规律，可供工程应用。

4.9.3 系统结构

1. 探测站结构

信号接收采集系统通过天线捕获高频和低频雷电信号并进行前置滤波和放大，经由同轴电缆送至数据采集系统，由模拟运放对两路模拟信号进行放大，再分别对高频和低频两路模拟信号进行采样并数字化，通过 CPLD 对两路信号进行信息提取、时间定标等处理，并将选择处理后的数据连同时间标记发送到嵌入式 ARM 控制器端，再由 ARM 控制将数据存入移动硬盘。系统流程结构图如图 4－47 所示。

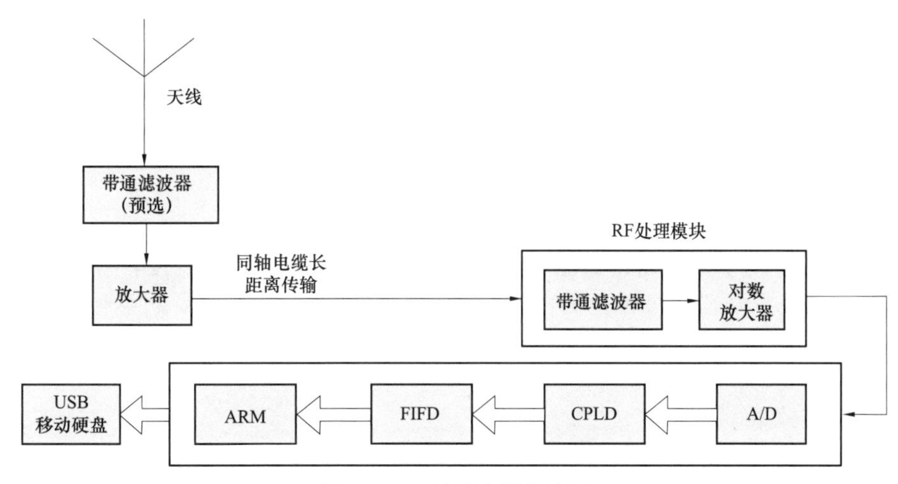

图 4－47　系统流程结构图

2. LLS 系统结构

LLS 系统结构如图 4－48 所示。

4.9.4 应用实例

（1）故障概况。2013 年 6 月 3 日 18 时 25 分，500kV 某线路 C 相故障跳闸，重合成功。站内 1、2 号保护均为电流差动保护动作，故障时负荷－85.25MW，电流 93.75A。

（2）故障测距为：该变电站 1 号保护测距 145.4km；2 号保护测距为 143km；故障录波信息：故障相别为 C 相，测距 140.077km；行波测距信息为距离该站 133.103km。

（3）LLS 查询情况。经查雷电定位系统，故障时间点前后 10min 内，故障线路周边范围 5km 内有 15 处雷电活动记录，其中 18 时 25 分在该故障线路附近有 1 次落雷，最近杆

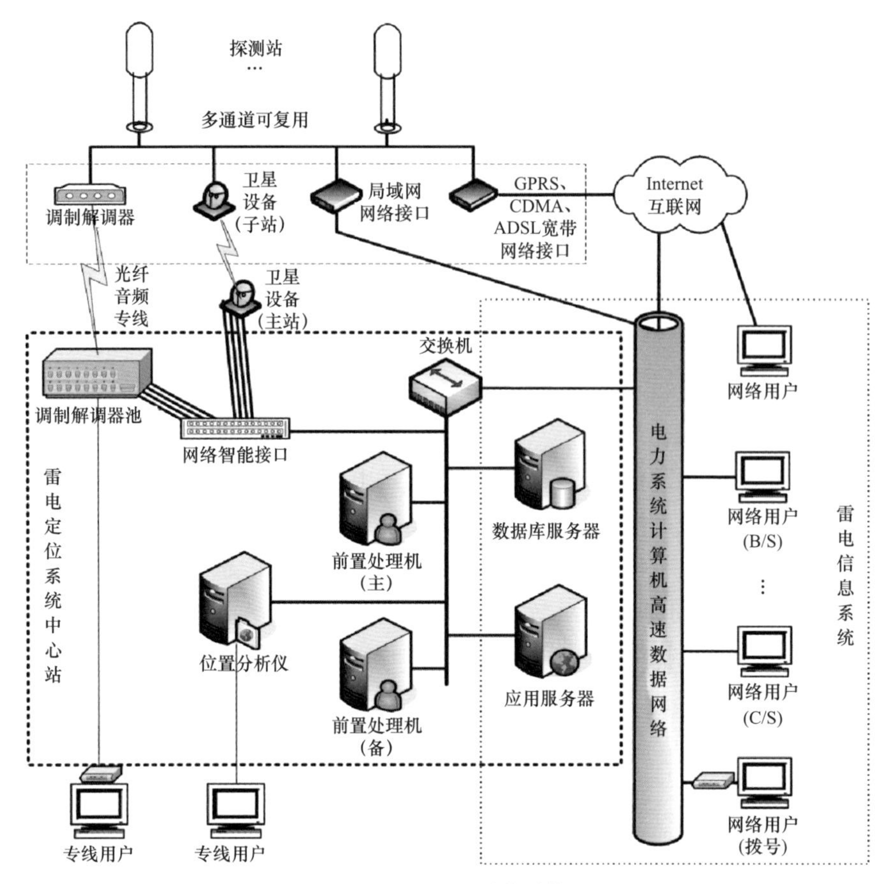

图 4-48　LLS 系统结构

塔为 123 号、124 号。该线路 123 号距离主变电站 134.583km，124 号距离主变电站 134.206km，雷电记录与故障点塔号以及时间、测距信息基本吻合，初步判断该区段因雷击引起跳闸。定位线路图如图 4-49 所示。

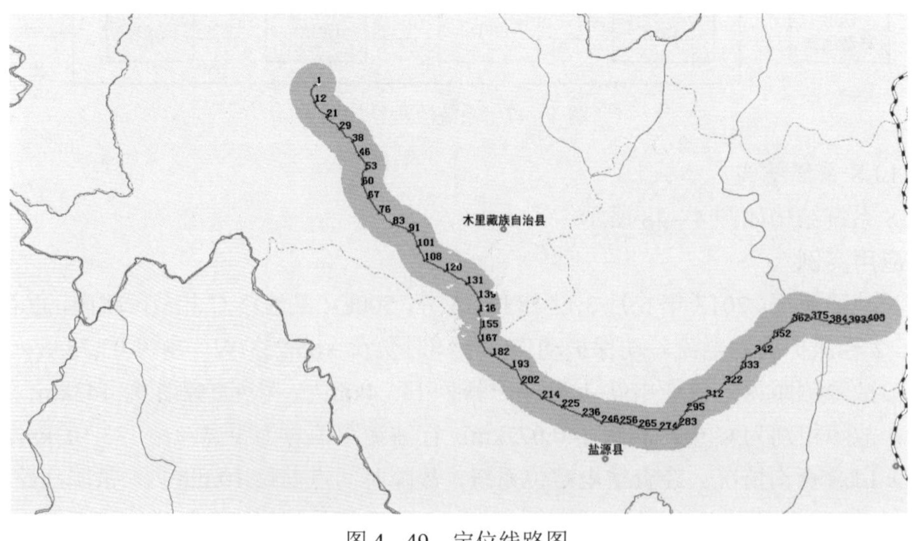

图 4-49　定位线路图

（4）故障巡视结果。2013 年 6 月 3 日 18 时 40 分，根据故障测距数据，故障查找小组制定了以 500kV 故障线路 125 号杆塔为中心，在 112 号～130 号区段分 4 组进行巡视的巡视方案。考虑到现场地形因素，巡检人员初步判断 123、124、125 号杆塔发生故障的概率较高，因此对该区段进行重点排查。6 月 4 日 8 时 50 分，各组陆续抵达故障区段并开展地面检查及故障点查找，同时向线路附近群众询问 6 月 3 日 18 时左右当地的天气情况，据群众反映当时天气为雷雨天气。6 月 5 日 18 时 46 分，各组汇报未发现永久性接地故障。

根据现场巡视时拍摄到的典型放电痕迹照片（如图 4－50 所示），从放电痕迹上分析此次闪络放电通道属于典型的雷击放电通道，并与典型的绕击和反击放电通道相对比，结合考虑故障区段的反击耐雷水平和绕击耐雷水平，通过对地线保护角、杆塔高度、地形、塔型、绝缘配置等进行综合分析，结合雷电定位系统查询到的故障雷电流幅值，判定此次雷击为绕击。

图 4－50　故障线路 123 号绝缘子放电痕迹的局部清晰照片

5

特高压直流输电系统现场典型试验及波形分析

5.1 特高压直流输电系统典型试验波形采集及分析

5.1.1 换流站过电压的分类

目前对换流站过电压的研究主要考虑以下内容：来自换流站交流侧过电压、来自换流站直流侧过电压、来自直流线路过电压。其中，每种过电压又可以分为暂时过电压、操作过电压、雷电过电压。

1. 来自换流站交流侧过电压

（1）暂时过电压：甩负荷时特别是无功负荷消失时引起的过电压、变压器投运时引起的饱和过电压、清除故障时引起的饱和过电压、换流器部分丢失脉冲、换相失败、完全丢失脉冲等故障，引起交流基波侵入直流侧。

（2）操作过电压：由交流侧操作和故障引起的相间操作过电压，可以通过换流变压器传递至换流阀侧。比如线路合闸和重合闸、投入和重新投入交流滤波器或并联电容器、对地故障等。

（3）雷电过电压：主要是交流线路入侵波。由于换流站进线较多且阻尼性质的设备较多，加上换流变压器的屏蔽作用，因此该过电压影响较小。

2. 来自换流站直流侧过电压

（1）暂时过电压：换流器运行时，因各种原因在换流站交流母线上产生的暂时过电压通过换流变压器传导至换流阀，使换流阀承受了暂时过电压。

（2）操作过电压：交流侧操作过电压通过换流变压器传导到换流器。如果此时换流器内部出现短路，将会在直流侧产生较大的过电压。

（3）雷电过电压：由于换流变压器及平波电抗器的屏蔽作用，一般都不考虑该情况下的过电压。

（4）陡波过电压：处于高电位的换流变压器阀侧出口到换流阀之间对地短路时，对阀产生陡波过电压。而直流滤波器将通过平波电抗器放电，其电压加到未导通的阀上，造成雷电波或操作波过电压。

3. 来自直流线路过电压

（1）雷电过电压：直流线路上的直击雷和反击雷在直流线路上产生雷电过电压，此过电压沿线路侵入直流开关站或换流站。

（2）操作过电压：双极运行时，一极对地短路，健全极产生操作过电压。

4. 特高压直流输电操作过电压

（1）交流系统故障。交流系统故障是电力系统常见的故障之一，当故障发生在换流站交流出线靠近换流母线侧时，产生的过电压较高。对控制保护系统的要求是：直流系统在发生交流接地故障时，直流系统保护不动作；当交流系统断路故障清除后，直流系统应该能迅速恢复输送功率，交流系统能保持稳定。

（2）直流系统保护动作而进行的紧急停运。直流系统停运包括正常停运和紧急停运两种。

直流系统正常起停原理：直流系统的起动，采用逐渐升压的方式，以免产生过电压。通常采用逐渐增大整流器电流调节器的电流整定值，使整流器的直流电流逐渐增大的方法起动。起动的过程大致如下：首先起动逆变器，并使β角等于最大的上限值（上限值小于或等于 90°），然后按α=90°触发整流器，同时使调节器的电流整定值按指数上升。通过电流调节器的作用，整流器的直流电流也跟随上升。在逆变侧，当直流电流达到一定数值时，起动装置便自动逐步减小β角。一直到直流电流抵达额定值，这种起动方式称为软起动，起动时间一般为 100～200ms。

直流系统的停止，可采用与软起动类似的方法，通过整流侧电流调节器，使直流电流跟随整定值逐步下降。这时逆变侧的电流调节器也跟随着使β角加大，直至达到上限值。当直流电流等于零时，停送换流器的触发脉冲，停止过程结束。

直流系统紧急停运（emergency switch off sequence，ESOF）包括整流站紧急停运和逆变站紧急停运。整流站紧急停运，则换流阀立刻闭锁，此时在直流侧无过电压；若是逆变站紧急停运，则首先在逆变站投入旁通对，然后整流站阀闭锁（整流器的触发相位迅速增加，使其转入逆变运行状态，于是平波电抗器和线路电感、电容中存储的能量迅速送回交流系统。当电流下降到一定程度时整流侧阀闭锁）。在上述两种紧急停运工况下，由于交流母线上无功补偿设备不能立即切除，均可能产生在交流侧较高的过电压。

（3）带电投交流滤波器、直流滤波器。直流系统运行中，两侧的换流站都需要吸收一定的无功。直流系统在两侧换流解锁前很短的时间内先投入一组交流滤波器组，解锁后立即投入另一组交流滤波器组。此称为最小滤波器组配置。随着直流输送功率和直流电压等条件的变化，投入的交流滤波器组数也相应增加或减少，以满足直流系统的无功和谐波要求。

投交流滤波器操作在交流母线和交流滤波器设备上产生暂态过电压，其过电压的大小与避雷器保护水平、断路器投入相角和滤波器参数等因素有关。如断路器带有选相合闸功能则能降低合闸过电压。以某+500kV 直流工程为例，断路器采用 ABB 的 SF_6 断路器，交流滤波器合闸在交流母线产生的过电压相对地最大值为 1.22p.u.（标幺值）。

投切直流滤波器会在直流设备上产生过电压，某±500kV 直流工程投切直流滤波器在直流极线上产生的过电压为1.29p.u.（直流侧额定运行最大电压1p.u.=500kV）。

（4）丢失触发脉冲（换相失败）故障。在直流系统运行中，有时会因某些操作在逆变站发生换相失败。此外，在系统运行中，两侧换流站的换流阀有时会由于某些原因发生丢失脉冲或换相失败。

直流系统正常运行中由于换流阀丢失触发脉冲而导致换相不正常时，会将工频交流电压引入到直流系统中，从而导致换流站极线、直流滤波器和中性母线上出现较高的过电压，因此需要研究整流站和逆变站换流阀丢失触发脉冲而引起的过电压问题。在研究过程中应考虑长时间丢失触发脉冲导致直流闭锁情况下产生的过电压。

（5）直流侧接地短路故障。包括换流站出口和直流线路中点对地故障、阀桥和换流变压器至阀桥引线故障时引起的过电压研究。

（6）大地运行方式转金属运行方式。直流系统在大地运行方式下，两侧换流站中性母线经几十千米接地极线路到接地极，因而，两侧换流站中性母线的电位均是直流电流流经接地极线路上产生的压降，电压降较低，所以，单极大地运行方式下，两侧换流站中性母线的电压较低。

在单极金属运行方式下，逆变站一点接地，整流站中性母线上的电位则是极线电流流经直流线路上的电压降，由于直流线路较长，故整流站中性母线上的电位有一定的升高，其电位升高值与极线电阻和流经极线电流的大小有关。因此在单极大地运行方式转金属运行方式时会产生过电压。

（7）逆变侧最后一台断路器跳闸。逆变侧最后一台断路器跳闸（the last breaker trip），由于直流保护动作需要一定时间，此时交流母线上连接着交流滤波器而直流系统仍在运行，因此会在交流场设备及直流换流器上产生很高的过电压，对于直流输电系统换流器和交流场设备是一个严峻的考验，也是系统调试中一个重点试验项目。

5.1.2 换流站过电压测试方法及原理分析

目前成熟应用的过电压测试方法主要有经电压互感器的二次侧分压进行故障录波和经变压器套管末屏分压器进行故障录波，但是这两种方法都存在一定的问题。前者问题主要是：互感器到故障录波器存在滤波装置，故障录波器1ms采集4个点，采样率过低，就算绕过滤波装置，互感器由于铁芯频率响应差及饱和特性，以及高频下杂散电容影响，雷电过电压及断口重燃弧（特快速过电压等）。后者主要问题是：套管末屏分压器与故障录波器之间存在滤波装置，在某±800kV换流站调试过程中，故障录波器中末屏分压器无法测得暂态过电压，理论上，绕过滤波装置就能记录暂态过电压；线路无法安装末屏分压器时，可选其他分压器做暂态过电压监测。

1. 避雷器计数表两端过电压测试

如图5-1所示，避雷器计数器两端因为并联有硅桥，当电压超过一定值，硅桥会对电压波形限幅，这样不能真实的反应过电压的过程。通过在计数器两端并联电阻或电容，可以把计数器两端的电压控制在硅桥的截波电压以下，这样可以实时地反映过电压的情况。考虑到计数器结构上有氧化锌阀片，而氧化锌阀片主要结构是可变电阻和电容的并联结构，在小电流下阀片的阻抗很大（兆欧级别），因此可以正常情况下的泄漏电流为依据，并估算过电压可能达到的倍数，进而计算出可调电阻和电容的值。测试中可调电阻为 230Ω，电容为 4μF。

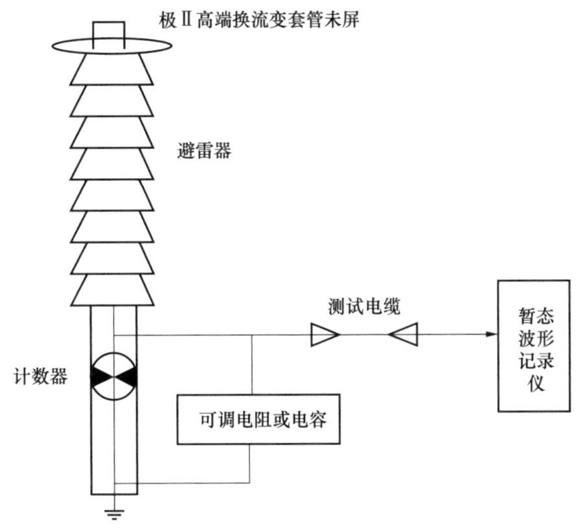

图 5－1　避雷器计数器两端过电压取样接线图

2. 换流变压器套管末屏过电压测试

如图 5－2 所示，采用变压器电容式套管作为分压器的高压臂，在套管的末屏测量抽头处安装标准电容，作为分压器的低压臂电容，形成电容分压器电压传感器。分压器的低压臂电容选择合适的电容量，使低压臂电容器单元上的正常运行电压不大于监测设备正常运行的安全电压。使用该方法进行的测量，不仅操作简单，不需要增减复杂的外围设备，而且电容分压能够较好的保证测试过电压不失真，电容分压的分压比稳定。

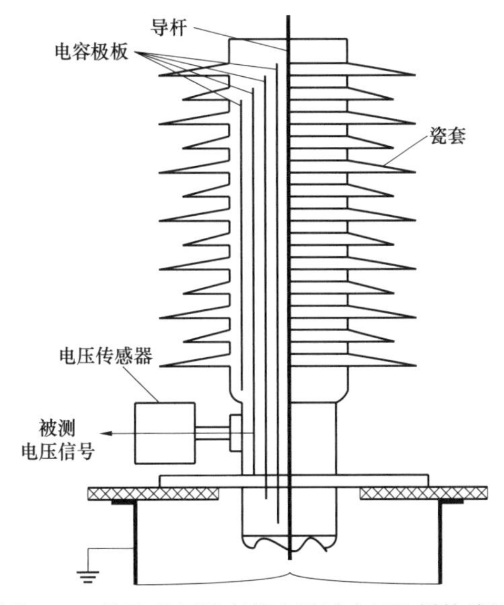

图 5－2　换流变压器套管末屏过电压取样接线图

3. 非接触式无源光纤过电压测试

非接触式过电压传感器主要通过电容分压来完成过电压的取样，通过外加平板与输电线路之间形成杂散电容，该电容作为电容分压器的高压臂，然后在平板和地之间加低压臂电容作为电压的取样，可以方便的调节低压臂电容的大小，从而达到改变输出电压的目的。同时，根据电容的计算公式，也可以改变电容极板之间的距离、极板之间的介质和极板的面积达到改变电容的目的。该方法原理简单、测试过电压的准确定较高、对输电线路本身没有直接影响。但在测试过程中应该解除相间耦合及空间电磁场的干扰问题。非接触式无源光纤过电压测试布置图如图 5－3 所示。

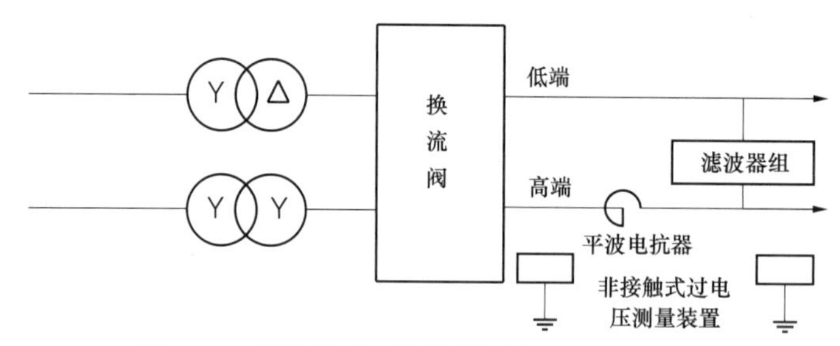

图 5－3　非接触式无源光纤过电压测试布置图

4. 直流滤波器过电压测试

如图 5－4 所示，该图是通过直流分压器来测试直流滤波器各点的过电压情况，两极均装有 2 组双调谐直流滤波器 HP12/24 和 HP2/39。调试阶段中，在两极的 1 组双调谐直流滤波器 HP12/24 上接有测试设备，其位置如图 5－4 所示，过电压测试点如下：

中性母线电压；

直流滤波器 L1 对地电压；

直流滤波器 L2 对地电压；

直流滤波器 L1 两端电压；

直流滤波器 L2 两端电压。

其中，直流滤波器 L1 和 L2 两端的过电压是通过波形处理得到的。

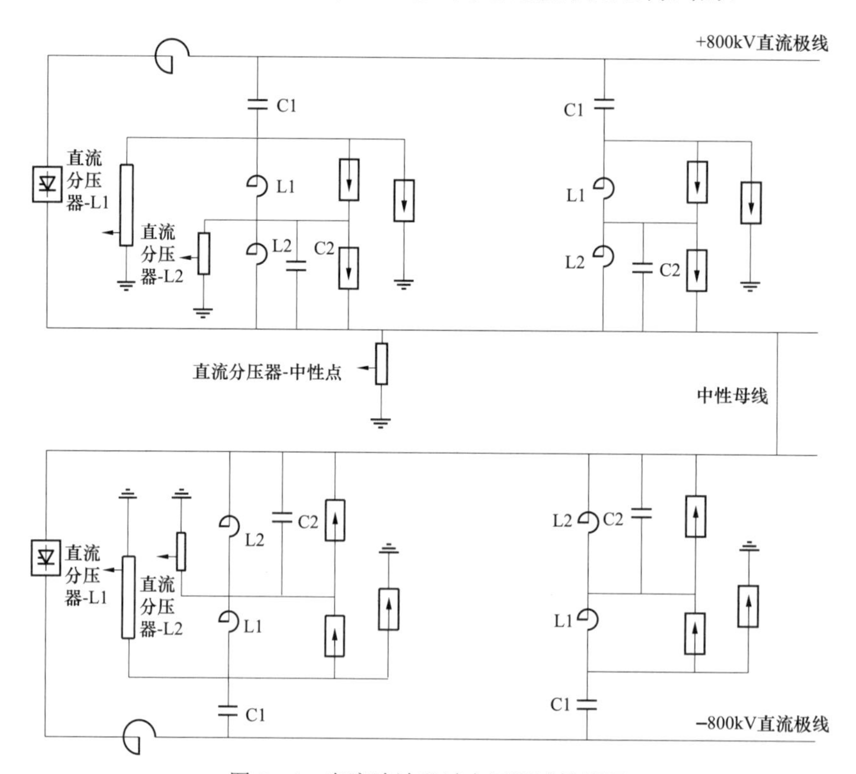

图 5－4　直流滤波器过电压测试接线图

5.2 特高压直流输电系统现场典型试验

5.2.1 换流变压器合闸及分闸和换流器解锁及闭锁

（1）换流变压器合闸及分闸试验如图 5－5 所示，2014 年 3 月 7 日 15：40，稳态运行下避雷器计数器两端交流电压峰值为 1V，切换流变压器时出现操作过电压，各相过电压持续时间 10.02ms，操作后约 5ms 三相过电压同时达到峰值，分别为 0.854、1.296、2.002V。此后经过约 5ms，三相电压信号衰减至零。

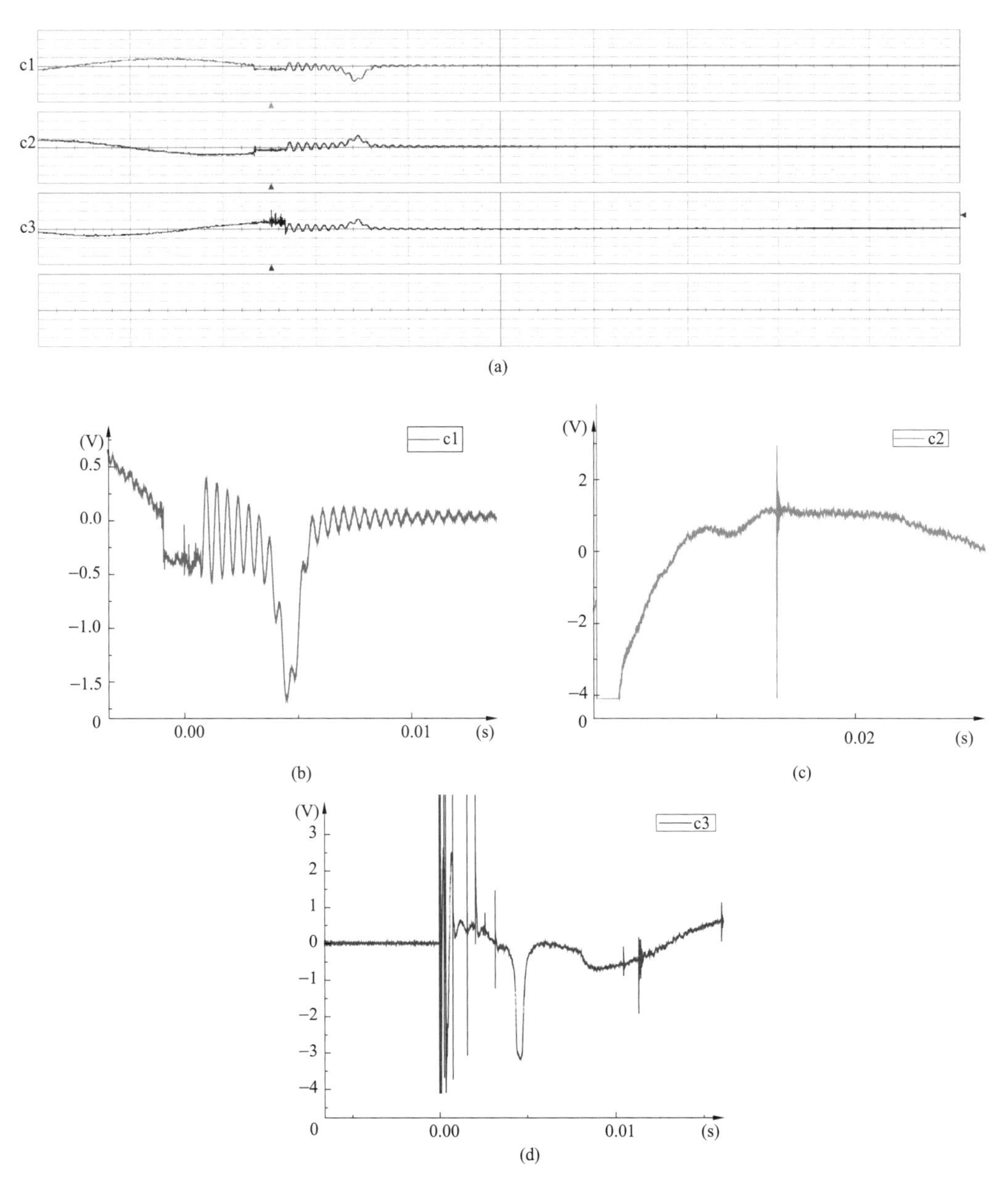

图 5－5　切换流变压器实测波形及局部放大图（第一次）

（a）切换流变压器实测波形；（b）A 相局部放大图；（c）B 相局部放大图；（d）C 相局部放大图

如图 5－6 所示，2014 年 3 月 9 日 19：40，稳态运行下避雷器计数器两端交流电压峰值为 1V，切换流变压器时出现操作过电压，各相过电压持续时间 12.02ms，操作后约 4.86ms 三相过电压同时达到峰值，分别为 2.048、1.942、1.282V。此后经过约 7.16ms，三相电压信号衰减至零。

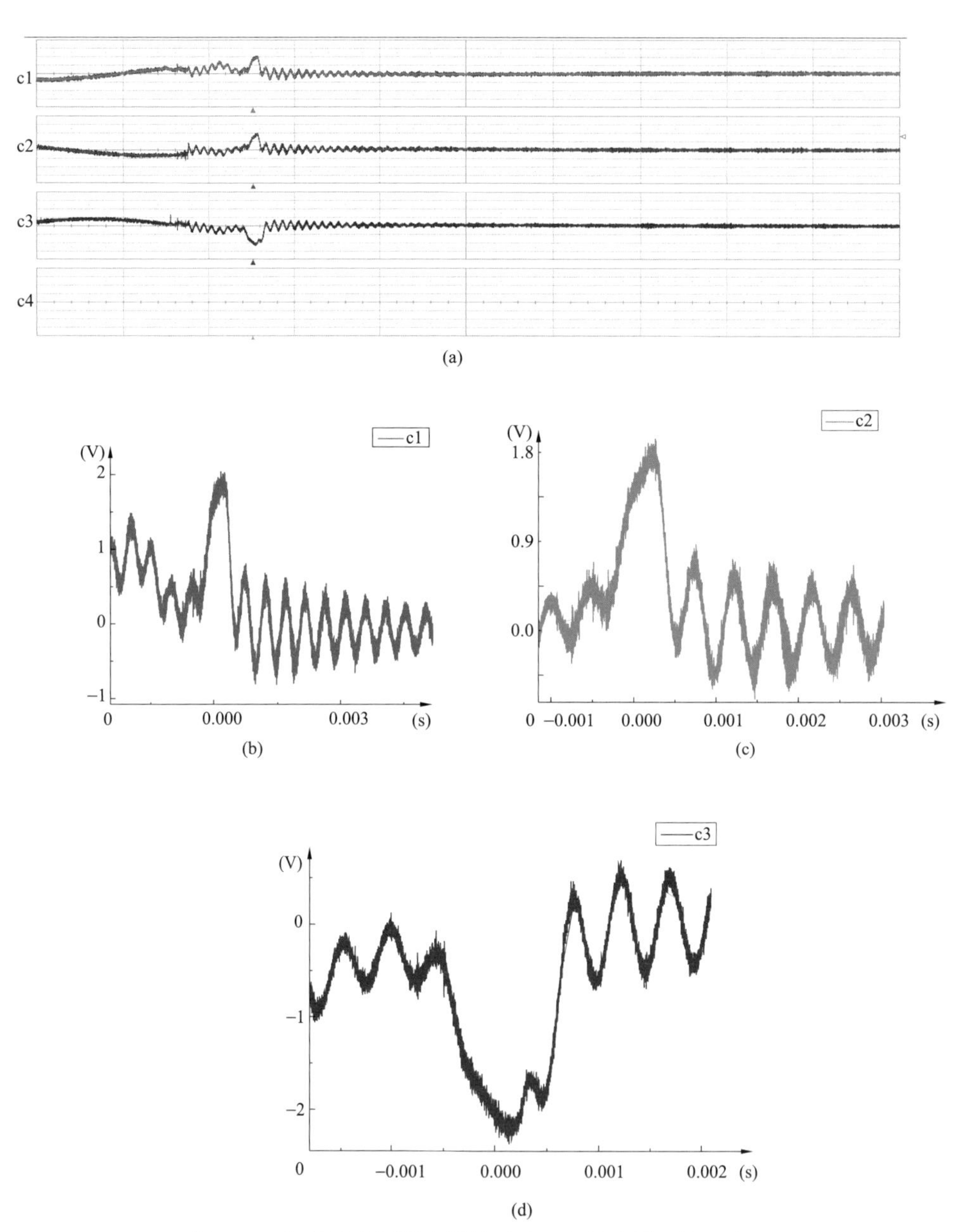

图 5－6 切换流变压器实测波形及局部放大图（第二次）

（a）切换流变压器实测波形；（b）A 相局部放大图；（c）B 相局部放大图；（d）C 相局部放大图

如图5－7所示，2014年3月9日19：44，稳态运行下避雷器计数器两端交流电压峰值为1V，切换流变压器时出现操作过电压，各相过电压持续时间15ms，操作后约5.1ms三相过电压同时达到峰值，分别为1.362、2.364、2.432V。此后经过约9.9ms，三相电压信号衰减至零。

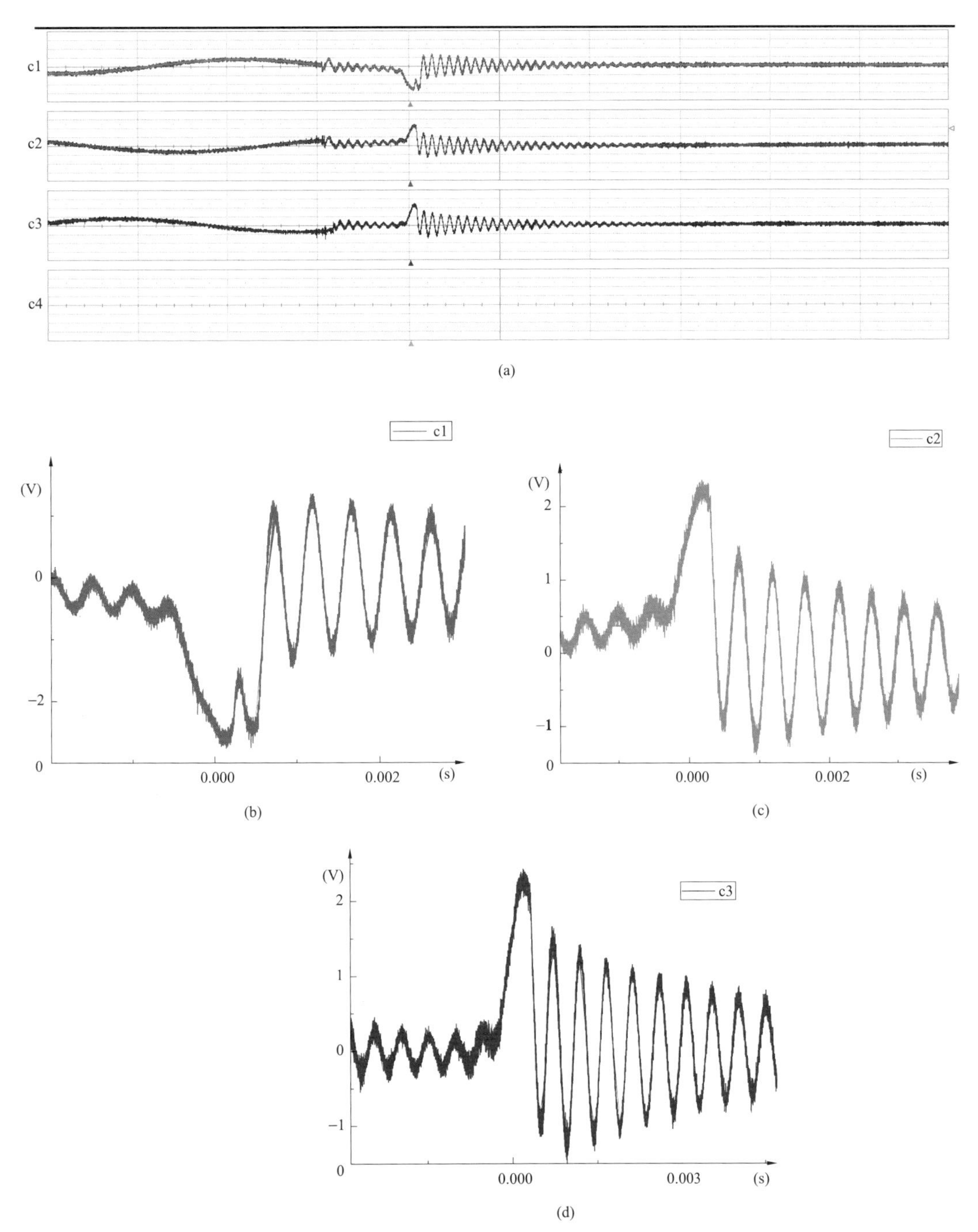

图5－7　切换流变压器实测波形及局部放大图（第三次）

（a）切换流变压器实测波形；（b）A相局部放大图；（c）B相局部放大图；（d）C相局部放大图

切换流变压器产生过电压的原因分析如下：

正常运行时，空载变压器表现为励磁电感。切空载变压器实质就是开断一个小容量的电感负荷，切空载变压器出现过电压的原因在于空载电流过零前被断路器强制熄弧而切断，导致全部电磁能量转化为电场能量从而使电压升高。

电弧熄灭时，变压器对地电容及电感在燃弧阶段储存的能量在变压器内部振荡，对地电容上的电压缓慢变化，从而引起触头间暂态电压的快速上升，且超过了灭弧室介质强度的恢复速度；触头间暂态恢复电压也随其与系统电源之差值而变化，当暂态恢复电压超过触头的耐压强度后电弧重燃。重燃连接了断路器两端，使触头间的暂态恢复电压又从零开始重新发展。由于真空介质具有很强的灭弧能力，电弧在重燃电流过零前后又瞬时熄灭，重复上述过程，随着触头间距的拉长，当介质强度超过暂态恢复电压，电弧不再重燃而实现完全分断。几组相同的操作过电压幅值有所不同，原因在于切除变压器的时起始相位不同。

（2）操作名称：投换流变压器。如图 5－8 所示，2014 年 3 月 7 日 11：15，稳态运行下避雷器计数器两端交流电压峰值为 1V，投换流变压器时出现操作过电压，操作后产生频率为 0.6～1.5kHz 的震荡电压信号，最大的过电压幅值约为正常母线电压的 4.2 倍，经过约 8.2ms，三相电压趋于稳定。

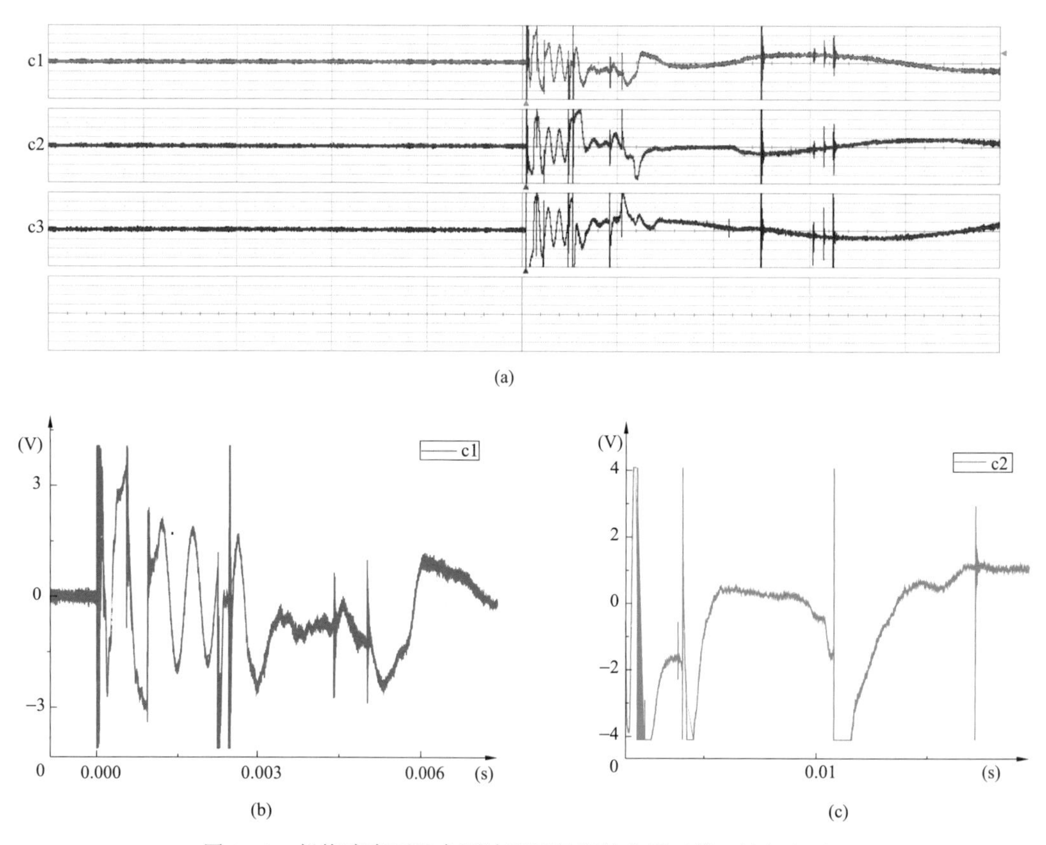

图 5－8　投换流变压器实测波形及局部放大图（第一次）（一）

（a）投换流变压器实测波形；（b）A 相局部放大图；（c）B 相局部放大图

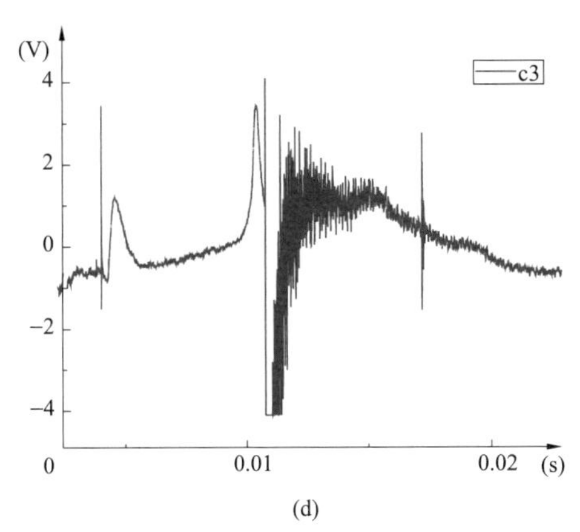

图 5－8　投换流变压器实测波形及局部放大图（第一次）（二）

（d）C 相局部放大图

如图 5－9 所示，2014 年 3 月 7 日 15：47，稳态运行下避雷器计数器两端交流电压峰值为 1V，投换流变压器时出现操作过电压，操作后产生震荡过电压信号，最大的过电压幅值在 C 相测得，约为正常工作电压的 3 倍，经过约 13.4ms，三相电压趋于稳定。

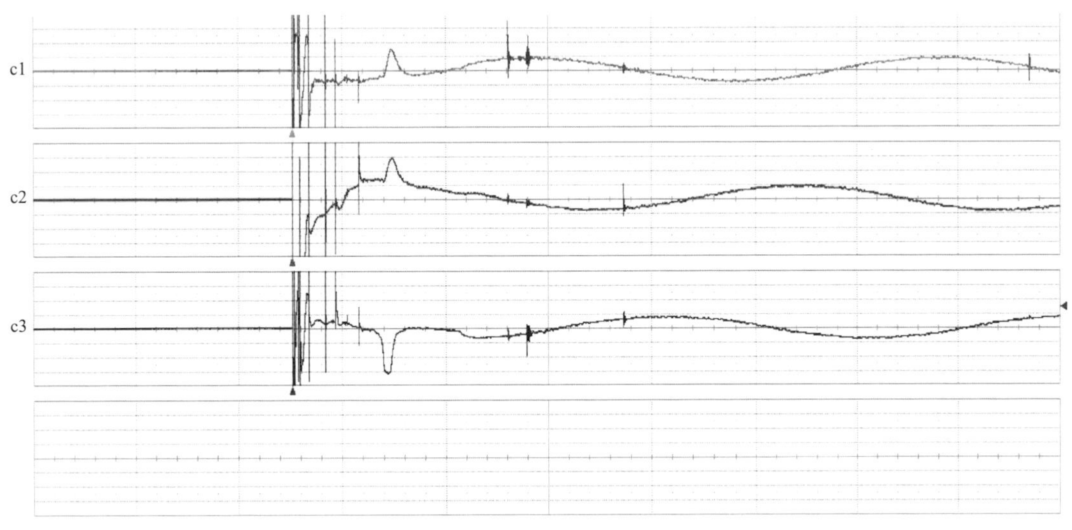

图 5－9　投换流变压器实测波形及局部放大图（第二次）

合闸空载变压器产生过电压的原因分析：

在变压器空载合闸时产生励磁涌流，其值高达变压器额定电流的 6～8 倍，比变压器的空载电流大 100 倍左右，在最不利的合闸瞬间，铁芯中磁通密度最大值可达 $2\Phi_m$，这时铁芯的饱和情况将非常严重，铁芯越饱和，产生一定的磁通所需的励磁电流就越大，由于变压器内阻及线路电阻的存在，合闸冲击涌流会随时间衰减。合空载变压器过电压与铁芯饱和程度有关，同时和铁芯的剩磁以及合闸时电压的相角有关。此次试验未监测到谐振过电压。同时，空载变压器可以等效为电容设备，在合闸的瞬间，由于开关对电容进行充放电操作，以及电压波的折反射，在合闸的过程中出现了快速暂态过电压，该过电压的特点为：频率较高，幅值较大。

（3）换流站极Ⅰ低端换流器解锁试验如图 5－10 所示，2014 年 3 月 16 日 22：42，稳态运行下避雷器计数器两端交流电压峰值为 1V，宜宾换流站下令极Ⅰ低端换流器解锁，电流控制模式，定值 500A（200MW），功率正送，解锁成功，各相过电压持续时间 4.8ms，动作后三相瞬间产生频率较高的持续性震荡，过电压幅值逐渐降低，趋于平稳。

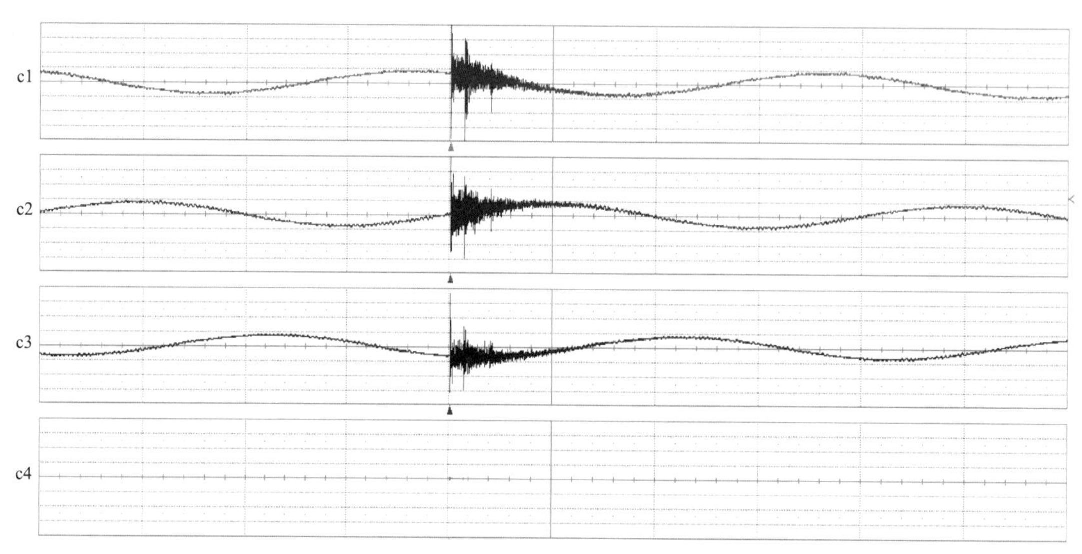

图 5－10　极Ⅰ低端换流器解锁实测波形（第一次）

（4）操作名称：极Ⅰ紧急停运，极Ⅰ功率转至极Ⅱ。

如图 5－11 所示，2014 年 3 月 18 日 20:49，稳态运行下避雷器计数器两端交流电压峰值为 1V，宜宾换流站下令极Ⅰ紧急停运，极Ⅰ功率转至极Ⅱ，各相过电压持续时间 7.9ms，操作后三相过电压经过 1.1ms 达到峰值，幅值分别为 3.05、1.84、2.24V。经过约 6.8ms 时间，三相电压降为 0。

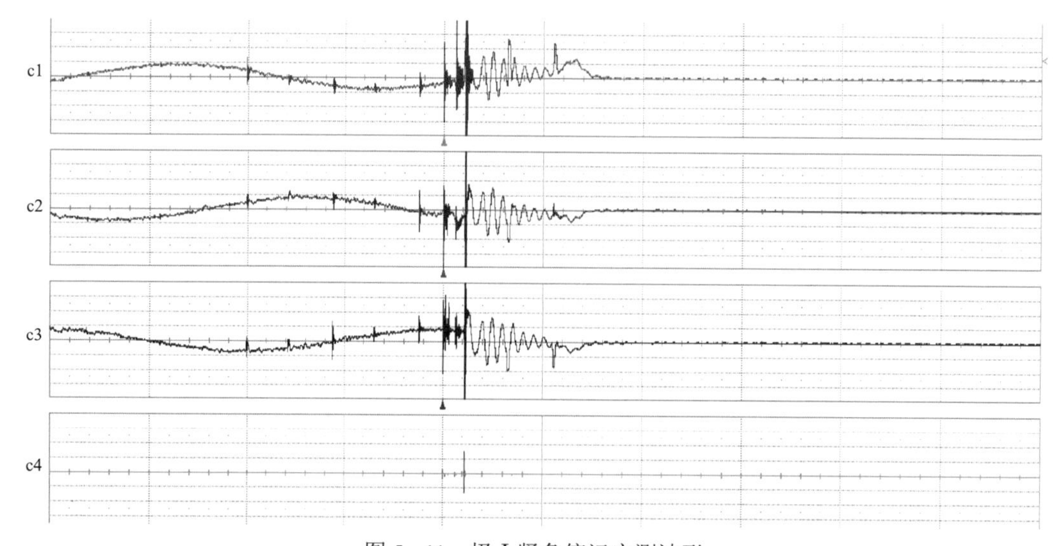

图 5－11　极Ⅰ紧急停运实测波形

5.2.2 人工模拟交流线路单相接地故障和直流线路故障

（1）人工模拟交流线路单相接地故障如图 5－12 所示。

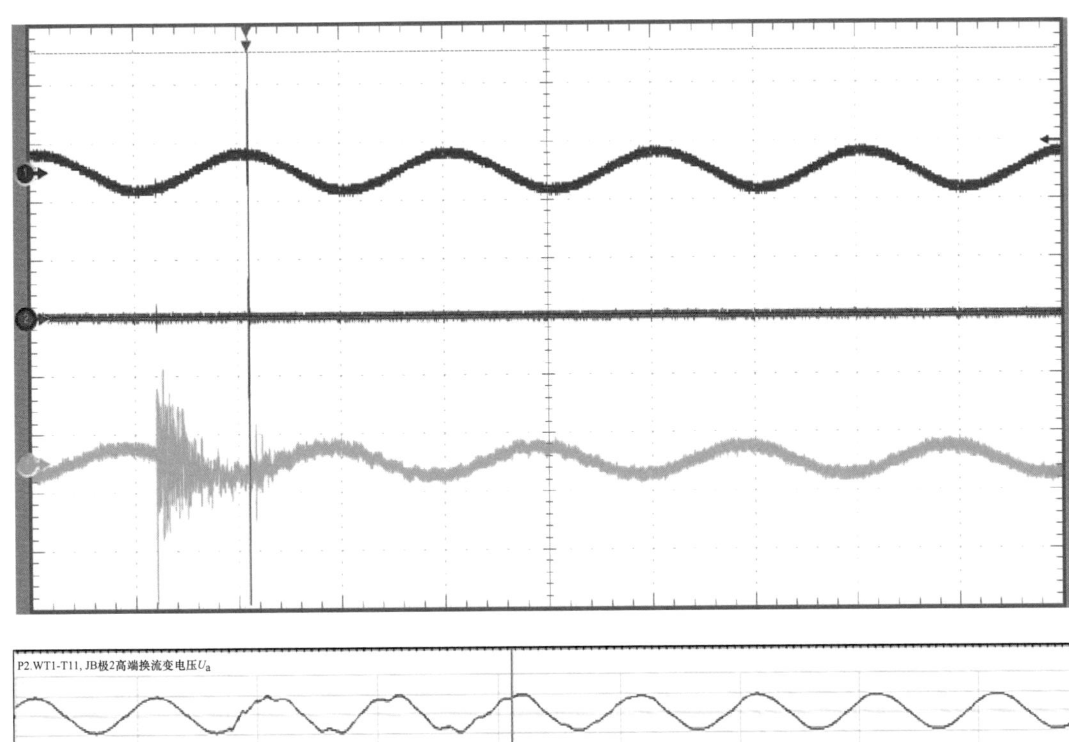

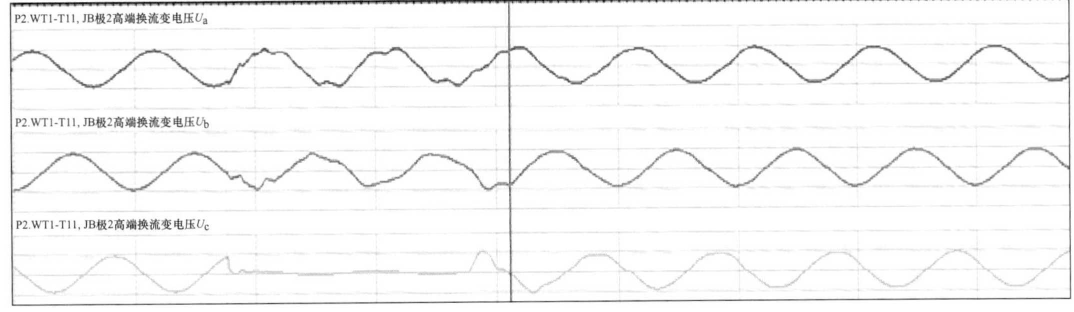

图 5－12　避雷器上电阻取样某站下令在 3 线 C 相进行交流线路瞬时接地故障试验电流峰值 32.6kA

如图 5－13 所示，图（a）为人工模拟交流线路单相接地故障时在避雷器计数器两端测得的过电压波形，采集方式为计数器两端并联 4μF 电容。故障持续时间约 2.5 个周期，由于系统连接方式为中性点接地，故非故障相电压波形基本维持在正常运行状态，或因为中性点的偏移，非故障相波形有微小的波动。图（b）是故障录波屏采集到人工模拟接地故障时交流母线的波形。由两图对比可知：电容上采集到的波形和录波屏基本一致，吻合性较好。

直流线路故障试验如图 5－14 所示，强制移相，极Ⅰ极保护系统 A、B、C 均启动行波保护、电压突变量保护。极Ⅰ极控系统极保护启动线路重启，故障距金华换流站 0.66km，距离宜宾换流站 1651.53km，电流峰值 3984A。

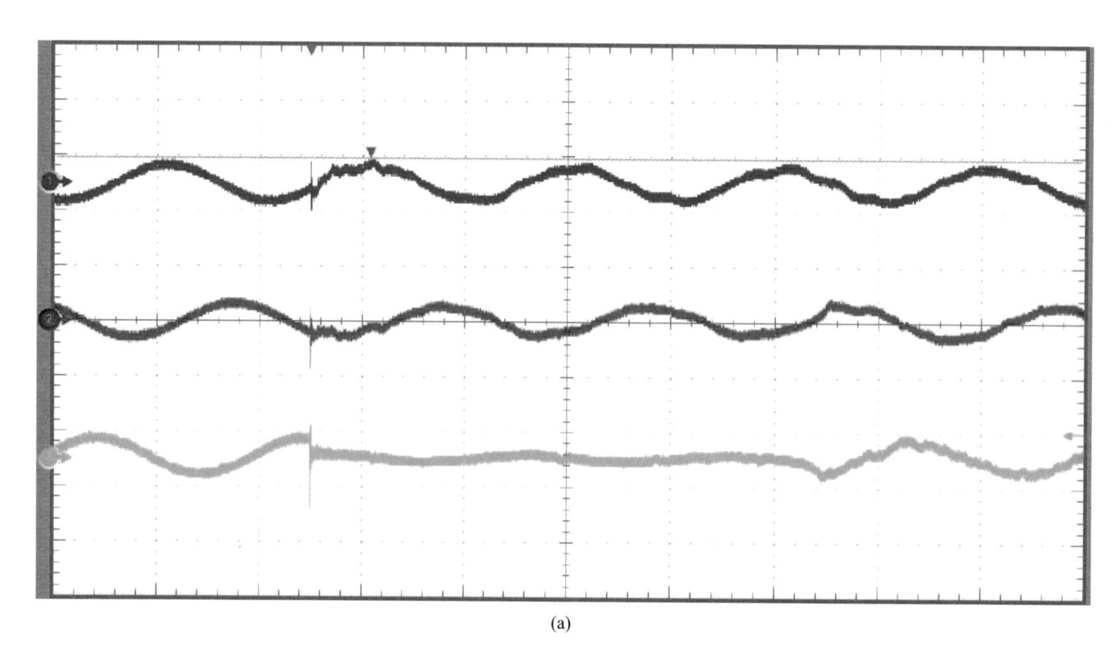

(a)

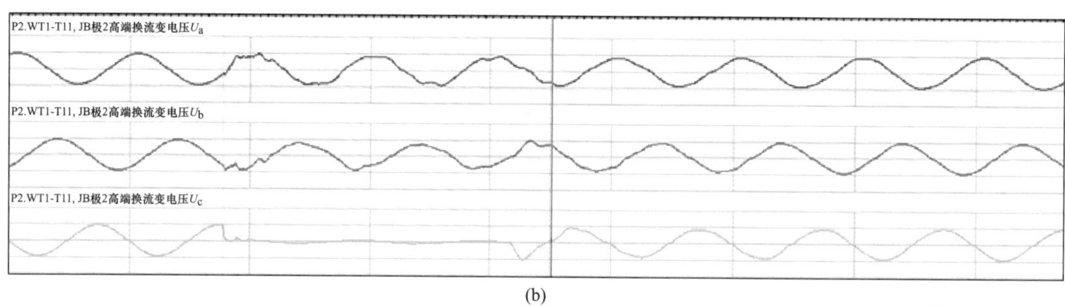

(b)

图 5－13　避雷器上电容取样某线 C 相进行交流线路瞬时接地故障试验，直流侧电流峰值为 4701A

（a）人工模拟交流线路单相接地故障时在避雷器计数器两端测得的过电压波形；

（b）故障录波屏采集到人工模拟接地故障时交流母线的波形

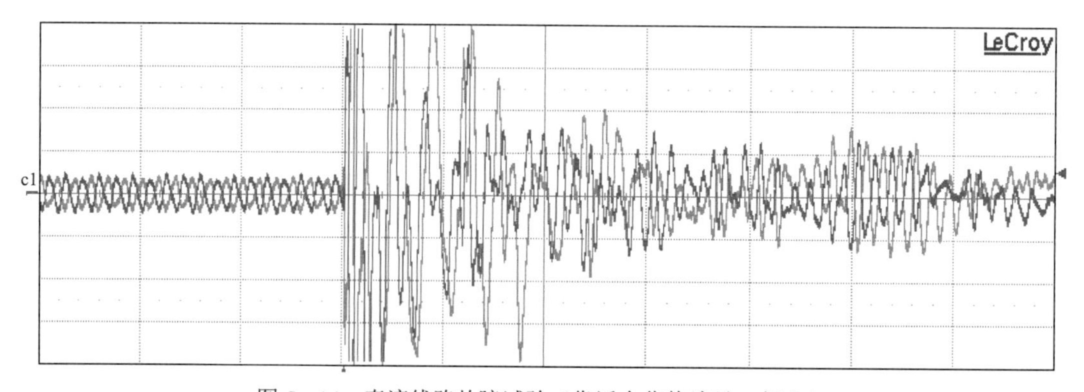

图 5－14　直流线路故障试验（靠近金华换流站，极Ⅰ）

如图5－15所示，极Ⅱ极保护系统，A、B、C均启动行波保护，电压突变量保护，强制移相。电流峰值3233A。故障距金华换流站0.66km，距离宜宾换流站1652km。

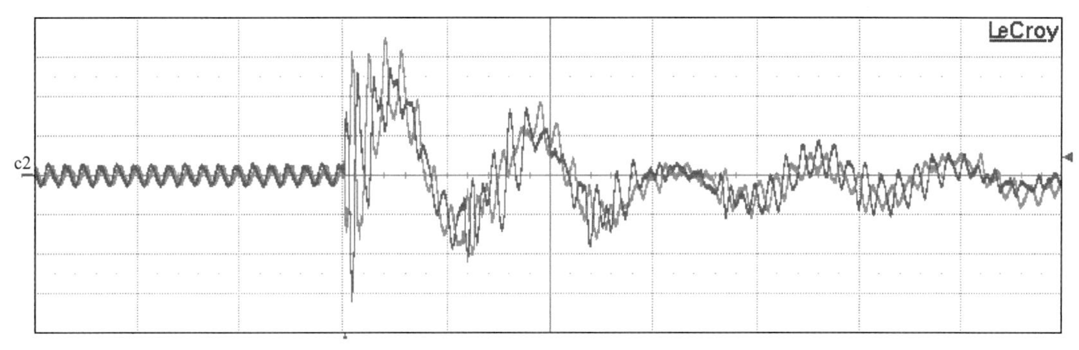

图5－15 直流线路故障试验（靠近金华换流站，极Ⅱ）

（2）直流线路故障试验（极Ⅱ）。

如图5－16所示，极Ⅱ极保护系统A、B、C相均启动行波保护、电压突变量保护，强制移相，电流峰值9717A。故障距金华换流站1644.33km，距离宜宾换流站7.86km。

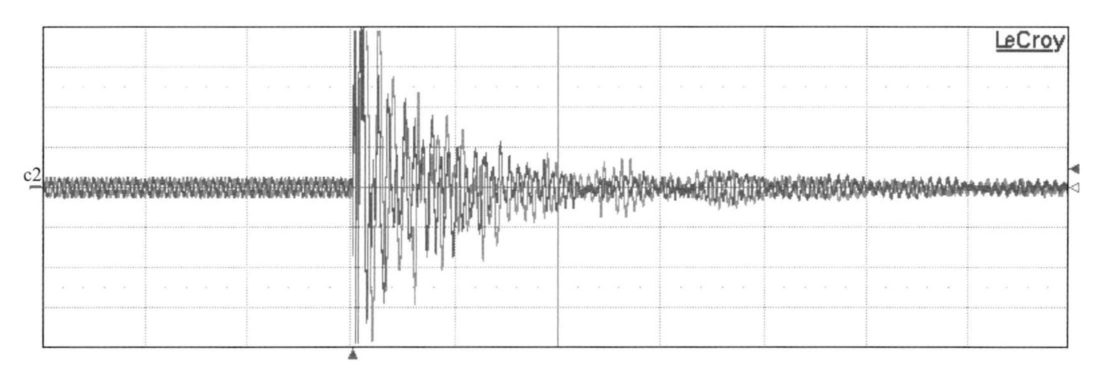

图5－16 直流线路故障试验（极Ⅱ）

（3） 。

图5－17为直流滤波器上测试波形，宜宾站下令溪宾3线C相进行交流线路瞬时接地故障试验，电流峰值32.6kA。

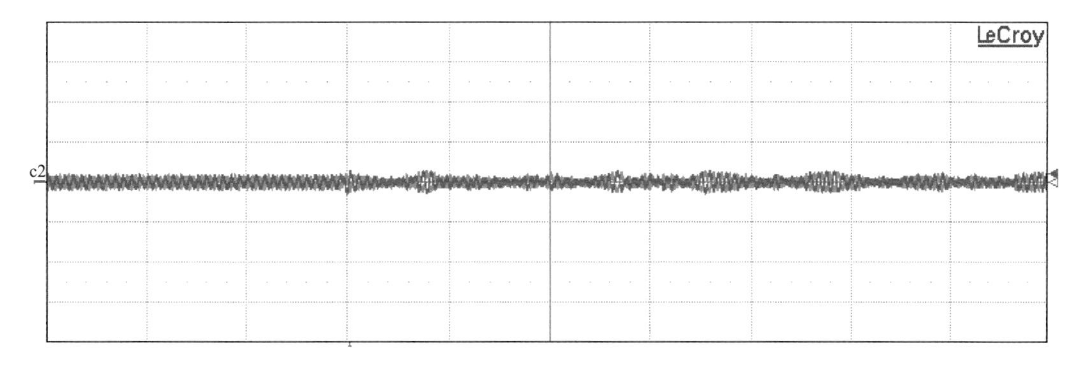

图5－17 换流站侧交流线路故障直流滤波器上测试波形

图 5－17 是通过直流分压器在直流滤波器上采集到的 L1 对地电压，由图可知：交流线路单相接地故障，由于故障波形经过了交流场的滤波作用，直流侧已经未见明显过电压。

（4）直流线路故障试验（功率正送，靠近宜宾站，极Ⅰ）。

如图 5－18 所示，极Ⅰ极保护系统 A、B、C 相均启动行波保护、电压突变量保护，强制移相，电流峰值 9446A。故障距金华换流站 1644.33km，距离换流站 7.86km。

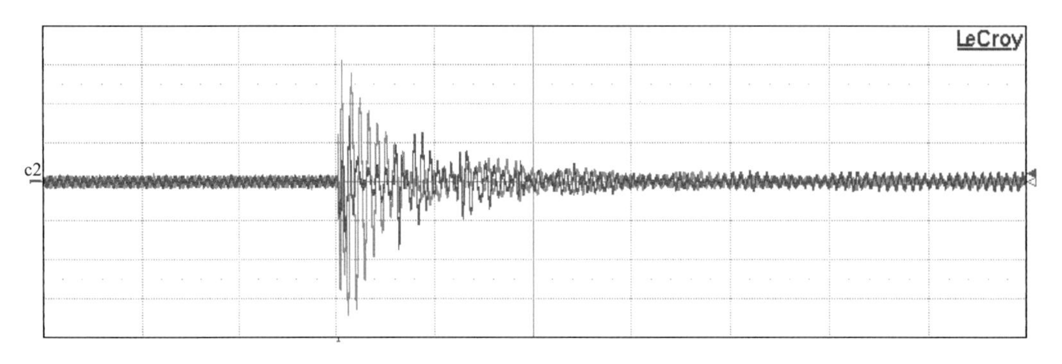

图 5－18　直流线路故障试验（功率正送，靠近宜宾换楼站，极Ⅰ）

（5）模拟直流线路高阻故障极Ⅱ。

单极功率模式所测波形如图 5－19 所示。

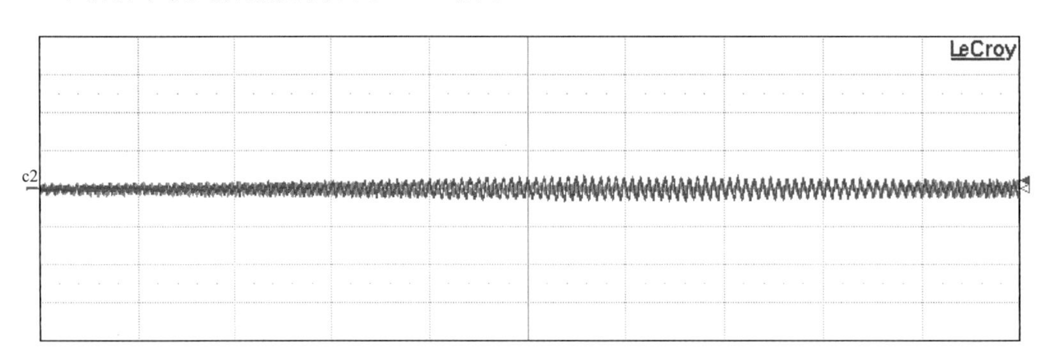

图 5－19　单极功率模式

如图 5－20 所示，双极功率模式，双极功率为 400MW，升降速率为 50MW/min，极Ⅰ极控系统，功率模式。

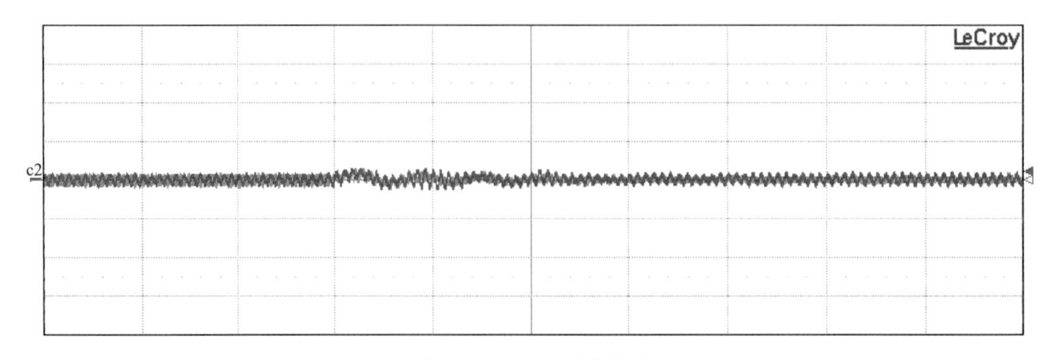

图 5－20　双极功率模式

极Ⅱ金属回线所测波形如图 5－21 所示。

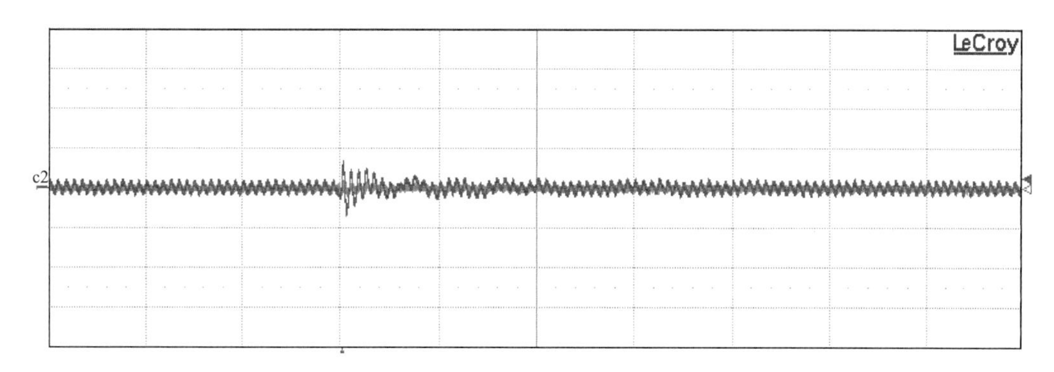

图 5－21　极Ⅱ金属回线

（6）直流线路故障（靠近金华换流站）扰动试验（极Ⅱ）。

如图 5－22 所示，极Ⅱ极保护系统 A、B、C 相均启动电压突变量保护、行波保护，强制移相，电流峰值 4346A。故障距 A 换流站 0.52km，距离 B 换流站 1651.67km。

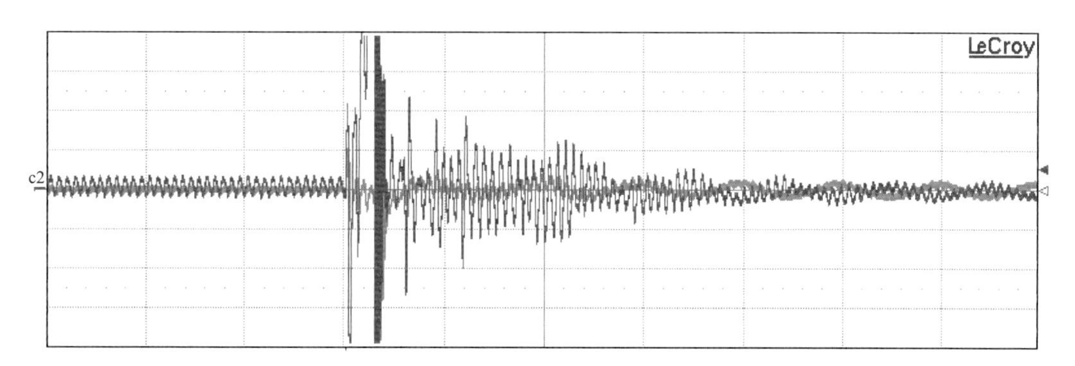

图 5－22　直流线路故障（靠近 A 换流站）扰动试验（极Ⅱ）

（7）B 侧交流线路故障（双高功率反送）。

C 相进行交流线路瞬时接地故障试验所测波形如图 5－23 所示。

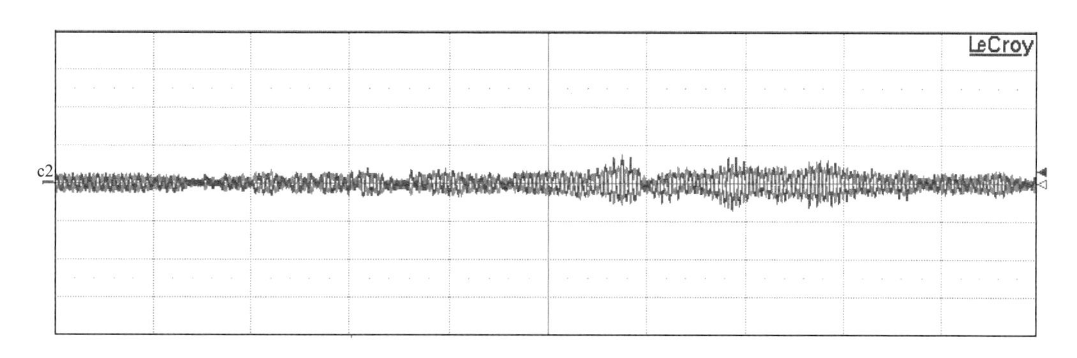

图 5－23　C 相进行交流线路瞬时接地故障试验

在直流场高端调试的过程中，在高端换流变压器母线避雷器的计数器两端进行了过电压的监测，并且将监测结果与录波屏波形进行对比分析，主要的测试内容为：极Ⅱ高端换流变压器充电、换流器解锁、换流器闭锁、换流变压器分闸、交流线路单相接地故障试验。

测试结果表明：避雷器计数器两端测试波形与录波屏采集波形总体上吻合较好，证明了避雷器计数器两端过电压测试方法的可行性。同时，在操作的瞬间，避雷器计数器两端采集到了明显的脉冲信号，脉冲信号的幅值和频率都极高，主要是因为滤波屏的采样率极低，很难采集到脉冲信号，故表明计数器两端过电压测试方法的优越性。在整个避雷器计数器两端监测的过电压幅值均未超过设备的绝缘水平。

过电压数字仿真计算

6.1 过电压数字仿真计算软件

程序 EMTDC（electromagnetic transient in DC system）是目前世界上被广泛使用的一种电力系统分析软件。1976 年，为了研究高压直流输电系统，Dennis Woodford 博士在加拿大曼尼托巴水电局（Manitoba Hydro）开发完成了 EMTDC 的最初版本。随后在曼尼托巴大学（University of Manitoba）创建了高压直流输电研究中心（Manitoba HVDC Research Center），多年来该直流输电研究中心在 Dennis Woodford 的领导下不断完善了 EMTDC 的元件模型库和功能，使之发展为既可以研究交直流电力系统问题，又能够完成电力电子仿真及非线性控制的多功能工具。特别是 1988 年 PSCAD（power system computer aided design）图形用户界面的开发成功，使得用户能方便地输入电气原理图、元件参数以及配置相关的系统参数，使电力系统复杂部分可视化成为可能。此后，EMTDC 一直作为软件的仿真引擎（或称计算内核），完成由图形用户界面 PSCAD 生成的数据文件的计算，并将计算结果交给 PSCAD 显示。发展至今，PSCAD/EMTDC 以其大规模的计算容量、完整而准确的元件模型库、稳定高效的计算内核、友好的界面和良好的开放性等特点，已经被世界各国的科研机构、大专院校所使用。在仿真中，PSCAD/EMTDC 软件将一个网络系统研究所涉及的各部分工作细分为不同的功能块，各功能块内部信息传递简洁明了。

PSCAD/EMTDC 软件分为两个主要部分，其中，EMTDC 是一个离线的电磁瞬时仿真计算程序，是 PSCAD/EMTDC 的仿真核心；另一部分是 PSCAD，作为该软件的图形用户接口，完成所要研究系统网络图的构建、仿真运行和结果分析等任务。在它的帮助下，大大简化了系统的建模过程，并且修改、纠错都很方便，保证并提高了研究工作的质量和效率。PSCAD 与 EMTDC 是相互关联的，它们交互支持并且结合在一起，成为电力系统数字仿真研究的灵活助手。

ATP 软件是目前世界上电磁暂态分析软件（EMTP）最广泛使用的一个版本，可以在大多数类型的计算机上使用。ATP 软件的基本功能是进行电力系统仿真计算，典型应用是预测电力系统在某个扰动（如接地故障或开关投切）后感兴趣的变量随时间变化的规律。

目前，ATP 的数学模型有：集总参数 RLC，多相 PI 等值电路，多相分布参数输电线路，非线性电阻、电感，时变电阻，开关，电压源和电流源等。

ATP 软件还配备有图形输入程序 ATP－Draw，可以直接搭建仿真电路图，输入模型参数，生成仿真输入文件。这样用户不用考虑严格的格式，生成和修改输入文件极其方便。

ATP 软件的仿真模型以及计算结果经过多年考验，得到了学术界的广泛认可。在高电压领域，ATP 常用于铁磁谐振过电压或雷电过电压等暂态过电压的分析与研究。

6.2 操作过电压计算

操作过电压主要包括分闸空载线路过电压、分闸空载变压器过电压、合闸空载线路过电压、合闸空载变压器过电压等，由于过电压过程及机理不同，对于仿真计算采用的参数与特性也有所区别，下面详细介绍各种过电压参数设置及分析各种过电压结果。

6.2.1 分闸过电压计算

对分闸过电压进行计算，首先要分析影响分闸空载线路过电压的因素，包括：断路器的灭弧性能；母线上有其他出线，增大了母线电容；线路侧装有电磁式电压互感器；中性点的接地方式。

【例 6－1】 对一段长 100km 的 500kV 架空输电线路分闸过电压进行仿真分析。

500kV 架空输电线路 JMarti 线路模型：架空线路/电缆［Lines/Cables］→自动计算参数的架空线路/电缆模型［LCC］；双击“LCC”模型，参数设置如图 6－1 所示。

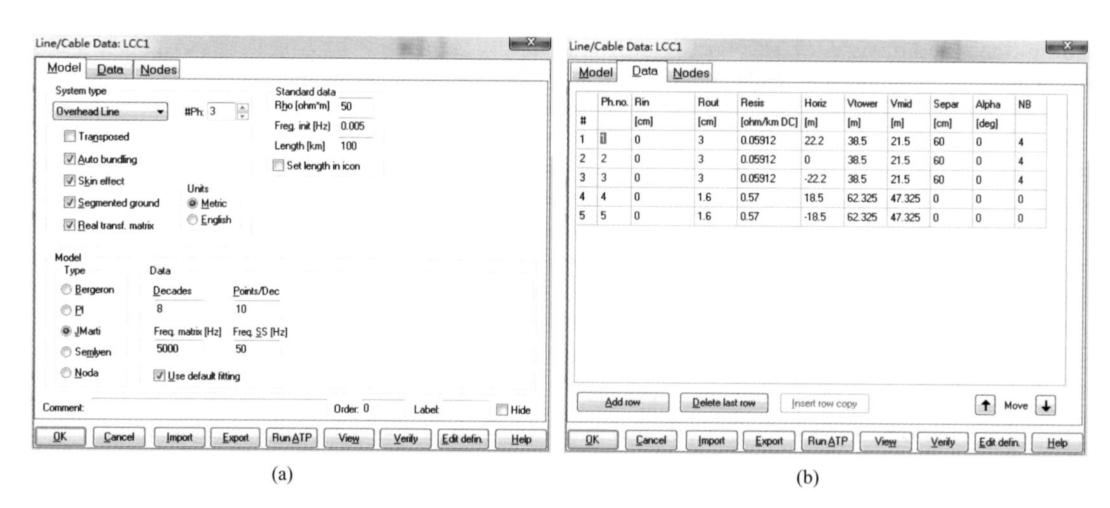

(a)　　　　　　　　　　　　　　　　(b)

图 6－1　500kV 架空输电线路 LCC 模型参数对话框

（a）模型参数；（b）数据窗口

图 6－1（a）为模型参数，其中系统模型（System type）选取架空线路（overhead line），用于 Π 型等值线路的换位检查项（Transposed）不选取，其他项如自动生成、集肤效应等全选。Model/Type 选取 Jmarti 模型；标准参数（Standard data）中土壤电阻率设为 50Ω·m，参数拟合初始的较低频为 0.005Hz，线路长度设为 100km。

图 6-1（b）为架空线路模型的数据窗口，ph.no 为导体相数；Rin 为导体内径；Rout 为导体外径；Resis 为导体直流电阻；Horiz 为距指定相为参考的水平距离；Vtower 为铁塔呼称高度；Vmid 为档距中央的输电线高度；Separ 为导线的分裂间距；Alpha 为避雷线保护角；NB 为导线分裂数。

将 500kV 空载线路的几何数据和电气数据填入后，点击“RunATP”，输入 LCC 文件名后点击“OK”，这样，500kV 空载线路的模型建成，包括 pch 文件、lib 文件和 dat 文件等。

三相交流电源：电源［Sources］→交流电源［AC source（1&3）］。相电压幅值为：$500\times\frac{\sqrt{2}}{\sqrt{3}}\times10^3=408\,248$（V）。

电源内阻抗：线性支路［Branch Linear］→3 相耦合 RLC 支路［RLC 3-ph］，Lines/Cables→Lumped→多相耦合 RL 电路［RL Coupled 51］→3ph.Seq，三相 RLC 中，设置电阻为 200Ω，电感和电容为零；三相等效耦合 RL 电路，$R_0=0.55\Omega$，$L_0=8.98\text{mH}$，$R_+=0.711\Omega$，$L_+=11.857\text{mH}$。

仿真考虑最不利情况，即分闸时电压达到峰值且线路没有装设电抗器，其波形如图 6-2 所示。

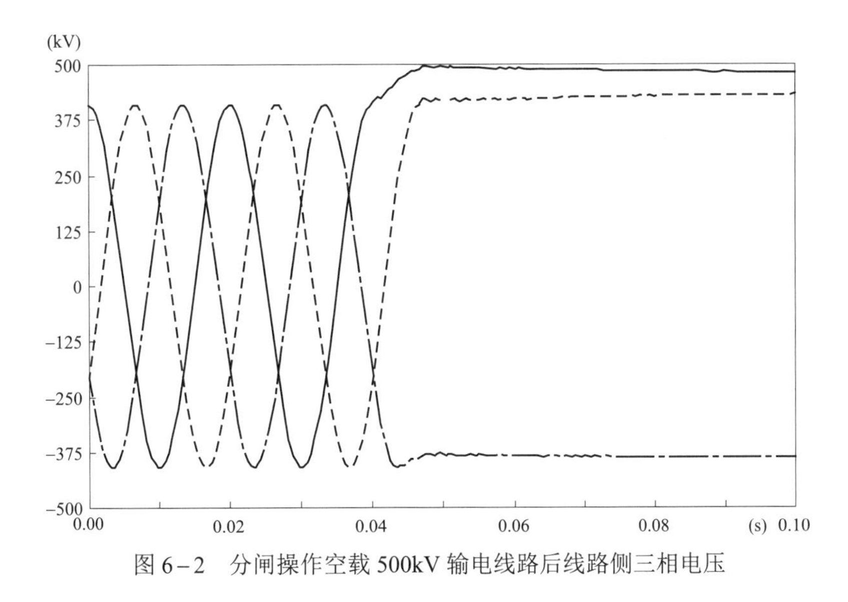

图 6-2　分闸操作空载 500kV 输电线路后线路侧三相电压

由图 6-2 仿真可知，在最不利的情况下产生的过电压为工频电压峰值的 1.34 倍，比装设电抗器时的过电压高出许多。

【例 6-2】对分闸空载变压器进行仿真，并观察其磁链波形。由于变压器自身特性对分闸过电压的影响严重，在仿真之前要充分对变电压特性参数进行了解与设定。

解：选取用户自定义的三相变压器参数计算元件 BCTRAN（路径：［Tansformers］→［BCTRAN］），变压器参数见表 6-1。

表 6-1　　　　　　　　变 压 器 参 数

变压器型号		SFPS9-150000/220	
额定电压	(230±2×2.5%)/121/38.5	额定电流	1124.7（低压）
空载损耗	125.77kW	空载电流	0.51%
阻抗电压	高对中：13.4% 高对低：22.79% 中对低：7.38%	负载损耗	高对中：437.51kW 高对低：127.14kW 中对低：105.97kW

其参数设置对话框如图 6-3 所示。

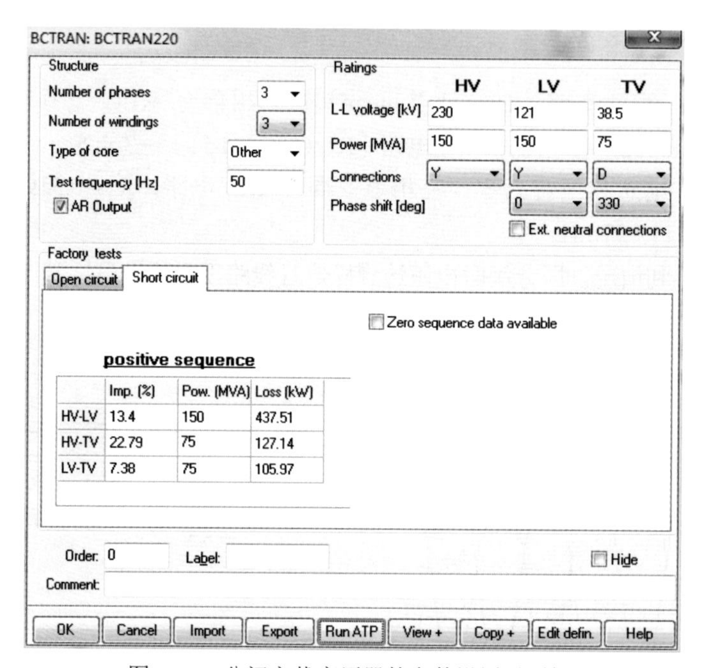

图 6-3　分闸空载变压器的参数设置对话框

相数（number of phases）选 3，绕组数（number of windings）选 3，测试频率 50Hz，高压 230kV，中压 121kV，低压 38.5kV，高、中、低压容量分别为 150、150、75MVA，接线组别为 YNyn0d11。设置完成后点击“RunATP”，输入 BCT 文件名，确认后点击“OK”。

由于 BCTRAN 原件本身没有考虑磁滞饱和的影响，需在低压绕组上增加非线性电感（路径：[Branch Nonlinear] → [L（i）Type96]）支路来模拟铁芯的磁滞饱和效应。变压器铁芯的磁滞回线可基于变压器生产厂家提供的变压器励磁试验数据由 EMTP 支持子程序 HYSTERESIS ROU-TINE 计算求得，或利用厂家提供的 $U-I$ 曲线由子程序 SATURATION 计算求得，其磁滞回线的数据可直接导入 L（i）Type96 原件。基于上述分析可得出分闸空载变压器仿真测试系统如图 6-4 所示。

设置三相开关的断开时间分别为 42.66、36、39.33ms，断开过程变压器高压母线的电压如图 6-5 所示。

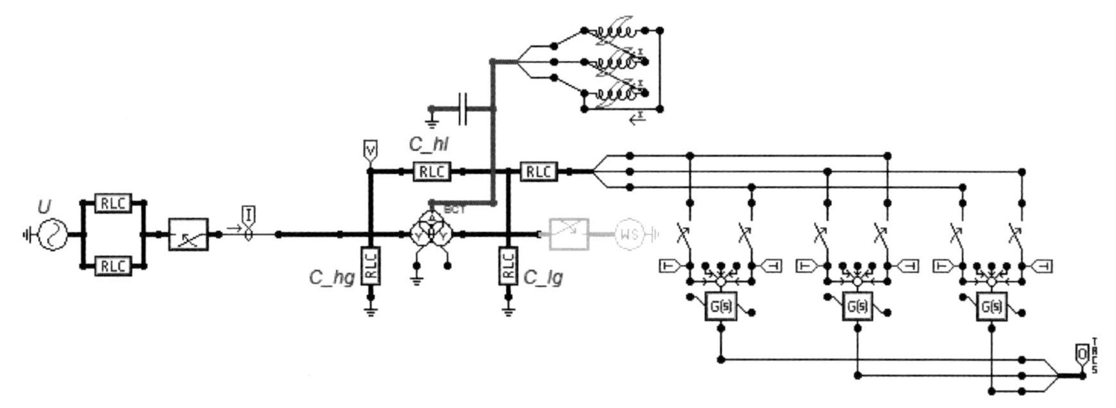

图 6-4　分闸变压器仿真测试系统

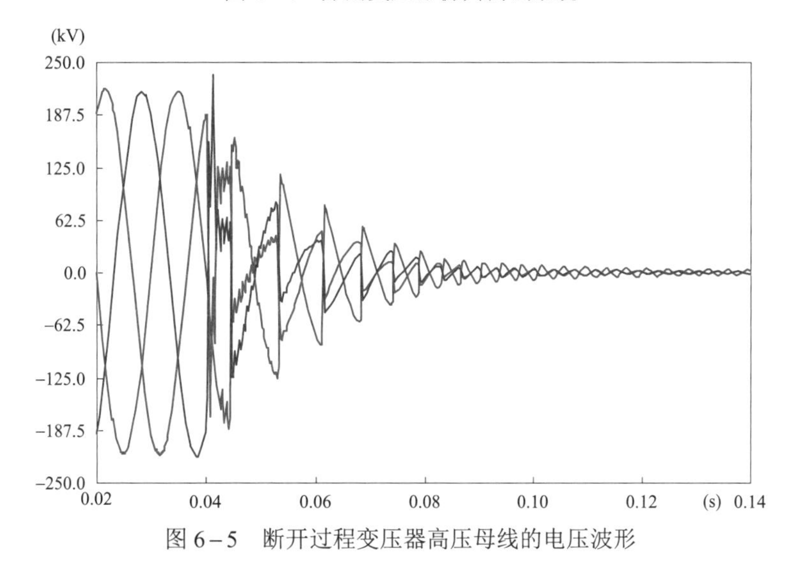

图 6-5　断开过程变压器高压母线的电压波形

三相磁链波形如图 6-6 所示。

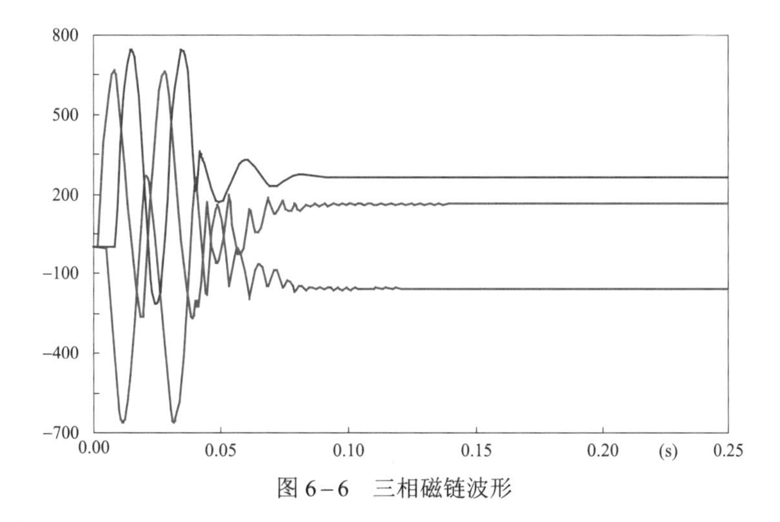

图 6-6　三相磁链波形

6.2.2 合闸过电压计算

合闸过电压主要包括合闸空载线路过电压、合闸空载变压器过电压等，而影响合闸过程中产生过电压的因素有：合闸相位的影响、线路残压的变化的影响、线路损耗的影响。

【例 6－3】对一段长 100km 的 500kV 架空输电线路合闸过电压进行仿真分析。

500kV 架空输电线路 Jmarti 线路模型：架空线路/电缆［Lines/Cables］→自动计算参数的架空线路/电缆模型［LCC］；双击“LCC”模型，参数同［例 6－1］参数，仿真方案为装设合闸电阻以及不装设合闸电阻。

不装设合闸电阻，且合闸在 $\theta=0^{\circ}$ 时进行，其合闸处仿真结果如图 6－7 所示。

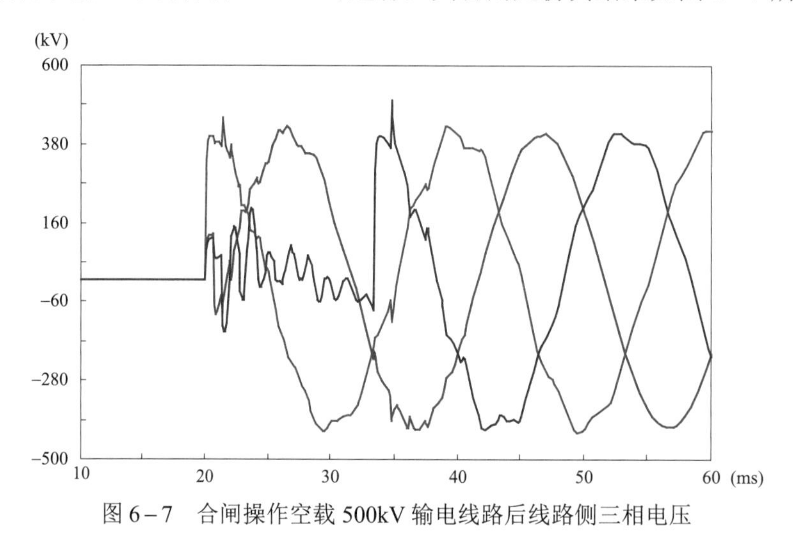

图 6－7　合闸操作空载 500kV 输电线路后线路侧三相电压

从图 6－7 可看到合闸时 A 相最高过电压为 456kV，B、C 两相感应电压，C 相最高达到 502kV。

同时，对线路末端 A 相进行仿真，结果如图 6－8 所示。

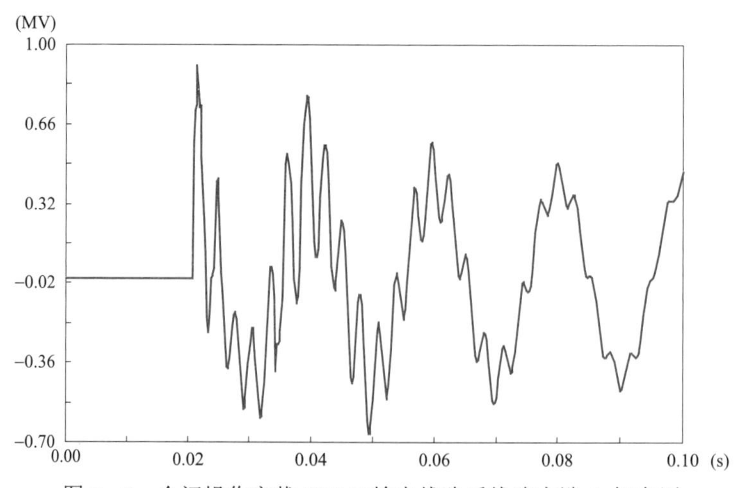

图 6－8　合闸操作空载 500kV 输电线路后线路末端 A 相电压

由图 6－8 可知，线路末端 A 相最大过电压幅值达到 920kV。该过电压值已远远超过工频电压等级。

线路中增加合闸电阻时，再次对线路进行仿真，分析合闸电阻的有利影响。在其他参数不变，设定合闸电阻参数为 300Ω，并联电阻接入时间取 6ms 的情况下，合闸处仿真结果如图 6－9 所示。

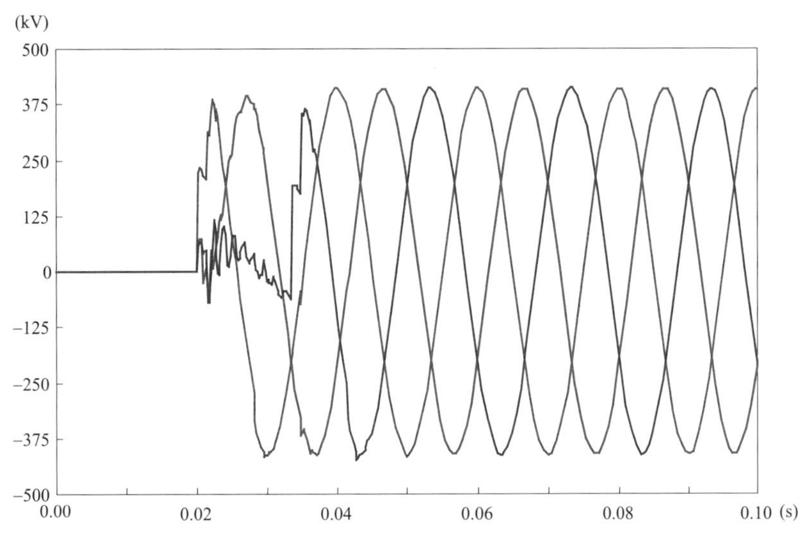

图 6－9　增加合闸电阻时合闸操作空载 500kV 输电线路后线路侧三相电压

同时，其线路末端 A 相仿真结果如图 6－10 所示。

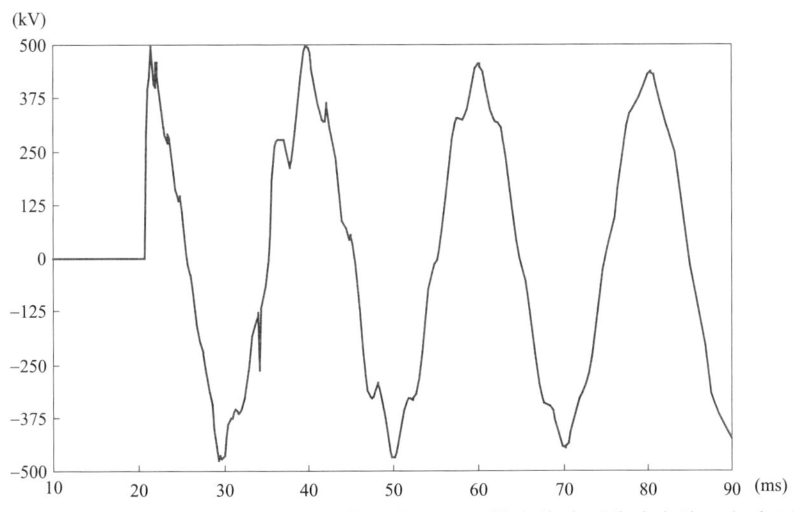

图 6－10　增加合闸电阻时合闸操作空载 500kV 输电线路后线路末端 A 相电压

由图 6－10 可知，此时线路增加 300Ω合闸电阻后，A 相末端电压最高值为 500kV，合闸处没有出现过电压，且其值远远小于图 6－8 中没有增加合闸电阻的 A 相末端电压值。此时，过电压的危害会大大减小。

【例 6－4】对某变电站 220kV 电缆线路合闸过电压进行仿真分析。

事故线路距某 220kV 变电站 760m 处合闸，由于接头的绝缘缺陷，出现局部放电，导致合闸时出现 B 相接头短路故障，随后 C 相出现相同故障，最终 B、C 两相接头燃烧损坏。

某线采用的电缆型号为 YJLW02－Z－1，其导体截面积为 2000mm^2。相电压峰值为 $220\,000\times\frac{\sqrt{2}}{\sqrt{3}}=179\,629$（kV），接头处左端长度为 760m，后端为 3325m。设置合闸时间为 0.079s，仿真图如图 6－11 所示。

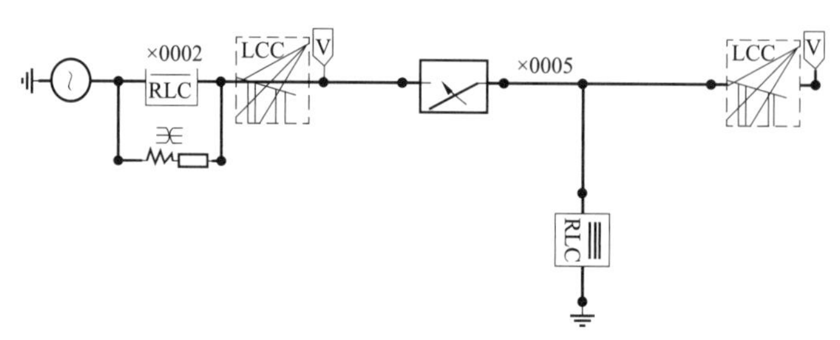

图 6－11 某线合闸仿真模型

仿真结果显示 B 相过电压峰值最高为 269kV，为工频电压的 1.49 倍，如图 6－12 所示。

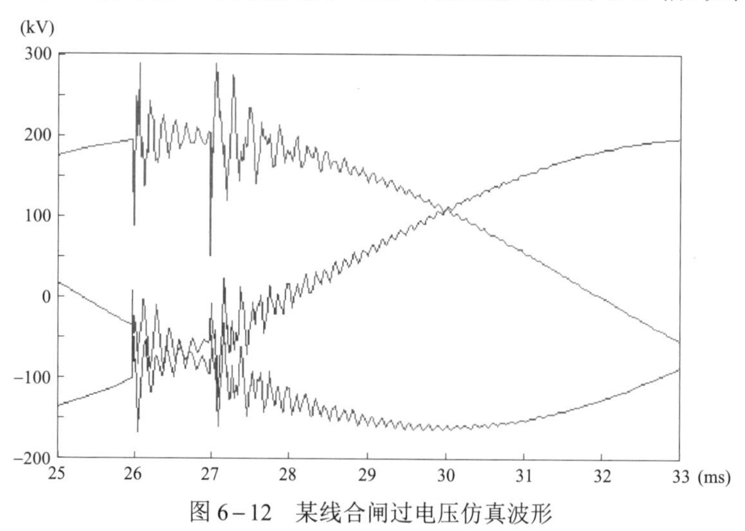

图 6－12 某线合闸过电压仿真波形

其仿真波形与现场实测波形（如图 6－13 所示）基本一致。

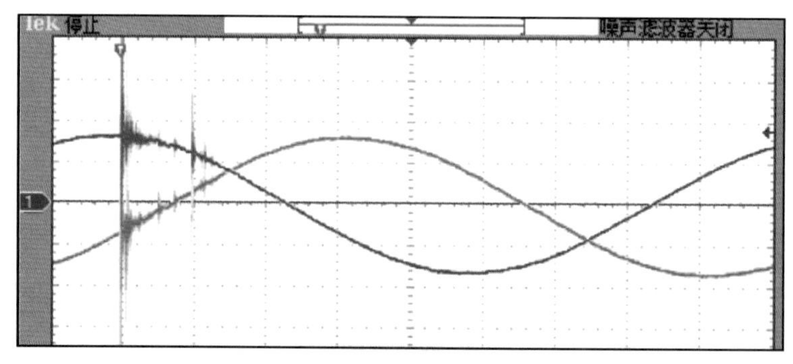

图 6－13 某线合闸过电压实测波形

根据现场情况调查，初步判断为合闸时出线三相过电压，如图 6－12、图 6－13 所示，B 相电压升高约为工频 1.5 倍，由于绝缘问题，导致 B 相短路，B 相短路对 A、C 相造成影响，继而 C 相短路。

【例 6－5】自动重合闸过电压仿真。

线路参数依照【例 6－2】进行仿真，外加一个三相开关与原开关并联模拟分合闸，如图 6－14 所示。

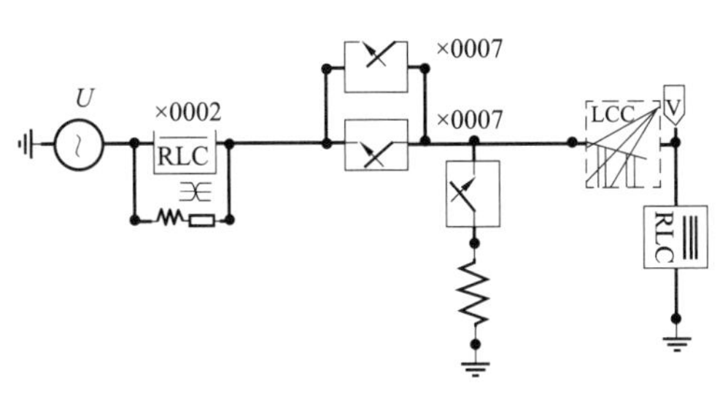

图 6－14 自动重合闸仿真模型

在节点 ×0007 处模拟 A 相接地故障，0.01s 之后保护动作，1s 之后重合闸成功，分析三相重合闸与单相重合闸的操作过电压波形。

保护动作时波形如图 6－15 所示，单项重合闸时波形如图 6－16 所示，三相重合闸时波形如图 6－17 所示。

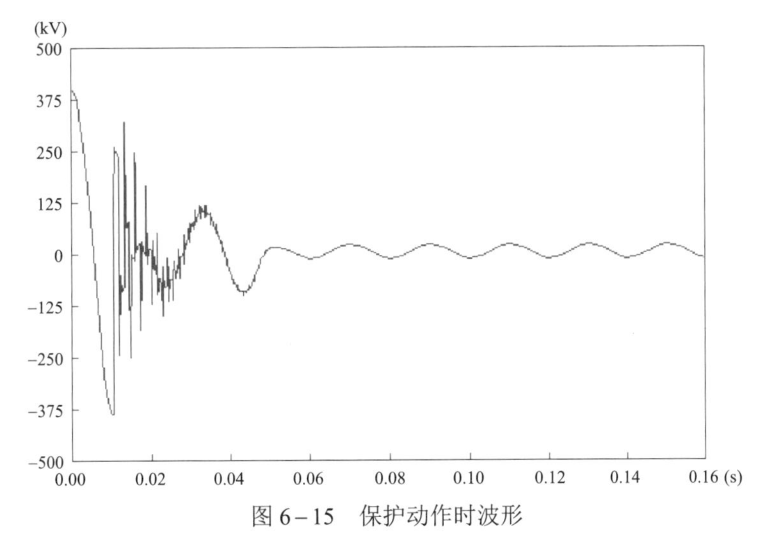

图 6－15 保护动作时波形

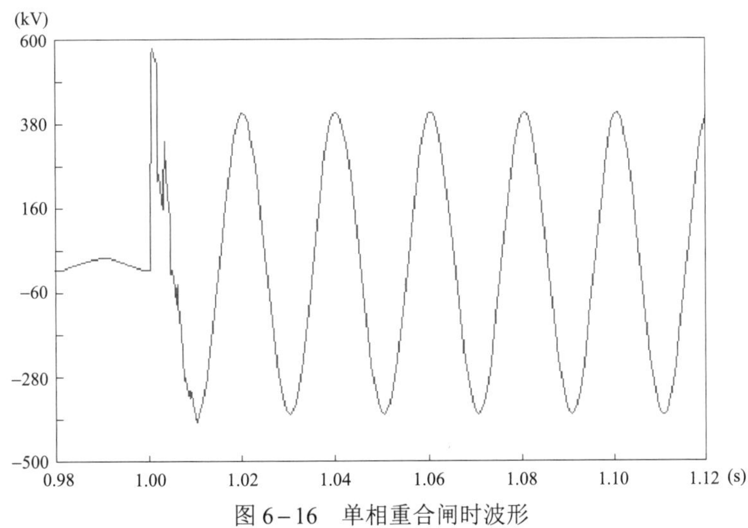

图 6－16 单相重合闸时波形

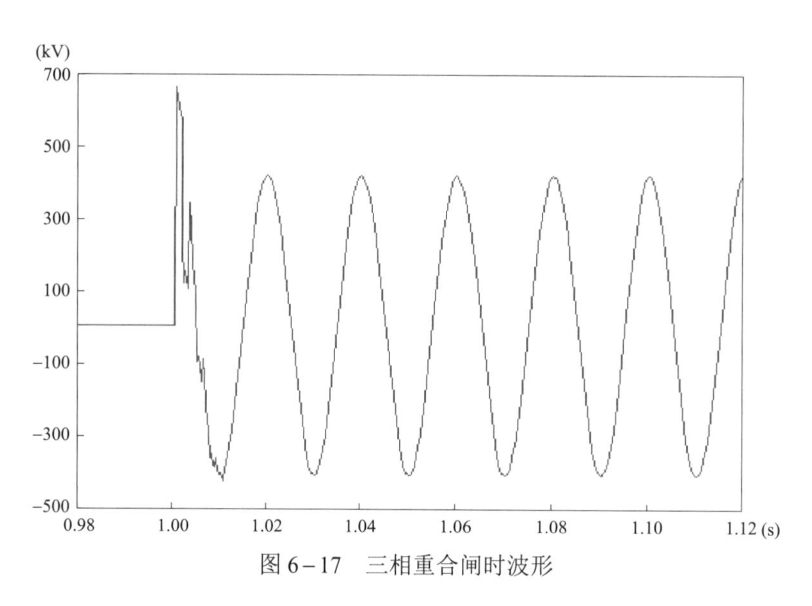

图 6－17　三相重合闸时波形

由波形可知，单项重合闸时过电压达到 561kV，为 1.37 倍额定相电压，而三相重合闸时过电压达到 657kV，为 1.6 倍额定相电压。可见三相重合闸所造成的过电压要大于单项重合闸。

【**例 6－6**】对某变电站 2 号主变压器操作过电压进行仿真分析。

某变电站初始状态接线如图 6－18 所示。

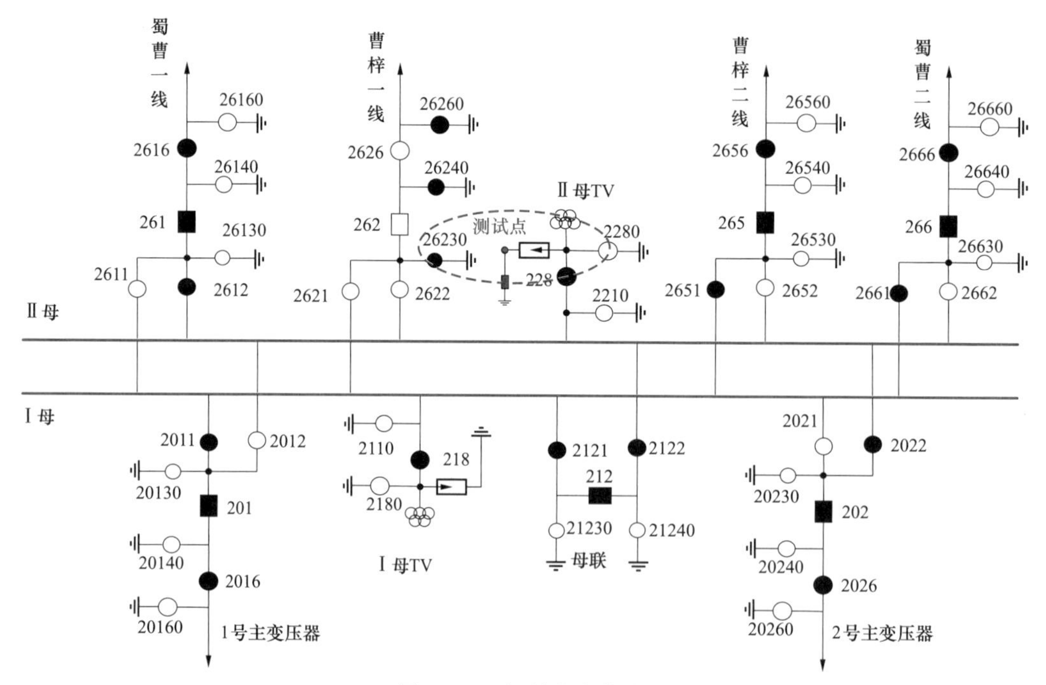

图 6－18　初始状态接线

2014 年 4 月 23 日，某变电站将 2 号主变压器从Ⅱ号母线断开（如图 6－19 所示），再接入Ⅰ号母线，实现某 A 线由某 B 线单独通过Ⅱ号母线进行充电，在 2 号主变压器从Ⅱ号母线断开时，系统由于状态突变，引起Ⅱ号母线电压震荡，在Ⅱ号母线避雷器处测得过电压波形如图 6－20 所示。

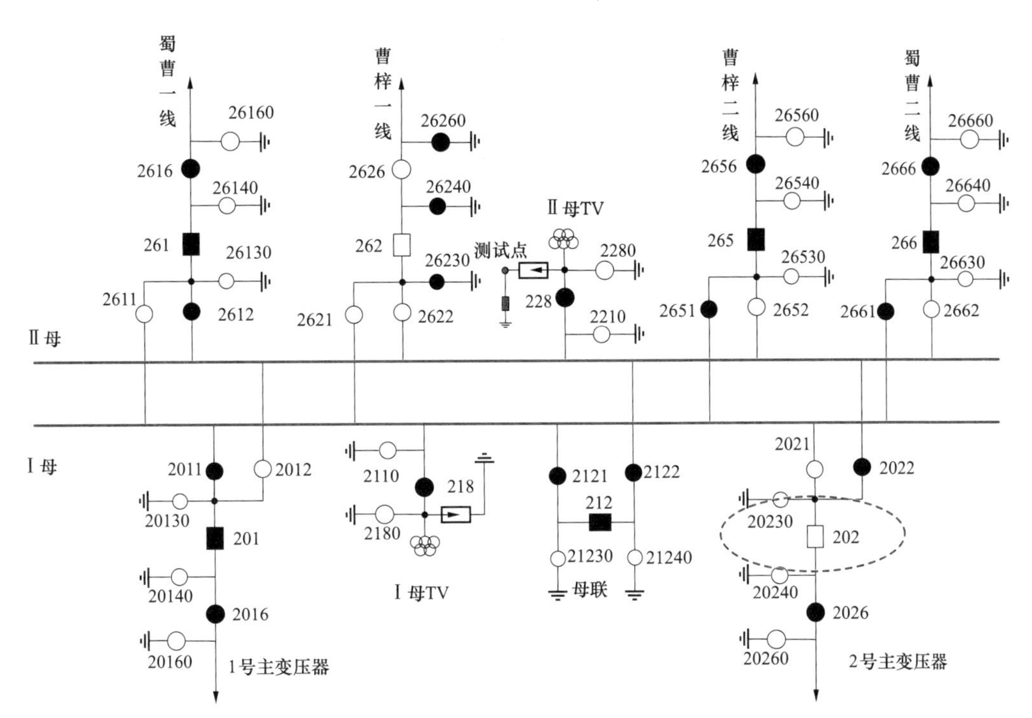

图 6－19　2 号主变压器从Ⅱ母断开

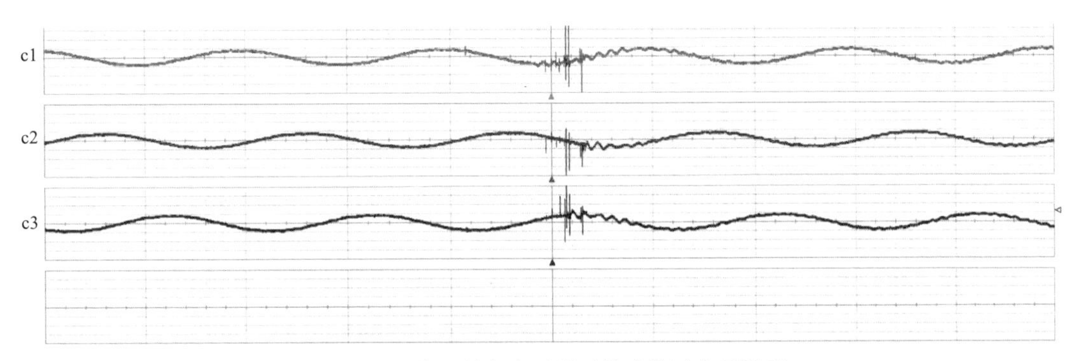

图 6－20　将 2 号主变压器开关动作过电压波形

对该变电站母线母线进行仿真，如图 6－21 所示。

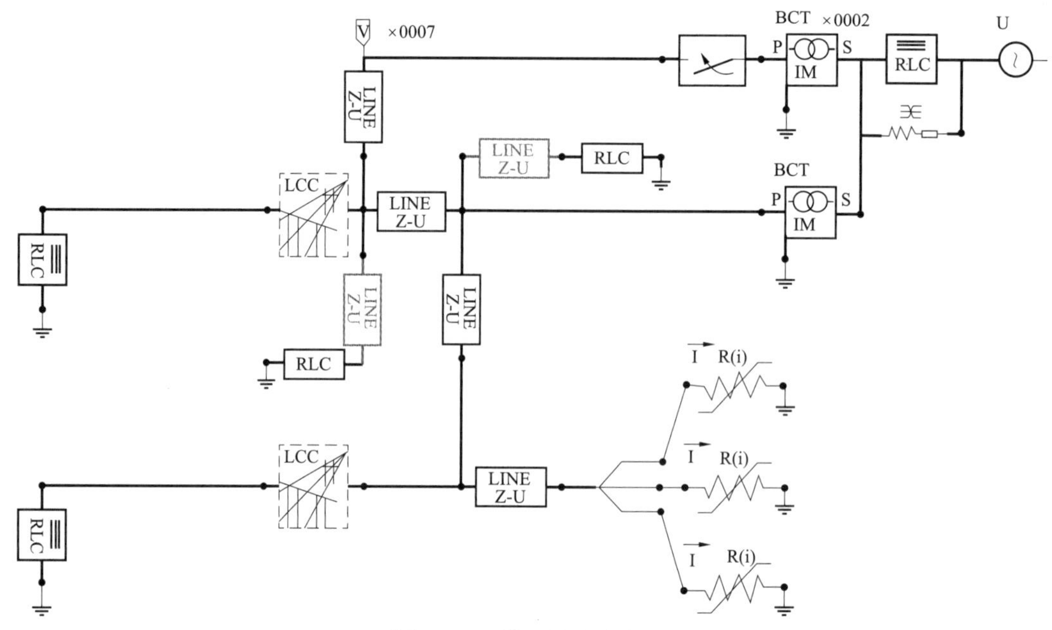

图 6-21　某母线仿真程序

电压测试点为Ⅱ母线 TV 侧，图 6-21 中×0007 点、×0002 点的变压器断开时Ⅱ母线上波形如图 6-22 所示。

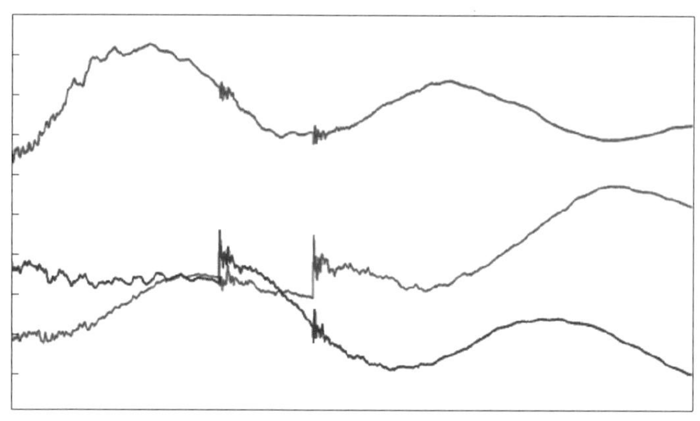

图 6-22　某 2 号主变压器开关动作仿真波形

可见仿真波形同实测波形相似。

【例 6-7】对合闸空载变压器进行仿真分析。

在合闸空载变压器的过程中会产生励磁涌流，这是由于变压器在静止状态下一旦合闸接上电源时，便会有电流流过一次绕组，在二次绕组中就会产生感应电动势。在这过渡状态中，由于电场和磁场的关系，就会产生一种抵制这种变化的励磁涌流。电力变压器空载合闸瞬间铁芯磁通处于瞬变过程，会产生三相不对称磁通，导致电力变压器绕组线圈迅速达到饱和，不过这种电流主要是非周期性变化的直流分量，它能导致铁芯严重饱和，在最坏的情况下合闸主磁通可以突变到稳定磁通的 3 倍，而励磁涌流有可能达到稳态空载电流的几百倍。

依照［例 6－2］数据进行仿真，其三相电压波形结果如图 6－23 所示。

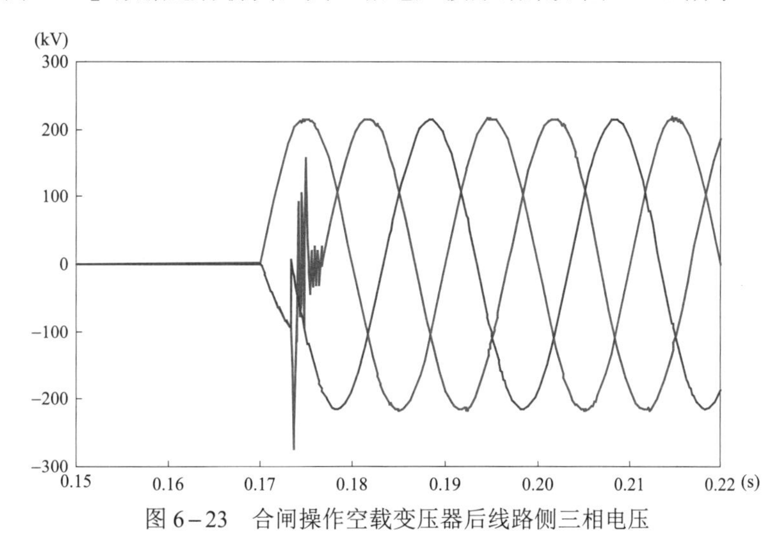

图 6－23　合闸操作空载变压器后线路侧三相电压

三相励磁涌流波形如图 6－24 所示。

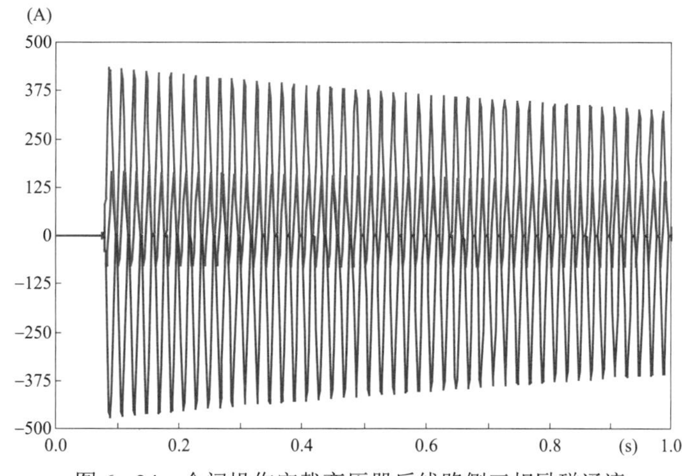

图 6－24　合闸操作空载变压器后线路侧三相励磁涌流

由仿真结果可知，变压器空载合闸产生励磁涌流的根本原因是，合闸时，其磁链不能突变而产生非周期磁链，使得变压器铁芯饱和，由于变压器导磁材料磁化曲线的非线性关系，导致很大的励磁涌流。

【例 6－8】对线路合闸电容器过电压进行仿真分析。

变电站电源为两条 110kV 进线，内阻抗由短路电流求得为 1.9Ω，两台主变压器

$U_{1N}/U_{2N}/U_{3N}=110/38.5/6/3$；$P_0=37.2\text{kW}$；$I_0\%=0.45\%$；$P_{k1-2}=172\text{kW}$；$P_{k1-2}=191\text{kW}$；$P_{k3-2}=143\text{kW}$；$U_{s1-2}\%=10.5\%$；$U_{s1-3}\%=17.1\%$；$U_{s3-2}\%=6.2\%$

并联电容器额定参数 $U_N=6.6/\sqrt{3}\text{kV}$；$C=400\mu\text{F}$ 电抗器电抗 $L=8\text{mH}$。

合闸电容器过电压仿真模型如图 6－25 所示。

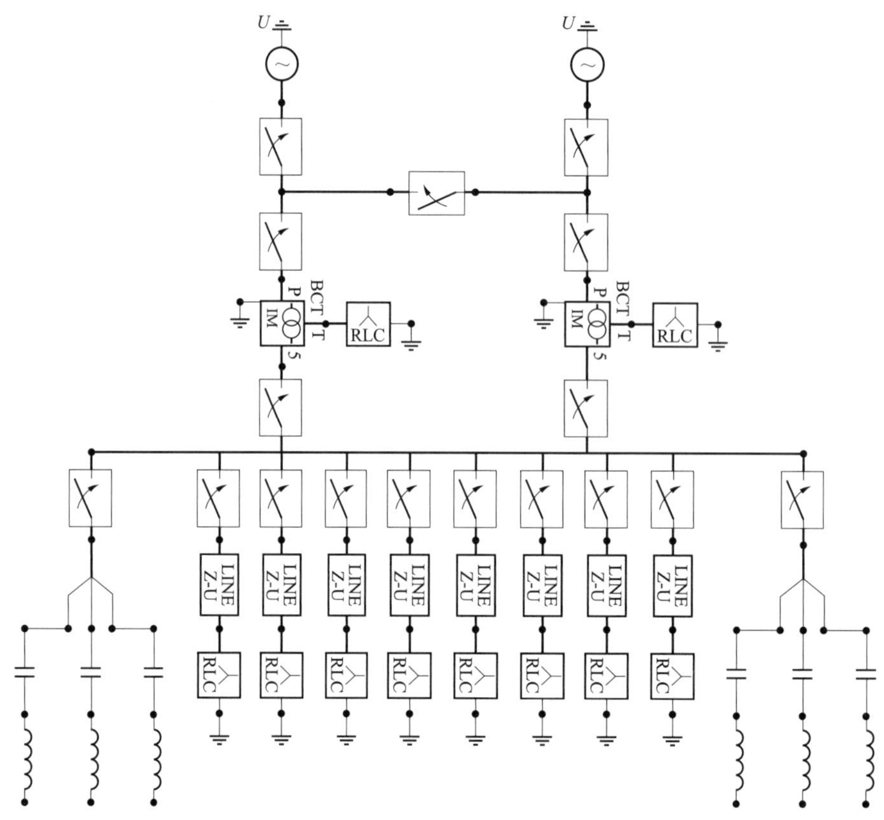

图 6－25　合闸电容器过电压仿真模型

电容器于 0.02s 投入时 6.3kV 母线电压波形如图 6－26 所示。

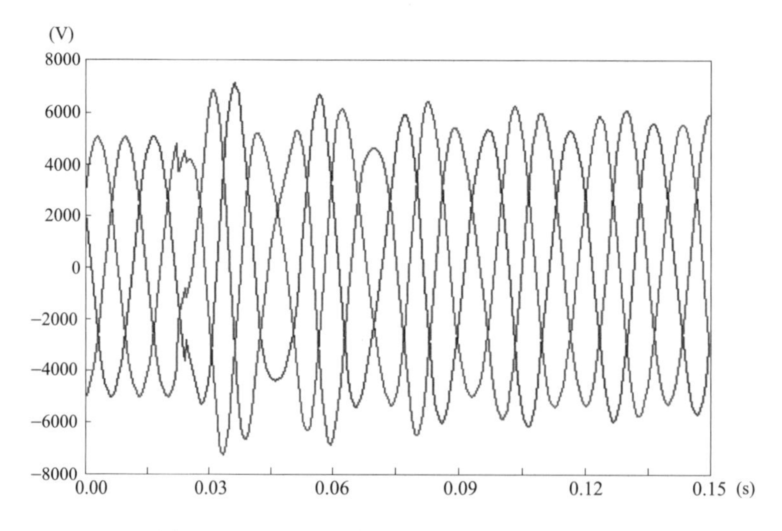

图 6－26　6.3kV 母线投入电容器时的电压波形

母线最高相电压为 $1.38U_N$（＝7100V）。

6.2.3　操作过电压限制措施

操作过电压指因操作失误、故障、运行方式改变等引起系统过电压，表现形式为截流过电压和电弧重燃过电压，对电力系统的生产运行带来极大的危害。对操作过电压采取限制措施很有必要。其中，限制措施可以分为以下几种：

（1）空载线路合闸和重合闸操作过电压：空载线路合闸时，由于线路电感电容的振荡将产生合闸过电压。线路重合时，由于电源电动势较高以及线路上残余电荷的存在，加剧了这一电磁振荡过程，使过电压进一步提高。因此断路器应安装合闸电阻，以有效地降低合闸及重合闸过电压。

（2）按电网预测条件，求出空载线路合闸、单相重合闸和成功、非成功的三相重合闸（如运行中使用时）的过电压分布，求出包括线路受端的相对地及相间统计操作过电压。预测这类操作过电压的条件如下：① 空载线路合闸，线路断路器合闸前，电源母线电压为电网最高电压；② 成功的三相重合闸前，线路受端曾发生单相接地故障；③ 非成功的三相重合闸时，线路受端有单相接地故障。空载线路合闸、单相重合闸和成功的三相重合闸（如运行中使用时），在线路受端产生的相对地统计操作过电压，不应大于 $2.2U_{xg}$。

（3）分断空载变压器和并联电抗器的操作过电压：由于断路器分断这些设备的感性电流时强制熄弧所产生的操作过电压，应根据断路器结构、回路参数、变压器（并联电抗器）的接线和特性等因素确定。该操作过电压一般可用安装在断路器与变压器（并联电抗器）之间的避雷器予以限制。对变压器，避雷器可安装在低压侧或高压侧，但如高低压电网中性点接地方式不同时，低压侧宜采用磁吹阀型避雷器。当避雷器可能频繁动作时，宜采用有高值分闸电阻的断路器。

（4）线路非对称故障分闸和振荡解列操作过电压：电网送受端联系薄弱，如线路非对称故障导致分闸，或在电网振荡状态下解列，将产生线路非对称故障分闸或振荡解列过电压。预测线路非对称故障分闸过电压，可选择线路受端存在单相的条件，接地故障分闸时线路送受端电势功角差应按实际情况选取。有分闸电阻的断路器，可降低线路非对称故障分闸及振荡解列过电压。当不具备这一条件时，应采用安装于线路上的避雷器加以限制。对于空载线路分闸过电压，应采用在电源对地电压为 $1.3U_{xg}$ 条件下分闸时不重燃的断路器加以防止。

（5）变电站应安装避雷器，以防止操作过电压损坏电气设备。安装位置如下：① 出线断路器线路侧的每一线路入口侧，称安装于该位置的避雷器为线路避雷器；② 出线断路器变电站侧，称安装于该位置的避雷器为变电站避雷器。所有避雷器具体安装位置和数量尚应结合第 4 章 4.4 节确定［注：线路入口处无并联电抗器时，如预测（对断路器合闸需考虑合闸电阻一相失灵条件）该处过电压不超过避雷器操作过电压保护水平时，可不必在该处安装避雷器。具有串联间隙避雷器的额定电压，应不低于安装点的电网工频过电压水平］。

应用金属氧化物避雷器限制操作过电压，应参照厂家产品使用说明书，使其长期运行电压值、工频过电压、谐振过电压允许持续时间符合电网要求。

避雷器的操作过电压通流容量，允许吸收能量应符合电网要求（对断路器合闸需考虑合闸电阻一相失灵的条件）。此外，还应校核避雷器上的电压是否超过其规定保护水平。当超过时，应考虑其对绝缘配合的影响。

6.3 工频过电压计算

工频过电压是电力系统中在操作或接地故障时发生的频率等于工频（50Hz）或接近工频的高于系统最高工作电压的过电压。当系统操作、接地跳闸后的数百毫秒之内，由于发电机中磁链不可能突变，发电机自动电压调节器的惯性作用，使发电机电动势保持不变，这段时间内的工频过电压称为暂时工频过电压。随着时间的增加，发电机自动电压调节器产生作用，使发电机电动势有所下降并趋于稳定，这时的工频过电压称为稳态工频过电压。产生工频过电压的主要原因是：空载长线路的电容效应，不对称接地引起的正序、负序和零序电压分量作用，系统突然甩负荷使发电机加速旋转等。

工频过电压是电力系统中的一种电磁暂态现象，属于电力系统内部过电压，是暂时过电压的一种。一般而言，工频过电压的幅值不高，但持续时间较长，对 220kV 电压等级以下、线路不太长的系统的正常绝缘电气设备是没有危险的。但工频过电压对超（特）高压、远距离传输系统绝缘水平的确定起着决定性的作用，因为：① 工频过电压的大小直接影响操作过电压的幅值；② 工频过电压是决定避雷器额定电压的重要依据，进而影响系统的过电压保护水平；③ 工频过电压可能危及设备及系统的安全运行。

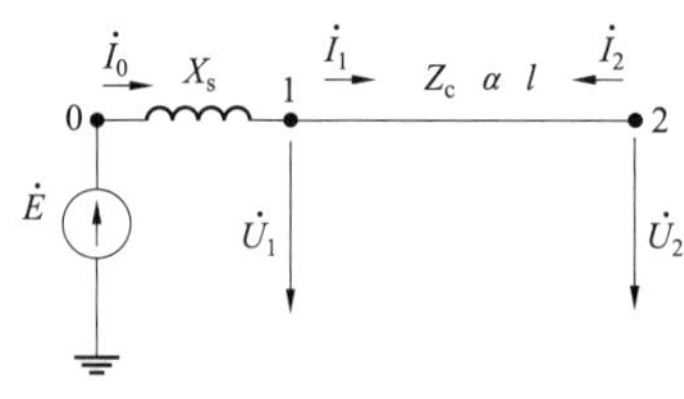

图 6－27　空载无损导线示意图

6.3.1 容升效应计算

空载长线路的电容效应：长度为 1 的空载无损导线如图 6－27 所示，E 为电源电动势；U_1、U_2 分别为线路首、末端电压；X_s 为电源感抗；$Z_C=\sqrt{L_0/C_0}$；$\alpha=\omega\sqrt{L_0C_0}$；$\alpha$ 为每千米线路的相位移系数，一般工频条件下，α= 0.006°/km。线路首末端电压和电流的关系为

$$\begin{bmatrix}\dot{U}_1\\ \dot{I}_1\end{bmatrix}=\begin{bmatrix}\cos\alpha l & \mathrm{j}Z_C\sin\alpha l\\ \mathrm{j}\dfrac{1}{Z_C}\sin\alpha l & \cos\alpha l\end{bmatrix}\begin{bmatrix}\dot{U}_2\\ \dot{I}_2\end{bmatrix}\tag{6-1}$$

空载时（$I_2=0$）线路上的各点电压的模按余弦分布

$$\dot{U}_x=\dot{U}_2\cos\alpha x=\frac{\dot{U}_1}{\cos\alpha l}\cos\alpha x\tag{6-2}$$

电源阻抗对空载长线电容效应也会产生影响：

$$\begin{bmatrix}\dot{U}_0\\ \dot{I}_0\end{bmatrix}=\begin{bmatrix}1 & \mathrm{j}X_S\\ 0 & 1\end{bmatrix}\begin{bmatrix}\dot{U}_1\\ \dot{I}_1\end{bmatrix}\tag{6-3}$$

$$\begin{bmatrix}\dot{U}_0\\ \dot{I}_0\end{bmatrix}=\begin{bmatrix}1 & \mathrm{j}X_S\\ 0 & 1\end{bmatrix}\begin{bmatrix}\cos\alpha l & \mathrm{j}Z_C\sin\alpha l\\ \mathrm{j}\dfrac{1}{Z_C}\sin\alpha l & \cos\alpha l\end{bmatrix}\begin{bmatrix}\dot{U}_2\\ \dot{I}_2\end{bmatrix}=\begin{bmatrix}\cos\alpha l-\dfrac{X_s}{Z_C}\sin\alpha l & \mathrm{j}(Z_C\sin\alpha l+X_s\sin\alpha l)\\ \mathrm{j}\dfrac{1}{Z_C}\sin\alpha l & \cos\alpha l\end{bmatrix}\tag{6-4}$$

边界条件 $$\dot{U}_0=\dot{E},\quad \dot{I}_2=0 \tag{6-5}$$

电源容量为无限大（电源电抗 $X_s=0$），空载线路末端电压对于电源电动势的升高：

$$K_{12}=\frac{\dot{U}_2}{\dot{U}_1}=\frac{\dot{U}_2}{\dot{E}} \tag{6-6}$$

电源容量为有限，即 $X_s\neq 0$，空载线路末端电压对于电源电动势的升高：

$$K_{02}=\frac{\dot{U}_2}{E}=\frac{1}{\cos\alpha l-X_s\sin\alpha l/Z_C} \tag{6-7}$$

令

$$\varphi=\arctan\frac{X_s}{Z_C},K_{02}=\frac{\cos\varphi}{\cos(\alpha l+\varphi)} \tag{6-8}$$

可得出如下结论：

（1）X_s 使线路末端电压升高更为严重，并且首端电压高于电源电动势。

（2）电源容量越小，即内电抗 X_s 越大，末端电压升高越严重，如图 6－28 所示：曲线 1 为电源阻抗为零，曲线 2 是电源阻抗不为零的情况。所以在估计最严重的工频电压升高时，应以可能出现的电源容量最小的运行方式为依据。

【例 6－9】 某 500kV 输电线路，长度为 500km，电源电动势为 E，电源正序电抗为 100Ω，线路单位长度正序电感和电容分别为 $L_0=0.9$mH/km、$C_0=0.012\ 7$μF/km，若末端并接电抗器 $X_P=1034$Ω，求线路的最高电压。

解：线路的波阻抗 $Z_C=\sqrt{L_0/C_0}=265.7$（Ω）

波速 $v=\sqrt{1/L_0C_0}=2.95\times10^5$（km/s）

这里的架空输电线路采用带集中电阻的分布参数线路模型：架空线路/电缆［Lines/Cables］→带集中电阻的分布参数线路［Distributed］→换位线路用的 Clarke 模型。再选取其他元件组成电路模型如图 6－29 所示。参数设置如图 6－30 所示。

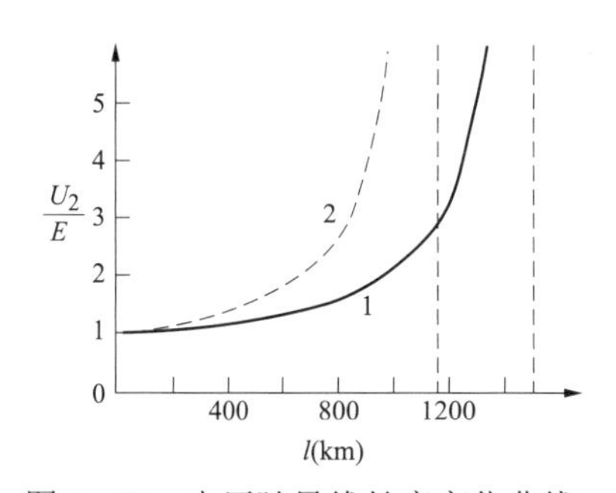

图 6－28　电压随导线长度变化曲线

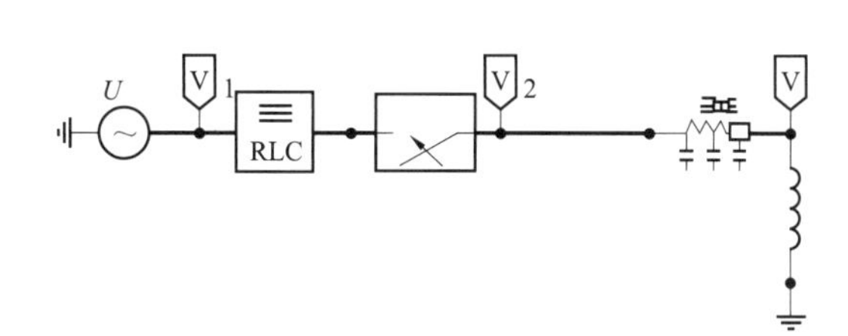

图 6－29　电路模型图

通过图 6－30 仿真计算得到仿真波形，如图 6－31 所示，在线路未装设电抗器时的电压与电源电动势波形如图 6－31 所示，末端电压为 462kV，电源电压幅值为 408kV。

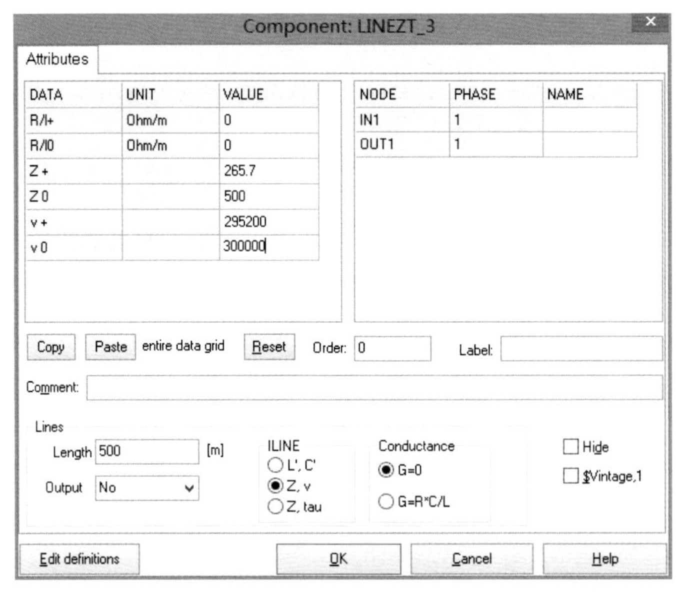

图 6－30　参数设置图

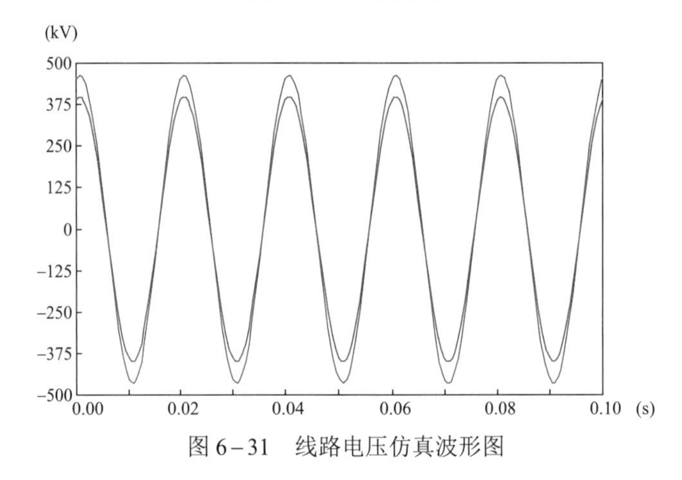

图 6－31　线路电压仿真波形图

在装设了并联电抗器时，电压幅值为 419kV，可见并联电抗器的介入可以同时降低线路的工频过电压。但也要注意补偿度不能太高，以免给正常运行时的无功补偿和电压控制造成困难。

6.3.2　不对称短路计算

不对称短路是输电线路最常见的故障模式，短路电流的零序分量会使健全相出现工频电压升高，常称为不对称效应。系统不对称短路故障中，单相接地故障最为常见。

设系统中 A 相发生单相接地故障，应用对称分量法，可求得健全相 B、C 相的电压为

$$\dot{U}_{\mathrm{B}}=\frac{(a^2-1)Z_0+(a^2-a)Z_2}{Z_1+Z_2+Z_0}\dot{E}_{\mathrm{A}} \tag{6-9}$$

$$\dot{U}_{\mathrm{C}}=\frac{(a-1)Z_0+(a^2-a)Z_2}{Z_1+Z_2+Z_0}\dot{E}_{\mathrm{A}} \tag{6-10}$$

式中：$\dot{E}_A$ 为正常运行时故障点处 A 相电动势；Z_1、Z_2、Z_0 为从故障点看进去的电网正序、负序、零序阻抗；运算因子 $a=-\frac{1}{2}+\mathrm{j}\frac{\sqrt{3}}{2}$。

以 K 表示单相接地故障后健全相电压升高，则式可化为 $\dot{U}_B=K\cdot\dot{E}_A$，对于较大电源容量的系统，其中

$$K=-\frac{1.5\frac{X_0}{X_1}}{2+\frac{X_0}{X_1}}\pm \mathrm{j}\frac{\sqrt{3}}{2} \quad (6-11)$$

K 的模值为

$$|K|=\sqrt{3}\times\frac{\sqrt{\left(\frac{X_0}{X_1}\right)^2+\frac{X_0}{X_1}+1}}{2+\frac{X_0}{X_1}} \quad (6-12)$$

【例 6－10】某 500kV 输电线路，长度为 400km，电源电动势为 E，电源正序电抗为 $X_{S1}=100\Omega$，电源零序电抗为 $X_{S0}=50\Omega$，线路正序波阻抗 $Z_{C1}=260\Omega$，线路的零序波阻抗 $Z_{C0}=500\Omega$，线路的正序波速 $v=3\times10^5$km/s，线路零序波速 $v_0=2\times10^5$km/s，试求发生 A 相末端接地时，线路末端健全相的电压升高倍数。

解：

$$\varphi=\tan^{-1}\frac{X_{S_1}}{Z_{C_1}}=21°$$

$$\varphi_0=\tan^{-1}\frac{X_{S0}}{Z_0}=5.71°$$

$$\beta l=0.06°\times400=24°$$

$$\beta_0 l=\beta l\frac{v}{v_0}=36°$$

由上式可求得线路末端向电源看进去的等效正序、零序入口阻抗分别为

$$Z_{R1}=\mathrm{j}Z_{C1}\tan(\beta l+\varphi)=\mathrm{j}260\Omega$$

$$Z_{R0}=\mathrm{j}Z_0\tan(\beta_0 l+\varphi_0)=\mathrm{j}445.6\Omega$$

$$\frac{X_0}{X_1}=1.714$$

可求得单相接地故障后健全相电压升高为

$$K=\sqrt{3}\times\frac{\sqrt{\left(\frac{X_0}{X_1}\right)^2+\frac{X_0}{X_1}+1}}{2+\frac{X_0}{X_1}}=1.109$$

故障前，空载长线路 A 相末端的电压升高系数为

$$K_{02}=\frac{\cos\varphi}{\cos(\beta l+\varphi)}=1.32$$

A 相发生接地故障后，健全相电压升高为

$$\frac{U_{\mathrm{B}}}{E}=\frac{U_{\mathrm{C}}}{E}=K_{02}K=1.464$$

6.3.3 不对称接地故障

当中性点不接地系统发生不对称短路故障时，短路引起的零序电流会使健全相出现工频过电压升高，其中单相接地时非故障相可能达到较高过电压，若同时发生健全相避雷器动作，则要求避雷器能在较高工频电压下熄灭工频续流。

【例 6-11】 对单相接地故障进行仿真分析。

中性点不接地系统在不对称短路故障时非故障相电压会相应增高，下面仿真 35kV 配电线路不对称短路情况时的非故障相过电压，35kV 线路采用 LCC 线路模型，无避雷线，模拟 C 相短路接地时非故障相工频过电压，模型如图 6-32 所示。

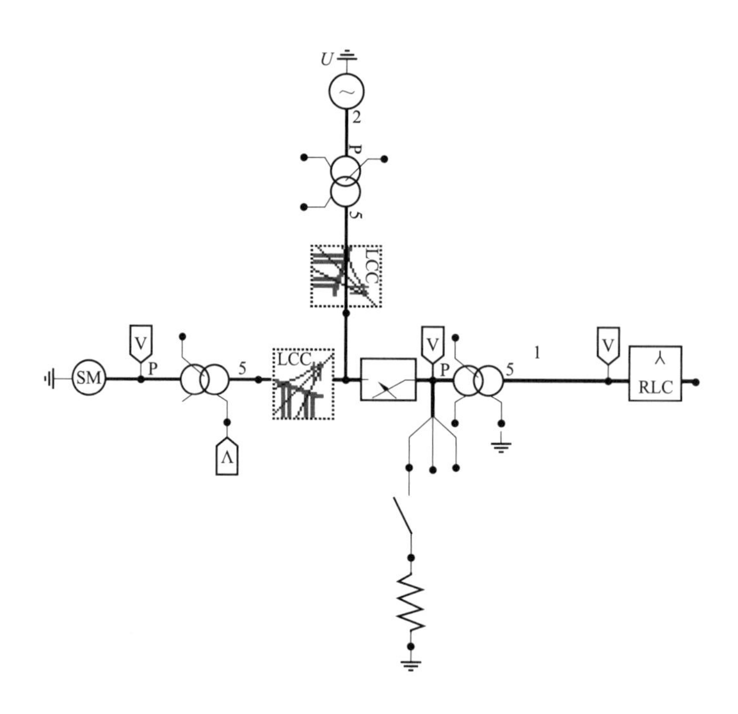

图 6-32　单相接地故障模型图

通过仿真计算，非故障相对地电压如图 6-33 所示。

如图 6-33 可知，当 C 相出现接地短路后，A、B 相产生相应的感应过电压，其中 A、B 相对地电压在 C 相接地短路后升高为 49kV（$1.72U_{\mathrm{N}}$），接近 $\sqrt{3}U_{\mathrm{N}}$。

【例 6-12】 对两相接地故障进行仿真分析。线路参数同［例 6-11］一样，模拟 35kV 配电网中性点不接地系统 B、C 两相接地短路故障时 A 相对地电压升高。

通过仿真计算，非故障相对地电压如图 6-34 所示。

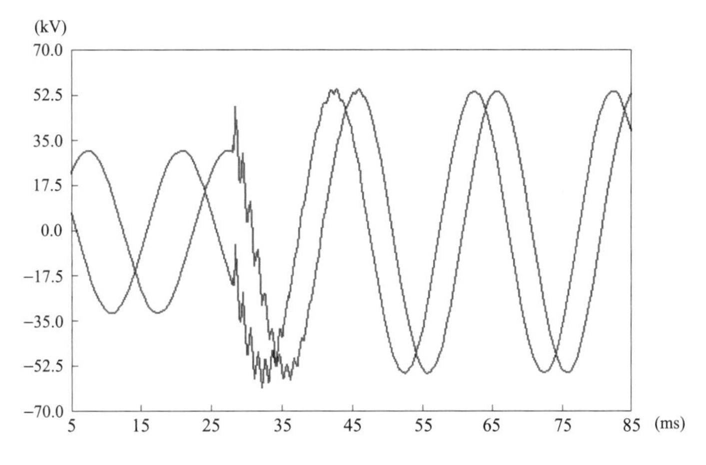

图 6－33　单相接地时非故障相对地电压波形图

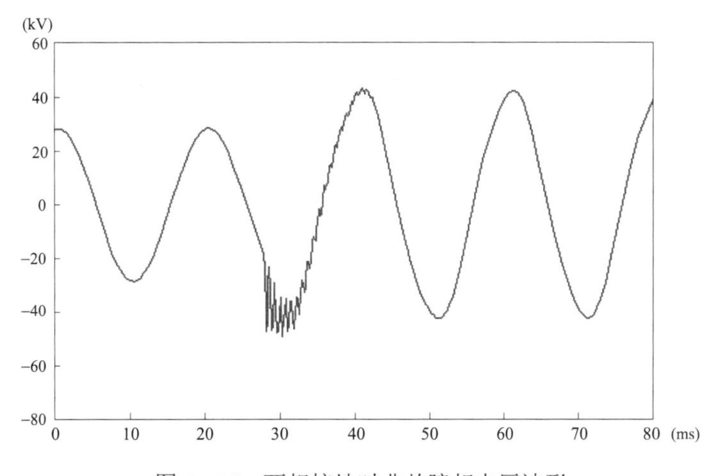

图 6－34　两相接地时非故障相电压波形

如图 6－34 可知，当 B、C 两相出现接地短路后，A 相产生相应的感应过电压，其中 A 相对地电压在 BC 两相接地短路后升高为 42kV，约为 $1.5U_N$。

【例 6－13】对某变电站 220kV 短路故障进行仿真分析。同［例 6－4］中提到的，某变电站 220kV 出线合闸，出线 B 相短路，随后 C 相相继短路，最终 BC 两相接头燃烧损坏。

由现场录波数据显示，短路电流为 90.1A，变比为 300，将其折算可得：

短路电流：$I_d = 90.1 \times 300 = 27\,030$（A）

短路容量：$S_d = U_N \times I_d = 5946.6$（MVA）

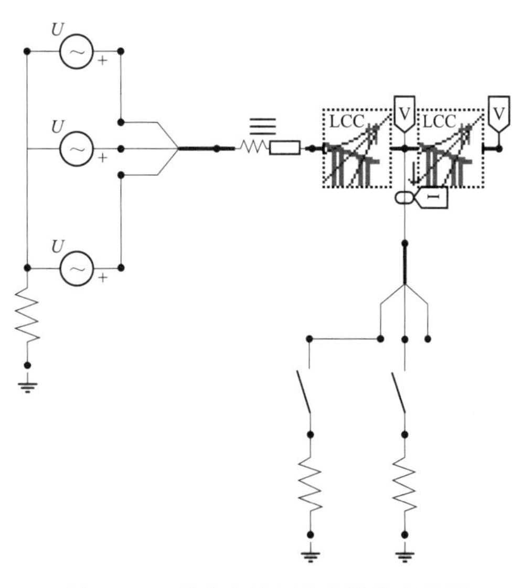

图 6－35　某变电站短路故障仿真模型

短路电感：$L_d=\frac{U_N^2}{S_d}\cdot\frac{1000}{2\pi f}=25.92$（mH）

B 相短路时间设置为 0.08s，恢复时间为 0.128s；C 相短路时间为 0.081s，恢复时间为 0.134s。并且此 220kV 系统为中性点直接接地系统。仿真模型如图 6－35 所示。

仿真结果如图 6－36、图 6－37 所示，电压峰值出现在 B 相为－272kV，C 相为 268kV。

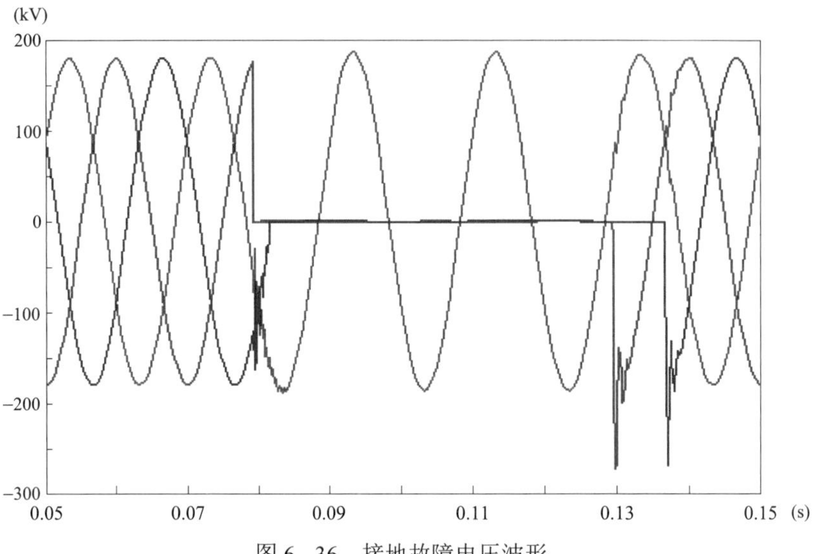

图 6－36　接地故障电压波形

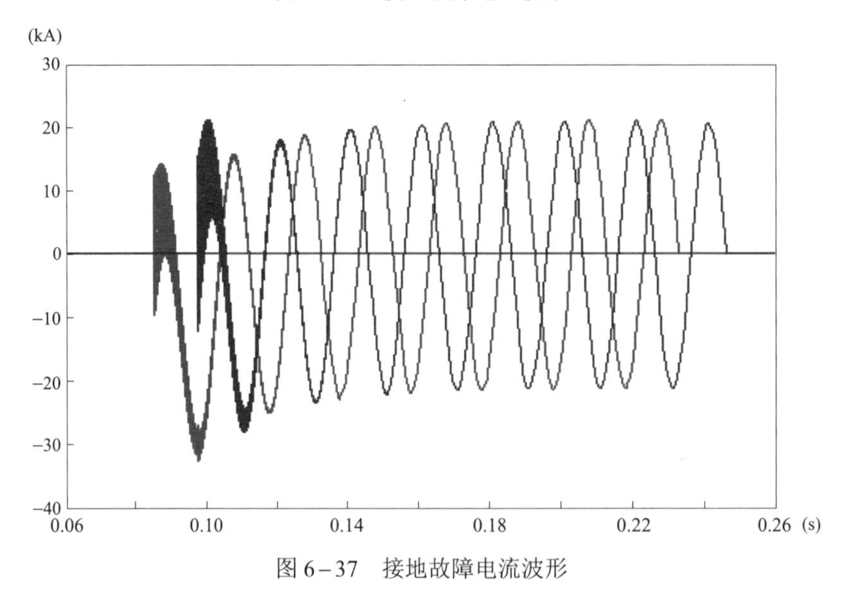

图 6－37　接地故障电流波形

由图 6－36 可以看出，对于中性点直接接地系统，不对称故障对健全相相电压几乎没有影响，且与实际波形比较基本一致。

6.3.4　工频过电压限制措施

根据规定，330、500、750kV 系统，母线上暂态工频过电压升高不得高过最高相电压的 1.3 倍，线路不得超过 1.4 倍。

对于长距空载高压线路而言，通常利用并联电抗器补偿空载线路的电容效应。线路的电容电流流过电源感抗也会造成升压，同样会增加电容效应，犹如增加了导线长度一样，显然，电源容量越小，电容效应越严重。而在线路末端接入电抗器，相当于减小了线路长度，降低了电压传递系数，可以降低末端电压。

高压输电线路的自然功率和充电功率与线路运行电压的平方成正比。当线路输送容量较大（重载）时，为了保证感性无功和容性无功尽量保持平衡，高压电抗器必须运行在较低的补偿度。在超特高压线路空载或者是轻载时，为了限制工频电压升高，电抗器必须有较高的补偿度。

目前一般使用静止补偿器来补偿线路感性或者容性功率，从而达到限制工频过电压的效果。静止补偿器（SVC）有各种不同形式，目前常用的有晶闸管控制电抗器（TCR）、晶闸管投切电容器（TSC）和饱和电抗器（SR）三种。静止补偿器由电力电容器和可调电抗并联组成。电容器可发出无功功率，电抗器可吸收无功功率，它具有时间相应快、维护简单、可靠性高等优点，当系统因某种原因发生工频过电压升高时，SVC 可以根据需要，通过可调电抗器吸收电容器组中的无功功率，来调节静止补偿器输出的无功功率的大小和方向，从而达到控制系统工频电压的目的。

对于不对称短路引起的健全相电压升高，主要决定于由故障点看进去的零序阻抗 X_0 与正序阻抗 X_1 的比值。X_0、X_1 既包含集中参数的电机暂态电抗、变压器漏抗，又包含分布参数的线路阻抗。一般情况下电源侧的零序阻抗与正序阻抗之比小于 1，而线路的零序阻抗与正序阻抗值比是大于 1 的。若采用良导体地线，可降低 X_0，进而降低由故障点看进去的零序、正序电抗的比值，达到限制工频过电压的目的。

6.4 大气过电压计算

电力系统在运行时，由于各种原因，系统中某些部分的电压可能升高，甚至大大超过正常工作电压，危及设备绝缘，雷击是引起过电压从而造成电力系统故障的主要原因之一。

雷云的产生和雷电放点过程：

雷电是由雷云放电引起的，关于雷云的聚集和带电现象至今还没有令人满意的解释。目前比较普遍的看法是，热气流上升的时候冷凝产生雨滴、冰晶等水成物，水成物碰撞后分裂，导致较轻的部分带负电荷，并被风吹走形成大块的雷云；较重的部分带正电荷并且可能凝聚成水滴下降，或悬浮在空中形成一些局部带正电的云区。实测表明，在 5～10km 的高度主要是正电荷的云层，在 1～5km 的高度主要是负电荷的云层。整块雷云可以有若干个电荷密集中心，负电荷中心位于雷云的下部，它在地面上感应出大量的正电荷。这样，在带有大量不同极性或者不同数量电荷的雷云之间，或雷云和大地之间就形成了强大的电场。

随着雷云的发展和运动，一旦空间电场强度超过大气游离放电的临界电场强度（大气中约为 30kV/cm，有水滴存在时约为 10kV/cm）时，就会发生云间或对大地的火花放电。在防雷工程中，主要关心的是雷云对大地的放电。

雷云对大地放电通常分为先导放电和主放电两个阶段。云－地间的线状雷电在开始时往往从雷云边缘向地面发展，以逐级推进方式向下发展。每级长度约 10～200m，每级的伸展速度约为10^7m/s，各级之间有10～100μs的停歇，所以平均发展速度只有1～8×10^5m/s，这种放电属于先导放电。当先导接近地面时，地面上一些高耸的物体因周围电场强度达到了能够使空气电离的程度，会发出向上的迎面先导。当上行先导与下行先导相遇时，就出现了强烈的电荷中和过程，产生极大的电流，并且伴随着雷鸣和闪光，这就是雷电的主放电阶段。雷电主放电过程极短，只有50～100μs，它是沿着负的下行先导通道，由下而上逆向发展，速度达到2×10^7～1.5×10^8m/s。以上是负电荷雷云对地放电的基本过程，对应于正电荷雷云对地放电的下行雷闪所占比例很小，其发展过程类似。

观测结果显示，大多数雷云对地雷击是重复的，即在第一次雷击形成的通道中，会有多次的放电尾随，放电之间的时间间隔为0.5～500ms。主要原因是：第一次先导–主放电过程泄放的主要是第一个电荷中心的电荷，其后，由于主放电通道暂时还保持高于周围大气的电导率，别的电荷中心将沿已有的主放电通道对地放电，从而形成多重雷击。第二次及以后的放电，先导都是自上而下连续发展的，没有停顿现象。放电数目平均为2～3次。通常第一次放电电流最大，以后的电流幅值都较小。

6.4.1 雷电参数

雷电参数是描述雷云放电的一系列特征量，包括主放电通道波阻抗、雷电流波形、雷电流幅值概率分布、雷电极性、重复放电次数及对地输送的电荷量等。

（1）主放电通道波阻抗：工程实用的角度和地面感受的实际效果出发，先导通道可以近似为由电感和电容组成的均匀分布参数的导电通道，其波阻抗为

$$Z=\sqrt{\frac{L_0}{C_0}} \tag{6-13}$$

式中：L_0为通道单位长度电感量；C_0为通道单位长度电容量。

主放电通道波阻抗与主放电通道雷电流有关，雷电流越大，其值越小。一般$Z=300\sim3000\Omega$。

（2）雷电流波形：世界各国测得的对地放电雷电流波形基本一致，多数是单极性重复脉冲波，少数为较小的负过冲，一次放电过程常常包含多次先导至主放电的过程和后序电流。典型雷电流波形如图6–38所示。

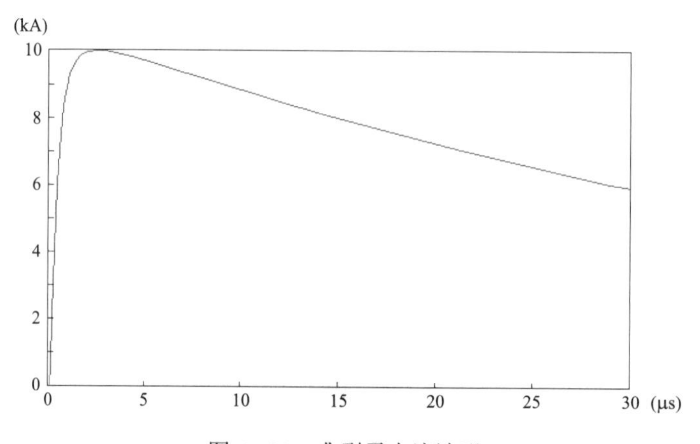

图6–38 典型雷电流波形

典型的雷电流波形通常用双指数波来描述

$$i = I_0(e^{\alpha t} - e^{\beta t}) \tag{6-14}$$

式中：I_0为雷电流幅值；α,β为常数。

综合各国观测结果，约85%的雷电流波形上升沿时间为1～5μs之间，平均约为2.5μs，通过工程推荐2.6μs。雷电流波形持续时间为20～100μs，平均约为50μs。

（3）雷暴日和雷暴小时：表征不同地区雷电活动频繁程度。

（4）雷电流幅值概率分布：某一次雷击的雷电流幅值是随机的，对大量实测的雷电流幅值进行统计分析，可得其概率分布曲线。不同地区雷电流幅值概率分布不同，主要与地区纬度，地形地貌、气象和雷暴强度有关。

DL/T 620—1997《交流电气装置的过电压保护和绝缘配合》推荐，雷暴日超过20的地区雷电流幅值概率分布为

$$\lg P = -\frac{I}{88} \tag{6-15}$$

对于雷暴日在20以下的地区概率分布将减小为

$$\lg P = -\frac{I}{44} \tag{6-16}$$

式中：P为雷电流幅值超过I的概率；I为雷电流幅值，kA。

（5）雷电流极性：当雷云电荷为正时，所发生的雷云放电为正极性放电，雷电流极性为正；反之，雷电流极性为负。实测资料表明，不同的地形地貌，雷电流正负极性比例不同，负极性占75%～90%。

（6）重复放电次数及对地输送电荷量：在一个雷云单体中，常常有多个电荷密集中心，因此，一次雷云放电通常也包含多次放电脉冲，称多重放电。根据6000次实测统计，平均重复放电2～3次，最多42次。放电之间的间歇时间通常为30～50ms，最短为15ms，最长达700ms，而且间歇时间随放电次数增多而加长。雷击每次放电过程对地输送电荷量称为放电电荷，每次闪击时对地输送的电荷量称为闪击电荷。

6.4.2 雷击放电等值电路

当雷电主放电发生（时），将有大量的正电荷沿先（导）通道逆向运动，并中和雷云中的负电荷。由于电荷运动形成电流，因此雷击点的电位也突然发生变化。电流i的大小与先（导）通道的电荷密度以及主放电的发展速度有关，而且还受阻抗Z的影响。

在防雷研究中，最重要的是雷击点的电位升高，而可以不考虑主放电的速度、先导电荷密度以及具体的雷击物理过程，因此可以把雷电放电过程简化为一个数学模型，得到其等值电路如图6－39（a）、（b）所示，Z_0表示雷电通道波阻抗，Z是被击物体与大地之间的阻抗或被击物体的波阻抗。

雷击物体可以看成是一个入射波为i_0的电流波沿着波阻抗为Z_0的雷电通道向被击物体传播的过程。从图6－39可以看出，当$Z=0$时，$i=2i_0$；若$Z \ll Z_0$时，仍然可得$i \approx 2i_0$。所以国际上习惯于把流经波阻抗为零的被击物体的电流称为“雷电流”。从其定义可以看出，

雷电流 i 的幅值等于沿通道 Z_0 传来的电流波 i_0 的两倍。

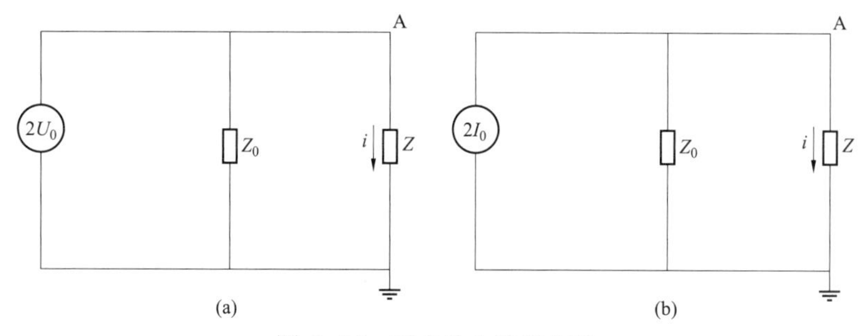

图 6－39　雷击放电等值电路

（a）电流源等值电路；（b）电压源等值电路

6.4.3　雷电过电压

6.4.3.1　感应雷过电压

在雷云放电的先导阶段，先导通道充满电荷，这些电荷对导线产生静电感应，在负先导附近的导线上积累了异号的正束缚电荷，而导线上的负电荷则被排斥到导线的远端。因为先导发展速度很慢，所以在上述过程中导线的电流不大，可以忽略。而导线将通过系统的中性点或泄漏电阻保持零电位。当先导达到附近地面时，主放电开始，先导通道中的电荷被中和，与之相应的导线上的异号束缚电荷得到解放，以波的形式向导线两侧流动。

无避雷线的架空线路导线上的感应雷过电压可按下式计算

$$U_g = 25\frac{Ih_d}{S} \tag{6-17}$$

式中：U_g 为感应雷过电压，kV；I 为雷电流幅值，kA；h_d 为导线高度，m；S 为落雷处距导线垂直距离，m。

此公式仅适用于 $S > 65$m 时。

有避雷线的架空线路导线上的感应雷过电压可以按下式计算

$$U_g = 25\frac{Ih_d}{S}(1-K_0) \tag{6-18}$$

式中：K_0 为导线与避雷线之间的耦合系数。

当 $S < 65$m 时，由于迎面先导的作用，雷将直击于架空线路杆塔顶部，此时 U_g 将受由塔顶发出的迎面先导的限制，不能再用以上两式估算。

6.4.3.2　直击雷过电压

雷电直击于电网时产生的过电压称为直击雷过电压。雷直击线路时，近似等于沿主放电通道袭来一个幅值为 I 的电流波，由于累计线路后，电流波向导线两侧流动，导线被击点的过电压 $U = IZ/2$，Z 为导线波阻抗。如果 $Z = 300\Omega$，当 $I = 50$kA 时，过电压则可高达 7500kV。即使对绝缘强度很高的特高压输电线路而言，雷直击导线后，仍然很容易引起绝缘子闪络。

因此，对于 110kV 等级以上的架空输电线路几乎都采用了悬挂避雷线的措施。雷直击于电气设备时，如果电气设备无避雷器保护，则会出现极高的过电压，使电气设备绝缘损坏，因此电气设备必须并联避雷器来限制雷击过电压。装有避雷器保护的电气设备的雷电过电压水平由避雷器保护特性来确定。

【例 6-14】此例演示用 ATP-EMTP 仿真变电站的雷电暂态过程。图 6-40 为 400kV 变电站的单线图。总线上的数据为每段长度（m）。以空盒子形状代表断路器是断开的，因此，在此运行方式下，只有两条线路与有避雷器保护的变压器相连。模拟的事件是在距离变电站 0.9km 外的雷击事故造成的单相闪络。

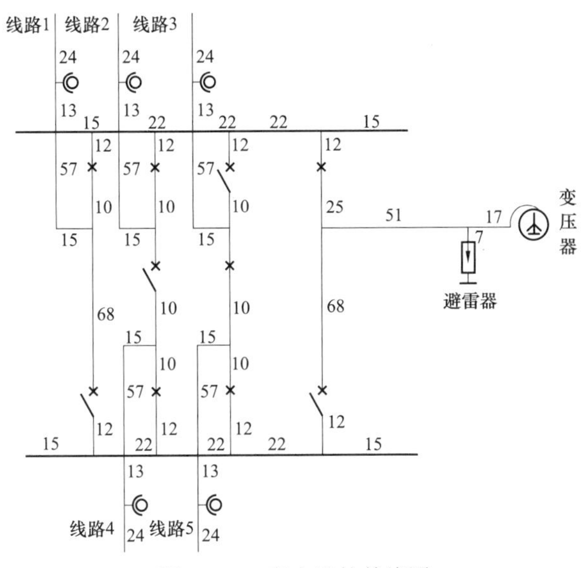

图 6-40　变电站的单线图

首先建模，假定是由一个幅值为 120kA，波形为 4/50μs 的直接对地线的雷击引起的。雷电流参数：幅值 I_m=120 000A，波头时间 T_1=4e-6s，半波时间 T_2=5e-5s，模拟雷电波形如图 6-41 所示。雷电通道波阻抗为 400Ω。

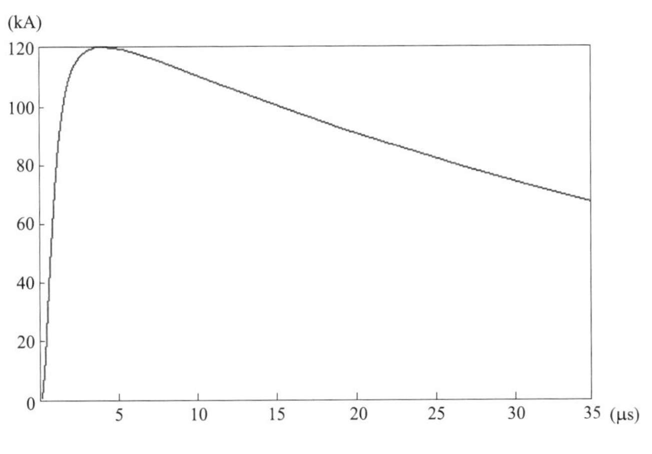

图 6-41　模拟雷电波波形

关于雷击点的选择。计算中将变电站和进线段结合起来，视为一个统一的网络。雷击点选为进线段的 1～6 号杆塔，以雷击 6 号杆塔为远区雷击，其余为近区雷击。据规程规定只计算离变电站 2km 以外的远区雷击，不考虑 2km 以内的近区雷击，主要是沿袭中压系统和高压系统的做法，认为进线段以外受雷击而形成入侵波是研究重点。而实际上对变电站内设备造成威胁的主要是近区雷击。1 号杆塔和变电站的终端门型结构距离一般较近，再加上门型结构的冲击接地电阻较小，雷击 1 号杆塔时，经地线由门型结构返回的负反射波很快返回 1 号杆塔，降低 1 号杆塔电位，使入侵过电压减小。而 2、3 号杆塔较远，收到负反射波的影响较小，过电压较 1 号杆塔更高。

根据经验，一般雷击 2、3 号杆塔时的过电压较高，考虑以上原因，在计算过程中兼顾近区雷击和远区雷击，例子中落雷点选择 4 号杆塔。

用 LCC 模块 Jmarti 线路模型来描述在雷击点附近的跨线单回架空线路，参数设定如图 6－42 所示。

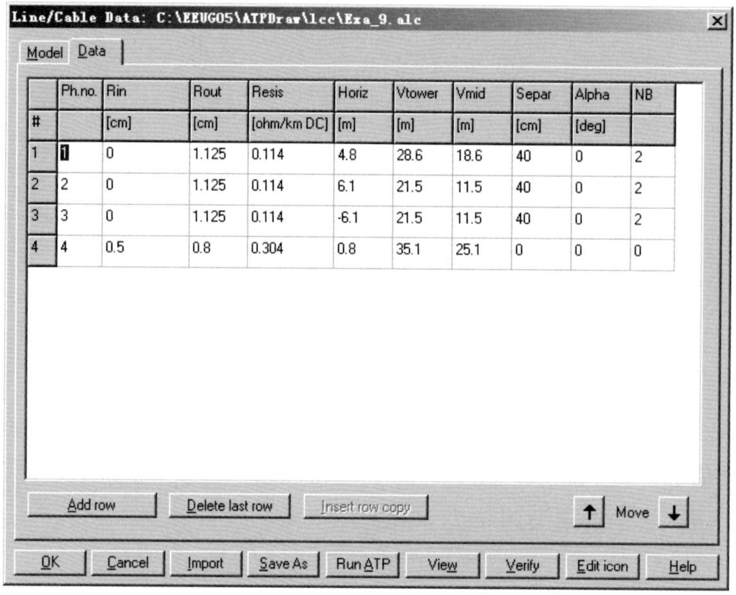

Line/Cable Data: C:\EEUG05\ATPDraw\lcc\Exa_9.alc

Model Data

#	Ph.no.	Rin [cm]	Rout [cm]	Resis [ohm/km DC]	Horiz [m]	Vtower [m]	Vmid [m]	Separ [cm]	Alpha [deg]	NB
1	1	0	1.125	0.114	4.8	28.6	18.6	40	0	2
2	2	0	1.125	0.114	6.1	21.5	11.5	40	0	2
3	3	0	1.125	0.114	-6.1	21.5	11.5	40	0	2
4	4	0.5	0.8	0.304	0.8	35.1	25.1	0	0	0

Add row　Delete last row　Insert row copy　Move

OK　Cancel　Import　Save As　Run ATP　View　Verify　Edit icon　Help

图 6－42　架空线路参数设置

用单相分布参数传输线路来模拟沿杆塔浪涌传播的响应。每个杆塔由 8、7、18m 三段线路串联而成，杆塔电阻 10Ω/km 波阻抗 200Ω；用集中电感 $R-L$ 来模拟杆塔塔基响应，电阻 13Ω 电感 0.005mH $R-L$ 支路与 40Ω 电阻并连，冲击接地电阻阻值约为 9.8Ω，小于 10Ω。

用三相分布参数传输线路来模拟沿母线传播的雷电入侵波响应。电压互感器用集中参数电容模型，电容值为 $0.000\,5\mu F$。

在 ATP－EMTP 的 Library-New object 菜单中，可以创建一个 mod 文件，每个元件需要建立一个独特的支持文件，其中包括了所有输入数据信息、节点对象、默认值的输入变量、图标和相关的帮助文件。Mod 元件可以随意地控制而不需要单独的支持文件，因为一个默认的支持“文件”可以被自动创建于 mod 文本标题。Mod 的支持文件可以在 Library-Edit object 菜单中编辑。

如果用户需要一个不同的图标或者其他节点位置图标，可以自由地去修改默认支持文件，或者建立一个新的支持文件，编辑对话框如图 6－43 所示。

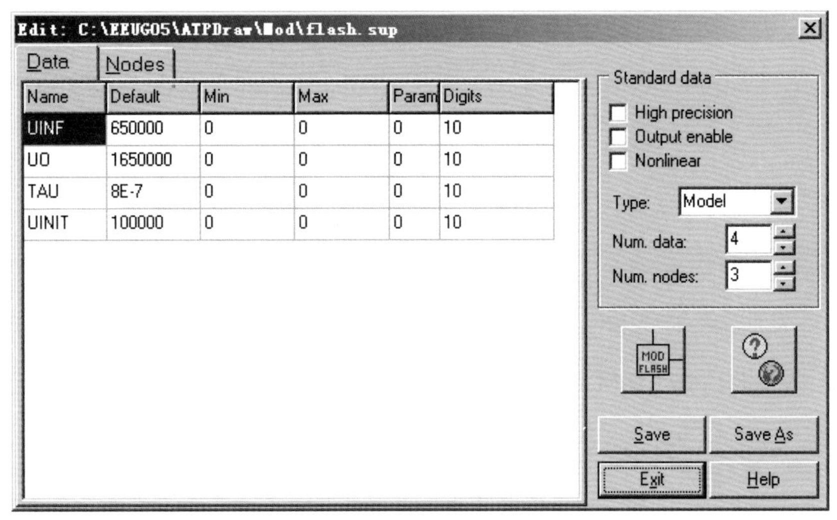

图 6－43　mod 文件编辑页

闪络模型用简单的电压阀值模型，调用 ATPDraw 自带的 Flash.sup，$U_{INF}=0.65MV$，$U_O=1.65MV$，衰减时间常数 $T_{AU}=8e-7s$，$U_{INIT}=100kV$，发生闪络，开关闭合。

避雷器选用金属氧化物避雷器，其特性数据如图 6－44 所示。

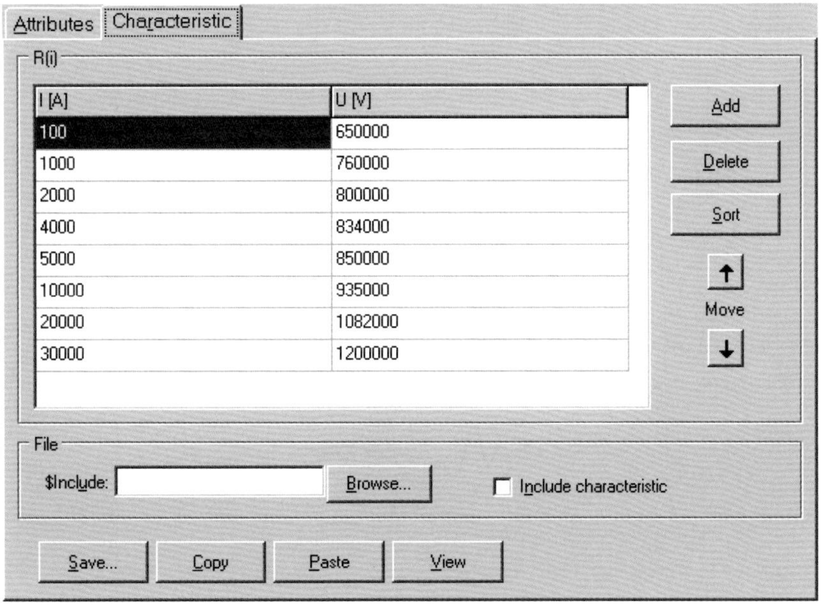

I [A]	U [V]
100	650000
1000	760000
2000	800000
4000	834000
5000	850000
10000	935000
20000	1082000
30000	1200000

图 6－44　避雷器特性数据

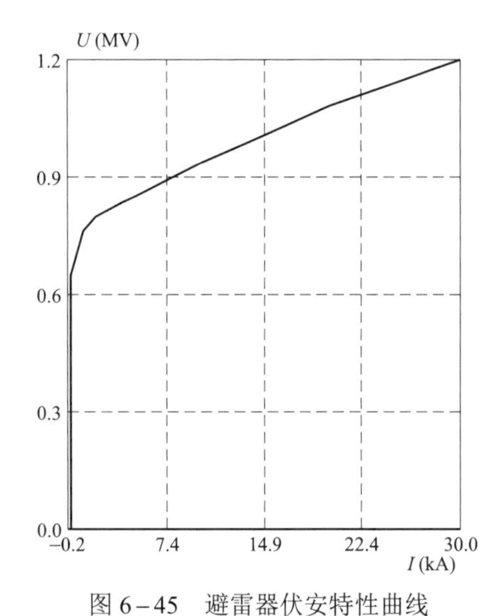

图 6－45　避雷器伏安特性曲线

图 6－44 中电流电压单位分别为安培（A）和伏特（V），图 6－45 显示金属氧化物避雷器的特性曲线，单位分别为 kA 和 MV。

此曲线不是唯一固定的，应根据不同避雷器耐压程度及特性的不同而有所变化。但总体趋势会按如图 6－45 所示的变化而改变。

其中，图 6－46 为完整的 ATPDraw 仿真电路模型。

假定雷击故障相时其工频电压达到反极性最大值，所以当其电压超过绝缘子 mod 闪络电压时，就会出现绝缘子闪络的情况。

图 6－47 显示 4 号塔三相导线上的过电压波形，入侵波幅值达到 2.25MV。

图 6－48 显示线路 1 变电站入口处的三相导线过电压波形，入侵波达到 1.29MV。

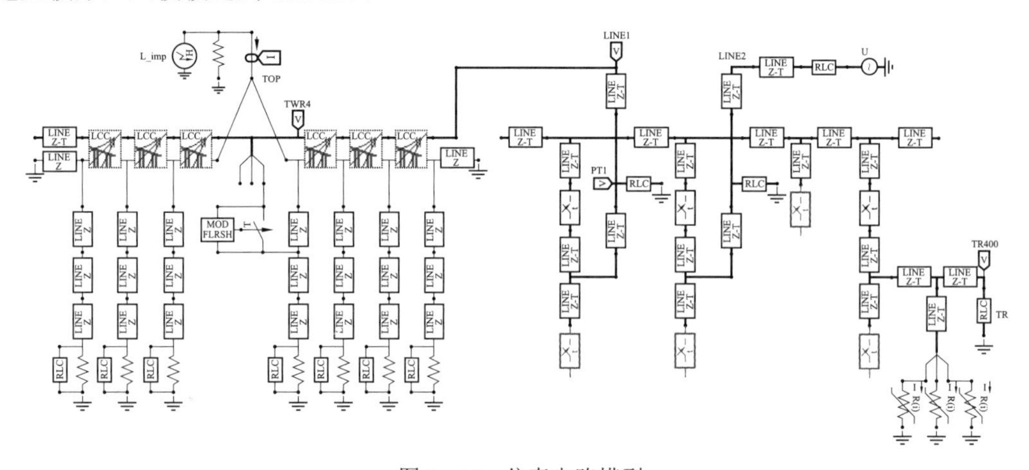

图 6－46　仿真电路模型

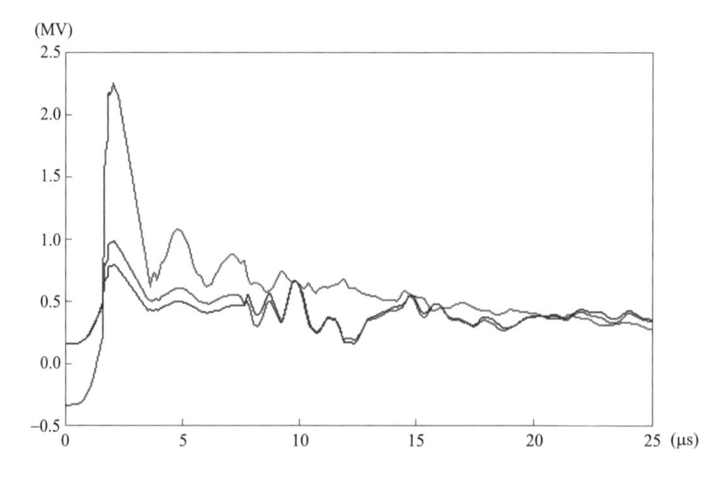

图 6－47　4 号杆塔三相导线上电压波形

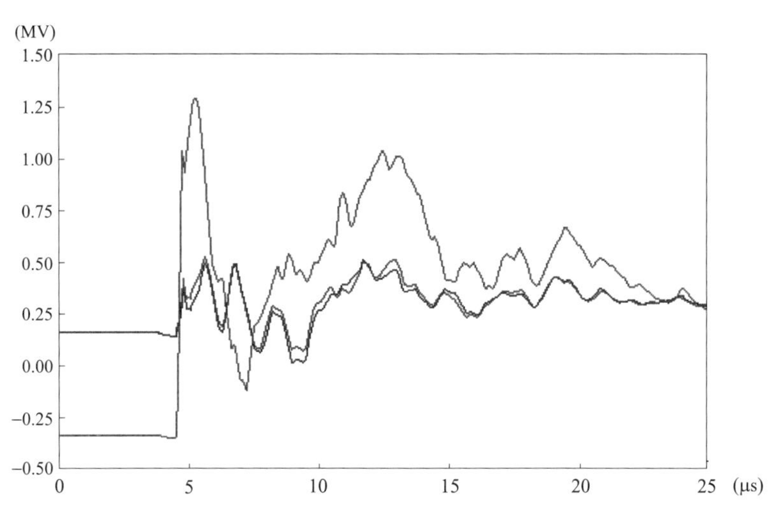

图 6－48　线路 1 处三相导线过电压波形

图 6－49 显示变电站内互感器安装处三相导线过电压波形，入侵幅值达到 1.38MV，可见，此时过电压幅值比变电站入口处又有增大。

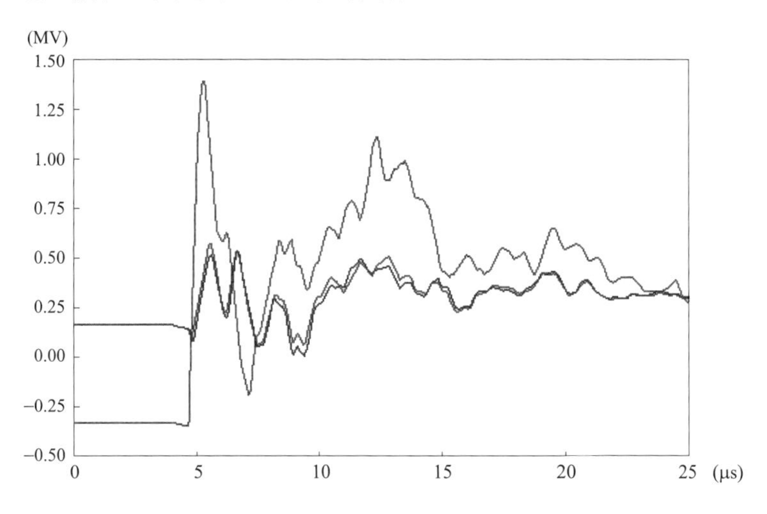

图 6－49　互感器安装处三相导线过电压波形

图 6－50 显示变压器处三相导线过电压波形，幅值达到 1.1MV，从图中可以看出，雷电入侵波的陡度有明显下降。

6.5　铁磁谐振过电压计算

在中性点不直接接地系统中，谐振过电压在零序回路内产生，但由于中性点不直接接地系统大多属于配电网，进出线路一般未经过换相处理等原因造成系统三相对地参数不对称，对称分量法的各序分量并不独立，因此，如出线负荷、相间电容等参数都会对谐振的激发产生一定影响，在仿真模型中不能忽略。并且中性点不直接接地系统铁磁谐振在三相回路内同时产生，不能建立简单的单相等效仿真模型进行分析，本书模型是基于现场和试

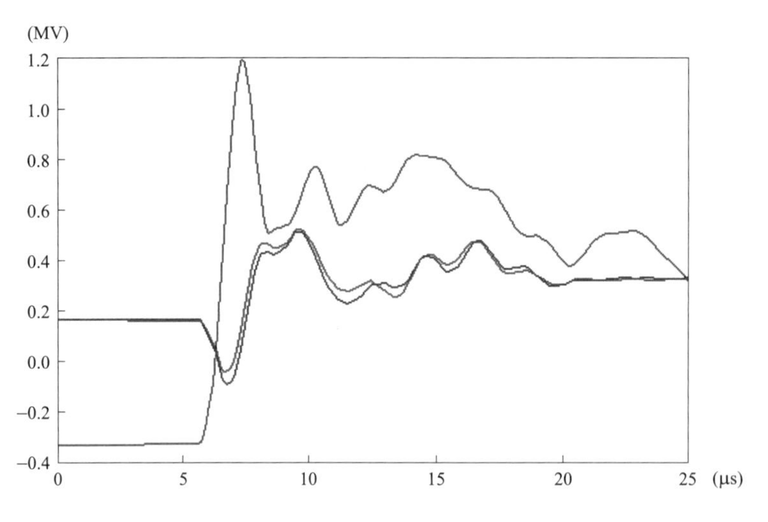

图 6－50　变压器处三相导线过电压波形

验数据的基础上建立的三相、三个电压等级变电站仿真模型。针对配电网系统二相对地参数不对称特点，模型中考虑了母线的零、正序参数和进出线路的相间参数及分布特性，架空线采用 ATP 中 LCC 模块的 Jmarti 模型，母线采用的是 LINEZT 3 模块提高了计算精度。该变电站的基本接线情况如图 6－51 所示。

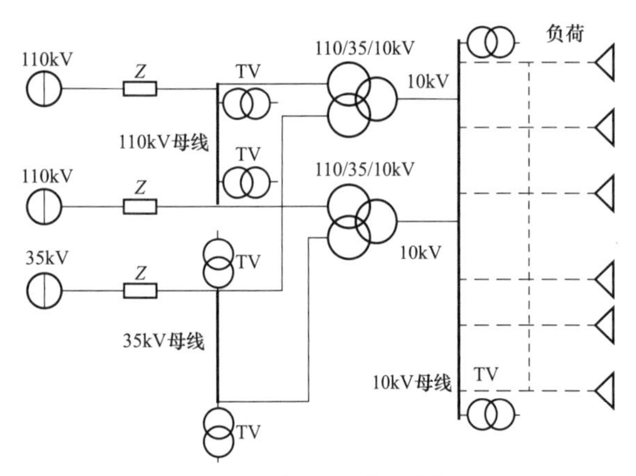

图 6－51　变电站系统结构图

6.5.1　电磁式电压互感器（TV）模块

电磁式电压互感器是产生铁磁谐振的重要元件之一，TV 铁芯励磁特性的非线性是产生铁磁谐振的根源。在数值仿真计算中获取准确而可靠的 TV 励磁参数有十分重要的意义。

变电站中铁磁谐振主要是由具有非线性电感的电磁式电压互感器饱和引起的，非线性电感的特性常用磁化特性来描述，但实际试验测得的通常是铁芯的伏安曲线，仿真模型中 TV 励磁参数采用精度较高的逐点转换法计算得到。具体转换原理如下：对于含有铁芯的电感线圈，由于铁芯的饱和特性导致了其励磁特性 $\varphi(i)$曲线的非线性。电源电压为正弦波，由铁芯中的磁通 $\varphi(t)$与所施电压 $u(t)$之间关系 $\dfrac{\mathrm{d}\varphi}{\mathrm{d}t}=u(t)=\sqrt{2}U\cos(\omega t)$ 得

$$\varphi(t)=\frac{\sqrt{2}U}{\omega}\sin(\omega t) \tag{6-19}$$

稳态时刻 $\varphi(t)$的幅值为 $\varphi_{\mathrm{m}}=\dfrac{\sqrt{2}U}{\omega}$。由此可见 φ_{m} 与电压有效值 U 之间有直接对应关系，

但 $\varphi(i)$曲线中的 i 与电流有效值 I 之间没有直接对应关系，图 6－52 显示了在交流正弦电源 $u(t)$的作用下 $\varphi(t)$、$i(t)$、$\varphi(i)$三者的关系。

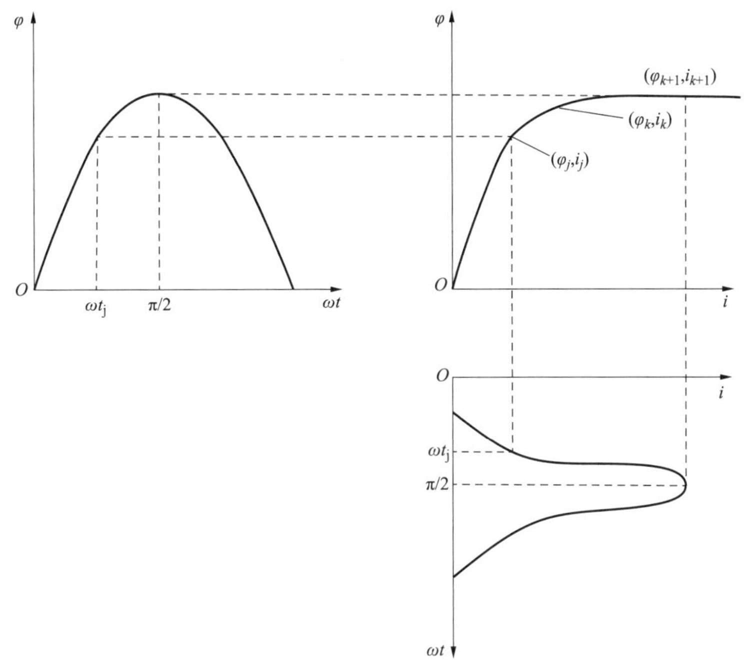

图 6－52　$\varphi(t)$、$i(t)$、$\varphi(i)$关系图

已知 $U-I$ 的起始（0，0）点对应 $\varphi(i)$的（0，0）点，由（U_1，I_1）点求（φ_1，i_1），$\varphi_1=\dfrac{\sqrt{2}U_1}{\omega}$，$\varphi(i)$曲线上的（0，0）点到（$\varphi_1$，$i_1$）的直线方程为

$$i(t)=\frac{i_1}{\varphi_1}\varphi(t) \tag{6-20}$$

$$I_1=\frac{2}{\pi}\int_0^{\pi/2} i^2(\omega t)\mathrm{d}(\omega t)=\frac{2}{\pi}\int_0^{\pi/2}\frac{i_1^2}{\varphi_1^2}\left[\frac{\sqrt{2}U_1}{\omega}\right]\sin^2(\omega t)\mathrm{d}(\omega t)=\frac{2}{\pi}\int_0^{\pi/2} i_1^2\sin^2(\omega t)\mathrm{d}(\omega t) \tag{6-21}$$

由式（6－20）、式（6－21）得

$$i_1=\sqrt{2}I_1 \tag{6-22}$$

由式（6－19），从（U_2，I_2），（φ_1，i_1）求（φ_2，i_2）时，$u(t)=\sqrt{2}U_2\cos(\omega t),\varphi_2=\dfrac{\sqrt{2}U_2}{\omega}$，下面求 i_2，分别将（0，0）及（φ_1，i_1）到（φ_2，i_2）线性化，得

$$i_{21}=\frac{i_1}{\varphi_1}\varphi=\frac{i_1}{\varphi_1}\frac{\sqrt{2}U_2}{\omega}\sin(\omega t) \tag{6-23}$$

$$i_{22}=i_1+\frac{i_2-i_1}{\varphi_2-\varphi_1}(\varphi-\varphi_1)=i_1-\frac{i_2-i_1}{\varphi_2-\varphi_1}\varphi_1+\frac{i_2-i_1}{\varphi_2-\varphi_1}\frac{\sqrt{2}U_2}{\omega}\sin(\omega t) \tag{6-24}$$

$$\frac{\pi}{2}I_2^2 = \int_0^{\omega t_1} i_{21}^2(\omega t)\mathrm{d}(\omega t) + \int_{\omega t_1}^{\pi/2} i_{22}^2(\omega t)\mathrm{d}(\omega t) \tag{6-25}$$

由 $\varphi_1 = \frac{\sqrt{2}U_2}{\omega}\sin(\omega t_1)$， $\frac{\sqrt{2}U_1}{\omega} = \frac{\sqrt{2}U_2}{\omega}\sin(\omega t_1)$，得

$$\omega t_1 = \arcsin\left[\frac{U_1}{U_2}\right] \tag{6-26}$$

所以（φ_k，i_k）到（φ_{k+1}，i_{k+1}）的直线方程为

$$i = i_k - \frac{i_{k+1} - i_k}{\varphi_{k+1} - \varphi_k}\varphi_k + \frac{i_{k+1} - i_k}{\varphi_{k+1} - \varphi_k}\varphi; \varphi_k = \frac{\sqrt{2}U_{k+1}}{\omega}\sin(\omega t_k) \tag{6-27}$$

基于以上转换原理采用 MATLAB 编写了相应的转换程序，将试验所得励磁曲线的伏安特性转换为电流－磁通峰值关系，见表 6－2 和表 6－3（原始试验数据为 TV 二次侧数据，计算所得数据为转换到一次的数据）。

表 6－2　　110kV 母线 TV 励磁曲线转换数据 A

TV 型号	参数	电压（V）	40	50	60	70	80	90
JDCF－110	A 相	电流（A）	1.69	2.01	1.96	4.19	9.24	18.8
	转换	磁通（Wb）	198.07	247.59	297.1	346.62	396.1	445.7
	后	电流（mA）	2.172 7	2.458 7	2.768	7.791 9	17.08	35.24
	B 相	电流（A）	1.71	1.99	2.62	7.46	17	
	转换	磁通（Wb）	198.07	247.59	297.1	346.62	396.1	
	后	电流（mA）	2.172 7	2.458 7	2.768	7.79	17.08	
	C 相	电流（A）	1.74	2.09	2.01	4.34	8.72	17.2
	转换	磁通（Wb）	198.07	247.59	297.1	346.62	396.1	445.7
	后	电流（mA）	2.237	2.558 7	2.739	8.11	15.67	32.03

表 6－3　　110kV 母线 TV 励磁曲线转换数据 B

TV 型号	参数	电压（V）	50	60	70	80	90
JDCF－110	A 相	电流（A）	1.41	2.20	8.90	21.00	
	转换	磁通（Wb）	247.59	297.10	346.62	396.14	
	后	电流（mA）	1.80	3.46	17.72	39.329	
	B 相	电流（A）	1.40	1.52	4.30	14.80	20.00
	转换	磁通（Wb）	247.59	297.10	346.62	396.14	445.66
	后	电流（mA）	1.80	1.626	8.37	29.66	30.18
	C 相	电流（A）	1.41	3.31	14.80	74.50	
	转换	磁通（Wb）	247.59	297.12	346.62	396.13	
	后	电流（mA）	1.80	5.92	29.55	154.7	

对应表 6-2 中电压互感器 C 相转换后的励磁曲线如图 6-53 所示。

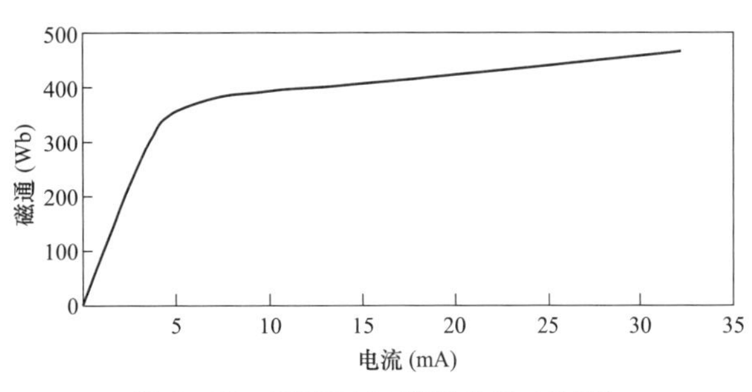

图 6-53　110kV TV 励磁曲线（C 相）

6.5.2　带开口三角 TV 模型的建立

TV 原理近似于变压器，只是变比大小和励磁性能部分不同，但由于电磁式电压互感器第三绕组为开口的三角绕组，而 ATP 本身所带的变压器模型不具备开口三角接口，因此需要在 ATP 平台上建立带开口三角的 TV 模块。

1. 建立单相三绕组（$Y-Y_0$）TV 模型

单相 TV 是基于变压器的 T 型等效电路设计的，图 6-54 为变压器的等效原理图。图 6-55 是与之对应的 ATP 中单相三绕组 TV 模型。

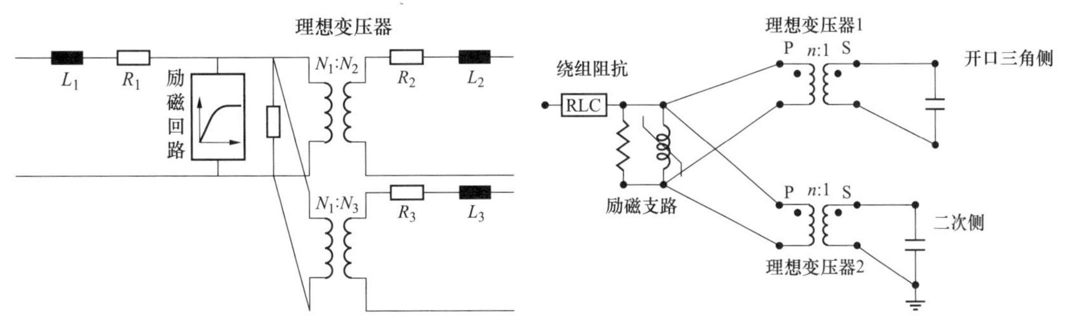

图 6-54　单相三绕组变压器等效原理图　　图 6-55　ATP 中单相三绕组 TV 模型

模型说明：

（1）由于 TV 二次侧和开口三角侧大多时间近似开路状态，模型中没有考虑二次侧和开口三角侧漏抗的影响。

（2）图中励磁支路采用的是 ATP 中 Type98 非线性电感和电阻并联等效的，励磁电感非线性励磁特性通过式（6-19）中计算方法获得。

（3）由于 ATP 中理想变压器模块不允许变压器一端在没有参考电位（没有地电位）情况下开路运行，在理想变压器输出端短接 10^{-10}F 的电容已满足软件要求，经过仿真验证所加电容对模型精度没有影响。

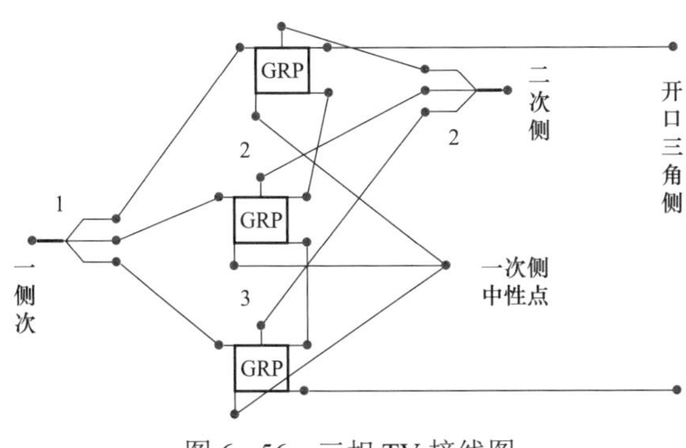

图 6-56　三相 TV 接线图

2. 三相三绕组 TV 模型的建立

在建立了单相三绕组 TV 模型后，利用 ATP 的模型打包功能，将图 6-56 所示模型打包。打包过程中二次侧只给出一个电压测量端口。

建立单相三绕组 TV 的打包模型后，按 TV 的实际物理连接情况搭建出带开口三角的三相 TV。

6.5.3 变压器模块

1. 绕组参数计算原理

三绕组变压器各绕组短路损耗与试验所得短路损耗 $P_{k(1-3)}$、$P_{k(1-2)}$、$P_{k(2-3)}$ 三者之间有如下关系（参数全部归算到高压侧进行）

$$\begin{aligned} P_{k1} &= 1/2[P_{k(1-3)} + P_{k(1-2)} - P_{k(2-3)}] \\ P_{k2} &= 1/2[P_{k(1-2)} + P_{k(2-3)} - P_{k(1-3)}] \\ P_{k3} &= 1/2[P_{k(1-3)} + P_{k(2-3)} - P_{k(1-2)}] \end{aligned} \tag{6-28}$$

将式（6-28）所得各绕组短路损耗代入得各绕组电阻

$$R_{T1} = \frac{P_{k1}U_N^2}{1000S_N^2}, R_{T2} = \frac{P_{k2}U_N^2}{1000S_N^2}, R_{T3} = \frac{P_{k3}U_N^2}{1000S_N^2} \tag{6-29}$$

绕组短路试验获得的短路压降和短路损耗之间有类似的关系

$$\begin{aligned} U_{k1}\% &= 1/2[U_{k(1-3)}\% + U_{k(1-2)}\% - U_{k(2-3)}\%] \\ U_{k2}\% &= 1/2[U_{k(2-3)}\% + U_{k(1-2)}\% - U_{k(1-3)}\%] \\ U_{k3}\% &= 1/2[U_{k(1-3)}\% + U_{k(2-3)}\% - U_{k(1-2)}\%] \end{aligned} \tag{6-30}$$

由式（6-30）计算各绕组漏抗

$$X_{T1} = \frac{U_{k1}\%U_N^2}{100S_N}, X_{T2} = \frac{U_{k2}\%U_N^2}{100S_N}, X_{T3} = \frac{U_{k3}\%U_N^2}{100S_N} \tag{6-31}$$

2. 变压器励磁电阻计算

变压器励磁支路以导纳表示，其电导对应变压器的铁损，因电力变压器的铁损近似等于变压器的空载损耗 P_0，所以有电导

$$G_T = \frac{P_0}{1000U_N^2} \tag{6-32}$$

根据以上计算方法计算出变压器三绕组参数见表 6-4。

表 6-4　　变压器三绕组参数

变压器型号	R_{T1}（Ω）	R_{T2}（Ω）	R_{T3}（Ω）	X_{T1}（Ω）	X_{T2}（Ω）	X_{T3}（Ω）	R_0（Ω）
SFSZ7-31500/110	0.88	1.29	0.74	27.50	40.88	近似取 0	24
SFSZ8-31500/110	1.21	0.81	0.95	40.36	近似取 0	0.86	15

由于 ATP 的饱和变压器元件漏阻抗参数计算方法与上述方法不同，上面计算所得的漏阻抗输入参数值需要与漏阻抗所在电压等级平方成正比，因此必须将计算所得变压器物理参数进一步等价处理以满足 ATP 要求。ATP 变压器模型参数见表 6-5。

转换步骤如下：

首先计算总的阻抗值：

$$R'_{\mathrm{T}} = R_{\mathrm{T1}} + R_{\mathrm{T2}} + R_{\mathrm{T3}}, X'_{\mathrm{T}} = X_{\mathrm{T1}} + X_{\mathrm{T2}} + X_{\mathrm{T3}} \tag{6-33}$$

再按总阻抗值不变原理，将漏抗按与所在电压等级平方成正比关系分配到各个电压侧。

$$R'_{\mathrm{T1}} = \frac{R'_{\mathrm{T}}}{n}; R'_{\mathrm{T2}} = \frac{R'_{\mathrm{T}} \cdot U_2^2}{nU_1^2}; R'_{\mathrm{T3}} = \frac{R'_{\mathrm{T}} \cdot U_3^2}{nU_1^2}; X'_{\mathrm{T1}} = \frac{X'_{\mathrm{T}}}{n}; X'_{\mathrm{T2}} = \frac{X'_{\mathrm{T}} \cdot U_2^2}{nU_1^2}; X'_{\mathrm{T3}} = \frac{X'_{\mathrm{T}} \cdot U_3^2}{nU_1^2} \tag{6-34}$$

其中 n 为绕组数，此处为 3。

表 6-5　　ATP 变压器模型参数

变压器型号	$R_{\mathrm{T1}}\Omega$	$R_{\mathrm{T2}}\Omega$	$R_{\mathrm{T3}}\Omega$	$X_{\mathrm{T1}}\Omega$	$X_{\mathrm{T2}}\Omega$	$X_{\mathrm{T3}}\Omega$	$R_0\Omega$
SFSZ7-31500/110	0.97	0.095 6	0.008	22.80	2.28	0.19	26
SFSZ8-31500/110	0.99	0.1	0.008 2	13.75	1.376	0.113 5	15

变压器励磁电感参数计算方法与 TV 励磁电感计算方法相同，不再做介绍。在计算获得上述变压器参数后，采用 ATP-EMTP 模型库中的饱和变压器（saturable transformer）模块予以实现，模块如图 6-57 所示。变压器主体部分 P、S、T 分别为高压、中压、低压三个接线端子，底部两个端子中左、右为变压器的高压和中压侧中性点。

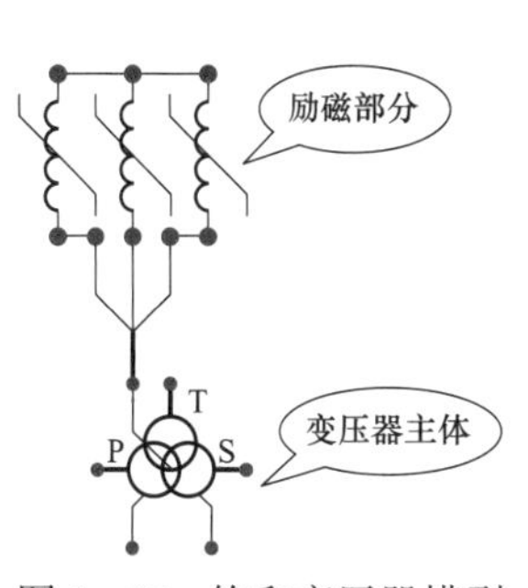

图 6-57　饱和变压器模型

6.5.4　母线模块

母线包括 110、35kV 和 10kV 母线，以 110kV 母线参数计算过程为例说明，表 6-6 为实测 110kV 母线数据。

表 6-6　　110kV 母线实测数据

型号	LGJ-240	截面积	铝：228mm²；钢：43.1mm²
材料	钢芯铝绞线	长度	60～70m
母线对地及相间的相对位置		母线对地垂直位置：7.5m；母线相间间距：2.2m	

（1）单位电阻。线路单位长度直流电阻 $R_{\mathrm{a}} = \dfrac{\rho}{S} = 0.138(\Omega/\mathrm{km})$

式中：ρ 为母线载流部分导体电阻率，$\Omega \cdot \mathrm{mm}^2/\mathrm{km}$；$S$ 为母线载流部分截面积，mm^2。

（2）单位电感。

母线三相间的几何均距 $D_{\mathrm{m}} = \sqrt[3]{r_{\mathrm{ab}} \cdot r_{\mathrm{bc}} \cdot r_{\mathrm{ca}}} = 2.772(\mathrm{m})$

母线三相与其镜像间几何均距

$$H_{\mathrm{m}} = \sqrt[9]{h'_{aa} \cdot h'_{\mathrm{bb}} \cdot h'_{\mathrm{cc}} \cdot h'^2_{\mathrm{ab}} \cdot h'^2_{\mathrm{bc}} \cdot h'^2_{\mathrm{cb}}} = 15.21(\mathrm{m})$$

导线半径参考钢芯铝绞线主要技术参数（GB/T 1179—2008《圆线同心绞架空导线》）$r = 0.8$（cm）

等值半径 $r' = 0.779r = 0.779 \times 0.8 = 0.64$（cm）

三相母线几何平均半径 $r_{eq}=\sqrt[3]{r'\times D_m^2}=0.36\text{m}$

根据卡尔逊的推导式取导线等值深度 $D_g=1000\text{m}$，则母线三相间的互阻抗

$$Z_m=0.05+\text{j}0.144\,5\lg\left(\frac{D_g}{D_m}\right)=0.05+\text{j}0.144\,5\lg\left(\frac{1000}{2.772}\right)=0.05+\text{j}0.37\ (\Omega/\text{km})$$

自阻抗 $Z_s=R_a+0.05+\text{j}0.144\,5\lg\left(\frac{D_g}{r}\right)=0.188+\text{j}0.748\ (\Omega/\text{km})$

母线的正序阻抗为 $Z_{(1)}=0.138+\text{j}0.378$（Ω/km），则单位长度正序电阻为 0.138（Ω/km），单位长度正序电抗为 0.378（Ω/km）。

母线零序阻抗为 $Z_{(0)}=0.288+\text{j}1.452$（Ω/km）；所以单位长度零序电阻为 0.288（Ω/km），单位长度零序电抗为 1.452（Ω/km）。

（3）单位电容。

由单位长度输电线路正序电容计算公式得

$$C_1=\frac{0.024\,1}{\lg\left(\frac{D_m}{r}\right)}=\frac{0.024\,1}{\lg\left(\frac{2.772}{0.006\,64}\right)}=0.009\,2\ (\mu\text{F/km})$$

由单位长度输电线路零序电容计算公式得

$$C_0=\frac{0.024\,1}{3\lg\left(\frac{H_{eq}}{r_{eq}}\right)}=\frac{0.024\,1}{3\lg\left(\frac{15.21}{0.36}\right)}=0.004\,5\ (\mu\text{F})$$

同理可计算得 35kV 和 10kV 母线参数，表 6－7 为计算所得变电站母线参数。

表 6－7　　变电站母线参数

母线	实际半径（cm）	等值半径（cm）	电阻率（Ω/km） 正序/零序	电抗（Ω/km） 正序/零序	电容（μF/km） 正序/零序
110kV	0.852	0.640	0.138/0.288	0.378/1.452	0.009 2/0.004 9
35kV	1.070	0.834	0.087 5/0.238	0.274/1.650	0.013 5/0.003 5
10kV	1.784	1.390	0.029/0.179	0.217/1.670	0.016 1/0.004 6

6.5.5　铁磁谐振过电压仿真结果

单相接地动作时刻为 $t=0.04\text{s}$，在 $t=0.08\text{s}$ 接地故障消失，此时会产生谐振过电压，然而当单相接地故障消失时刻为 $t=0.095\text{s}$ 时不会产生谐振过电压。图 6－58 是故障消失时刻为 $t=0.08\text{s}$ 时的谐振情况。在单相接地故障开始时，系统电压除接地相外，其余两相开始剧烈振荡，振荡过程中电压幅值最高相（C 相）达到了 2.45（标幺值），经过剧烈的振荡后在 $t=0.042\text{s}$，B、C 两相电压稳定在线电压值。在时刻 $t=0.08\text{s}$ 时接地故障瞬间消失激发了谐振，谐振期间 35kV 母线三相电压同时升高，谐振电压幅值略高于线电压幅值，过电压最严重的 C 相幅值达到 2.5（标幺值），同时 TV 三相都有明显的过电流产生，为典型的谐波过电压情况。由于 TV 三相支路励磁性能不尽相同，谐振过程中三相电流幅值也不相同，其中由于 C 相励磁性能较 A、B 相略差，所以三相电流幅值中 C 相值最大达到 0.147A，B

相为 0.125A，A 相为 0.123A，为 TV 正常工作电流为 8.5mA 的数十倍。图 6－58（c）为谐振激发过程中变压器中性点偏移电压波形，图中可见谐振过电压波形周期为 0.06s，谐振为 1/3 次分频谐振，谐振期间中性点偏移电压幅值约为 22kV，标幺值为 0.8，和母线谐振过电压幅值相差甚远，由此可见虽然在中性点不直接接地系统中，系统中性点偏移电压能够正确反映系统的谐振过电压类型，但很难准确反映谐振期间系统过电压幅值情况。

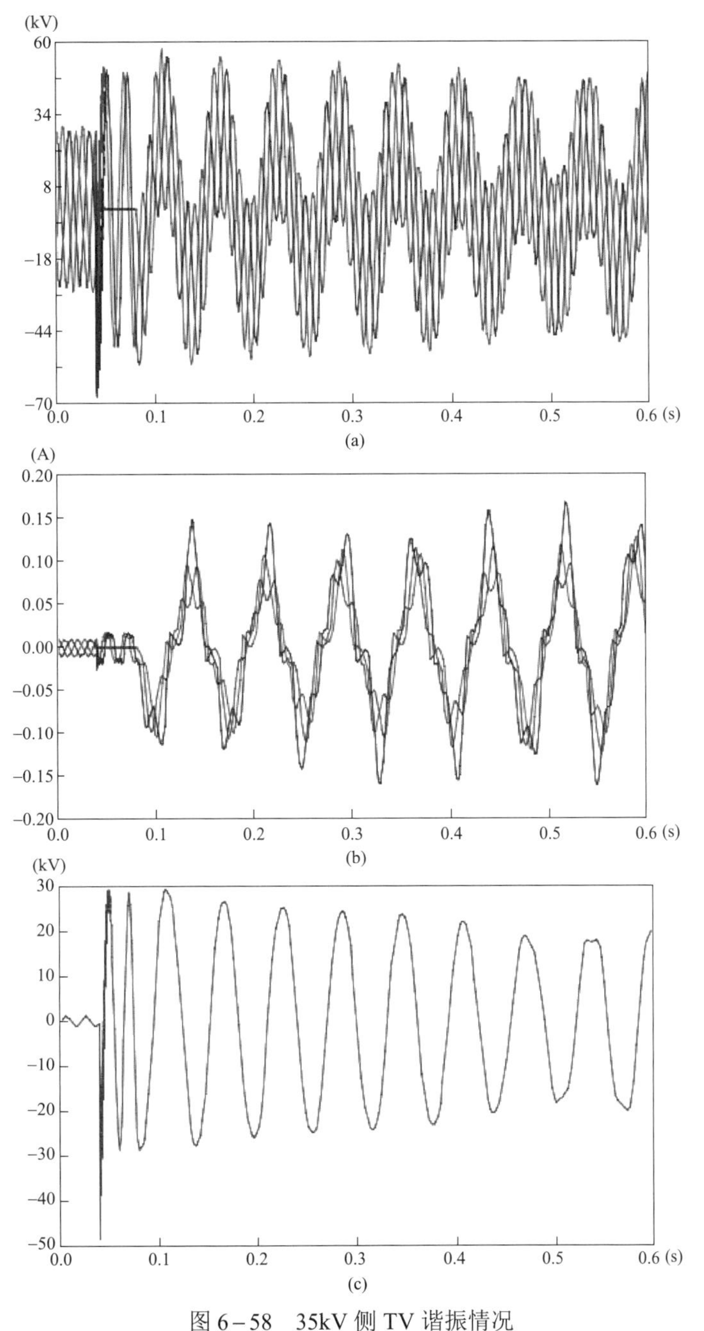

图 6－58　35kV 侧 TV 谐振情况

（a）母线三相电压波形；（b）TV 三相电流波形；（c）变压器中性点电压波形

6.6 特快速暂态过电压计算

6.6.1 特快速暂态过电压机理

气体绝缘金属封闭式开关装置（GIS）中的特快速暂态过电压（VFTO）来源于断路器、隔离开关的操作中由于触头动作速度太慢，而开关本身的灭弧性能较差，会导致触头间隙多次电弧重燃，引起特快速暂态过电压。以隔离开关合上一段不带电 GIS 为例，GIS 管道可以近似看成一个集中电容，当触头间距缩短，电源侧电压达到峰值时必然会发生一次击穿，引起高频振荡，此过程与断路器投切电容器或者空载线路类似，只是 GIS 中产生的高频电流过零时不会熄灭，而要维持到几十微秒后振荡衰减完毕，所以在发生重燃时电容上的残压就是前一次燃弧瞬间的电源电压。然而开关触头不是对称的，第二次重燃时，触头间的电压差可能高于第一次，过电压也可能比第一次高，这种击穿在一次隔离开关操作中会有数百次之多，但是随着触头间距缩短，总体来看过电压将越来越低，分闸与合闸相似，只是过电压会随着触头间距增大而增大，直到开关完全断开。

GIS 设备被切断以后，最终形成的残余电荷都会留在电容上，并且保持相当长的一段时间，在下一次合闸时第一次击穿，触头过电压往往大于 1（标幺值）。实验研究表明，慢速开关形成的残压较快速隔离开关更低，但是重燃次数更多，断路器与隔离开关类似，但是动作速度快，重燃次数少，形成的残压更高。

这种不同于雷电过电压，操作过电压和工频过电压的特快速暂态过电压具有上升时间短，幅值高的特点，几纳秒到几十纳秒的波头对 GIS 不同部位都有较大危害，影响开关本身的稳定性，甚至危及设备绝缘性能。产生的电压波会在 GIS 内不断折、反射，引起暂态过电压频率剧增。

6.6.2 特快速暂态过电压模型及参数

根据计算与实测，VFTO 的幅值虽然与很多因素有关，但是主要取决于 GIS 装置的结构，网络支路越多，幅值越小，一般都采用单机、单变、单回供电方式进行仿真研究。

为了保证计算结果的精确性，需要根据 GIS/HGIS 各部件结构、布置和接线等，采用空间暂态电磁场分析方法，在特快速暂态过电压发生的范围内对系统各元件进行仿真模拟，表 6-8 给出了各个电压等级下的关键元件等小模型及其参数。

表 6-8　　GIS 元件等效模型及参数

元　件		说　明	550kV GIS	800kV GIS	1100kV GIS
变压器		入口电容（pF）	5000	9000	10 000
断路器	分闸	断口的等效串联电容（pF）	350	520	540
	合闸	等效为母线的一部分			
隔离开关	分闸	对地电容（pF）	240	276	296
	合闸	对地电容（pF）	125	140	173
	燃弧	等效为燃弧电阻及断口对地电容	$R(t)=R_0\mathrm{e}^{-(1/t)}+R_a$ $R_0=10^{12}\Omega$，$R_a=0.5\Omega$，$T=1\mathrm{ns}$		

续表

元　件	说　明	550kV GIS	800kV GIS	1100kV GIS
接地开关对地电容（pF）		240	240	300
GIS 管线波阻抗（Ω）		63	84	70
套管对地电容（pF）		320	350	450
避雷器对地电容（pF）		19	19	
电压互感器对地电容（pF）		400	500	1000
波速（m/μs）		296	277	270

6.6.3　VFTO 仿真以及现场实测

【例 6－15】800kV 换流站交流侧 VFTO 仿真。某 B 换流站 500kV 交流侧装置采用 GIS，图 6－59 为该换流站试验前交流侧主接线图。

利用 EMTP 进行仿真计算，换流站交流侧的工作方式，其次确定计算模型以及相应的参数设置，这里给出的运行方式及开关动作如图 6－60 所示，此试验是某 B 站母线充电后站用变压器投切试验，310 断路器转为热备用，即合上 3101 隔离开关，再合上 310GIS 全封闭开关对 301B 站用变压器进行充电。

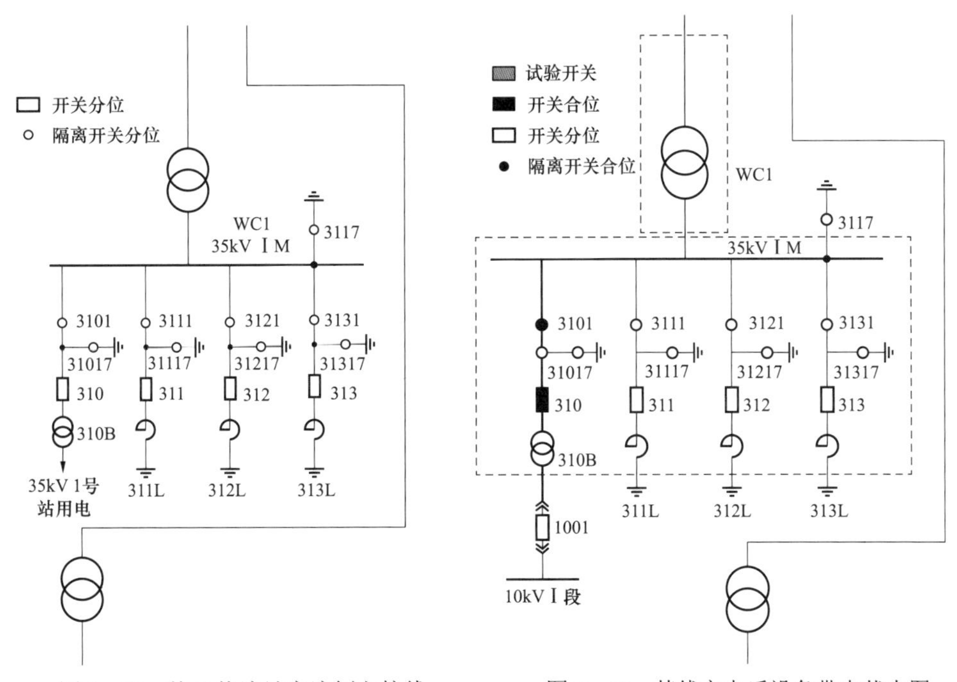

图 6－59　某 B 换流站交流侧主接线　　　　图 6－60　某线充电后设备带电状态图

某 B 站和该线各元件参数为：套管对地电容为 320pF，电抗器为 6.1H，对地电容 5000pF，隔离开关对地电容 240pF，断路器对地电容 320pF。GIS 采用分布参数模拟，单位长度电感为 $L_0 = 3.35\times10^{-4}\,\text{mH/m}$，对地电容为 $C_0 = 3.9\times10^{-5}\,\mu\text{F/m}$，波速 $v = 277\times10^{6}\,\text{m/s}$，波阻抗

$Z = 92.68\Omega$ 。母线最高工作电压 530kV，取 $1\text{p.u.} = 530 \times \dfrac{\sqrt{2}}{\sqrt{3}}\text{kV}$ （p.u.为标幺值）。

仿真模型以及仿真结果如图 6－61、图 6－62 所示，310 断路器已在仿真模型中标注出。

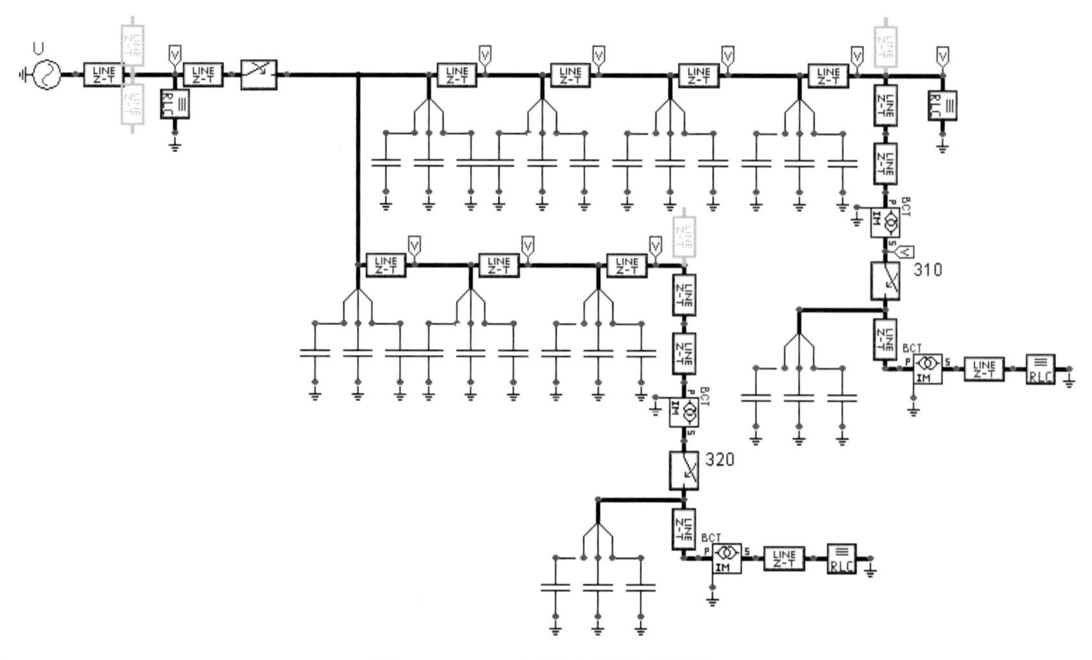

图 6－61　GIS 开关合闸仿真模型

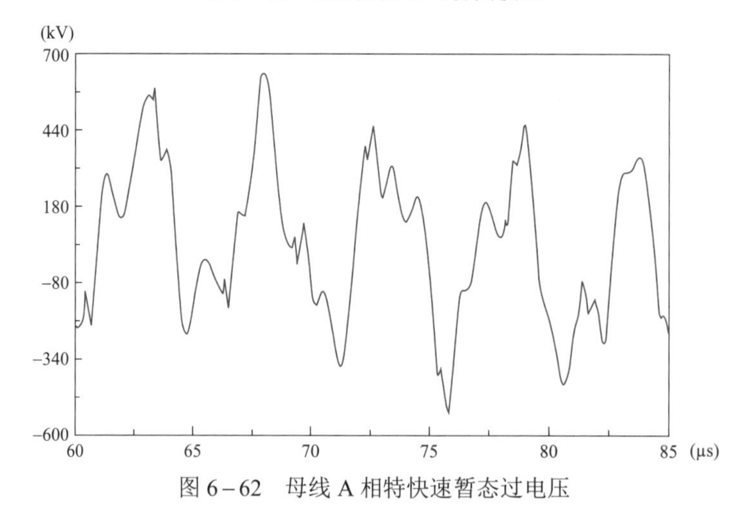

图 6－62　母线 A 相特快速暂态过电压

图 6－62 为 310 断路器合闸过程中高压母线上的 VFTO 波形，可见特快速暂态过电压幅值约为 1.5（标幺值），幅值并不高，但是波过程时间特别短，其中高频分量有 1MHz 左右的特快速瞬变过程频率，主要由行波在 GIS 中不断折、反射形成。

图 6－63、图 6－64 为示波器实测某 B 站 GIS 动作，母线充电时特快速暂态过电压波形。

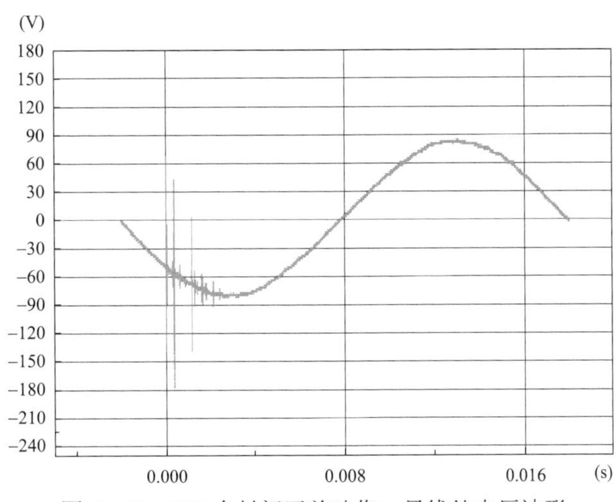

图 6－63　GIS 全封闭开关动作，母线处电压波形

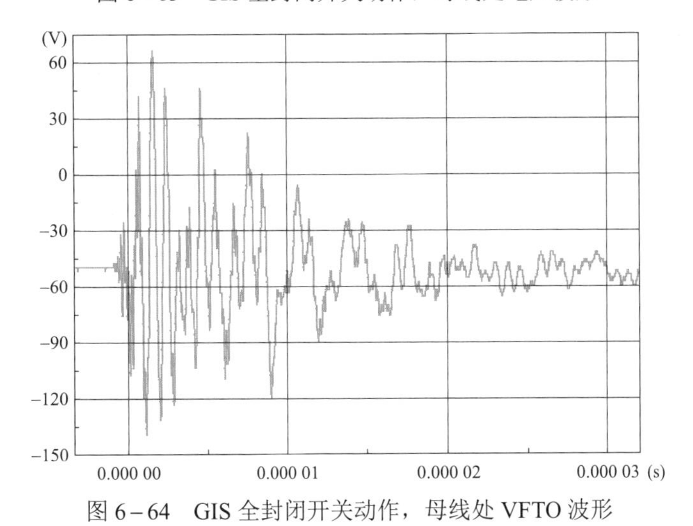

图 6－64　GIS 全封闭开关动作，母线处 VFTO 波形

图 6－63、图 6－64 为示波器所测为 TV 二次侧波形，工频幅值约为 81V，VFTO 幅值为 120V，大约为 1.5（标幺值），同仿真结果几乎一样。

6.7　特高压直流输电系统的暂态计算

6.7.1　特高压直流输电相关元件的 PSCAD 模型

直流输电系统的组成如图 6－65 所示，主要包括交流系统、整流系统和直流输电系统三大部分。主要的设备包括换流器、换流变压器、平波电抗器、滤波器、无功补偿设备等，各个组件的功能如下。

（1）换流器：将交流电转换成直流电，或者将直流电转换成交流电的设备。包括整流器（rectifier，将交流电转换成直流电的换流器）和逆变器（inverter，将直流电转换成交流电的换流器）。

（2）换流变压器：向换流器提供适当等级的不接地三相电压源设备。

（3）平波电抗器：减小注入直流系统的谐波；减小换相失败的概率；限制直流短路电流峰值；防止轻载时直流电流间断。

（4）滤波器：减小注入交、直流系统谐波的设备。滤波器按安装位置不同分为交流滤波器和直流滤波器；按照滤波器种类可分为有源滤波器和无源滤波器，无源滤波器又可以分为单调谐滤波器、双调谐滤波器、高通滤波器。

（5）无功补偿设备：提供换流器所需要的无功功率，减小换流器与系统的无功交换。

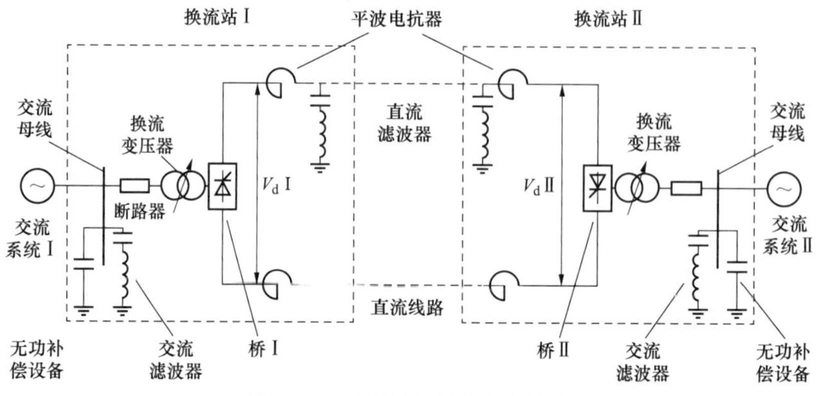

图 6－65　直流输电系统的组成

1. 换流器

换流器模型为晶闸管模型的串并联，并配合以相应的均压均流电路。换流器模型中需要静态均压和动态均压，其电路如图 6－66 所示。静态均压是指晶闸管处于阻断状态下承受工频电压或直流电压时的各晶闸管元件之间的均压，在这种情况下，电压波形前沿时间较长，采用电阻均压。动态均压是指同一桥臂中的晶闸管开通和关断过程中的均压，即此过渡过程中的均压。

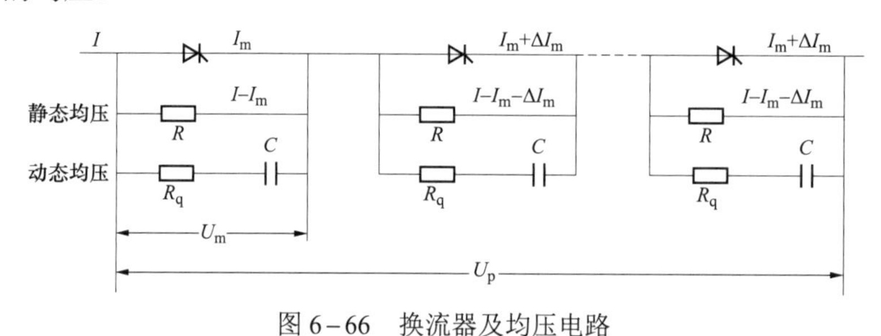

图 6－66　换流器及均压电路

静态均压电阻值的计算

$$R=\frac{U_{\mathrm{P}}\left(\frac{1}{1-K}\right)}{(n-1)\times\Delta I_{\mathrm{m}}}$$

动态均压电容值的计算

$$C=\frac{(n-1)\times\Delta Q_{\mathrm{r}}}{U_{\mathrm{P}}\left(\frac{1}{1-K}\right)}$$

$$Q_r = \frac{1}{2} I_{TR} \frac{T_{r2}}{0.64}$$

式中：U_p 为换流器组件两端电压；K 为换流器组件电压分布不均匀系数（一般为 10%～30%）；n 为换流器组件内串联晶闸管数目；I_m 为晶闸管漏电流；ΔI_m 为阀组件内 n 个晶闸管最大与最小漏电流之差；Q_r 为晶闸管反向恢复电荷；ΔQ_r 为阀组件内 n 个晶闸管最大与最小恢复电荷之差；I_{TR} 为晶闸管反向恢复电流；T_{r2} 为晶闸管反向阻断恢复时间。

PSCAD 中换流器模型如图 6－67 所示，其各个管脚的功能如下：

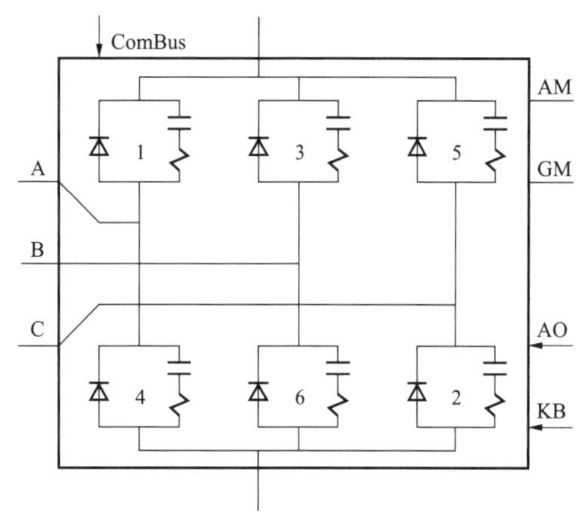

图 6－67　PSCAD 中换流器模型

AM 为测量的触发脉冲角；GM 为熄弧角；AO 为触发脉冲信号；KB 为封锁、解锁控制。

当 $KB=0$ 时封锁所有脉冲；

当 $KB=1$ 时解除封锁；

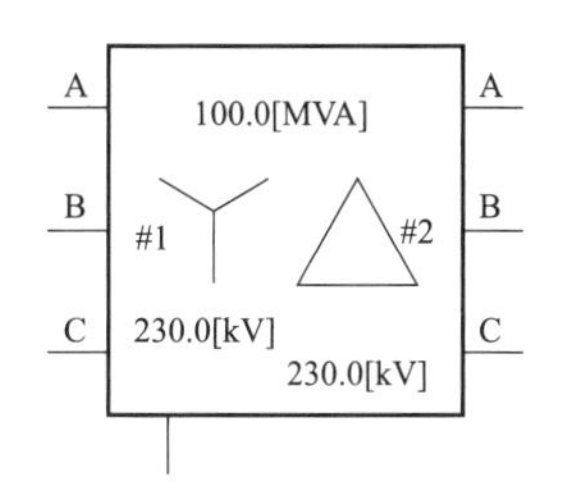

图 6－68　PSCAD 中换流变压器模型

当 $KB=-1$～-6 时封锁对应开关；

当 $KB=-7$ 时保留同一桥臂的两个开关仍然触发，其他的被封锁。

2. 换流变压器

图 6－68 是换流变压器的模型，图 6－69 是关于换流变压器参数设置的一些细节，具体包括变压器绕组连接形式、分接头、饱和特性参数的设置等。

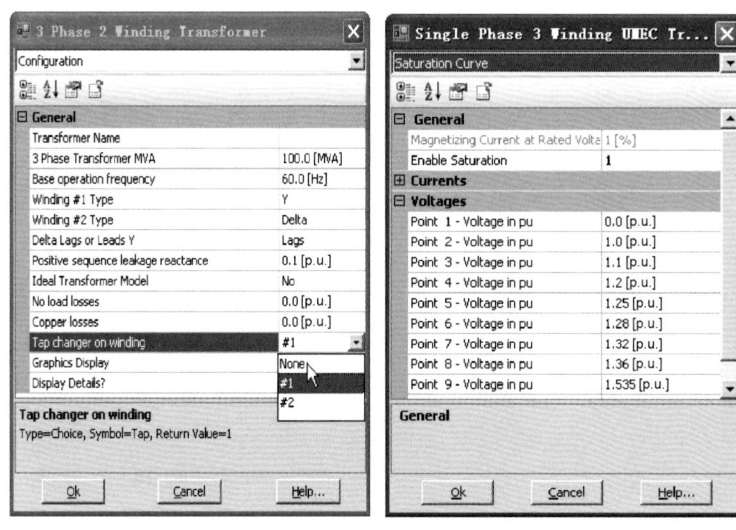

图 6－69　换流变参数设置细节

3. 平波电抗器

平波电抗器在直流线路小电流情况下能保持电流的连续性，触发延迟角 $10.1° < \alpha < 169.9°$ 时，此时其电感量为

$$L_d \geqslant \frac{U_{d0} \times k_0 \times \sin\alpha}{\omega \times I_{dLi}} \tag{6-35}$$

直流送电回路发生故障时，平波电抗器可抑制电流的上升速度，从而防止继而发生的换相失败，此时其电感量为

$$L_d \geqslant (\Delta U_d \times \Delta t) / \Delta I_d \tag{6-36}$$

平波电抗器的电感量 L_d 越大越好；但 L_d 过大，电流迅速变化时在平波电抗器上产生的过电压 L_d（di/dt）也越大。此外，L_d 作为一个延时环节，L_d 过大对直流电流的自动调节不利。因此在满足上述要求的前提下，平波电抗器的电感应尽量小。

4. 滤波器

（1）直流滤波器。直流无源滤波器不承担无功补偿，仅用于滤波，其参数由线路电压、滤波要求和经济性决定。无源滤波器通常接在平波电抗器后端，可采用单调谐滤波器、双调谐滤波器、C 型滤波器和三调谐滤波器等。出于经济性和占地面积的考虑，HVDC 系统更多采用双调谐滤波器，其作用可等效为两个并联的单调谐滤波器。增加平波电抗器的电感值，将会增加平波电抗器的滤波器容量，但可降低对无源滤波器滤波容量的要求，反之亦然。

双调谐滤波器等值电路和阻抗–频率特性曲线分别如图 6－70 和图 6－71 所示。

高通滤波器等值电路和阻抗–频率特性曲线分别如图 6－72 和图 6－73 所示。

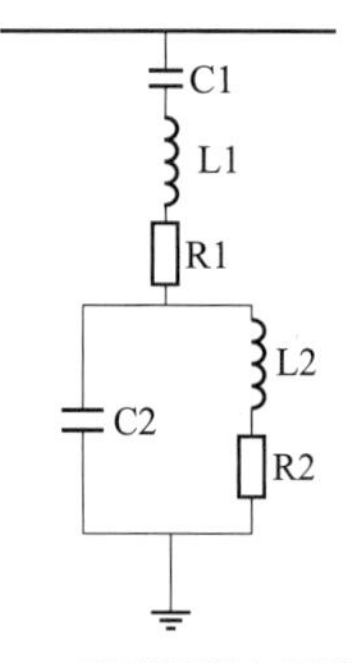

图 6－70　双调谐滤波器等值电路

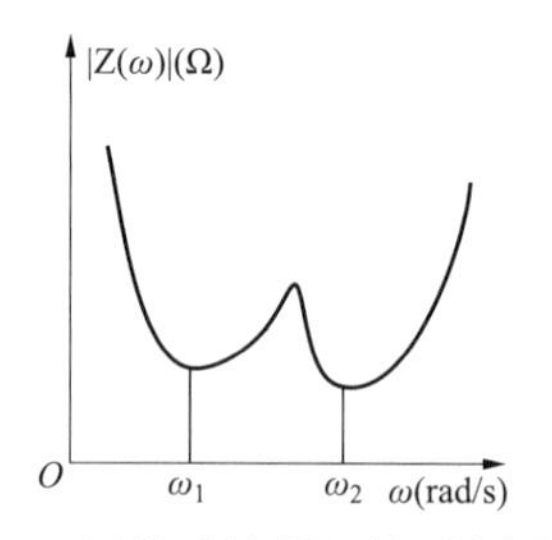

图 6－71　双调谐滤波器阻抗–频率特性曲线

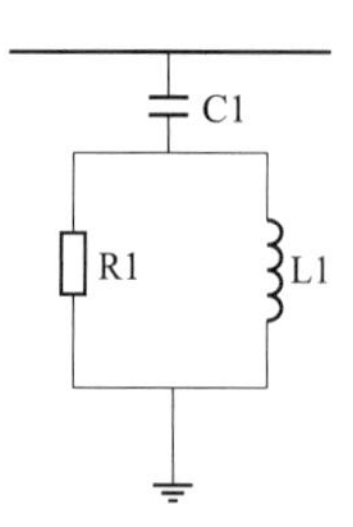

图 6－72　高通滤波器等值电路

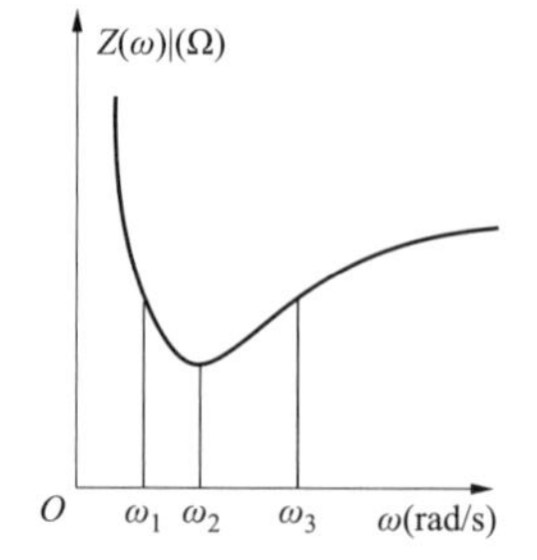

图 6－73　高通滤波器阻抗–频率特性曲线

（2）交流侧滤波器。交流侧滤波器形式如图 6－74 所示。

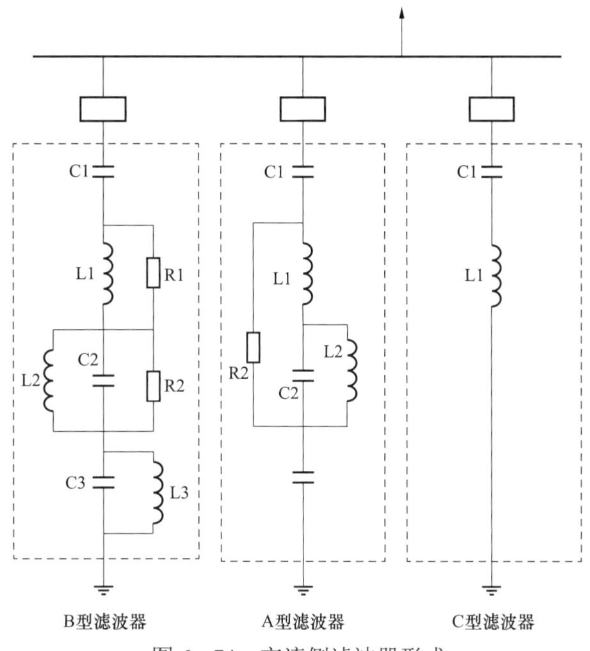

图 6－74　交流侧滤波器形式

多谐滤波器主要用于滤波，兼顾无功补偿，而 C 型滤波器主要用于基波无功补偿。

5. 其他元件模型

（1）线路模型。PSCAD 中线路的建模步骤如图 6－75 所示。

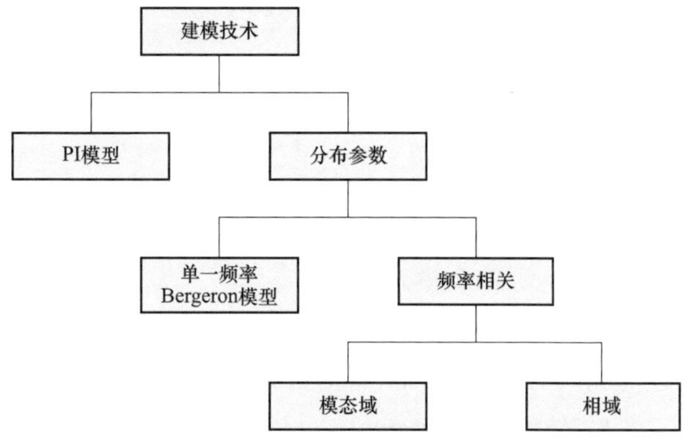

图 6－75　PSCAD 中线路的建模步骤

架空线路建模步骤：

1）创建输电线路配置元件。输电线路配置元件的创建如图 6－76 所示。

PSCAD 中构建架空线路有两种方法：Remote Ends 模式和 Direct Connection 模式。Remote Ends 模式下线路端点不与其他元件有物理上的直接连接，需要应用架空线接口元件。Direct Connection 模式可直接相连，但仅能用于 1 相、3 相或 6 相的单根显示系统。

2）加入输电线路接口元件（仅 Remote end 模式需要）。

3）选择输电线路模型及输入模型参数。

4）输入线路参数、塔型及杆塔参数。杆塔参数设置如图 6－77 所示。

5）加入地平面元件。

（2）等值电源。

1）电源类型。

a. 位于系统阻抗之后（behind source mpedance）：该方式下需直接输入电源电压、相位和频率。电源模型如图 6－78 所示。

b. 位于机端（at the terminal）：该方式下需直接输入机端电压、相位和有功功率、无功功率。仿真中自动算出电源电压和相位。自动算出数据模型如图 6－79 所示。

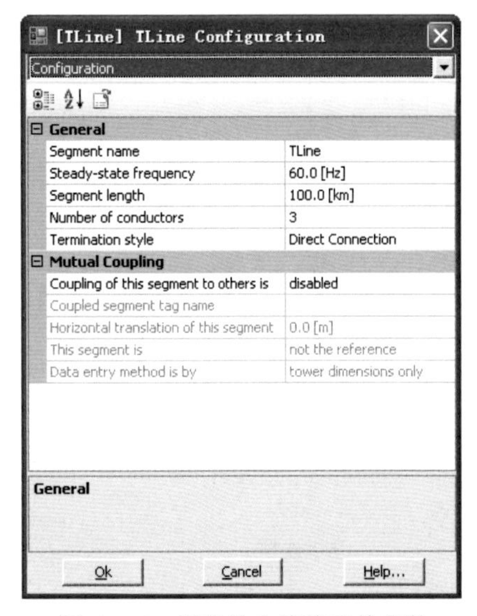

图 6－76　配置输电线路元件参数

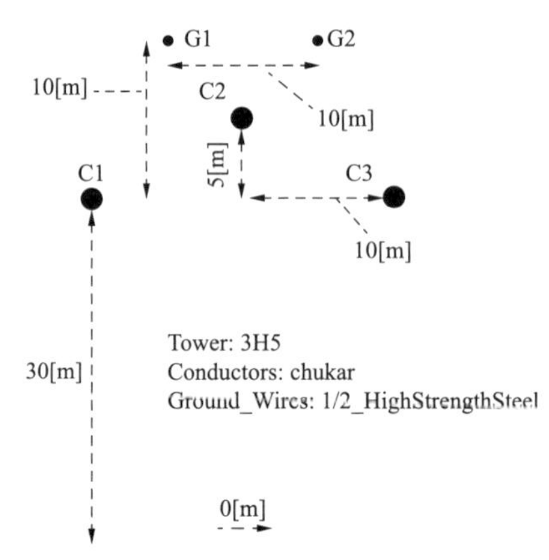

图 6－77　杆塔参数设置

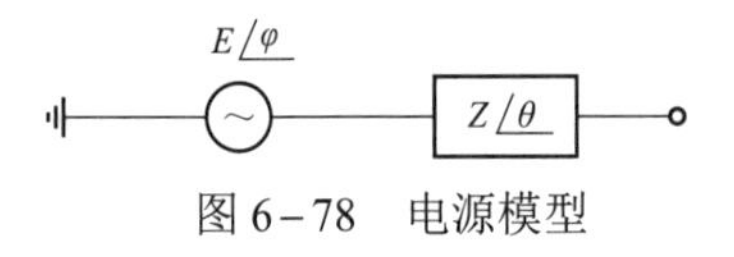

图 6－78　电源模型

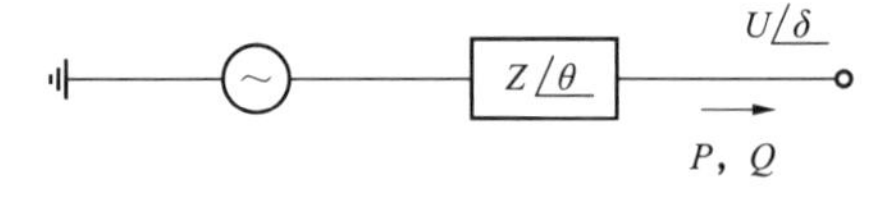

图 6－79　自动算出数据模型

2）电源控制模式。

a. 固定型（fixed）。电源幅值、频率和相位通过 source values for fixed control 页面输入。

b. 外部型（external）。电源幅值、频率和相位通过外部连接端子输入。

c. 自动型（auto）。可通过自动调整电压幅值对某母线处的电压进行控制；或自动调整内部相位角控制有功输出。

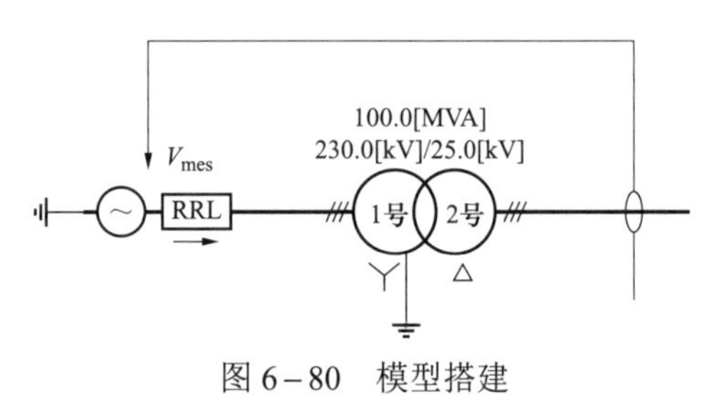

图 6－80　模型搭建

模型搭建如图 6－80 所示。

3）阻抗数据输入格式。

a. RRL values：直接输入 R 和 L 参数值。

b. impedance：以极坐标形式输入阻抗参数，此时需提供阻抗幅值和相角。

6.7.2　特高压直流输电系统的 PSCAD 仿真分析

1. 特高压直流输电控制系统的搭建

特高压直流输电控制系统采用了 EMTDC 中国际大电网会议（CIGRE）直流输电标准测试系统所采用的控制器回路，建立了树枝直流输电控制系统分层结构中的极控制层。该测试系统整流侧由定电流控制和最小触发角（α）限制两部分组成；逆变侧配有定电流控制和定关断角控制，但无定电压控制。此外，整流侧和逆变侧都配有低压限流（VDCOL）控制，逆变侧还配有电流偏差控制（CEC）。在本书中正常运行工况下，触发角为15°，关断角为17°。整流侧控制方式如图6－81所示，逆变侧控制方式如图6－82所示。

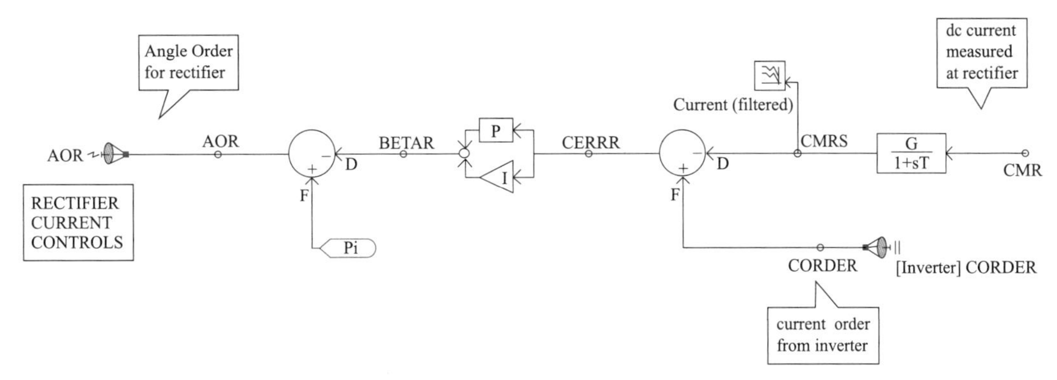

图6－81　整流侧控制方式

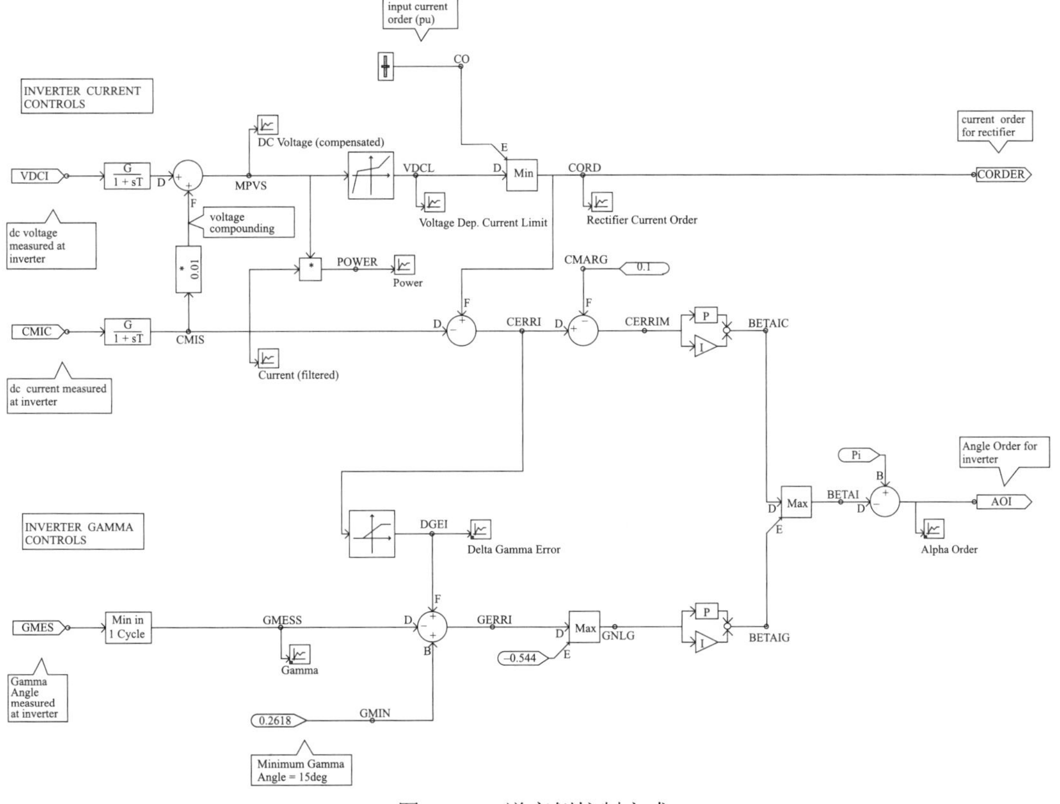

图6－82　逆变侧控制方式

2. 仿真中系统参数设置

（1）交流系统介绍。特高压直流系统中交流系统数据见表6－9。

表 6-9　　特高压直流系统中交流系统数据

	整　流　侧	逆　变　侧
额定运行电压（kV）	525	515
最高稳定运行电压（kV）	550	525
最低稳态运行电压（kV）	500	490
换流母线最大短路水平（kA）	63	63
换流母线最小短路水平（kA）	14.9	29

（2）直流系统介绍。整流站和逆变站均为双极双 12 脉动换流器串联组成的接线方式，其中单极采用 400kV+400kV 两个换流器串联接线方式。

1）直流侧参数。

直流功率为 2×3200MW，直流电压为±800kV，直流电流为 4000A。

平波电抗器为 2×200mH，采用平波电抗器分置，分别在直流极线和中性母线装设。

2）整流侧换流变压器参数。额定容量为 952.5MW，短路阻抗为 18%，变比为 55/175。

3）逆变侧换流变压器参数。额定容量为 888MW，短路阻抗为 18%，变比为 525/163。

4）换流阀参数。

触发角：额定值为 15°，最小限制角为 5°，最大限制角为 20°

熄弧角：额定值为 17°

（3）直流线路介绍。

直流线路型号 6×ACSR-630/45，直流电阻率为 0.007 72Ω/km（20℃时），线路长度为 2071km。

接地极线路型号 2×ACSR-720/45，直流电阻率为 0.019 92Ω/km（20℃时），线路长度为 10km。两侧接地极电阻为 0.5Ω。

（4）特高压直流输电过电压仿真实例。其 PSCAD 模型如图 6-83 所示。

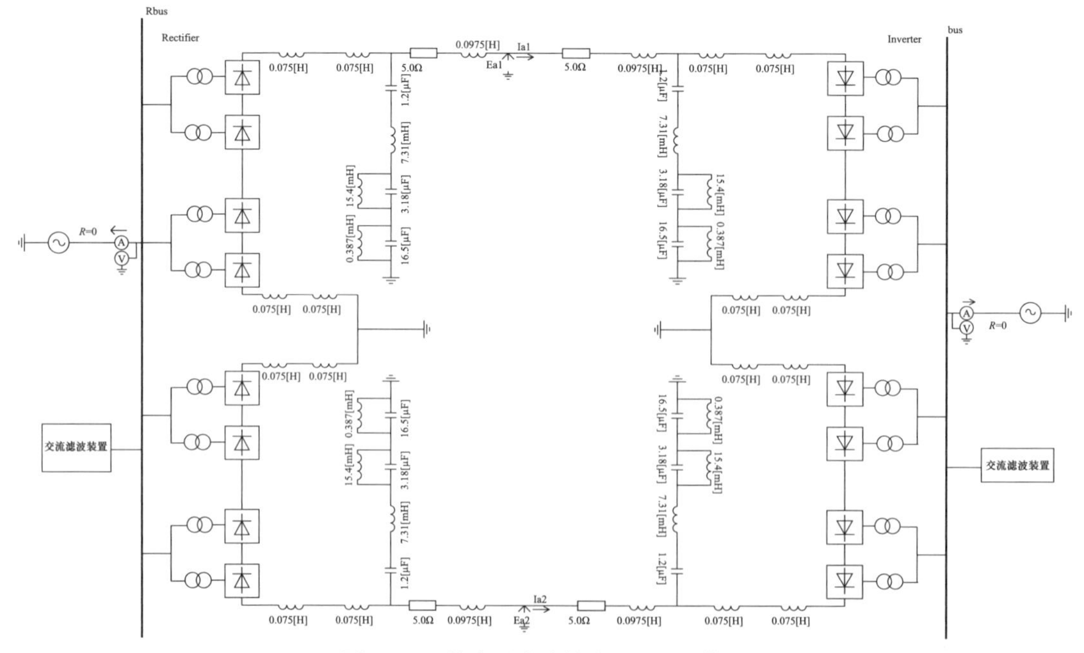

图 6-83　特高压直流输电 PSCAD 模型

交流滤波装置如图 6－84 所示。

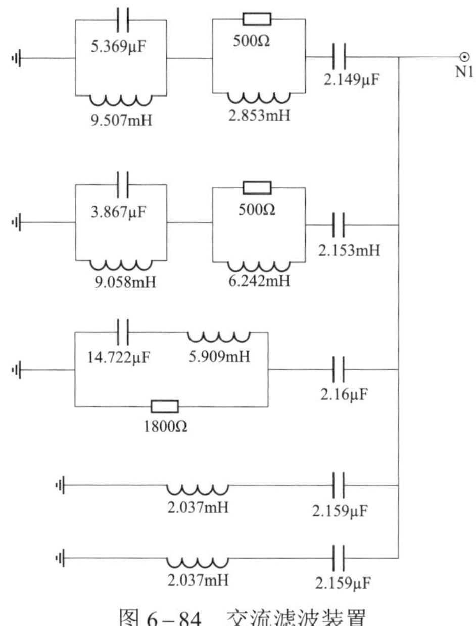

图 6－84　交流滤波装置

换流桥如图 6－85 所示。

直流滤波装置如图 6－86 所示。

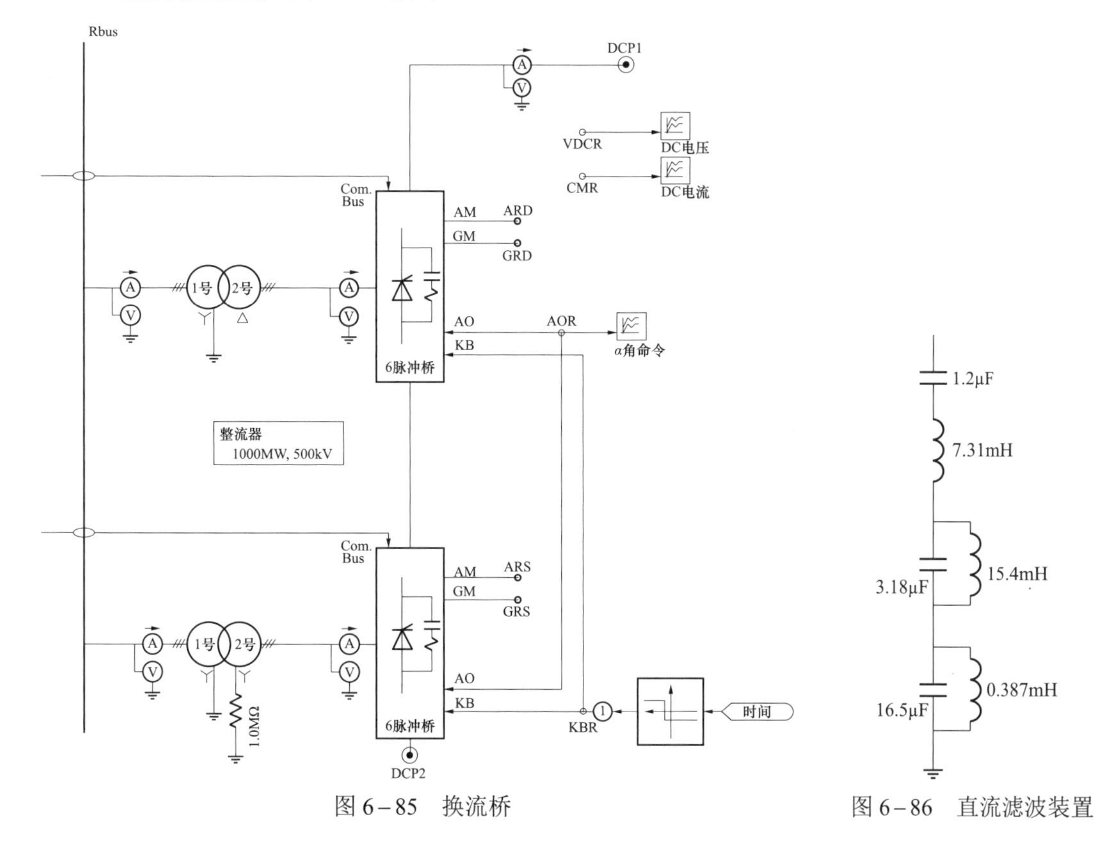

图 6－85　换流桥

图 6－86　直流滤波装置

人工模拟直流线路接地故障，故障发生时刻：0.8s，故障持续时间 0.05s。仿真时间 1s，仿真步长和绘图步长均为 50μs。直流线路全长 2100km。以下是模拟直流线路故障发生在不同地点的电压电流波形图。

人工模拟逆变站极Ⅰ阀侧接地故障，逆变侧极Ⅱ高端电流与电压波形分别如图 6－87、图 6－88。

由图 6－87 和图 6－88 可知：逆变站极Ⅰ阀侧接地故障时，由于感应与耦合作用，逆变侧极Ⅱ高端出现了幅值 6kA 的过电流和 1100kV 的过电压，并且出现了持续的振荡过程。

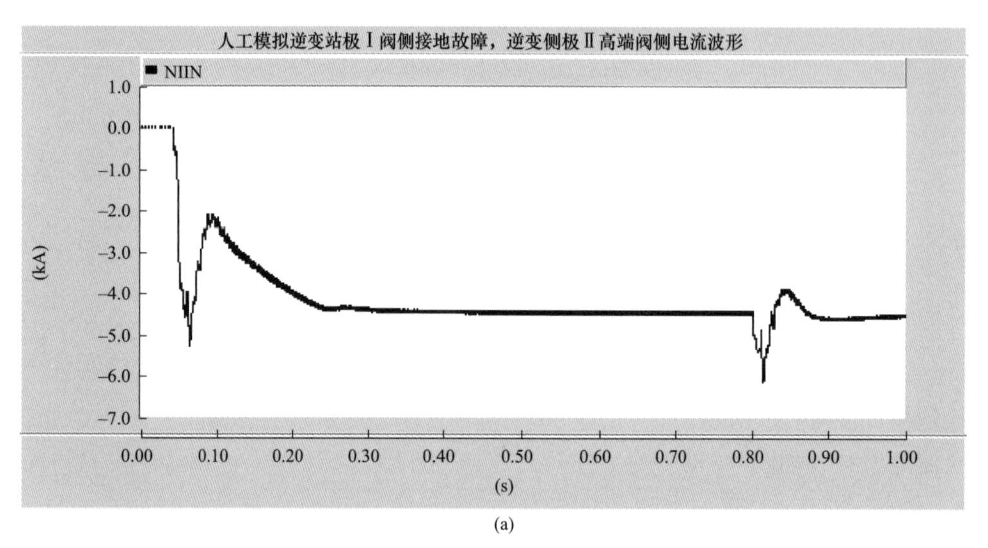

(a)

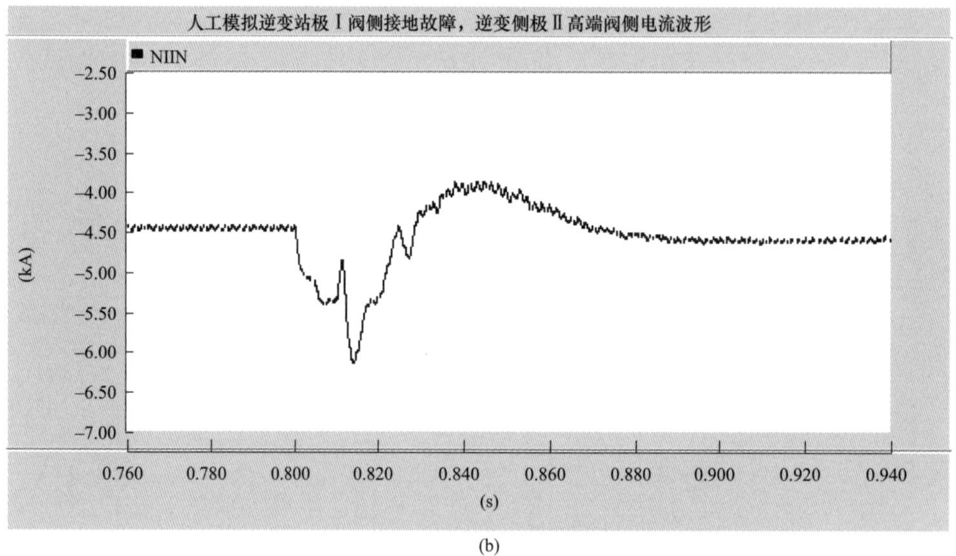

(b)

图 6－87　逆变侧极Ⅱ高端电流波形及局部放大图

（a）逆变侧极Ⅱ高端电流波形；（b）逆变侧极Ⅱ高端电流波形局部放大图

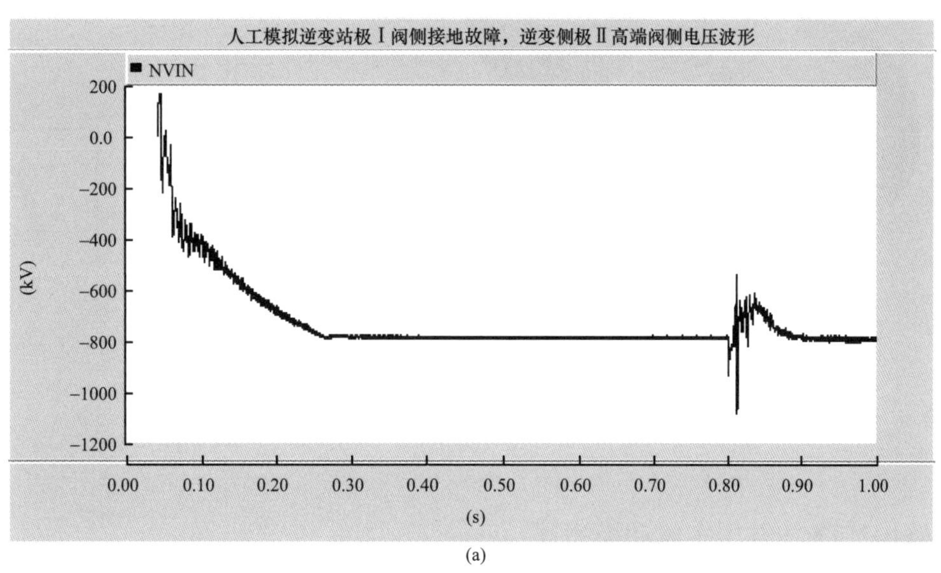

(a)

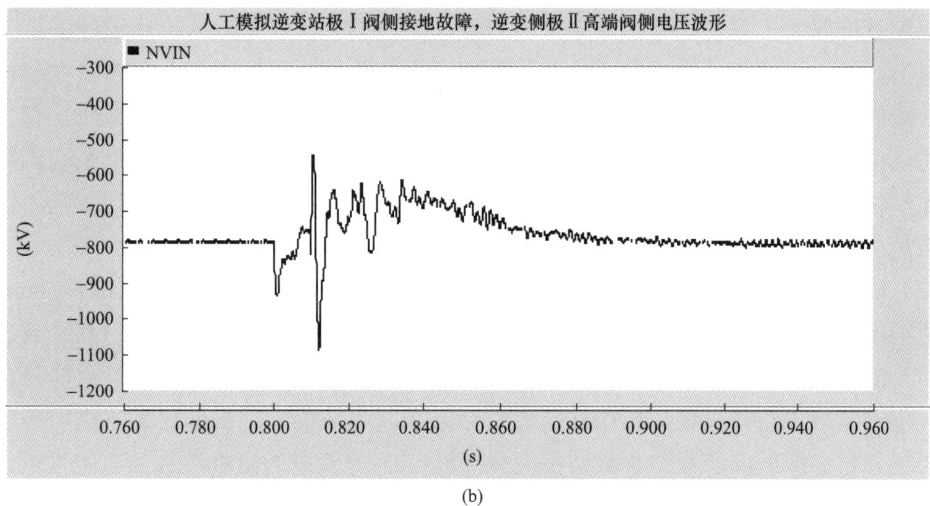

(b)

图 6-88　逆变侧极Ⅱ高端电压波形及局部放大图

（a）逆变侧极Ⅱ高端电压波形；（b）逆变侧极Ⅱ高端电压波形局部放大图

7

输电线路过电压实体动模测量分析

7.1 输电线路过电压实体动模概述

在反击计算上，目前国际上大多采用行波法、EMTP 程序等。简单介绍如下：

（1）行波法：即将杆塔的各段视为线路段，并视为分布参数，把分布参数的线段化成集中参数模型，然后再用集中参数电路的节点分析方法，求出杆塔各节点电压，得出绝缘子串的电位差随时间的变化过程，并与其伏秒特性进行比较，判断绝缘子串是否闪络。计算过程反映了雷电波在杆塔上的传播过程，以及反射波对杆塔各节点电位的影响。因为这种方法是从线路的 Bergeron 数学模型出发的，所以又称为贝瑞龙法。

（2）EMTP 法：电磁暂态过程计算程序 EMTP（electro-magnetic transient program）是美国帮纳维尔电力局（BPA）编制的，是当今世界上应用最广泛的研究电力系统暂态过程的程序。EMTP 是基于贝瑞龙法的，贝瑞龙法就是把求解分布参数线路波过程的特征线法和求解集中参数电路暂过程的梯型法两者结合起来，形成的一种数值计算方法。因此它首先需要把分布参数线路和集中参数储能元件（L、C）等值成为集中参数的电阻性网络，然后应用求解电阻网络的通用方法，计算实际电路的波过程。

其技术难点有以下几点：

1）杆塔模型的选取与参数确定；

2）绝缘子伏秒特性与闪络判据；

3）杆塔冲击接地问题；

4）冲击电晕问题；

5）感应过电压问题；

6）绕击问题。

7.2 输电线路雷电通道模型建模方法

如图 7－1 所示，选某 220kV 的 200km 的一条架空输电线作为模型，研究架空线中不同杆塔位置遭受雷电后，通过输电线路各杆塔点电压电流监控点所接受的信息，分析线路雷击位置与幅值，以及其大概的波形。

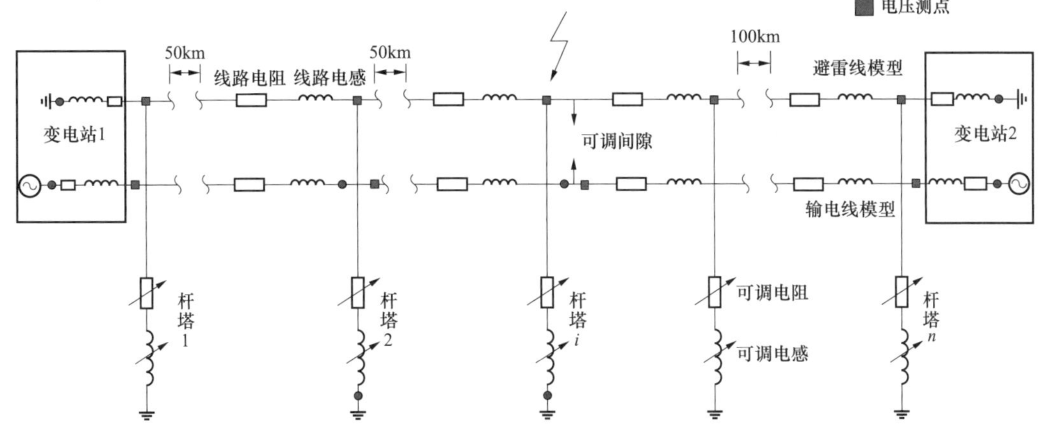

图 7－1　200km 的架空输电线路的雷电直击通道模型

在模型设置三个可调位置，也是在对架空线路调整上最为便利的三个地方：

（1）图 7－1 所示对应可调间隙的是真实线路的架空线路绝缘子。

（2）杆塔可调电阻与电感对应于架空线路杆塔接地极接地阻抗。

（3）雷击电流的随机性（幅值大小的随机性以及雷击杆塔位置的不定性）通过对不同杆塔用不同雷电流雷击来模拟。

通过变化上述三个可变因素，结合线路参数来分析 16 个电流电压监控点的波形，根据雷电波沿变电站两端衰减不同，可利用远端监控来实现对雷击位置的定位以及雷击位置雷电流波形的识别。

1. 动模实验台结构

（1）输电线与避雷线模型。线路 Π 型等值模型选段长度，其中 λ 为作用于线路上雷电暂态电流傅里叶变换后频谱最大频率分量，线路周围介质中电磁波的波长。因此，分段线路元件相对于雷电波满足稳态场假设。

与传统的输电线路模型不同，本书加入了地线的物理模型，精确考虑到地线与输电线的电磁耦合。用多段等值 Π 型等值电路模拟地线与输电线的自阻抗与互阻抗（如图 7－2 所示）、自导纳与互导纳（如图 7－3 所示），直接用互感器模拟线路的互阻抗，并在各段杆塔

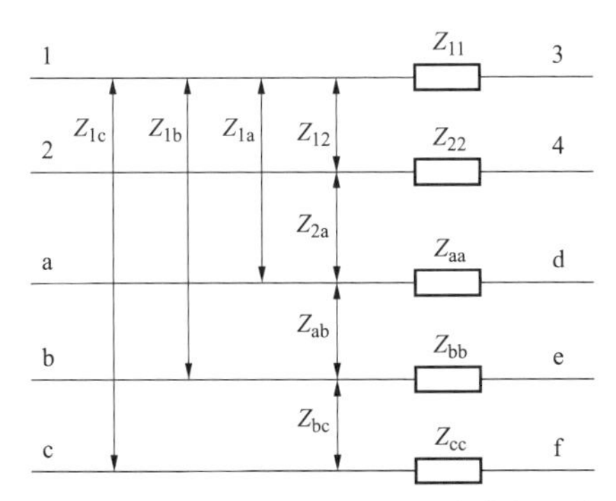

图 7－2　各线自阻抗与 1 号地线复阻抗

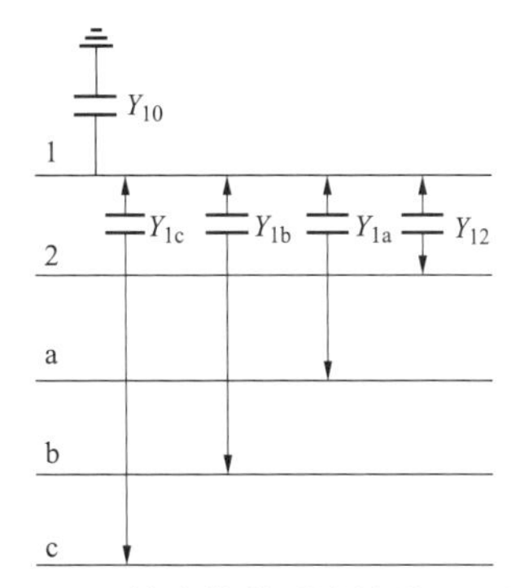

图 7－3　1 号地线的对地导纳及互导纳

地线上安装了电流，电压监测装置，首次提出在地线与输电线上同时采集雷电波数据。相比于只在输电线上采集的雷电波数据，双通道综合分析能有效排除干扰，并对雷击故障模式（反击和绕击）有直观的识别等优势。

图 7－2、图 7－3 中，Z_{kk} 为各线路自阻抗，其余为线路间互阻抗；Y_{CC} 为各线路端点处自导纳，其余为线路间的互导纳。

输电线与避雷线自阻抗及 1 号避雷线与各线之间的互阻抗电路模型结构如图 7－4 所示。

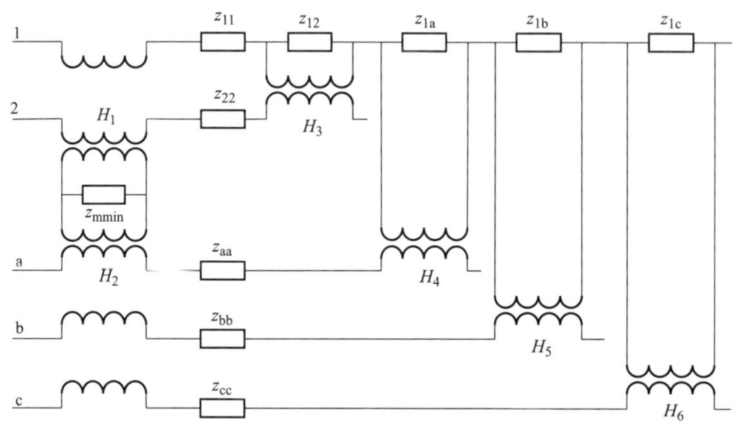

图 7－4　输电线与避雷线自阻抗及 1 号避雷线与各线之间的互阻抗电路模型结构

本线路模型不从线路正序、负序、零序阻抗入手，而是按实际情况分别模拟各线路之间的互感，在各线路之间的互感和耦合电容准确模拟后，其对外的特性（正序、负序和零序阻抗）也就与实际线路一致了。

通过在杆塔地线支架和绝缘子串支路安装雷电流传感器。可区分线路的雷击点，当线路发生绕击事故时，对应绝缘子串支路的传感器测到的雷电流幅值比杆塔地线支架上传感器记录的信号大得多；当发生反击事故时，除绝缘子串闪络相有信号记录外，杆塔地线支架传感器也有对应的记录波形。

通过对沿线的地线与输电线路杆塔位置处电压波形的监测，当发生雷击事故时，可利用监测到的雷电过电压波形，利用时差定位及雷电通道衰减特性进行反推，确定事故点雷电过电压波形。

（2）杆塔及杆塔接地体模型。高压输电线路杆塔高度较高，杆塔各处宽度均有较大的差别，对于雷电流在塔身上的传播有着较大的影响，传统规程中的集中电感和单一波阻抗模拟已不适用。雷电流在杆塔上传播过程的准确模拟，依赖于杆塔波阻抗模拟的精度，应采用平行多导体系统和不平行多导体系统下多波阻抗模型（如图 7－5～图 7－7 所示）对高压杆塔进行模拟。

$$Z=\frac{1}{2\pi}\sqrt{\frac{\mu}{\varepsilon}}\ln\left(\frac{r}{\sqrt{r^2+h^2}-h}\right) \tag{7-1}$$

式中：μ 为杆塔材料磁导率，ε 为空气介电常数，r 为圆柱体半径，h 为圆柱体高度。

$$Z_{eq}=\sqrt{\frac{k_l L}{k_c C}}=KZ \tag{7-2}$$

式中：k_l为平行导体电感耦合系数，k_c为电容耦合系数。

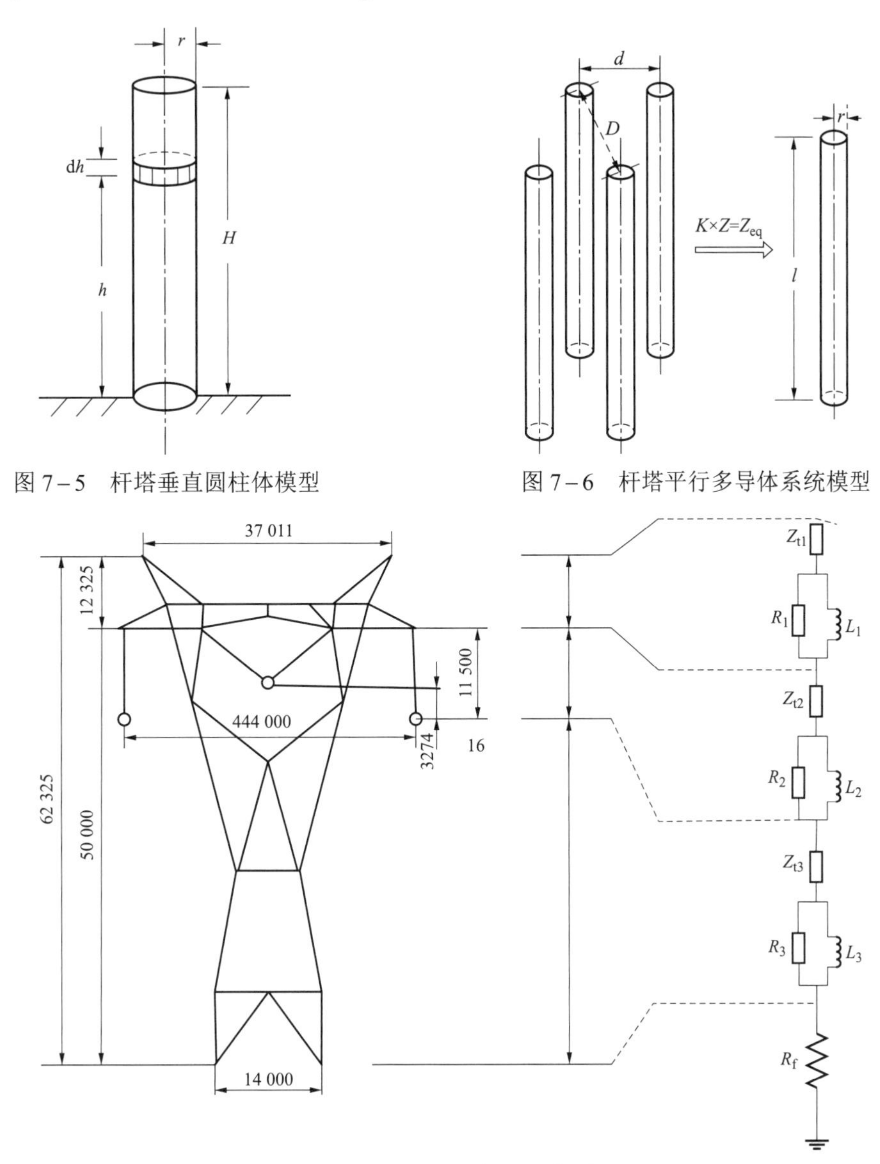

图 7–5　杆塔垂直圆柱体模型

图 7–6　杆塔平行多导体系统模型

图 7–7　杆塔及接地体模型

（3）绝缘子模型。新型防雷并联间隙的绝缘子模型具有灭弧能力的并联间隙。绝缘子模型如图 7–8 所示。

通过调节绝缘子串长度，并联间隙的大小和灭弧装置的结构，改变闪络电压，及建弧率，对雷击跳闸率进行分析研究，模拟真实线路上的绝缘子特性，得到并联间隙等疏导型防雷装置的配置方式。

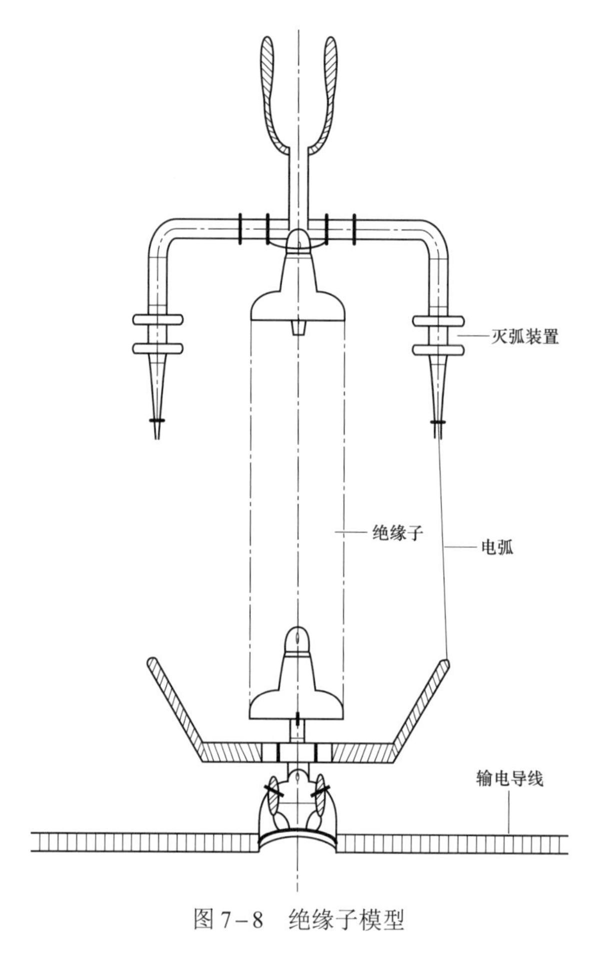

图 7-8　绝缘子模型

2. 整个模型结构图

雷电直击塔顶时，一个间隔输电线路模型的电路单元的结构图如图 7-9 所示。

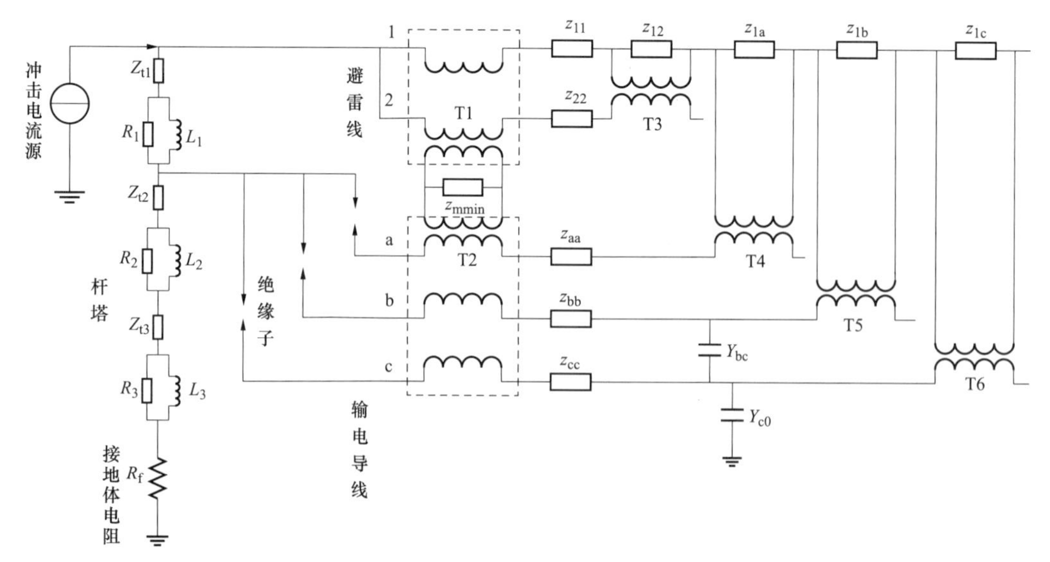

图 7-9　雷电直击塔顶时间隔输电线路模型的电路单元的结构图

雷电绕击一相导线时，一个间隔输电线路模型的电路单元的结构图如图 7－10 所示。

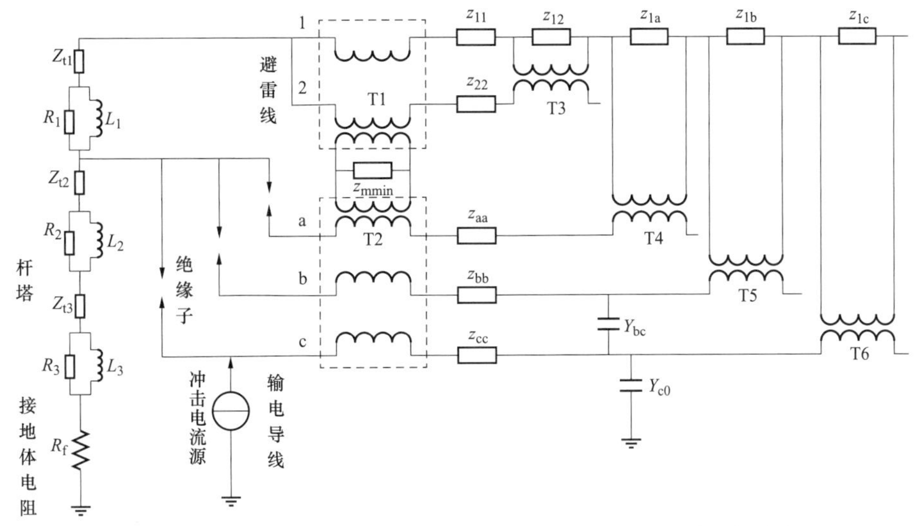

图 7－10　雷电绕击一相导线时间隔输电线路模型的电路单元的结构图

图中 T1、T2、T3、T4、T5、T6 为变比为 1:1 的电流互感器，其中，T1 铁芯上绕了三个绕组，T2 铁芯上绕上四个绕组。电流互感器的铁芯采用锰锌铁氧体，锰锌铁氧体的最高使用频率为 3MHz，R_f 为杆塔接地体冲击电阻。

3. 参数的定义

线路参数

$$Z_{ii}=(R_{ii}+\Delta R_{ii})+\mathrm{j}\left(2\omega\times10^{-4}\ln\frac{2h_i}{GMR_i}+\Delta X_{ii}\right) \quad (7-3)$$

$$Z_{\mathrm{m\,min}}=\min(Z_{ik})=\min(Z_{ki})=\min\left[\Delta R_{ik}+\mathrm{j}\left(2\omega\times10^{-4}\ln\frac{D_{ik}}{d_{ik}}+\Delta X_{ik}\right)\right] \quad (7-4)$$

$$Z_{ik}=Z_{ki}=\Delta R_{ik}+\mathrm{j}\left(2\omega\times10^{-4}\ln\frac{D_{ik}}{d_{ik}}+\Delta X_{ik}\right)-Z_{\mathrm{m\,min}} \quad (7-5)$$

$$Y_{i0}=\mathrm{j}\omega\frac{1}{18\times10^{6}\ln\dfrac{2h_i}{r_i}} \quad (7-6)$$

$$Y_{ik}=\mathrm{j}\omega\frac{1}{18\times10^{6}}\ln\frac{D_{ik}}{d_{ik}} \quad (7-7)$$

式中：j 为复数虚部符号；r_i 为线路 i 的半径；R_{ii} 为线路 i 的交流电阻；h_i 为线路 i 对地的平均悬挂高度；D_{ik} 为线路 i 与线路 k 镜像之间的距离；d_{ik} 为线路 i 与线路 k 之间的距离；GMR_i 为线路 i 的几何均距；ω 为频率为 f 时的角频率，$\omega=2\pi f$ 单位为 rad/s；ΔR_{ii}、ΔR_{ik}、ΔX_{ii}、ΔX_{ik} 为计及大地影响的卡送修正项；Z_{ii} 为线路 i 的自阻抗；Z_{mmin} 为各线路互阻抗的最小值；Z_{ik}，Z_{ki} 为线路 i 与线路 k 之间的互阻抗与 Z_{mmin} 的差值；Y_{i0} 为线路 i 的对地导纳；Y_{ik} 为线路 i 与线路 k 之间的互导纳；i、k 为 a、b、c、1、2。

杆塔参数

$$Z_{ti}=60\left[\ln\frac{2\sqrt{2}H_i}{2^{1/8}(r_{ti}^{1/3}r_{\mathrm{B}}^{2/3})^{1/4}(R_{ti}^{1/3}R_{\mathrm{B}}^{2/3})^{3/4}}-2\right]r_{ti}R_{ti} \tag{7-8}$$

$$R_i=-2Z_{ti}[H_i/(H_1+H_2+H_3)]\ln\sqrt{\gamma} \tag{7-9}$$

$$L_i=\alpha R_i 2H_i/v_t \tag{7-10}$$

式中：H_i为每段杆塔高度；R_{ti}为杆塔主支架半径；r_{ti}为杆塔支架半径；Z_{ti}为每段杆塔波阻抗；r_{B}、R_{B}为上下塔基部分的半径；R_i为每段杆塔的阻尼电阻；L_i为每段杆塔的阻尼电感；α为阻尼系数；v_t为光速；γ为衰减系数；i为1、2、3。

最终可达到三个目的：

（1）可通过监测得到整个线路的各点雷击概率，并对高雷击概率点的杆塔接地进行优化，以及对绝缘子绝缘加强减少反击概率。

（2）通过参数反推计算，利用监测到的雷电波形，研究雷电点原始的雷击波形。

（3）得到变电站的入口雷电过电压，合理的布置变电站避雷器的布置和其设备的绝缘配合。

7.3 输电线路雷电通道模型软件仿真验证

雷电距离（变电站1）60km的杆塔仿真图如图7－11所示。

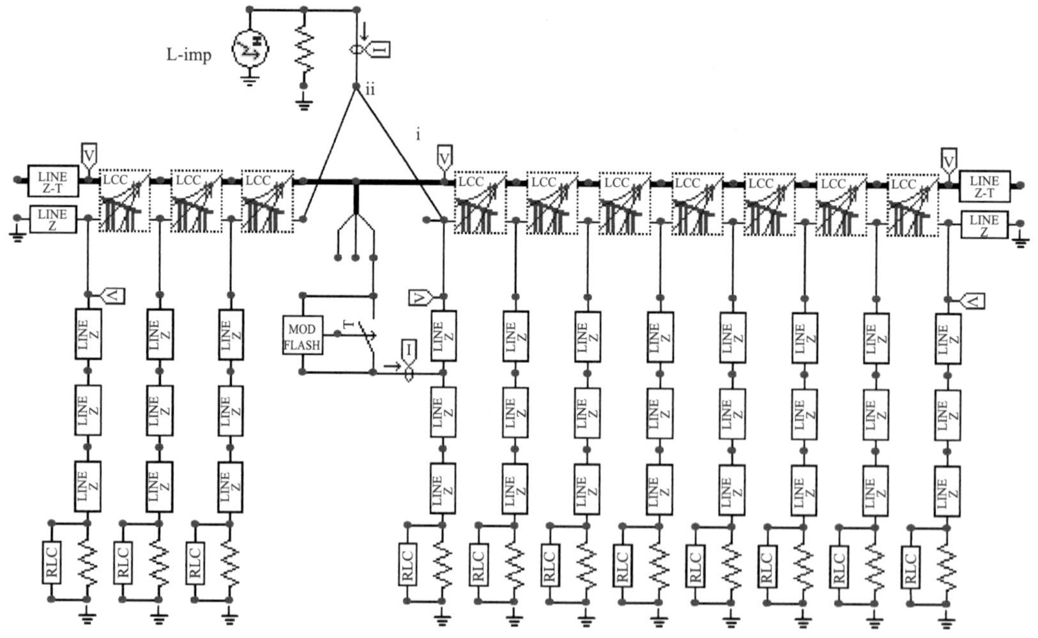

图7－11 雷电距离（变电站1）60km的杆塔仿真图

在220kV的输电线路，距离（变电站1）60km处杆塔被雷电流为130kA的雷电直击。雷击处与两端变电站入口（不考虑反射波）输电线路及避雷线电流电压波形如图7－12～图7－15所示。

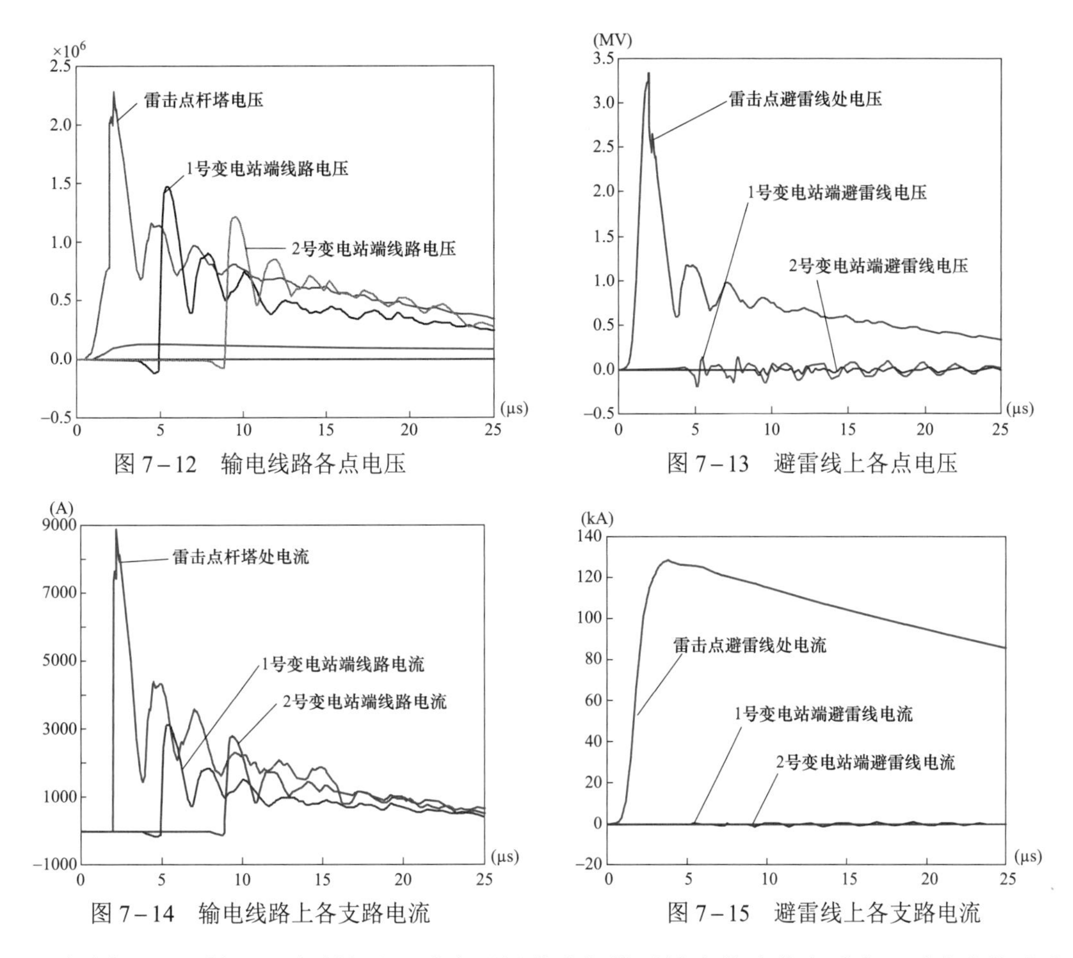

图 7－12　输电线路各点电压

图 7－13　避雷线上各点电压

图 7－14　输电线路上各支路电流

图 7－15　避雷线上各支路电流

如图 7－12 所示，通过波形可看出已经发生杆塔对输电线路发生反击，反击点线路电压峰值达到 2.6MV，当其沿着线路传播后到达变电站 1、2 两端时有明显的衰减，由于变电站 2 距离雷击点更远，所以衰减更明显。而图 7－13 上可看出避雷线上雷电传播的电压信号衰减很快，因为杆塔对地的分流作用。

分别在距（变电站 1）60km 的杆塔顶端加 120、130、140kA 雷电流时，输电线路上各点电压如图 7－16 所示。

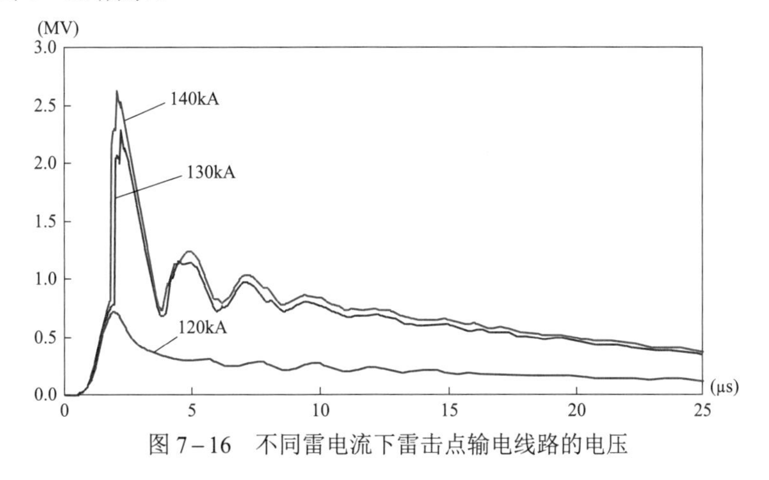

图 7－16　不同雷电流下雷击点输电线路的电压

通过图 7－16 可看出，在 120kA 雷击电流下，输电线路未发生反击，超过 130kA 后才发生反击。

在距离变电站 1 60、100km 位置放置 130kA 雷击点，可得在变电站 1 端的雷电流波形如图 7－17 所示。

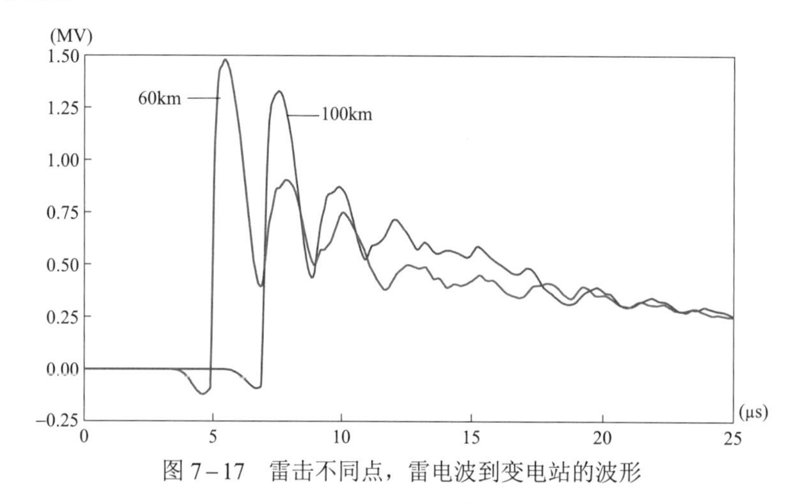

图 7－17　雷击不同点，雷电波到变电站的波形

改变雷击点杆塔的接地电阻从原来的 10Ω 到 5Ω，同样选用雷击距离（变电站 1）60km 杆塔，波形如图 7－18 所示。

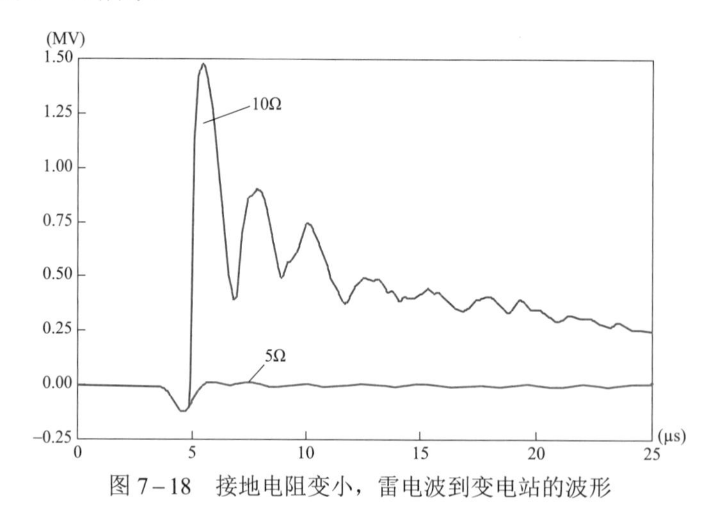

图 7－18　接地电阻变小，雷电波到变电站的波形

从图 7－18 可以看出当接地体接地电阻为 5Ω 时杆塔顶电位不足以发生反击。所以雷电波传到变电站 1 端幅值很小。

类似的，调整模型中可调间隙（在仿真中对应的是绝缘子模型的击穿电压调整）也可以得到不同情况下，两端电站所测得的雷电波形。

7.4　动模实验台测试系统

7.4.1　系统组成

输电线路雷电电磁暂态动模系统由三部分组成：① 输电线路雷电电磁暂态动模实验

台及信号取样调理部分（SIN）；② 嵌入式测控系统及信号采集处理部分（EPC），含 19in 液晶显示用于测试数据显示；③ 数据中心（PCU），仿真中心，建立数据管理系统，可以实现远程数据交换。PCU 与 EPC 采用网络实现连接。其结构示意图如图 7－19 所示。

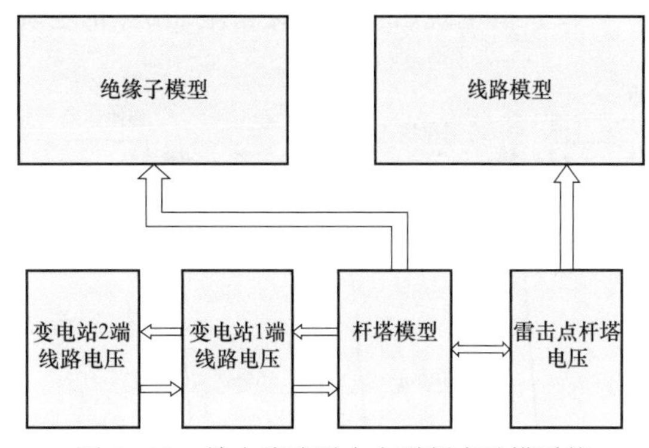

图 7－19　输电线路雷电电磁暂态动模系统

7.4.2　系统主要技术指标

（1）系统采用嵌入式 X86 硬件平台，软件采用 Windows 平台。

（2）EPC 采用 CPU 主频为 1G 左右、内存为 1G 的嵌入式平台，采用 19in 的显示屏。

（3）PCU 采用主频为 2G 左右，内存为 2G 的主流工控主板，采用 19in 的显示屏。

（4）系统采用模块化设计，方便更换及升级。

（5）分流器和分压器的好坏是数据采集系统可靠性的关键，必须仔细设计和调试。分流器和分压器的杂散电感要求足够小，最好使用无感电阻器，否则会造成信号波形前沿的过冲或毛刺。分流器采用低阻值和极低电感值的电阻器，分压器采用电阻分压器。为追求高响应性能，电阻分压器的阻值不能太高。冲击电阻分压器的典型阻值是 10kΩ，最好不超过 20kΩ，最低不低于 2kΩ。冲击电流发生器采用倍压方式，其技术指标如下：

1）最高冲击电压：2000V。

2）放电上升时间：0.5～10μs。

3）测试仪可以外接试品电容。

4）测试结果可以显示冲击电流、冲击电压波形。

5）测试仪测试参数有雷电冲击波衰减系数，雷击跳闸率。

（6）HR6100 的数据采集部分采用并行采集技术，采集速率高达 20Msps 每通道。特别适合高速动态数据测量分析。HR6100 测试系统内置大容量存储器，含有多种触发模式，保证精确捕获符合条件的数据，特别是捕获冲击电流发生前后发生的状态数据。负延时长度可以设置，最长可达 512KB。采用 12～16bit AD 转换器保证足够的幅值精度。采集部分技术指标：

1）数据采集采用高速、并行采集、采集通道数为 4 通道。

2）每通道最高采样率为 20Msps。

3）采集具有手动及内触发方式。

4）每通道的数据存储长度为 512KB。

7.4.3　动模实验台雷害类型

（1）雷电直击杆塔雷电通道。雷电直击杆塔雷电通道示意图如图 7－20 所示。

通过建立输电线路雷击反击过程的电磁暂态分析模型，可准确模拟杆塔上雷电流传播所引起绝缘子闪络的整个电磁暂态过程，反击的主要影响因素有地线分流、塔高、接地电阻、导线工作电压。

（2）雷电绕击输电线路雷电通道。雷电绕击输电线路雷电通道示意图如图 7－21 所示。

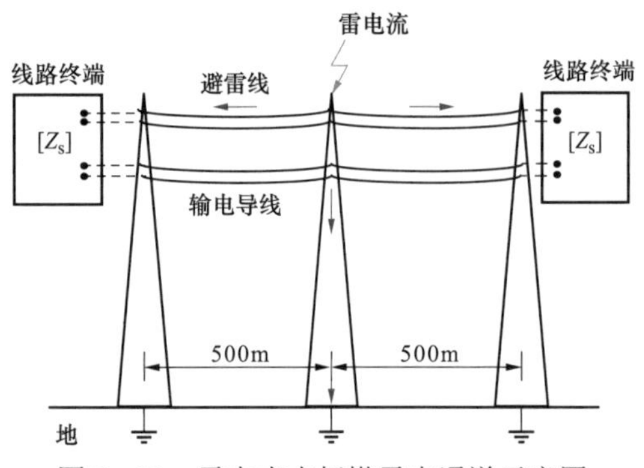

图 7－20　雷电直击杆塔雷电通道示意图

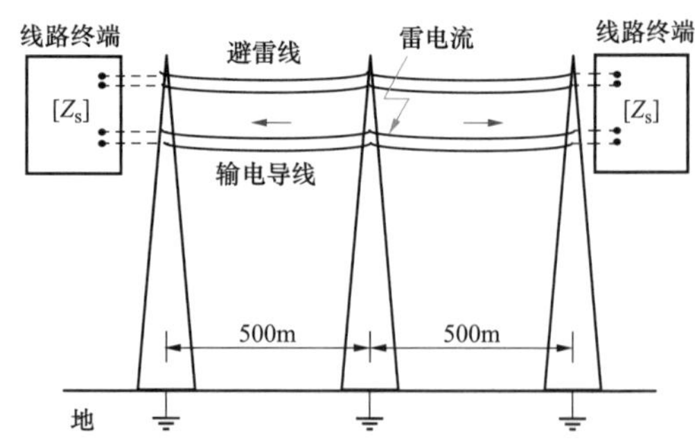

图 7－21　雷电绕击输电线路雷电通道示意图

通过建立输电线路雷电绕击过程的电磁暂态分析模型，结合绕击的主要因素（如保护角，地形，导线工作电压，塔高等），可准确模拟绕击电流在输电线路通道模型上传播所引起绝缘子闪络的整个电磁暂态过程。

7.4.4　动模实验台雷电信号采集

（1）模型电流传感器的安装位置。模型电流传感器的安装位置图如图 7－22 所示。

通过在杆塔地线支架和绝缘子串支路安装雷电流传感器。可区分线路的雷击点。当线路发生绕击事故时，对应绝缘子串支路的传感器测到的雷电流幅值比杆塔地线支架上传感器记录的信号大得多；当发生反击事故时，除绝缘子串闪络相有信号记录外，杆塔地线支架传感器也有对应的记录波形。

（2）模型电压互感器的安装位置。模型电压互感器的安装位置图如图 7－23 所示。

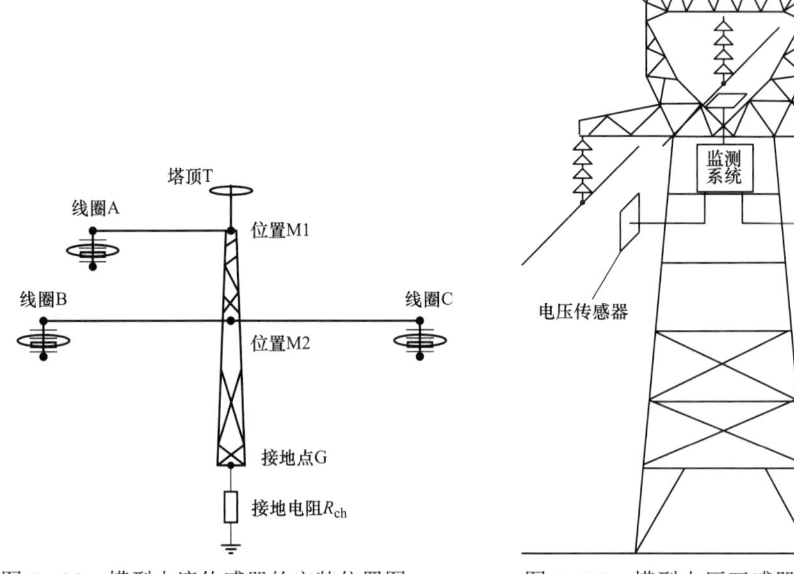

图 7－22　模型电流传感器的安装位置图

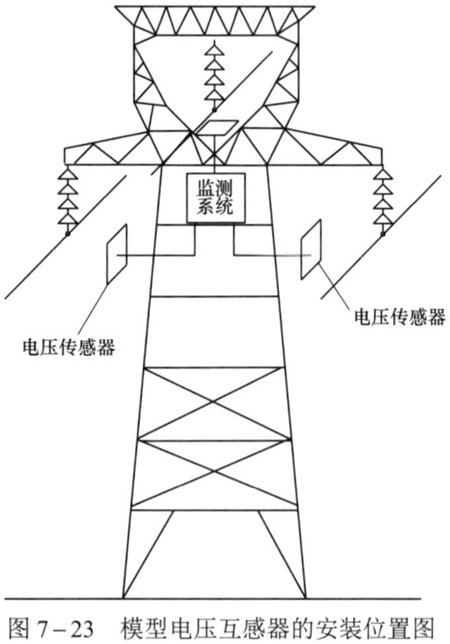

图 7－23　模型电压互感器的安装位置图

通过对沿线的地线与输电线路杆塔位置处电压波形的监测，当发生雷击事故时，可利用监测到的雷电过电压波形，利用时差定位及雷电通道衰减特性进行反推，确定事故点雷电过电压波形。

7.4.5 输电线路雷电通道建模意义

由于仿真考虑的因素并不全面，仿真结果跟实际的情况有一定的偏差。如果选定某实际线路，并依照其建立缩小的实物模型，结合仿真结果，可通过在两端变电站上的监控，并对两端信号进行差分处理，实现对整个架空线路上的雷电定位，以及幅值波形的估算。

此项研究的结果，可以整体优化输电线路，对监控测得的高概率雷击点进行接地体的改进，对安全运行以及工程造价都有很重大的意义。

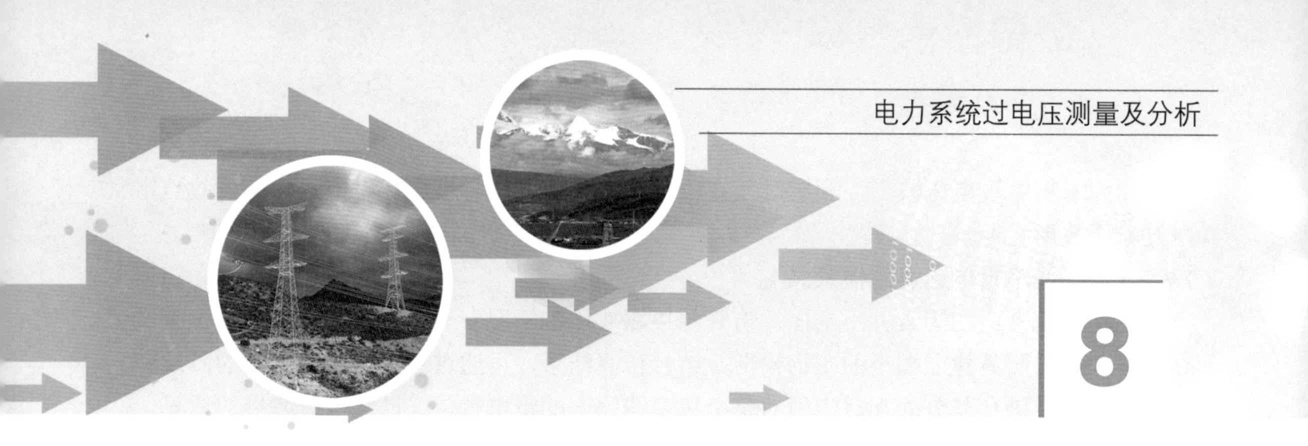

电力系统过电压模式识别及分析

电力系统过电压在线监测装置已经广泛应用于不同电压等级的电网中，这些在线监测装置能够较为完整准确地记录过电压发生时的过程，记录过电压的波形和各种参数，但不具备分析识别能力，无法及时判定过电压的类型，分析事故的原因。过电压信号携带着丰富的电力系统运行状态信息。利用目前监测到的过电压信号进行特征提取以及识别算法研究，实现过电压类型的自动识别和诊断，不仅能够给电力系统过电压快速响应抑制动作及其抑制控制策略提供科学依据，而且有助于及时发现现有系统绝缘薄弱点，从而进行合理的绝缘配合调整。实现过电压类型的自动识别和诊断，对保证电网安全运行具有重要的指导意义。

8.1　暂态过电压识别系统特征值选取

电力系统中过电压种类繁多，按照目前较通用的分类方式可分为内部过电压和外部过电压两大类，往下细分又可分为从属的 10 余种过电压，在过电压数据采集的基础上逐一对过电压进行识别归类则比较困难。对于过电压波形的识别往往还是依靠专家的经验判断，但是这种方式大大增加了时间成本及人力成本，所以有必要建立一个系统对过电压进行智能识别。本书采用的树形结构分层模式识别方式相较于现有的统一特征识别的方式可在更大程度上提高识别速度和准确度，也更能体现过电压的从属关系。为了进一步提高识别系统的针对性及识别效率，根据第 2 章的过电压机理分析，本书对不同过电压发生的概率及危害进行了预估计，类似线性谐振过电压及甩负荷引起的过电压等类别由于设计阶段的参数配合在实际运行中已极少出现或对系统正常运行影响不大，所以不予考虑。另外雷电过电压由于常发生于输电线路，经过长距离的传输已发生多次折、反射，侵入变电站后波形畸变严重，无明显识别特征，因此对于雷电过电压不再细分为绕击雷电过电压和反击雷电过电压。依据以上思想，基于树形结构，所建立的过电压识别系统具体分类如图 8－1 所示。

由图 8－1 可见，为了更加快速准确地对过电压进行识别，本书所采取的过电压分类方式有别于传统的内、外部过电压分类，其主要原因是考虑到过电压幅值、频率以及持续时间等过电压基本特征。例如操作过电压及暂时过电压本同属于内部过电压，但由于操作过电压通常频率较大并且过电压持续时间也较暂时过电压短得多，所以将其首先与暂时过电压分开。

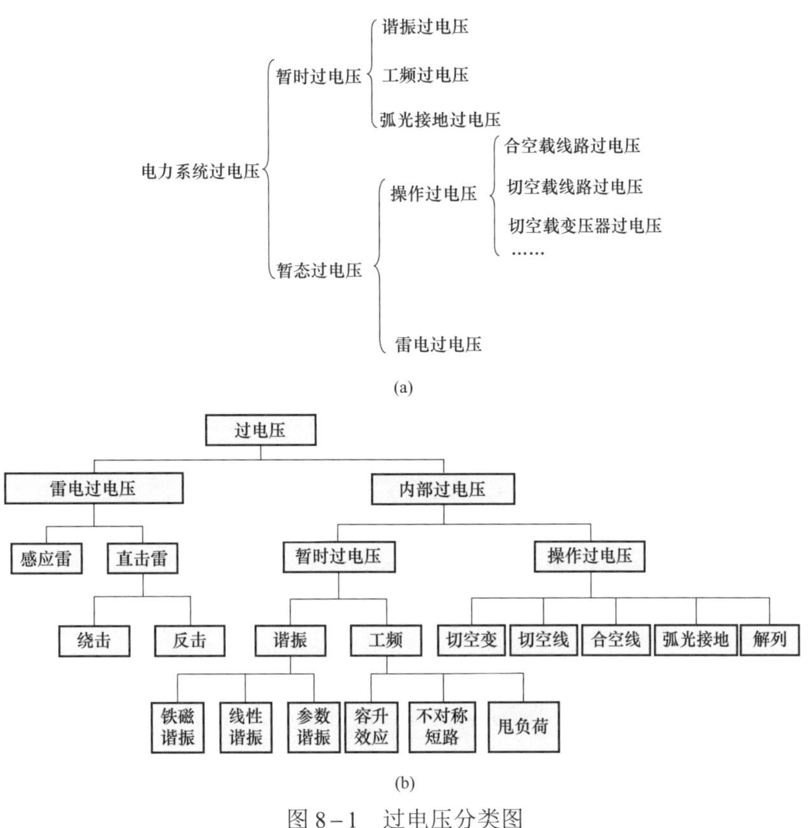

图 8-1　过电压分类图

（a）典型分类图；（b）树形结构分层模式识别

8.2　时域特征值提取

时域特征也可称为统计特征，主要反映了信号幅值随时间变化的特征。使用相应的数学手段，可以直接从所采集的时域波形数据中得到能有效反应波形性质的特征参量。根据不同的数学表达式可将时域特征值分为有量纲和无量纲两种。

（1）有量纲的时域特征值包括均值、均方根值、峰值等。

1）均值

$$\bar{U}=\int_{-\infty}^{+\infty}up(u)\mathrm{d}u=\int_{0}^{T}u\mathrm{d}u=\frac{1}{N}\sum_{i=1}^{N}u_i \tag{8-1}$$

式中：$\bar{U}$ 可以表征在一段时间内电压幅值的中线的大小，反映了过电压信号变化的中心趋势，也可看做是过电压振荡波形中的直流分量。

2）峰值

$$U_{\mathrm{p}}=\max\left[abs(u)\right] \tag{8-2}$$

峰值 U_{p} 可以表征电压信号的最大值。

3）均方根值

$$U_{\mathrm{rms}}=\sqrt{\int_{-\infty}^{+\infty}u^2p(u)\mathrm{d}u}=\sqrt{\frac{1}{T}\int_{0}^{T}u^2\mathrm{d}t}=\sqrt{\frac{1}{N}\sum_{i=1}^{N}u_i^2} \tag{8-3}$$

均方根值U_{rms}也是信号的有效值，可以反映电压在一段时间内的能量大小。

4）均方根幅值

$$U_r=\left[\int_{-\infty}^{+\infty}\sqrt{|u|}p(u)\mathrm{d}u\right]^2=\left[\frac{1}{T}\int_0^T\sqrt{|u|}\mathrm{d}t\right]^2=\left[\frac{1}{N}\sum_{i=1}^{N}\sqrt{|u_i|}\right]^2 \tag{8-4}$$

5）绝对平均值

$$|\bar{U}|=\int_{-\infty}^{+\infty}|u|\,p(u)\mathrm{d}u=\frac{1}{T}\int_0^T|u|\,\mathrm{d}t=\frac{1}{N}\sum_{i=1}^{N}|x_i| \tag{8-5}$$

6）方差

$$\begin{aligned}\sigma_u^2&=\int_{-\infty}^{+\infty}(u-\bar{u})^2p(u)\mathrm{d}u=\frac{1}{T}\int_0^T(u-\bar{u})^2\mathrm{d}t\\&=\frac{1}{N}\sum_{i=1}^{N}(u_i-\bar{u})^2=U_{rms}^2-\bar{U}^2\end{aligned} \tag{8-6}$$

方差σ_u^2可以用来反映电压波形的分散程度，它表征了过电压信号在均值上下波动的剧烈程度或是偏离程度。

7）歪度

$$\alpha=\int_{-\infty}^{+\infty}u^3p(u)\mathrm{d}u=\frac{1}{T}\int_0^Tu^3\mathrm{d}t=\frac{1}{N}\sum_{i=1}^{N}u_i^3 \tag{8-7}$$

歪度α表征的是幅值概率密度函数对纵轴的不对称性，α越大表示越不对称。

8）峭度

$$\beta=\int_{-\infty}^{+\infty}u^4p(u)\mathrm{d}u=\frac{1}{T}\int_0^Tu^4\mathrm{d}t=\frac{1}{N}\sum_{i=1}^{N}u_i^4 \tag{8-8}$$

峭度可以表征过电压波形曲线的陡峭程度，特别对幅值较大的信号显现出高敏感度，随过电压的出现，峰值U_p、有效值U_{rms}、峭度β都会增加，但β增加最快，所以对于识别冲击性信号特别有效。

（2）无量纲的幅值域特征值包括波形的裕度指标、脉冲指标、峭度指标等。

1）峰值指标（crest factor）

$$C=U_p/U_{rms} \tag{8-9}$$

峰值指标C可以反映电压振荡的剧烈程度，其值越大表示电压振荡的幅值越大。

2）冲击指标（impulse factor）

$$I=U_p/|\bar{U}| \tag{8-10}$$

冲击指标I表征的是电压波形信号距离其均值的距离，I越大表示电压幅值距离其均值的距离越远，偏移更剧烈。

3）裕度指标（clearance factor）

$$CL=U_p/U_r \tag{8-11}$$

裕度系数CL表示的是电压最大幅值与方根幅值之间的距离。

4）峭度指标（kurtosis value）

$$K=\beta/U_{rms}^4 \tag{8-12}$$

如前文所述，峭度 β 表征了曲线的陡峭程度，将其 4 次方后的峭度指标 K 则可以表示电压波形曲线顶端的尖峭或平坦程度。

8.3 小波变换分析

8.3.1 小波变换分析基本理论

高压输电线路和电力设备遭受雷击或发生其他故障后，电压和电流中含有大量的非基频暂态分量，而且暂态分量随着雷击或故障点位置、发生时刻、过渡电阻以及系统结构的不同而不同，引起的暂态信号是一非平稳随机过程。不具有频率局部化特性的傅里叶变换在处理此非平稳信号时有着局限性。它不能表明某种频率分量的发生时刻，丢掉了重要的时间信息。1974 年，从事石油信号处理的法国工程师 J.Morlet 首次提出了小波变换理论。将时间信号展开为小波函数族的线性叠加，它在时域和频域都是局部化的，相当于提供了一个可调的时间–频率窗，能够对信号同时在时–频域内进行联合分析。因此小波变换可以对信号时间和频率进行局部变换，将不同频率段信息进行提取，因而能更有效地从信号中提取所需要的特征。

假设现有一基函数即小波函数如下

$$\omega_{s,\tau}(t)=\frac{1}{\sqrt{s}}\omega\left(\frac{t-\tau}{s}\right) \tag{8-13}$$

将其作位移 τ 后，在不同的尺度 s 下与所采集的过电压信号 $f(t)$ 作内积，即

$$WT_x(s,\tau)=\frac{1}{\sqrt{s}}\int_{-\infty}^{+\infty}f(t)\omega_{s,\tau}^{\ *}(t)\mathrm{d}t \tag{8-14}$$

式中 $\omega_{s,\tau}^{\ *}(t)$ 与 $\omega_{s,\tau}(t)$ 互为共轭关系，其反变换公式为

$$f(t)=\frac{1}{C_\omega}\int_{-\infty}^{+\infty}\int_{-\infty}^{+\infty}\frac{\alpha(s,\tau)\omega_{s,\tau}(t)}{s^2}\mathrm{d}s d\tau \tag{8-15}$$

其中系数 C_ω 由下式确定

$$C_\omega=\int_{-\infty}^{+\infty}\frac{\left|W_{s,\tau}(\omega)\right|^2}{|\omega|}\mathrm{d}\omega \tag{8-16}$$

$W_{s,\tau}(\omega)$ 可由 $\omega_{s,\tau}(t)$ 通过傅里叶变换得到，其中 C_ω 的限制条件如下

$$\int_{-\infty}^{+\infty}\frac{\left|W_{s,\tau}(\omega)\right|^2}{|\omega|}\mathrm{d}\omega<\infty \tag{8-17}$$

式（8–17）表明 $\omega_{s,\tau}(t)$ 必须具有小的波形，即所称的“小波”。

如果小波函数 $\omega(t)$ 的时窗宽度为 Δt，经傅里叶变换后频谱 $W(\omega)$ 的频窗宽度为 $\Delta\omega$，则 $\omega(t/s)$ 的时窗宽度为 $s\Delta t$，其频谱 $W(s\omega)$ 的频窗宽度为 $\Delta\omega/s$。因此，小波变换对低频信号在频域中有很好的分辨率，而对于高频信号在时域中又有很好的分辨率。如果变动第一式中的 s 和 τ，则可得到一族小波函数。将待分析信号 $f(t)$ 按该函数族分解，则根据展开系数就可以知道 $f(t)$ 在某一局部时间内位于某局部频段的信号成分有多少，从而实现可调

窗口的时、频局部分析。

8.3.2 基于小波分解的特征提取

1. 分解尺度的选择

如前所述，小波分解后每级小波代表着不同频程段的信号成分，所有频段正好不相交地布满整个频率轴，因此小波分解可以实现频域局部分析。这其中涉及的一个关键问题就是确定各小波分量的系数。就目前研究水平而言，最成功的算法是马拉特（Mallat）算法，其实质是利用小波正交性导出各系数矩阵的正交关系，从高级到低级逐级滤去信号中的各级小波。简单来说，假设信号 $f(t)$ 有 8 个采样点，即

$$f(t)=\alpha_{\varphi}\varphi(t)+\alpha_0\omega(t)+\alpha_{1,0}\omega(2t)+\alpha_{1,1}\omega(2t-1)+\alpha_{2,0}\omega(4t)+\alpha_{2,1}\omega(4t-1)+\alpha_{2,2}\omega(4t-2)+\alpha_{2,3}\omega(4t-3) \quad (8-18)$$

其小波分解式中包含常数项、零级、一级和二级小波，分别记为 f_{φ}、f_0、f_1、f_2，其中常数项 $f_{\psi}=\alpha_{\varphi}\varphi(t)$，$f_0$ 只包含 $\alpha_0\omega(t)$ 一项，f_1 由两个移位小波 $\alpha_{1,0}\omega(2t)$ 和 $\alpha_{1,1}\omega(2t-1)$ 叠加而成，f_2 由四个移位小波 $\alpha_{2,0}\omega(4t)$、$\alpha_{2,1}\omega(4t-1)$、$\alpha_{2,2}\omega(4t-2)$ 和 $\alpha_{2,3}\omega(4t-3)$ 叠加而成，分解式共有 8 项，与信号采样点数相同。其算法第一步是从中滤出二级小波 f_2，同时确定二级小波中各移位小波的系数 $\alpha_{2,0}$、$\alpha_{2,1}$、$\alpha_{2,2}$ 和 $\alpha_{2,3}$，并将信号分解成 f_2 和 $f_{\varphi}+f_0+f_1$ 的叠加。这一过程相当于一低通滤波器，对应的二级小波的高频信号 f_{H} 被分离出来，而低频信号 f_{L} 全部保留。第二步是从 f_{L} 中再滤出一级小波并确定其小波系数，直至结束，其过程可由图 8－2 表示。

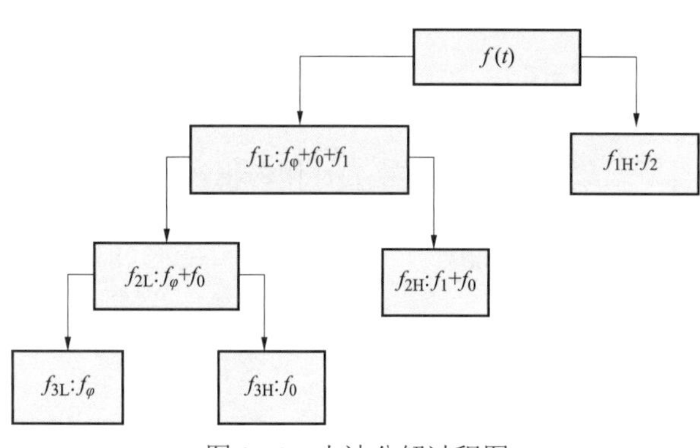

图 8－2 小波分解过程图

用采样率以 5M 为例，即 200ns/sps。根据经验，以 2.5kHz 作为信号频率分界线，大多数过电压中高频信号都在分界线之上，而较低频率的振荡则在 2.5kHz 以下。再结合马拉特算法原理，对过电压零序信号进行 15 层分解。母小波选用 db4 小波，原因是其相较于其他如 Haar、Coiflet、Symlets 等小波更易获得频率范围更宽的暂态信号。各层对应频率范围见表 8－1。

表 8－1 各频带频率范围

尺度	d1	d2	d3	d4
频带（Hz）	1.25M～2.5M	625k～1.25M	312k～625k	156k～312k
尺度	d5	d6	d7	d8
频带（Hz）	78k～156k	39k～78k	19k～39k	9k～19k
尺度	d9	d10	d11	d12
频带（Hz）	5k～9k	2.5k～5k	1.25k～2.5k	610～1250
尺度	d13	d14	d15	a15
频带（Hz）	305～610	152～310	76～152	0～76

2. 分解实例分析

以单相接地故障过电压零序实测数据为例，先对初始信号进行 4 层分解，当系统频率达到 160kHz 后，在高频信号中就已包含了大量背景噪声及干扰，为了不让噪声及干扰的影响过大，且又要尽可能保留高频信号数据，本书对 160kHz 以上频率段不予考虑。所以在 4 层分解后仅保留 a4 层信号数据，在对其做 10 层分解，其具体结果如图 8－3 所示。

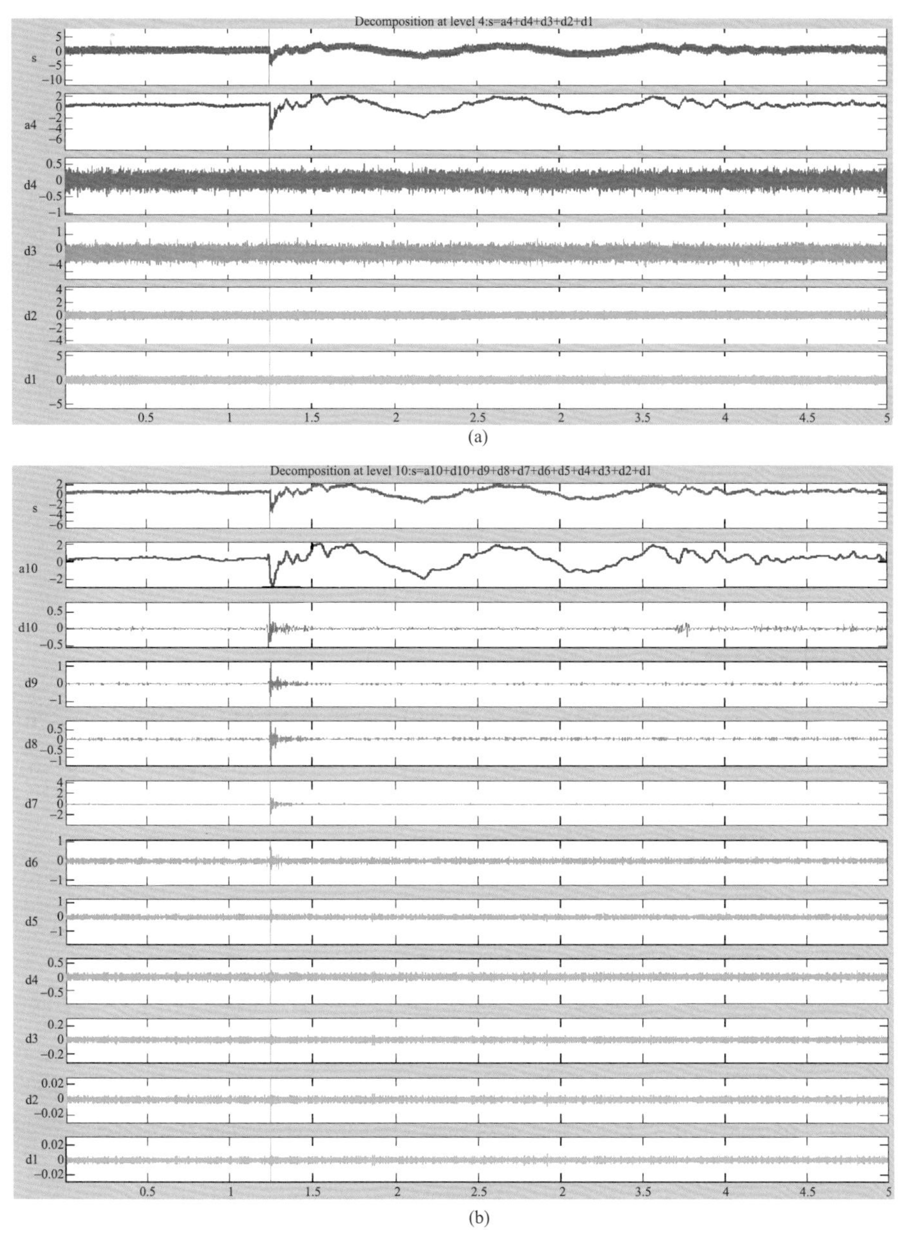

图 8－3 小波分解结果图

（a）第一次分解；（b）第二次分解

由图 8－3（a）可看出，当做第一次 4 层分解后，d1～d4 层（160k～2.5MHz）属于背景噪声，仅 a4 层（0～160kHz）包含过电压信号。这次分解可类似等效为降噪处理，第二次将 a4 层信号再进行 10 层小波分解，由图 8－3（b）可以看出，a10 层（0～75Hz）信号波形已将工频附近波形数据细节化，可用作低频信号特征提取。同理，d1～d5 层（2.5k～160kHz）可用以做高频信号特征提取，d6～d10 层（75～2.5kHz）做低频段特征提取。

由于各频带小波能量之和为原始信号总能量，并且不同类型过电压不同频带所占能量不同，例如操作及雷电过电压，在高频部分所占能量比重较暂时过电压大。因此，可以用每层频带内的能量作为特征值，如下

$$E_L=\sum_{n=1}^{N}\left|d_L(n)\right|^2 \tag{8-19}$$

式中：L 表示将求信号能量的层数，$d_L(n)$ 为小波分解后 L 层高频信号的系数，E_L 为小波分解后各频段能量。另外，对于各频率段信号同样可以类似时域分析提取相应的特征量，见表 8－2。

表 8－2　各频段特征值

频率段	特征值
d1～d5（2.5k～160kHz）	有效值 U_{Hrms}、绝对平均值 U_{Have}、裕度系数 CL_{H}、峰值指标 C_{H}、冲击指标 I_{H}、峭度指标 K_{H}
d6～d10（75～2.5kHz）	有效值 U_{Mrms}、绝对平均值 U_{Mave}、裕度系数 CL_{M}、峰值指标 C_{M}、冲击指标 I_{M}、峭度指标 K_{M}
a10（0～75Hz）	有效值 U_{Lrms}、绝对平均值 U_{Lave}、裕度系数 CL_{L}

8.4　奇异值分解理论

矩阵的奇异值分解（singular value decomposition，简称 SVD）从矩阵的数学角度出发，将矩阵分解到一系列奇异向量和奇异值子空间，能够有效地表征矩阵的代数特征，并且极大地降低矩阵的维数。其定义如下：

若存在 $m\times n$ 阶矩阵 $\boldsymbol{A}$，则其必定存在一组正交矩阵，$\boldsymbol{U}=[u_1,u_2,\cdots,u_m]\in R^{n\times n}$，$\boldsymbol{V}=[v_1,v_2,\cdots,v_m]\in R^{n\times n}$ 使 $\boldsymbol{U}^{\mathrm{T}}\boldsymbol{A}\boldsymbol{V}=diag\left[\sigma_1,\sigma_2,\cdots,\sigma_p\right]$，$p=\min(m,n)$，即

$$\boldsymbol{A}=\boldsymbol{U}\sum\boldsymbol{V}^{\mathrm{T}} \tag{8-20}$$

该式即为矩阵 $\boldsymbol{A}$ 的奇异值分解，其中 $\sigma_1\geqslant\sigma_2\geqslant\cdots\geqslant\sigma_p\geqslant 0,\sigma_i(i=1,2,\cdots,p)$ 就是 $\boldsymbol{A}$ 的奇异值，同时也是 $\boldsymbol{A}^{\mathrm{T}}\boldsymbol{A}$ 的特征值的平方根。

奇异值拥有良好的稳定性，当矩阵 $\boldsymbol{A}$ 受到小扰动时，奇异值的变化小于扰动矩阵的范数，利用其做过电压特征量时可以使信号对环境中的干扰及背景噪声污染具有一定抵抗能力。同时奇异值具有比例不变的特性，当对矩阵 $\boldsymbol{A}$ 做标准化处理后，改变矩阵的行或列运算，计算结果将不会导致奇异值的改变。另外，奇异值还具有降维压缩性，在奇异值的降维压缩处理过程中，矩阵会舍弃某些影响较小的奇异值，最后获得该矩阵的有效秩，即为保留的奇异值个数。其过程是一个降秩最佳逼近，可有效提升运算速度。正是因为这些特性，奇异值分解已成为了数值分析中最有效的方法之一，并且在统计分析，信号处理的领

域得到了广泛地应用与发展。

在电力系统过电压识别领域，对暂态过电压信号进行小波分解时，可以将其分解层数设定为 m 层，时间序列分为 n 个尺度，这样便可构成一个 $m \times n$ 阶的矩阵，再利用奇异值分解可大大降低该矩阵维数，并且信号每个尺度下的细节特征更丰富。

本书中仿真及实测数据采样频率均为 5MHz，将其信号进行 15 层分解，具体过程如 8.3 节所述，可得到 d1～d15 及 a15 层小波系数，再将其各频带信号分为 10 个尺段，构建用于奇异值分解的矩阵 $\boldsymbol{A}$。数据均采用各过电压零序信号数据，以雷电过电压、间歇电弧接地过电压及高频谐振过电压数据为例进行奇异值分解，其结果可由图 8-4～图 8-6 表示。

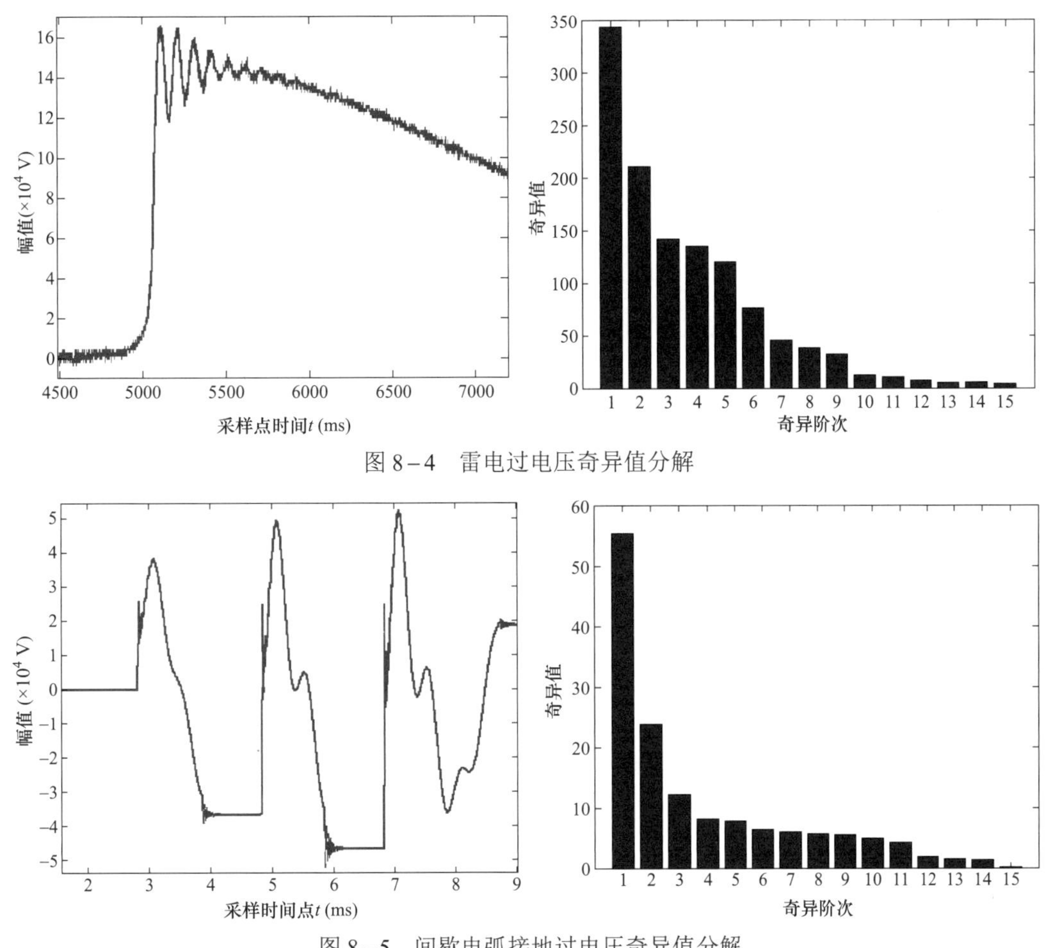

图 8-4　雷电过电压奇异值分解

图 8-5　间歇电弧接地过电压奇异值分解

由图 8-4～图 8-6 可见，雷电过电压在经过奇异值分解后，各阶次数值较大，说明其各频率段分量较多，观察第一阶次和第二阶次可发现，其下降幅度接近 130，其余各阶次数值差也较大，衰减迅速。间歇电弧接地过电压各阶次奇异值较雷电大幅降低，其高频最大值为 56.53，同样其高值集中于高频阶次，衰减较快，特征与其他操作过电压。而对于暂时过电压如谐振过电压，奇异值最大值为 13.87，各阶次较为平均，衰减较慢。根据以上特性，在提取各阶次奇异值作为特征量的基础上还可构建以下特征值：

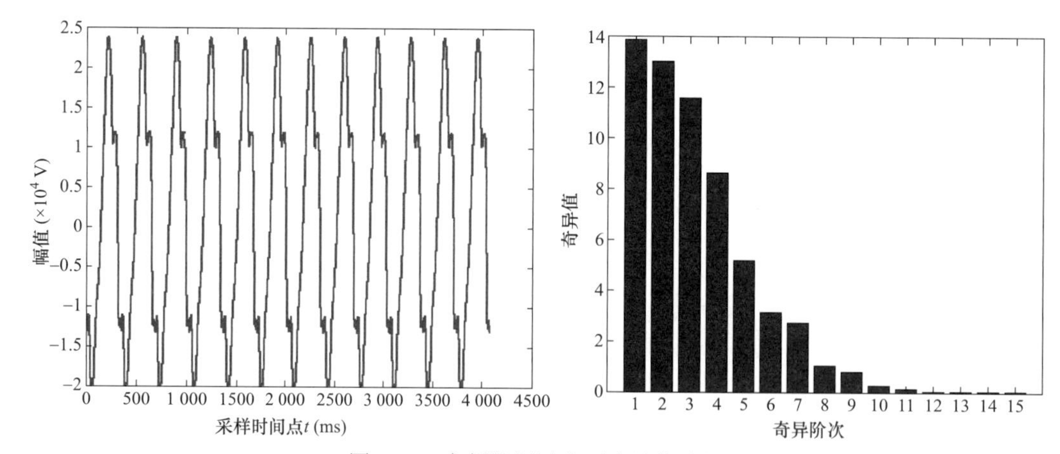

图 8－6　高频谐振过电压奇异值分解

奇异均值

$$\gamma_{\text{ave}} = \frac{1}{15}\sum_{i=1}^{15}\gamma_i \tag{8-21}$$

式中：γ_{ave} 为奇异谱平均值；γ_i $(i=1,2,\cdots,15)$ 为各阶次奇异值。因为奇异值 γ 表示的是其在时频空间内能量的分布，能量分布越广 γ 值越大，所以奇异值平均值可以反映各过电压能量大小。

第一阶次奇异值与第二阶次奇异值之差

$$\gamma_{1-2} = \gamma_1 - \gamma_2 \tag{8-22}$$

通过前面分析发现，各阶次奇异值中，不同类型 γ_1 与 γ_2 差值的区别明显，故此可作为特征值。

8.5　分类器特征值选择

8.5.1　第一层分类器特征值的选择

如图 8－7 所示，第一层分类器 1 的主要目的是有效地区分暂时过电压与操作及雷电过电压。

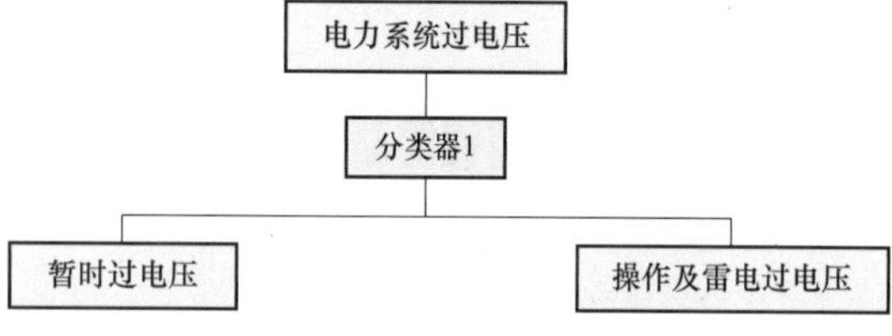

图 8－7　分类器 1 结构图

针对这两类波形来看，操作及雷电过电压相较于暂时过电压具有持续时间短、幅值高、频率高的特点，通常，操作及雷电过电压多为毫秒、微秒级的冲击性过电压，而暂时过电压持续时间则远大于该数量级，少则数十微秒，多则上百秒。同时暂时过电压也多为低频振荡。因此，采用时域特征值即可有效识别这两种过电压类型。

为了避免三相分相识别，本书通过对零序电压信号进行计算来提取特征值。分类器 1 可采用零序电压均方根值 $U_{0\text{rms}}$、零序电压平均值 $U_{0\text{ave}}$、峭度 C_0、裕度 CL_0、峭度指标 K_0、冲击指标 I_0 作为特征参量。

8.5.2 第二层分类器特征值的选择

第二层分类器分为两个，第一个分类器 2.1 用以实现暂时过电压中非线性谐振、工频过电压及间歇电弧接地过电压的识别，如图 8－8 所示。根据 8.3 节的分析，虽然这三种过电压类型在持续时间上都偏长，但高频谐振在频率上特征上包含较多的整倍频率分量，可提取各频率段所占比重区分出该种过电压。间歇电弧接地过电压较其他两种信号在高频段振动更为剧烈，所含能量更高，且其一阶奇异值 γ_1 更大。故可将 d1～d5（2.5k～160kHz）区间内的有效值 U_{Hrms}、平均值 U_{Have}、裕度 CL_{H}、峰值指标 C_{H}、冲击指标 I_{H}、峭度指标 K_{H} 作为区分弧光接地与工频过电压及高频谐振的特征量。当系统发生不对称接地短路时，一相或两相电压大幅降低至接近零，因此可将三相电压信号中最小相的有效值 $U_{\mathrm{rms,min}}$ 作为特征量。综上，分类器 2.1 包含的特征值有：高频区间有效值 U_{Hrms}、平均值 U_{Have}、裕度 CL_{H}、峰值指标 C_{H}、冲击指标 I_{H}、峭度指标 K_{H}、故障相有效值 $U_{\mathrm{rms,min}}$、第一阶次奇异值 γ_1。

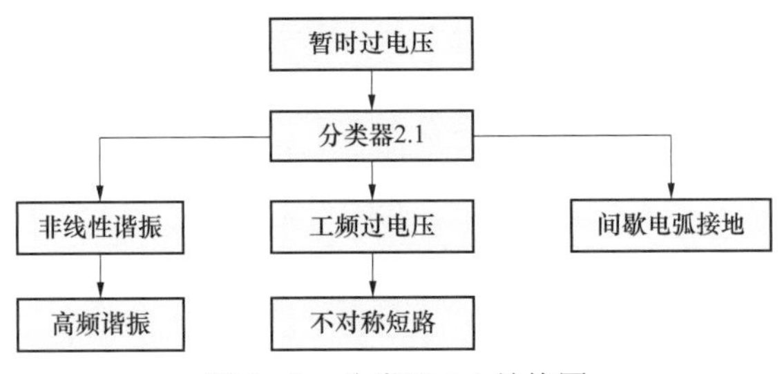

图 8－8　分类器 2.1 结构图

分类器 2.2 及分类器 3 将要实现的是雷电及操作过电压和操作过电压中合闸空载变压器、合闸空载线路、分闸（切）空载变压器、投切电容器的区分，如图 8－9 所示。经上文分析，奇异值分解所得的特征量可有效区分雷电及操作过电压，因此分类器 2.2 及分类器 3 可优先选用最大奇异值 γ_1、奇异谱均值 γ_{ave}、第一阶次奇异值与第二阶次奇异值之差 γ_{1-2} 作为特征值。另外，也可将小波分解后各层能量 E_{L} 作为特征值。

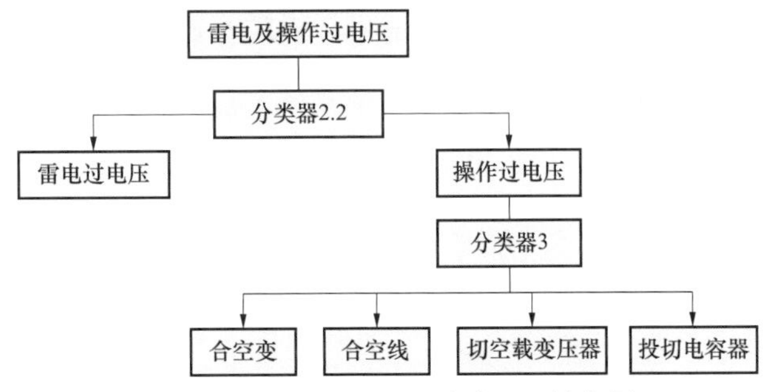

图 8－9　分类器 2.2 及分类器 3 结构图

虽然其在时域分析中难以分辨，但通过小波分解及奇异值分解等手段可以将其信号局部细节部分凸显放大，并有效排除背景噪声的干扰。这时提取出的暂态过电压信号各频率段及各奇异值阶次特征值即可有效分辨操作过电压及雷电过电压。最后对识别系统各层分类器的特征值进行了合理选择。总的识别结构图如图 8－10 所示。

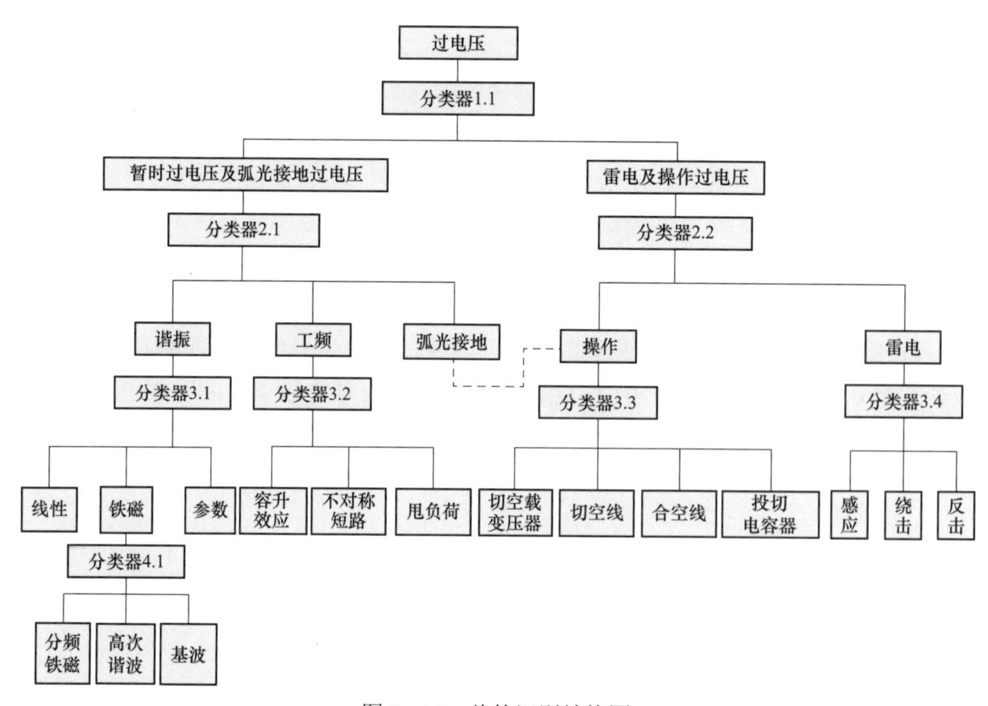

图 8-10　总的识别结构图

8.6　基于 SVM 的暂态过电压识别系统的实现

8.6.1　支持向量机概述

支持向量机（support vector machine，SVM）在 1995 年由 Vapnik 等人根据统计学习理论首次提出，类似多层感知器网络和径向基函数网络，支持向量机可用于小样本情况下的模式识别分类和非线性回归问题。假设现有一样本集合（x_i，y_i）其中 $i=1$，2，3，…，n，n 为样本容量，x_i 为特征向量，y_i 为样本分类标记，这时根据 Vapnik 理论，可以构建一个最优线性函数 $g(x)=\omega x+b$，在样本为三维空间时叫做决策超平面（hyper plane），它使得不同类别之间的距离被最大限度的拓宽，其核心思想可由式（8-23）表示

$$\min \quad \frac{1}{2}\|\omega\|^2 \\ \text{s.t.} \begin{cases} y_i(\omega\cdot x+b)=0 \\ i=1,2,\cdots,n \end{cases} \tag{8-23}$$

在通过引入拉格朗日乘子得到最优分界面解权向量后，支持向量机的分类规则可表达为

$$f(x)=\operatorname{sgn}\left(\sum_S y_i a_i x_i \cdot y+b\right) \tag{8-24}$$

式中：a_i 为拉格朗日系数。

以上各式都建立在线性可分的基础上，然而对于线性不可分的样本，支持向量机又可通过引入核函数 $K(x_i,x)$ 使之向更高维数空间映射来实现可分，可由下式表示

$$g(x)=\sum_{i=1}^{n}a_i y_i K(x_i,x)+b \tag{8-25}$$

目前常用的核函数包括：

（1）线性核函数：$K(x,x_i)=x^{\mathrm{T}}x_i$。

（2）多项式核函数：$K(x,x_i)=(\gamma x^{\mathrm{T}}x_i+r)^2,\gamma>0$。

（3）径向基核函数：$K(x,x_i)=\mathrm{e}^{(-\gamma x-x_i^2)},\gamma>0$。

（4）两层感知器核函数：$K(x,x_i)=\tanh(\gamma x^{\mathrm{T}}x_i+r)$。

当向高维空间映射后还是不可分的情况下，则引入松弛变量 ξ_i 及惩罚参数 c，可表达为

$$\begin{aligned}&\min\quad \frac{1}{2}\|\omega\|^2+c\left(\sum_{i=1}^{n}\xi_i\right)\\&\text{s.t.}\begin{cases}y_i[\omega\cdot\varphi(x_i)+b]\geqslant 1-\xi_i\\ \xi_i\geqslant 0\quad i=1,2,\cdots,n\end{cases}\end{aligned} \tag{8-26}$$

其中松弛变量 ξ_i 可理解为给分类面阈值引入容错性，即使之放弃样本特征向量中的一切离群点，不再向这些点移动，这样的好处是让分类面可以获得更大的几何间隔，也更加平滑，其值为非负。当需要衡量有多重视离群点给目标函数带来的损失时，就需要引入惩罚参数 c，c 值越大表示越不想损失该离群点。

在模式识别问题上，支持向量机借助其良好的泛化性、通用性、鲁棒性等性能及其运算简便、理论完善等特点，已经在故障诊断、电能质量判断及证券预测等很多领域得到了广泛的应用。

SVM 结构如图 8－11 所示。

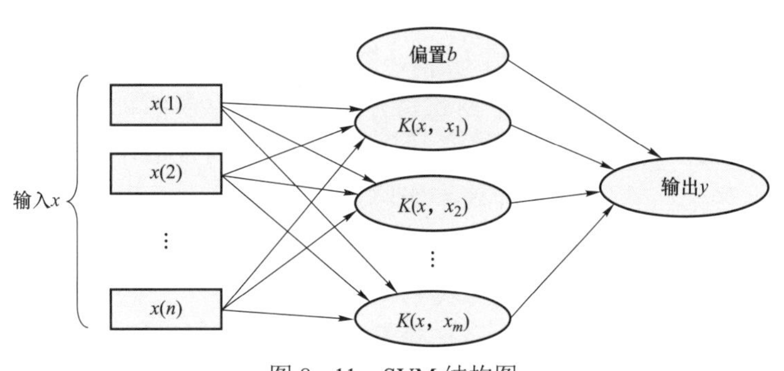

图 8－11　SVM 结构图

目前在 Matlab 中可以用于实现 SVM 的工具箱版本很多，比如 LIBSVM、LSSVM、SVMlight、新版 Matlab 自带的 SVM 等，各种版本所含函数及拓展性各有优劣。

本书采取的是台湾大学林智仁教授等人设计开发的 LIBSVM，采用 LIBSVM 主要是基于以下几个优点考虑：

（1）灵活性。LIBSVM 在提供了工具箱的同时公布了其源代码，方便改进、修改以适用于不同问题的识别归类。

（2）简便性。相较于传统 SVM，LIBSVM 在算法上进行了优化升级，使之运算更迅速，计算精度及内存占用也更优良。

（3）普适性。LIBSVM 包含多种语言版本，在 Java、Matlab、Labview、C#等数十种语言环境中均可使用。

8.6.2 多分类支持向量机

支持向量机实际上是为二值分类所设计的，即只能对两类数据进行区分。然而在电力系统中暂态过电压种类繁多，往往同属的过电压就可达 4 类甚至 5 类。虽然本书采取了基于树形结构的层次分类形式，将所有类别先分为两个子类，再将子类进一步分为次子类，但如分类器 3，其子类包含合闸空载变压器、合闸空载线路、分闸（切）空载变压器、投切电容器四种类型，并且该四种类型均为最小子类，传统支持向量机将无法对其进行准确识别。

针对该问题，目前主要采用的方法包含两种：一种是直接修改目标函数，将多个分类面的参数融合到一起，把多个待求函数化为一个最优化问题的求解，称为直接法；另一种方法则为间接法，间接法又可分为一对多（one-versus-rest）法、一对一（one-versus-one）法、层次支持向量机（H-SVMs）等。

本书采取的一对一法思想如下，假设某训练样本中包含 k 个类别，其中 $k \geqslant 2$。此时设计 $k（k-1）/2$ 个 SVM 以区分训练样本中任意两个类别。当对一个新的测试样本进行分类时，将其依次放入这些 SVM 中进行特征量的比对识别，最终得票最多的即为该测试样本的类别。

8.7 数据预处理

8.7.1 降维预处理

电力系统暂态过电压识别系统中所涉及的特征量维数偏大，如分类器 2.1 中就包含高频及中频区间的有效值 U_{Hrms}、平均值 U_{Have}、裕度 CL_{H}、峰值指标 C_{H}、冲击指标 I_{H}、峭度指标 K_{H}、故障相有效值 $U_{\mathrm{rms,min}}$、第一阶次奇异值 γ_1 等 10 多种特征参量。对于这类复杂的分类器设置，会造成收敛速度慢等问题。并且由于其中各特征量在识别过程中贡献程度的不同，可能会出现某些特征量对准确率影响不大的情况。采用主成分分析（principal component analysis，PCA）对分类器进行研究，剔除质量较差的特征量，消除冗余信息，可有效降低特征维数提高分类器学习的效率及速度。

PCA 算法的基本思想是将原来特征信息中具有一定相关性的特征量通过线性变换、映射等手段进行重新组合，形成一组新的综合特征量，使特征量之间相互无关。例如某个具体问题包含 T_1，$T_2 \cdots$，T_n 共 n 个特征量，典型的做法就是用线性组合的方式将这些特征量重新分组，如果用 x_1 表示第一个线性组合特征向量，其方差越大，说明其包含的信息越多，当其为最大时，可称 x_1 为新组合的第一主成分。如果第一主成分还不足以代表原来 n 个指标所包含的信息，这时再考虑第二个线性组合 x_2，其中 x_2 中不包含 x_1 中所含信息。这时则称 x_2 为第二主成分，以此类推，可以构造出 1，2，…，P 个主成分。

PCA 求解的一般步骤为：

（1）将采集数据化成一个 $n \times T$ 的混合数据矩阵。其中 n 为观测信号个数，T 为采样点个数。

（2）将每个观测信号（矩阵行向量）求取平均值，并减去该均值得到矩阵 $\boldsymbol{X}$。

（3）构建协方差矩阵，并对 $\boldsymbol{XX}^{\mathrm{T}}$ 进行特征分解计算其特征值及特征向量 λ_i。

（4）降序排列特征值，根据特征量的贡献程度选取前 P 个最大特征向量。其中贡献率是指选取的特征值的和与所有特征值的和比，一般大于等于 95%，其式可表达为

$$\varphi = \frac{\sum_{i=1}^{p} \lambda_i}{\sum_{i=1}^{n} \lambda_i} \geqslant 95\% \tag{8-27}$$

选取本章分类器 2.1 为例进行 PCA 降维预处理，结果如图 8－12 所示。

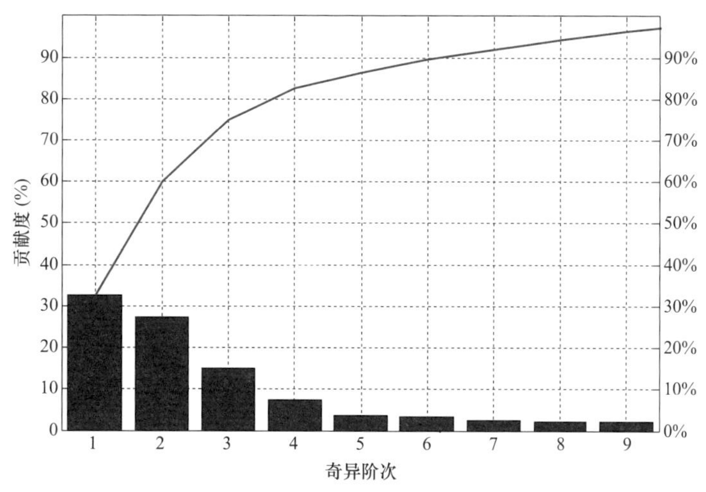

图 8－12　PCA 降维处理结果图

从图中可看出当设定贡献率为 95%时，在不影响最终准确率的基础上，维数下降为了 9 维，有效的去除了无用特征量及冗余。

8.7.2　归一化处理

归一化是数据预处理阶段常用的方法之一，它可以将有量纲的数据通过简化计算变换的方式化为无量纲的表达式。应用归一化映射处理可大大增加训练数据的收敛性及分类准确率。

[0, 1] 区间归一化映射可由式（8－28）表达

$$y = \frac{x - x_{\min}}{x_{\max} - x_{\min}} \tag{8-28}$$

其中，$x, y \in R^n$；$x_{\min} = \min\{x\}$；$x_{\max} = \max\{x\}$。归一化的作用就是将原始数据被规整到[0, 1] 范围内，可有效的将数据中过大值及过小值集中归一化至一个较小的集合中，即 $y_i \in [0,1], i = 1, 2, \cdots, n$。

除了上面的归一化方式外，还有一种称为 [－1, 1] 区间归一化，其映射如下

$$y = 2 \times \frac{x - x_{\min}}{x_{\max} - x_{\min}} - 1 \tag{8-29}$$

对于采用不同归一化方式及不采用归一化处理下预测集的分类准确率见表 8－3，其中核函数采用径向基函数，惩罚参数 c 及核函数参数 g 采用默认值。

表 8－3　　不同归一化方式下准确率对比

归一化方式	准确率（%）	c，g 参数选项
不采用归一化处理	14.286	$-c_2-g_1$
[－1, 1] 归一化	71.429	$-c_2-g_1$
[0, 1] 归一化	85.714	$-c_2-g_1$

由表 8－3 可见，采用归一化处理可大幅提高暂态过电压识别的准确率，[－1, 1] 归一化方式可提高 5 倍，[0, 1] 归一化方式可提高 6 倍。针对此结论，本书采取 [0, 1] 归一化的方式对数据进行预处理。

8.8　参数选择及优化

如前文介绍，在建立 SVM 暂态过电压识别系统时，由于其线性不可分的特性，需设置惩罚参数 c 及径向基函数参数 g（gamma）。目前对于这两类参数的选取还没有一个统一的方法，大多还是依靠经验或任意给定。但实际情况表明，参数 c、g 的选择对识别准确率会造成很大的影响，最优的设置会很大程度上增大最终的识别准确率，避免过学习和欠学习的状态发生。针对最优参数 c，g 的选择，本章采取了交叉验证法（cross validation，CV）、遗传算法（genetic algorithm，GA）及粒子群优化算法（particle swarm optimization，PSO）对参数进行寻优，再通过比较选择针对暂态过电压识别最佳的方式。

8.8.1　交叉验证参数寻优

交叉验证（cross validation，CV）也可称为循环估计，它是由 Skutin 提出，其寻优的基本路线是基于统计学将样本集合进行切分得到很多子集，先在某一子集（训练集）上做计算分析，然后利用其他子集（验证集）来对此进行验证及确认。循环进行上述两个步骤以得到最优准确率下的参数 c，g。

常见的 CV 方法有 Hold-Out 验证、K 折交叉验证（K-fold Cross Validation，K-CV）及留一交叉验证（Leave-One-Out Cross Validation，LOO-CV）三种。本书采取的是 LOO-CV 法，即留一验证法，当原始数据包含 N 个样本时，将逐一抽取每个样本作为验证集，剩下的 $N-1$ 个样本则作为训练集，所以 LOO-CV 最终包含 N 个模型，最后用这 N 个模型得到的分类准确率的平均数作为验证分类器性能的指标。相较其他两种方法，LOO-CV 拥有以下两个优点：

（1）样本数据集合中的每一组数据均被做过训练模型，最终的评估结果最接近原始样本的分布，结论更加可靠。

（2）实验过程单纯，不会有随机因素对实验数据产生影响。

使用交叉验证方法对分类器 2.1 进行参数寻优的结果如图 8－13 所示。从图中可以看出，对于本书建立的暂态过电压识别系统分类器 2.1 所用数据最佳的 $c=4$，$g=0.707\,11$。

在此参数下最终的分类准确率为 92.857 1%。

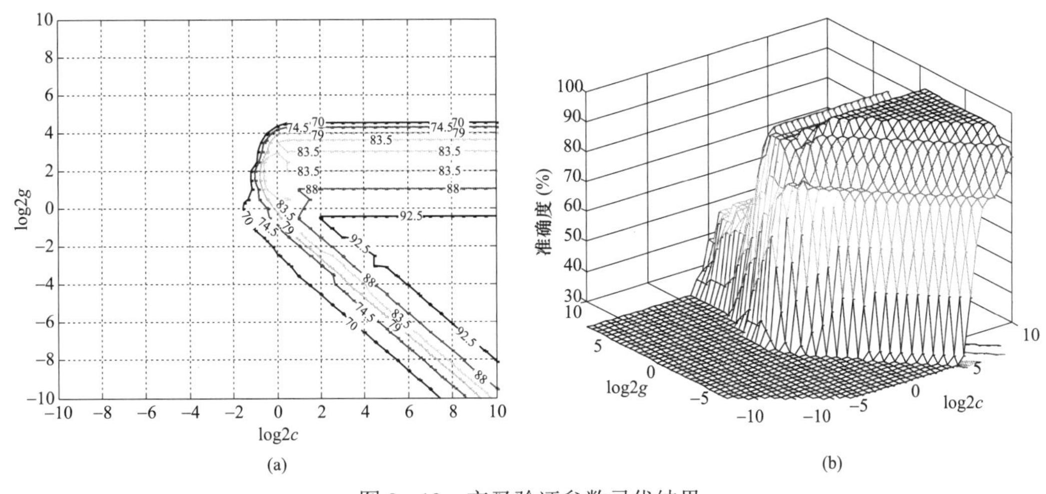

图 8－13　交叉验证参数寻优结果

（a）CV 法参数选择等高线图；（b）CV 法参数选择 3D 图

8.8.2　遗传算法参数寻优

遗传算法（genetic algorithm，GA）的思路得益于生物进化过程的计算机模拟技术。其最早起源于 20 世纪 60 年代的美国，由 Holland、Michigan 等人提出。遗传算法是一种自适应的概率优化算法，其针对的是参数的编码，并且是从许多点开始并行操作，而非一点，因而可以有效防止计算结果仅对局部收敛。基于其自适应的特性，遗传算法对问题的依赖性也较小，所以在函数优化、模式识别、信息处理等很多学科上得到了重视及发展。

遗传算法的构造求解步骤如图 8－14 所示。

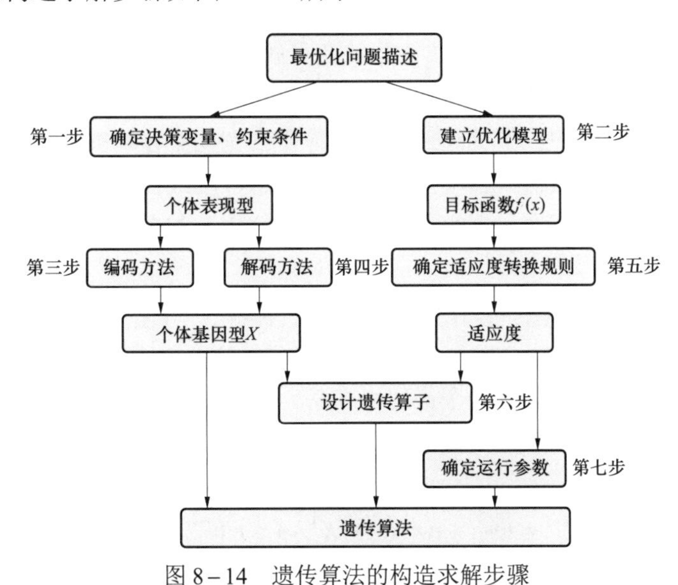

图 8－14　遗传算法的构造求解步骤

相较于交叉验证参数寻优，采用遗传算法可以不必循环网格内的所有参数点就能找到全局的最优解，减少了内存占用及计算时间。因此对于暂态过电压识别问题的研究中，应用遗传算法可以在更大的的范围内寻找全局最优解，其结果如图 8-15 所示。

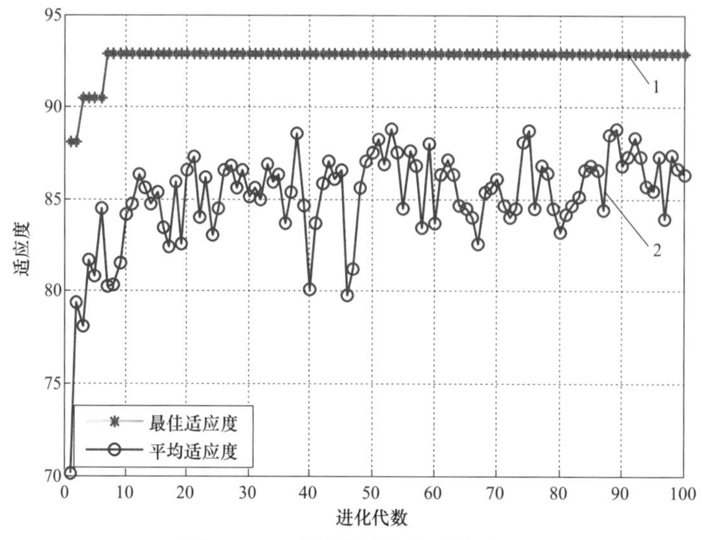

图 8-15　遗传算法参数寻优结果

图 8-15 中线 1 代表的是最佳适应度，线 2 代表的是平均适应度。当遗传代数设置为 100，种群数量设置为 20 后可以看出当准确率在 92.857 1%时就已达到稳定状态，此时的参数 $c=5.8954$，$g=0.64735$。

8.8.3　粒子群优化算法参数寻优

粒子群优化算法（particle swarm optimization，PSO）是由 Kennedy 和 Eberhart 在 1995 年首次提出一种群体智能优化算法。区别于该领域中的蚁群算法和鱼群算法，PSO 算法的灵感来自于对鸟类捕食行为的研究。在该算法在可解空间中初始化除一群称为粒子的个体，每个粒子都可作为解决极值优化问题的潜在最优解，也都在空间内具有一个自己的速度、位置及相应的适应度。其中粒子的速度表示了粒子在空间中移动的方向和距离，粒子会不断通过跟踪个体和群体的极值来移动，以找到自身适应度最优的位置，形象的说，PSO 的主要思想就类似于鸟类不断通过观察其他鸟捕食的位置及和自己的位置来判断下一步移动的方向及路程这一过程。

现假设有一 D 维的搜索空间，在该空间中有一种群 $X=(X_1,X_2,\cdots,X_n)$，其中 X_1、$X_2\cdots$、X_n 为粒子，n 为粒子数。第 i 个粒子在 D 维空间中的位置可由向量 $X_i=[x_{i1},x_{i2},\cdots,x_{iD}]^{\mathrm{T}}$ 表示，同时该粒子也代表了问题的一个最优潜在解。每一次的迭代过程中，该粒子都会通过判断个体极值和群体极值来更新自身的速度及位置。

更新公式如下

$$v_{id}^{k+1}=\omega v_{id}^{k}+c_1r_1(P_{id}^{k}-X_{id}^{k})+c_2r_2(P_{gd}^{k}-X_{id}^{k}) \tag{8-30}$$

其中

$$X_{id}^{k+1}=X_{id}^{k}+v_{id}^{k+1} \tag{8-31}$$

式中：ω为惯性权重；v_{id}是粒子的速度；P_{id}为个体极值；P_{gd}为群体极值；k为当前迭代的次数；c_1和c_2为加速因子，是非负的常数；r_1和r_2为［0，1］区间内的随机数。

在暂态过电压识别系统开发中，利用PSO进行参数寻优的流程如图8－16所示。

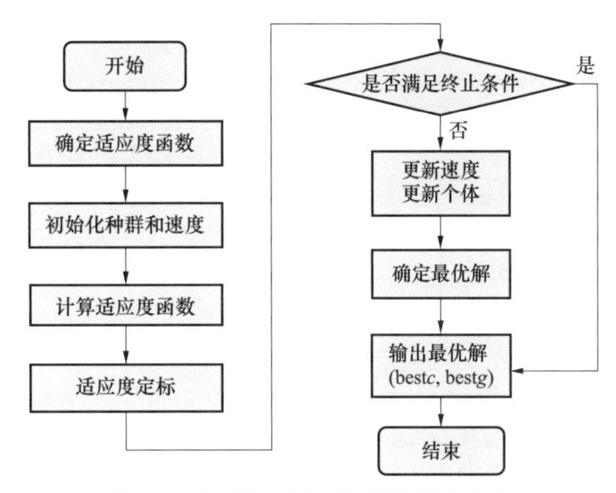

图8－16　粒子群优化算法基本流程

根据图8－16所示流程，利用PSO优化SVM参数的结果如图8－17所示。

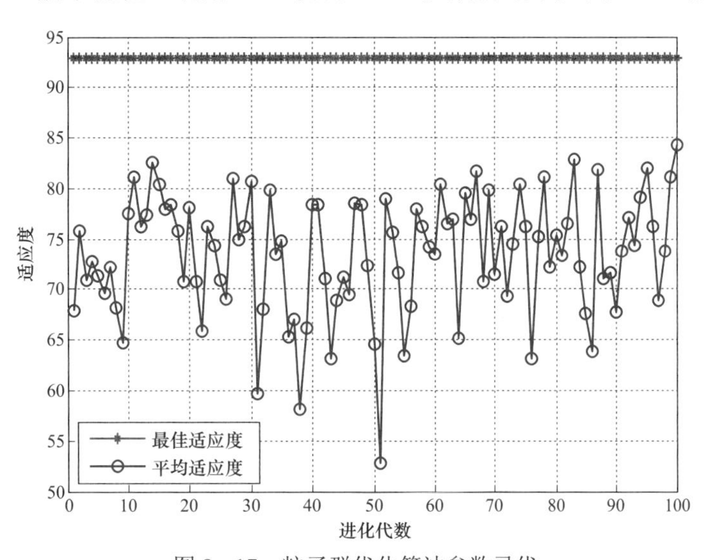

图8－17　粒子群优化算法参数寻优

从图8－17中可以看出，当PSO算法参数$c_1=1.5$，$c_2=1.7$时，c、g达到最优，分别为28.172 5和0.1，此时准确率为92.857 1%。

通过以上三种参数寻优方法对分类器2.1进行计算后发现，三种寻优方式都将准确率提高至92.857 1%。虽然三种计算方法均收敛至最佳适应度，但是对比图8－15及图8－17后发现，采用粒子群优化算法时，平均适应度振荡较剧烈，不如遗传算法在寻优时平滑稳定，且最终的惩罚参数c达到了28.172 5。如前文所述，惩罚参数对分类器的性能影响很大，过大的c值会导致机器过学习，过小的c值则会导致欠学习。为避免这两类问题的出现，分析对比后对每个分类器均采用居中的参数进行设定。如分类器 2.1，最终采用遗传算法进行参数寻优，最终的参数 $c=5.8954$，$g=0.64735$。

最终各层分类器参数优化方式及准确率可由表 8－4 所示。

表 8－4　　各层分类器参数选择及准确率

分类器	参数优化方式	参数设置	准确率（%）
分类器 1	交叉验证	$c=8$，$g=5.6569$	96.321 4
分类器 2.1	遗传算法	$c=5.8954$，$g=0.64735$	92.857 1
分类器 2.2	遗传算法	$c=11.3173$，$g=5.6595$	98.436 2
分类器 3	粒子群优化算法	$c=9.7971$，$g=4.8117$	96.095 2

基于表 8－4 可以得出，整个电力暂态过电压识别系统对于不对称接地过电压、铁磁谐振过电压等暂时过电压的识别准确率为 94.257 3%，雷电过电压识别准确率为 94.815 1%，合闸空载变压器、合闸空载线路等操作过电压准确率为 91.112 8%。

电力系统过电压在线监测装置已经广泛应用于不同电压等级的电网中，这些在线监测装置能够较为完整准确地记录过电压发生时的过程，记录过电压的波形和各种参数，但不具备分析识别能力，无法及时判定过电压的类型，分析事故的原因。过电压信号携带着丰富的电力系统运行状态信息。利用目前监测到的过电压信号进行特征提取以及识别算法研究，实现过电压类型的自动识别和诊断，不仅能够给电力系统过电压快速响应抑制动作及其抑制控制策略提供科学依据，而且有助于及时发现现有系统绝缘薄弱点，进行合理的绝缘配合调整。实现过电压类型的自动识别和诊断，对保证电网安全运行具有重要的指导意义。

8.9　现场波形参数的提取及修正研究

随着电网的快速发展，特别是特高压交直流线路的运行，中国电网已开始向以特高压为主干网架的大电网发展。大电网在内、外过电压情况下的安全运行问题，已成为高电压技术领域密切关注的热点。然而，现有电网的传统电压传感设备如电压互感器、故障录波仪等，由于自身频带的限制和传感单元先天的局限性，难以实现电网内、外过电压真实波形的准确提取，在内、外过电压引起电网事故后亦无法追踪给出过电压原始数据，给判断过电压故障原因和提出过电压防御措施带来巨大的难题。因此现场波形参数的准确提取及修正技术的研究显得尤为重要。

8.9.1　实际雷电参数的提取方法与创新

随着特高压工程的全面推进，电力系统电压等级的不断提高，大型电力变压器、充油电力电缆、高压互感器等油浸式电力设备开始担负着测量和传递电能的重要任务。运行经验表明，电力系统中的电力设备除承受正常运行条件下的工频电压之外，其内绝缘还将承受来自雷电等因素导致的过电压的考验。因此，在决定电力系统各项电力设备的雷电冲击绝缘水平时，较为精确地掌握入侵电力系统内部的实际雷电过电压水平及波形，对合理选择设备的绝缘配合十分关键。

1929年，Sporn公司对某220kV输电线路上的雷电过电压进行采集，一共采集到雷电过电压数据 15 条。根据采集到的雷电数据，绝缘子和雷电小组委员会（Insulator and Lightning Subcommittee）提出了3种标准雷电过电压波形，其时间参数分别为0.25/10μs、0.25/30μs和0.25/90μs，这也是官方首次发布的标准雷电波数据。随后，美国电力工程协会（American Institute of Electrical Engineers）推荐采用另外3种标准雷电波形，即0.5/5μs、1/10μs 和 1.5/40μs 的标准雷电波。其中 1.5/40μs 被广泛采用，并写进了美国标准。之后，“10%～90%方法”用于确定双指数标准雷电波的波前时间，同时标准雷电波形也被修改为1/40μs。1943年，美国变压器协会（The Transformer Subcommittee）开始对变压器等电力设备进行雷电脉冲耐压测试，并提出了初步的测试方法。测试波形的波前时间为 0.5～2.5μs，半峰值时间为40～50μs。1962年，IEC推荐统一采用1.2/50μs的标准雷电波形，并指出采用“30%～90%方法”确定雷电波的波前时间。由此可见，用于雷电冲击耐压测试的标准雷电波形是根据当时输电线路采集到的直击雷数据确定的。

IEC规定的1.2/50μs标准雷电波是在不考虑波过程受变电站及电气设备影响的情况下雷电引起暂态过电压的代表波形，而实际工况下，有各种形状的雷电波形存在，使用标准雷电波代替非标准雷电波来评价、测试电力设备的绝缘特性本身就存在种种问题。因而早在 20 世纪就有国内外专家学者对非标准雷电波波形参数开展了大量研究。日本学者S.Okabe 在对雷电波的统计研究中指出，站内变压器上的过电压波形因为站内折反射而叠加了许多高频振荡分量，并且即使施加一个标准雷电波在变压器上，也会产生一个具有绕组自然频率的振荡电压波形，其在大量波形统计的基础上定义了单脉冲波、波头脉冲波、衰减震荡波以及上升震荡波4种典型的非标雷电波形。I.D.Couper和K.J.Cornick等学者对震荡冲击电压的极性效应展开了研究，其研究结果表明：受电力系统中杂散电感、电容的影响，电力设备上的过电压波形常常是衰减震荡的波形，衰减的阻尼系数取决于系统中电阻和损耗。

我国现行的用于雷电冲击的绝缘设计和耐压试验大都采用标准波形，即（1.2±30%）/（50±20%）μs。而实际情况下，由于如今的电力系统和电力设备与以往大有不同，例如，GIS 变电站的广泛使用，架空地线、避雷线、高性能避雷器的采用等，这一方面可能会导致现有输电线路上的直击雷电波形参数跟以往采集的数据存在差异，另一方面也会导致入侵现有站内电力设备的雷电波与以往输电线路上的雷电数据大为不同。

入侵电力系统的雷电波在进线端保护和站内避雷器的限制下，幅值和陡度都得到了一定程度的衰减，入侵变电站的雷电冲击电压波形因为避雷器的位置、站内拓扑结构和运行方式的变化等原因将变得非常复杂，再加上系统内部折、反射的过程，作用在变压器上的雷电入侵波已不再是1.2/50μs的标准雷电过电压波。因此，传统设计和试验中所用的雷电波形不能完全反映真实状况下电力设备内部绝缘所承受的雷电波参数特点，这将影响电力设备绝缘参数的设计和耐压试验的可靠性。同时近年来，过电压在线监测技术发展迅猛，有关站内实测雷电波形的研究屡见报道。但这些研究仅仅是对实测雷电波形的波形特征做简单的定性总结，并没有对其进行定量的分析，更没有针对实测雷电过电压对变压器绝缘的影响开展试验研究，将其结果与标准雷电波下的试验结果进行对比。

因此，结合电力系统长期的过电压在线监测系统实现过电压波形的准确提取，统计变电站实测雷电入侵波，研究雷电波入侵电力系统的实际波过程，将对电力设备合理的绝缘设计具有重要的参考价值，从而为电网的安全经济运行提供保障。

根据研究现状，将长期采集过电压在线监测系统提取的过电压波形数据，从实测入侵电力系统的雷电波波形参数统计和波过程暂态分析入手，研究实际入侵电力系统的雷电冲击波波头和波尾时间、幅值、陡度等相关特征参量及其分布规律，进而研究雷电波在入侵电力系统后通过各种电力设备和电气结构所产生的波过程暂态变化。具体研究内容如下：

（1）通过在变电站安装过电压在线监测装置，长期监测多条线路及变压器等电力设备的雷电入侵波数据，统计包括直击雷过电压，感应雷过电压以及混合过电压的波形数据和暂态过程。研究合理的感应雷过电压和直击雷过电压的识别方法。通过对比分析装设在变电站不同位置处所采集到的雷电入侵波波形数据并结合仿真计算分析研究雷电波入侵电力系统后波过程的暂态变化。

（2）对于过电压在线监测系统长期统计到的各种雷电入侵波波形，总结出具有典型性的雷电入侵波波形，结合非标准震荡雷电波的波头、波尾时间定义方法，提出可行的非标准震荡雷电波波形处理方法，统计研究实测雷电波波头、波尾时间参数，研究其概率分布规律，得到能够有效反映电力系统中雷电入侵波波过程的参数修正数据。

（3）对监测到的不同雷电入侵波形进行时域和频域的特征分析，研究不同波形在电力系统暂态波过程中的等效性和差异性，分析不同波形特征参量及电气环境参数对雷电入侵波暂态波过程的影响。

（4）深入研究雷电波入侵变压器后的绕组波过程。基于过电压在线监测系统长期采集到的大量数据分析出入侵变压器绕组的实际雷电波波形和特征参数，通过结合仿真分析和计算研究雷电入侵波在变压器绕组上的电位及梯度分布，进而分别对雷电波入侵变压器绕组后主绝缘和纵绝缘上的暂态波过程进行深入研究。

通过对实测雷电入侵波波形参数进行统计，得到实际入侵电力系统雷电波的特征参量以及其分布规律，对现行的标准雷电波进行波形修正，为电力设备的绝缘配合与防雷设计提供依据。具体内容如下：

（1）滤波分析实测入侵电力系统的雷电波的波形特征，得到实际入侵变电站各位置处雷电波的典型波形及参数。对比分析得到雷电波入侵变电站后在各种电力设备和杂散电抗电容的影响下的暂态波过程。

（2）基于长期在线监测系统实测数据求取非标准实测雷电波形的时间特征参数，并对其进行了统计分析，得到表征入侵波时间参数统计规律的概率密度模型。分别在时域和频域范围内得到雷电入侵波的量化波形特征，从而得到不同波形特征对于暂态波过程的影响。

（3）确定具有典型性的雷电入侵波波形及特征参数，根据波头时间和波尾时间的分布规律和概率密度模型，对标准雷电波的波头、波尾时间进行修正，得到符合实际入侵电力系统的雷电波的时间参数和典型波形。

（4）建立雷电波入侵变压器绕组后的绕组波过程暂态模型，基于在线监测系统采集到的变压器雷电入侵波波形参数具体分析变压器内部的雷电过电压暂态波过程。

8.9.2 实际雷电冲击试验参数标准的修正

电力设备的安全运行是避免电网重大事故的第一道防御系统。在实际运行条件下，电力设备除了承受正常运行时的工作电压，它的内绝缘还要受到雷电等因素导致的冲击过电压的考验。变电站的雷害主要来自两个方面：① 雷电直击到变电站而造成站内设备的损坏，简称直击雷；② 雷击到输电线路杆塔或避雷线上，造成绝缘子闪络（反击），或者是雷电直击到输电线路上（绕击）产生雷电波，雷电波沿输电线路传递到变电站并在站内设备上产生雷电过电压引起设备绝缘的破坏，简称雷电入侵波。根据我国运行经验表明，凡按规程及标准要求正确装设避雷针、避雷线和接地装置的变电所，站内直击雷、线路绕击率和反击率都非常低。由于线路落雷频繁，所以沿线侵入的雷电波是威胁电力设备安全运行的主要原因。由于对雷电冲击电压作用下的电力设备内部电场分布、实际雷电入侵波波形参数的研究不够深入，现行电力设备的绝缘配合设计上还存在一定的局限性。据统计，变压器的结构设计不合理、制造工艺及材料质量控制不严、变压器绝缘存在先天缺陷是造成变压器损坏事故的第二大原因。

为了减小雷电入侵波对站内变压器的威胁，进线段保护和避雷器因其能够降低入侵波的幅值和陡度而成为变电所的重要防雷措施。同时，为了考核电力设备的绝缘冲击强度是否符合国家标准的规定以及研究改进电力设备的绝缘结构和绝缘设计，往往需要对电力设备进行雷电冲击耐压试验。标准规定试验波形为（1.2±30%）/（50±20%）μs 的标准雷电波形，但是由于进线段衰减，站内折、反射，变压器绕组谐振以及站内存在 LC 振荡回路等原因，电力设备上遭受的真实雷电入侵波并不是 1.2/50μs 的标准雷电波形，而是一些波形各异的非标准雷电波形，如单向和双向振荡的过电压波形。然而，不同波形参数的雷电波对绝缘介质的击穿特性有较大的差异，故采用标准雷电波代替实际非标准雷电波进行电力设备雷电冲击试验的方法存在诸多不妥。仅仅采用标准雷电波来考核非标准雷电波作用下电力设备的绝缘特性是不合适的。

开展雷电波入侵电力系统波过程的研究，并对标准雷电波参数及电力设备雷电冲击试验标准进行修正，将对电力设备的绝缘设计、绝缘配合以及内绝缘寿命评估起到积极指导作用。

8.9.3 过电压在线监测技术发展展望

近年来，电网过电压在线监测已成为研究热点，国内相关科研院所及高等院校突破现有过电压在线监测领域难题，在电网建设和科学研究等方面已取得了业内瞩目的成果：提出了适用于各个电压等级的过电压传感器、信号调理单元和传输单元，目前已在 10～500kV 交流和±800kV 特高压直流等工程建设调试及运行维护中得到了广泛应用，应用成果对指导电网过电压防御，构建坚强智能电网起到了重要作用；积极参与了 IEEE、GIGRE 和 IEC 过电压领域电力标准制定工作，引领了全球过电压在线监测技术发展等等。

然而，随着电网电压等级和规模的不断发展，过电压监测及抑制技术研究领域又将面临许多新的难题。展望未来，将重点开展以下方向的研究工作：

（1）高精度无源非接触过电压测量传感器的研发。现有电网过电压在线监测装置多采用直接与电网一、二次设备直接接触测量，容易给系统安全运行带来威胁，同时，电网过电压在线监测装置需要电源供电，限制了过电压在线监测在野外输电线路的应用。因此，基于先进光学技术和先进材料技术，研究高精度无源非接触过电压测量传感器，解决非接触测量过程中的电磁干扰问题，对于推动过电压在线监测装置在电网中的广泛应用具有重要的现实意义。

（2）构建电网过电压的快速智能识别和大数据分析系统。随着电网过电压在线监测装置在电网中的广泛应用，必然获取到大量的电网过电压监测数据，面对海量的电网过电压实时监测数据，利用现代人工智能方法和大数据理论，挖掘电网过电压数据中的数据特征，建立电网过电压的指纹库，实现电网过电压的快速智能识别，对于构建完善的电网过电压分析系统、分析过电压的成因并提出相应的过电压抑制措施具有重要的工程应用价值。

（3）实现特殊过电压如 VFTO 的准确测量。GIS 变电站的 VFTO 一直是严重威胁变电站安全运行的主要原因，然而目前的 VFTO 的准确测量一直是本领域的难题，也难以针对 VFTO 提出相应的措施。开展纳秒级 VFTO 传感器和采集单元的研发工作，解决测量中的电磁兼容问题，实现 VFTO 的在线监测，对于保证 GIS 变电站的安全运行具有重要的理论意义和工程应用价值。

参 考 文 献

［1］沈其工，方瑜，周泽存，等. 高电压技术. 北京：中国电力出版社，2012.

［2］Leonard L, Grigsby. Electric Power Generation, Transmission, and Distribution, CRC Press，2012.

［3］Hector J. Altuve Ferrer, Edmund O. Schweitzer III, Modern Solutions for Protection, Control and Monitoring of Electric Power Systems, Quality Books, Inc., 2010.

［4］刘振亚. 特高压交直流电网. 北京：中国电力出版社，2013.

［5］Gomez D F G, Saens E M, Prado T A, Martinez M.Methodology for Lightning Impulse Voltage Divisors Design，2009，7（1）：71－77.

［6］司马文霞，兰海涛，杜林，等. 套管末屏电压传感器响应特性研究. 中国电机工程学报，2006，26（21）：5.

［7］Birtwhistle D, Gray I D. A new technique for condition monitoring of MV metalclad switcher，1998：91－95.

［8］JIA X F, ZHAO S T, LI B S, et al. A new method of transient overvoltage monitoring for substation. North China Electr Power Univ，2002（2）：994－997.

［9］张颖，高亚栋，杜斌，等. 输电线路防雷计算中的新杆塔模型. 西安交通大学学报，2004（04）.

［10］李洪涛. 500kV 变电站雷电入侵波保护研究. 重庆：重庆大学，2006.

［11］李亚军，魏长明，唐世宇，等. 重庆雷电监测定位系统的应用. 高电压技术，2002（02）：60.

［12］李建明，朱康. 高压电气设备试验方法. 北京：中国电力出版社，2001.

［13］杨钢，张艳霞，陈超英. 电力系统过电压计算及避雷器的数字仿真研究. 高电压技术，2001（03）：64－66.

［14］汤宁平，柔少瑜，廖福旺. 基于空间电场效应的高电压测量装置的研究. 电工电能新技术，2009，28（1）：5.

［15］明自强. 高压电网过电压在线监测系统研究. 重庆：重庆大学. 2008.

［16］吴文辉，曹祥麟. 电力系统电磁暂态计算与 EMTP 应用. 北京：中国水利水电出版社，2012.

［17］CHANG C C, LIN C J. LIBSVM: A library for supportvector machine. http：//www.csie.ntu.edu.tw/～cjlin/libsvm. 2009.

［18］李欣. 电力系统过电压分层模式识别及其应用研究. 重庆：重庆大学，2012.

［19］李建明，阴友权. 暂态过电压的检测与电力设备绝缘状态的分析. 四川电力技术，2005，02：15－38.

［20］吴涓. 电力系统动模综合实验系统的研究与开发. 长沙：中南大学，2008.

［21］平邵勋. 电力系统内部过电压保护及实例分析. 北京：中国电力出版社，2006.

［22］朱子述. 电力系统过电压. 上海：上海交通大学出版社，1995.

［23］吴维韩，张芳榴，等. 电力系统过电压数值计算. 北京：科学出版社，1989.

［24］施围. 电力系统过电压计算. 西安：西安交通大学出版社，1988.

［25］许颖，徐士衍. 交流电力系统过电压防护及绝缘配合. 北京：中国电力出版社，2006.

［26］陈维贤. 内部过电压基础. 北京：水利电力出版社，1981.
［27］LI J M, LUO T, ZHANG Y, et al. The Response Characteristics of Lightning Waves on Power System Propagation. 2015 International Symposium on Lightning Protection（Ⅷ SIPDA2015）.
［28］文艺，李建明，李淳，等. 500kV 电网过电压在线监测装置的设计与分析［J］. 电测与仪表，2013（11）：92－95，114.
［29］CHEN S Q, WANG H Y, DU L, et al. Research on Characteristics of Noncontact Capacitive Voltage Divider Monitoring System Under AC and Lightning Overvoltages. Applied Superconductivity, IEEE Transactions on，2014，24（5）：1，3.
［30］王乃会. 基于 LabVIEW 的电力系统过电压监测研究. 成都：西华大学，2008.
［31］许翠娥，文艺，李建明，等. 特高压交流输电线路工频电磁环境分析. 四川电力技术，2014（1）：63－67.
［32］CHEN S Q, WANG H Y, DU L, et al. Research on a New Type of Overvoltages Monitoring Sensor and Decoupling Technology. Applied Superconductivity, IEEE Transactions on，2014，24（5）：1，4.
［33］罗高. 电力系统暂态过电压在线监测与记录系统的研究. 成都：西华大学，2012.
［34］CHEN S Q, LI J M, LUO T, et al. Study on the impulse characteristics of capacitive voltage transformer. Applied Superconductivity and Electromagnetic Devices（ASEMD），2013 IEEE International Conference on，2013：25－27，65，68.
［35］张伟. 真空开关操作过电压分析及保护研究. 成都：西华大学，2010.
［36］周娟. 基于虚拟仪器的电力系统过电压分析. 成都：西华大学，2007.
［37］CHEN S Q, LI J M, LUO T, et al. Performance of overvoltage transducer for overhead transmission lines. Applied Superconductivity and Electromagnetic Devices（ASEMD），2013 IEEE International Conference on，2013：25－27，48，51.
［38］CHEN S Q, LI J M, LUO T, et al. Performance of Overvoltage Transducer for Overhead Transmission Lines. Proceedings of 2013 IEEE International Conference on Applied Superconductivity and Electromagnetic Devices（ASEMD2013）.
［39］CHEN S Q, LI J M, LUO T, et al. Study on the Impulse Characteristics of Capacitive Voltage Transformer. Proceedings of 2013 IEEE International Conference on Applied Superconductivity and Electromagnetic Devices（ASEMD2013）.
［40］XIE S J, LI J M, et al. “Analysis of the Charge Distribution in BranchedDownward Leaders using the Charge Simulation Method”. 2015 Asia-Pacific International Conference on Lightning（APL2015）.
［41］刘军，张安红. 220kV 电力变压器正反调和粗细调冲击电压分析. 变压器，2006，43（7）：1－7.

索　引